SQL
Server 2022/2019
資料庫設計與
開發實務

在電腦計算機科學的應用領域中，資料庫系統是企業組織或家庭電腦化的真正幕後推手，透過資料庫提供的資訊可以節省大量人力、增加工作效率和生活的便利性，我們可以說，資料庫系統才是建立目前資訊社會和維持其運作的主角。

SQL Server 是微軟公司針對企業市場推出的資料庫產品，也是目前市場上著名的資料庫產品之一，微軟在 2022 年 11 月推出 SQL Server 2022，這是目前最強力支援 Azure 雲端功能的版本，藉著與 Azure 雲端的緊密連結，可以讓使用者更簡單的在雲端建構災難備援，或將資料送到 Azure 雲端執行資料分析，幫助企業和組織建構現代化的資料平台。

本書是一本以資料庫系統設計與開發者角度所撰寫的 SQL Server 2022 版，詳細說明基本的資料庫觀念、資料庫設計理論和 T-SQL 程式設計，並且活用 ChatGPT 來學習 SQL Server 和資料庫程式設計。簡單的說，這是一本完整說明資料庫設計與開發人員應具備的理論、觀念和技能，幫助你精通 SQL Server 的 Transact-SQL 程式設計。

在定位上，本書是一本教導資料處理、資料庫相關理論和資料庫設計的教材，適合一般大學、科技大學或技術學院資料庫、關聯式資料庫系統相關課程使用的教課書。在內容上，這是一本替讀者建立正確的資料庫觀念、資料庫設計理論和 T-SQL 程式設計技能的書，筆者希望透過理論的導引讓讀者真正了解資料庫設計與開發人員所需執行的工作，和需要擁有哪些理論、觀念和技能。

有鑑於市面上大部分同類書籍都缺乏相關理論基礎的說明，讀者就算學會了 T-SQL 語法和操作，仍然缺乏理論基礎的支援，而無法真正融會貫通。本書在內容上完美結合理論與實務，不只提供實際正規化和資料庫設計範例，更使用大量圖例和表格來說明相關理論和觀念，讓讀者不只能夠輕鬆學習資料庫系統的相關理論，更可以實際在 SQL Server 建立資料庫設計成果的資料庫來驗證所學。

i

如何閱讀本書

本書章節架構上，廣泛參閱國內外 SQL Server 資料庫設計與開發的相關書籍，以符合國內實際資料庫環境來規劃本書內容，全書共分為六篇 20 個章節，以循序漸進方式來詳細說明 SQL Server 資料庫系統設計與開發，和 ChatGPT 的運用。

第一篇：資料庫理論與 SQL Server 的基礎

在第 1 章說明資料庫定義、ANSI/SPARC 三層資料庫系統架構的資料庫系統、資料庫綱要、資料庫管理師負責的工作和處理架構，第 2 章說明資料庫模型和關聯式資料庫模型，然後在第 3 章說明實體關聯模型與正規化，以便讀者擁有完整資料庫理論的基礎，第 4 章說明 SQL Server 安裝和基本操作。

第二篇：建立 SQL Server 資料庫與資料表

第 5 章說明如何使用資料庫設計工具建立實體關聯圖，在第 6 章說明什麼是 SQL 語言後，詳細說明 SQL Server 的資料庫結構，接著分別使用 Management Studio 或 SQL 指令建立、修改和刪除使用者資料庫，最後是資料庫的卸離與附加，第 7 章說明資料類型後，開始建立資料表和完整性限制條件，並且在最後說明暫存資料表。

第三篇：T-SQL 的 DML 指令

在第 8 章是單一資料表的查詢和群組查詢，第 9 章是多資料表查詢的合併、集合和子查詢，第 10 章是 DML 語言的 INSERT、UPDATE 和 DELETE 指令，說明如何在資料表新增、更新和刪除記錄資料。

第四篇：SQL Server 檢視表與索引

第 11 章說明如何在 SQL Server 資料庫建立檢視表，第 12 章是資料表索引規劃和建立，包含索引結構、SQL Server 自動建立的索引、執行計劃和檢視表，計算欄位的索引與篩選索引，和資料行存放區索引。

第五篇：T-SQL 程式設計與用戶端程式開發

第 13~17 章是 T-SQL 程式設計，詳細說明 Transact-SQL 程式化功能的語法、如何建立預存程序、順序物件、自訂函數、觸發程序、資料指標和進行交易處理。第 18 章在說明 ADO.NET 和中介軟體後，說明如何使用 C# 和 Python 語言建立用戶端程式。

第六篇：SQL Server 機器學習服務、ChatGPT 與全文檢索搜尋

在第 19 章說明 SQL Server 機器學習服務，使用 Python 語言直接在 SQL Server 訓練機器學習模型和進行預測，在第 20 章使用 ChatGPT 幫助我們學習資料庫理論和 SQL Server、以自然語言描述來寫出 T-SQL 指令敘述，最後幫助我們寫出 Python 和 C#程式碼來建立用戶端程式，第 21 章說明如何在 SQL Server 執行全文檢索搜尋。

在附錄 A 詳細說明 Transact-SQL 的內建函數。編著本書雖力求完美，但學識與經驗不足，謬誤難免，尚祈讀者不吝指正。

陳會安 Joe Chen 於台北

hueyan@ms2.hinet.net

2023.4.20

範例檔與相關工具

為了方便讀者實際操作本書內容，筆者將本書使用的相關軟體和範例檔案都收錄在碁峰資訊的下載網站（http://books.gotop.com.tw/download/AED004600），內容如下：

資料夾或檔案	說明
Ch04~Ch21、AppA 資料夾	本書各章 T-SQL 範例指令碼檔案和 SQL Server 資料庫檔案。 第 18 章是 Visual Studio 專案和 Python 程式檔案。
電子書資料夾	SQL Server 全文檢索搜尋、Transact-SQL 內建函數的 PDF 檔電子書。
SQL-Power-Architect-Setup-Windows-1.0.9.exe	SQL Power Architect 資料庫塑模工具。

微軟 SQL Server 開發人員版的下載網址，如下所示：

- https://www.microsoft.com/en-us/sql-server/sql-server-downloads

版權聲明

本書所提供下載的共享或公共軟體，其著作權皆屬原開發廠商或著作人，本書作者和出版商與各軟體的著作權和其他利益無涉。檔案僅供讀者練習之用，請於安裝後詳細閱讀各工具的授權和使用說明，若在使用過程中因軟體所造成的任何損失，與本書作者和出版商無關。

目錄

PART 1 | 資料庫理論與 SQL Server 的基礎

Chapter 1 資料庫系統

Chapter 2 關聯式資料庫模型

Chapter 3 實體關聯模型與正規化

Chapter 4 SQL Server 資料庫管理系統

Contents 目錄

PART 2 │ 建立 SQL Server 資料庫與資料表

Chapter 5　資料庫設計工具的使用

Chapter 6　SQL 語言與資料庫建置

Chapter 7　建立資料表與完整性限制條件

PART 3 | T-SQL 的 DML 指令

Chapter 8 SELECT 敘述的基本查詢

Chapter 9 SELECT 敘述的進階查詢

Chapter 10 新增、更新與刪除資料

PART 4 | SQL Server 檢視表與索引

Chapter 11　檢視表的建立

Chapter 12　規劃與建立索引

PART 5 | T-SQL 程式設計與用戶端程式開發

Chapter 13　Transact-SQL 程式設計

Chapter 14 預存程序與順序物件

Chapter 15 自訂函數與資料指標

Chapter 16 觸發程序

Chapter 17 交易處理與鎖定

Contents 目錄

資料庫系統

1-1 資料庫系統的基礎

一般來說，我們所泛稱的資料庫正確的說只是「資料庫系統」（Database System）的一部分，資料庫系統是由「資料庫」（Database）和「資料庫管理系統」（Database Management System；DBMS）所組成，如右圖所示：

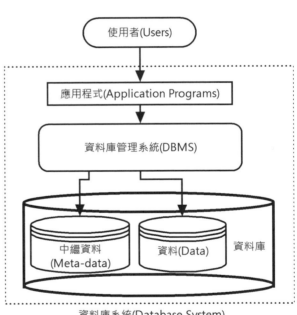

右述圖例的資料庫管理系統是一些程式模組，負責定義、建立和維護資料庫，並且控制資料庫的資料存取和管理使用者權限。

在資料庫儲存的資料是儲存在電腦儲存裝置的磁碟機，使用者只需執行應用程式下達查詢指令，就可以透過資料庫管理系統存取資料庫中儲存的資料。換句

話說，我們並不用了解資料庫結構和資料儲存方式，所有資料存取都是透過資料庫管理系統來完成。

在資料庫儲存的資料包括：資料和資料本身的定義，即資料本身的描述資料，稱為「中繼資料」（Meta-data；The data about data）。通常這些資料是使用不同檔案來分開儲存，所以，資料庫是一組相關聯檔案的集合，而不是單一檔案。

1-1-1　資料庫的定義

資料庫這個名詞是一個概念，它是一種資料儲存單位，一些經過組織的資料集合。事實上，有很多現成或一些常常使用的資料集合，都可稱為資料庫，如下：

- 在 Word 文件中編輯的通訊錄資料。

- 使用 Excel 管理的學生成績資料。

- 在應用程式提供相關功能來維護和分析儲存在大型檔案的資料。

- 銀行的帳戶資料和交易資料。

- 醫院的病人資料。

- 大學的學生、課程、選課和教授資料。

- 電信公司的帳單資料。

資料庫的通用定義

資料庫正式的定義有很多種，比較通用的定義為：「資料庫（Database）是一個儲存資料的電子文件檔案櫃（An Electronic Filing Cabinet）。」

資料庫這個電子文件檔案櫃是一個儲存結構化（Structured）、整合的（Integrated）、相關聯（Interrelated）、共享（Shared）和可控制（Controlled）資料的檔案櫃，其說明如下所示：

- 結構化（Structured）：資料庫儲存的是結構化的資料，簡單的說，除了資料本身外，還包含描述資料的中繼資料。例如：資料【陳會安】，再加上描述此資料的【姓名】。資料庫需要建立「資料模型」（Data Model）來描述這些資料，以便將資料組織成資料庫。

> **Memo**
>
> 資料庫的結構是由資料模型（Data Model）來決定，它是一種高階模型來描述儲存的資料，也就是描述資料庫的結構。例如：資料庫常用的網路、階層和關聯式等資料庫模型，詳細說明請參閱＜第 2-1 節；資料庫模型的基礎＞。

- 整合的（Integrated）：資料庫儲存的是整合資料，可以將不同來源的資料統一成一致格式的資料。例如：性別統一使用 m 代表男性；f 代表女性。

- 相關聯（Interrelated）：資料庫儲存的是相關聯的資料，在資料之間使用本身的值或低階指標連接來建立關聯，因為資料之間擁有連接，所以可以從一筆資料走訪參考到其他相關聯的資料。例如：從員工資料可以走訪參考其工作經歷的相關資料。

- 共享（Shared）：資料庫的資料允許不同使用者來共享，每位使用者可以存取相同資料，但可能作為不同用途和處理。不只如此，這些資料不但現有應用程式可以共享資料，未來新開發的應用程式也一樣可以使用這些資料。

- 可控制（Controlled）：資料庫儲存的是可控制的資料，我們可以控制資料的存取方式和允許哪些使用者存取指定的資料。

資料庫是一種長存資料的集合

以現代企業或組織來說，資料庫是讓企業或組織能夠正常運作的重要元件，想想看！如果銀行沒有帳戶和交易記錄的資料庫，客戶存款和提款需要如何運作。航空公司需要依賴訂票系統的資料庫，才能讓各旅行社訂機票，旅客才知道班機是否已經客滿。

在這些企業或組織的資料庫,其儲存的大量資料並非是一種短暫儲存的暫時資料,而是一種長時間存在的資料,稱為「長存資料」(Persistent Data)。這些長存資料是維持企業或組織正常運作的重要資料,如下所示:

- 在組織中的資料需要一些操作或運算來維護資料。例如:當公司員工有人離職或是新進,員工資料需要新增和刪除操作來進行維護。

- 資料是相關聯的。例如:員工資料和出勤資料是相關聯的,一位員工擁有一份多筆的出勤資料。

- 資料不包含輸出資料、暫存資料或任何延伸資訊。例如:員工平均出勤資料、平均年齡和居住地分佈等統計資料並不屬於長存資料,因為這些資料都可以透過資料運算來得到,也稱為導出資料(Derived Data)。

1-1-2 資料塑模

資料庫儲存是結構化收集的「實體」(Entity)資料,實體是現實生活中存在的東西,我們可以將它塑模(Modeling)成資料庫儲存的結構化資料,如下圖:

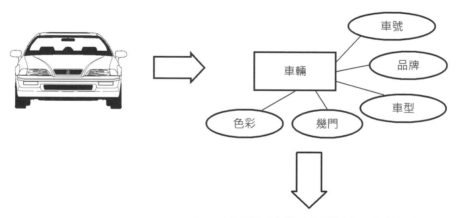

車號	品牌	車型	幾門	色彩
DA-1111	裕隆	Sentra	4	紅
AU-2345	福特	Metrostar	4	黑
TU-3456	日產	Civil	4	白

上述圖例是使用關聯式資料庫為例,一部轎車是現實生活中的東西,即實體,我們可以使用資料塑模(Data Modeling)將它轉換成圖形表示的模型。

以此例是使用實體關聯圖來表示【車輛】資料,方框代表實體;橢圓形是屬性,最後將它轉換成資料庫儲存的資料,即建立關聯式資料庫的二維表格。

資料塑模的基礎

「資料塑模」(Data Modeling)是將真實東西轉換成模型,這是一種分析客戶需求的技術。其目的是建立客戶所需資訊和商業處理的正確模型,將需求使用圖形方式來表示,其塑模過程如下圖所示:

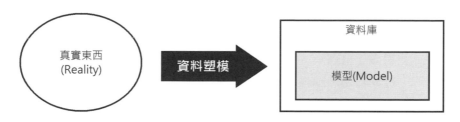

上述圖例是將真實東西塑模,其目的是使用模型來解釋真實東西、事件和其關聯性。以資料庫來說,塑模的主要目的是定義資料的結構,也就是接下來說明的邏輯關聯資料(Logically Related Data)。

邏輯關聯資料

資料庫是將真實東西轉換成模型定義的資料結構。例如:塑模一間大學或技術學院,也就是從大學或技術學院儲存的資料中識別出實體、屬性和關聯性,如下所示:

- 實體(Entities):實體是在真實世界中識別出的東西。例如:從大學和技術學院可以識別出學生、指導老師、課程和員工等實體,如右圖所示:

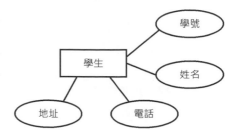

- 屬性（Attributes）：屬性是每一個實體擁有的一些特性。例如：學生擁有學號、姓名、地址和電話等屬性，如右圖所示：

- 關聯性（Relationships）：二個或多個實體之間擁有的關係，主要可以分為三種，如下所示：

  - 一對一（1:1）：指一個實體只關聯到另一個實體。例如：指導老師是一位學校員工，反過來，此員工就是指這位指導老師。

  - 一對多（1:N）：指一個實體關聯到多個實體。例如：學生寫論文時可以找一位指導老師；但一位指導老師可以同時指導多位學生撰寫論文。

  - 多對多（M:N）：指多個實體關聯到多個其他實體。例如：一位學生可以選修多門課程，反過來，同一門課程可以讓多位學生來選修。

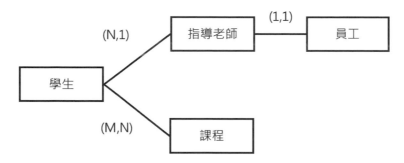

在資料庫儲存的就是擁有上述觀點的資料，這些資料是使用關聯性（Relationships）建立與其他資料的邏輯關聯，所以稱為「邏輯關聯資料」（Logically Related Data）。

關聯性是一個術語，如果使用口語方式來說，就是建立一種資料之間的連接，在資料庫儲存的是一種「完全連接」（Fully Connected）的資料，完全連接是指資料庫儲存的資料之間擁有連接方式，這個連接允許從一個資料存取其他資料。

所以，在建立資料庫時，除了定義結構外（即實體和屬性），還需要考量如何將它們連接起來（即關聯性），以便提供進一步資料處理的依據。

1-1-3 資料庫環境的組成元件

資料庫是一個儲存資料的電子檔案櫃，資料庫管理系統（Database Management System；DBMS）則是一套用來管理資料庫儲存資料的應用程式。

「資料庫系統」（Database System）是指使用一般用途資料庫管理系統所開發，具有特定用途的資料庫系統。例如：使用 Access、MySQL、Oracle 或 SQL Server 等開發的學校註冊、選課系統和公司的進銷存系統等。完整資料庫環境的圖例，如下圖所示：

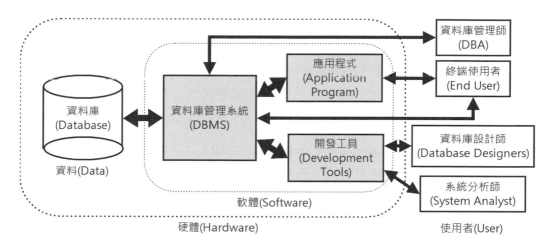

上述圖例組成的資料庫環境擁有四大元件：使用者、資料、軟體和硬體。

使用者

資料庫服務的對象是人，即資料庫系統的眾多使用者（Users）。依不同角色可以分為數種使用者，如下所示：

- 初級使用者（Naive or Parametric Users）：初級使用者是實際執行應用程式的使用者，這些使用者不用了解資料庫結構或熟悉資料庫查詢語言，他們只需知道如何使用應用程式的操作介面即可。

- 不常使用的使用者（Casual Users）：不常使用的使用者並不是應用程式的使用者，通常是公司或組織的中高階主管，因為只有偶爾使用資料庫系統，而且每次查詢的資料都不相同。所以他們不會使用應用程式提供的查詢功能，而是自行下達資料庫查詢語言的指令來取得所需的資訊。

- 熟練使用者（Sophisticated Users）：熟練使用者是一些熟悉資料庫管理系統操作的使用者，通常是工程師或專家，他們不只了解資料庫結構，還精通資料庫查詢語言，這些使用者也不需透過應用程式，可以直接透過資料庫管理系統取得所需的資訊。

- 資料庫設計師（Database Designers）：精通資料庫設計的使用者，其主要工作是建立資料庫結構，判斷哪些資料需要儲存在資料庫，和使用什麼樣的結構來儲存這些資料。資料庫設計師通常使用資料庫設計工具（Database Design Tools），以實體關聯圖和正規化分析來建立資料庫結構。

- 資料庫管理師（Database Administrator；DBA）：他是資料庫系統的總管，負責管理資料庫系統。因為資料庫系統在公司或組織中，不只需要符合不同使用者的需求，而且，資料庫系統還需要進行維護和管理，才能有效率的提供服務，以保障資料庫系統的正常運作。

- 系統分析師（System Analyst；SA）：他與應用程式設計師屬於「專業使用者」（Specialized Users），系統分析師依據終端使用者的需求；主要是指初級使用者（Naive or Parametric Users）的需求，來制定資料庫應用程式的規格與功能。

- 應用程式設計師（Application Programmer）：依據系統分析師定義的規格，建立終端使用者使用的資料庫應用程式。他是使用程式開發工具或指定的程式語言。例如：PHP、Python、C/C++、C#或 Java 等程式語言來建立資料庫應用程式。

資料

資料（Data）就是指資料庫儲存的資料，在資料庫系統的資料種類，如下所示：

- 長存資料（Persistent Data）：資料庫儲存的是公司或組織的非暫時資料，這些資料是長時間存在的資料，使用者可以使用應用程式的介面來新增、刪除或更新資料。

- 系統目錄（System Catalog）：系統目錄是由資料庫管理系統自動產生的資料，或稱為「資料字典」（Data Dictionary），其內容是從前述長存資料所衍生的一些資料。例如：定義資料庫結構的中繼資料（Meta-data），系統目錄的主要用途是提供維護資料庫所需的資訊。

- 索引資料（Indexes）：索引的目的是為了在資料庫儲存的龐大資料中，能夠更快速的找到資料。索引資料是一些參考資料，它是將資料庫中特定部分（屬性）的資料預先進行排序，並且提供「指標」（Pointer）指向資料庫真正儲存記錄的位址，資料庫管理系統通常是使用雜湊函數（Hash Function）或 B 樹（B-Tree）等演算法來建立索引資料。

- 交易記錄（Transaction Log）：交易記錄是資料庫管理系統自動產生的歷史資料，可以記錄使用者在什麼時間點下達哪些指令或執行什麼操作。當發生資料庫異常操作時，交易記錄可以提供追蹤異常情況的重要線索和依據。

軟體

在資料庫環境使用的軟體（Software），除了作業系統外，還包含其他相關軟體，如下所示：

- 資料庫管理系統（DBMS）：資料庫管理系統提供一組程式模組來定義、處理和管理資料庫的資料。對於使用者來說，資料庫管理系統如同是一個黑盒子，使用者並不用了解內部實際的運作方式，其溝通管道是「資料庫管理系統語言」（DBMS Languages）。

- 應用程式（Application Program）：應用程式是程式設計師以開發工具或程式語言自行建立的專屬軟體。應用程式提供使用者相關使用介面，透過使用介面的選單或按鈕，就可以向資料庫管理系統下達查詢語言的相關指令，在取得所需資料後，顯示或產生所需報表。

- 開發工具（Development Tools）：開發工具是用來建立資料庫和開發應用程式。例如：資料庫設計工具、資料庫開發工具或程式語言的整合開發環境，它可以幫助資料庫設計師建立資料庫結構和程式設計者快速建立應用程式。例如：PowerBuilder、Oracle Developer 和 Visual Studio 等。

硬體

安裝資料庫相關軟體的硬體（Hardware）設備，包含：主機（CPU、記憶體和網路卡等）、磁碟機、磁碟陣列、光碟機、磁帶機和備份裝置。整個資料庫系統的硬體處理架構依照運算方式的不同，分為：集中式或分散式的主從架構。

一般來說，資料庫系統大多是公司或組織正常運作的命脈，它需要相當大量的硬體資源來提供服務，所以，我們都會選用功能最強大的電腦作為資料庫伺服器。

1-2 ｜三層資料庫系統架構

目前大部分市面上的資料庫系統都是使用 ANSI/SPARC 三層資料庫系統架構，這是由「ANSI」（American National Standards Institute）和「SPARC」（Standards Planning And Requirements Committee）制定的資料庫系統架構。

雖然 ANSI/SPARC 架構從未正式成為官方的標準規格，不過它就是目前被廣泛接受的資料庫系統架構，如下圖所示：

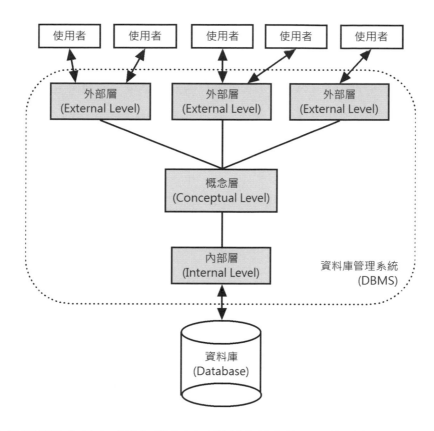

　　上述圖例的資料庫系統架構主要是探討資料庫管理系統（虛線框部分）所管理的不同觀點資料，並沒有針對特定資料庫模型（Database Model）的資料庫管理系統。ANSI/SPARC 是以三個階層來說明資料庫管理系統的架構，即分別以使用者、資料庫管理師（也可能是資料庫設計師）和實際儲存的觀點來檢視資料庫儲存的資料，其簡單說明如下所示：

- 概念層（Conceptual Level）：資料庫管理師觀點的資料，這是資料庫的完整資料，屬於在概念上看到的完整資料庫。

Memo

概念層之所以稱為概念，只是因為我們沒有針對特定資料庫模型，如果指定資料庫模型。例如：關聯式資料庫模型，此時這一層應該稱為「邏輯層」（Logical Level）。

- 外部層（External Level）：一般使用者觀點的資料，代表不同使用者在資料庫系統所看見的資料，通常都只有資料庫的部分資料。

- 內部層（Internal Level）：實際儲存觀點所呈現的資料，這是實際資料庫儲存在電腦儲存裝置的資料。

1-2-1 概念層

在概念層（Conceptual Level）看到的是整個資料庫儲存的資料，這是資料庫管理師觀點所看到的完整資料庫。因為只是概念上的資料庫，所以不用考量資料實際的儲存結構，因為這屬於內部層（Internal Level）的問題。

以關聯式資料庫模型的資料庫來說，在概念層（正確的說，應該是邏輯層）看見的是使用二維表格顯示的資料，如下圖所示：

學生

學號	姓名	地址	電話	生日
S001	江小魚	新北市中和景平路1000號	02-22222222	2002/2/2
S002	劉得華	桃園市三民路1000號	03-33333333	2001/3/3
S003	郭富成	台中市中港路三段500號	04-44444444	2002/5/5
S004	張學有	高雄市四維路1000號	05-55555555	2003/6/6

上述圖例是關聯式資料庫名為【學生】的「關聯表」（Relations），也就是資料庫所看到的完整資料。

1-2-2 外部層

對於資料庫系統的使用者來說，其面對的是外部層（External Level）的使用者觀點（User Views）資料，這些資料包含多種不同觀點。例如：一所大學或技術學院，可能提供多種不同使用者觀點，如下所示：

使用者觀點 1：學生註冊資料
使用者觀點 2：學生選課資料
使用者觀點 3：學生成績單資料

上述每位使用者擁有不同的觀點，當然，一組使用者也可能看到相同觀點的資料。如同從窗戶看戶外的世界，不同大小的窗戶和角度，就會看到不同的景觀。

事實上，外部層並沒有真正儲存資料，其資料都是來自概念層的資料，任何使用者看到的資料一定是源於、運算自或導出自概念層完整資料庫的資料，如下所示：

- 資料以不同的方式呈現：外部層的資料如同裁縫師手上的布，可以將概念層的資料剪裁成不同衣服樣式的資料。例如：使用清單、表格或表單內容（例如：Windows Form 表單或 HTML 表單）等方式來呈現資料。

- 只包含使用者有興趣的資料：外部層的資料只是資料庫的部分內容。例如：兩位使用者可以分別看到【學生】關聯表的部分或導出內容，其中年齡欄位是由生日計算而得，如下圖所示：

學生編號	姓名	年齡
S001	江小魚	19
S002	劉得華	20

學號	姓名	地址
S001	江小魚	新北市中和景平路1000號
S002	劉得華	桃園市三民路1000號
S003	郭富成	台中市中港路三段500號
S004	張學有	高雄市四維路1000號

- 相同資料可以使用不同的屬性名稱：因為不同使用者觀點的屬性名稱可能不同。例如：圖書價格可能是定價，也可能是售價，在上述圖例的【學生編號】和【學號】都是學號資料，只因不同使用者的觀點，所以使用不同的名稱來代表。

- 相同資料可以顯示不同的格式：雖然資料庫儲存的資料是單一格式，不過，在顯示時可以使用不同格式或屬性名稱來呈現。例如：日期資料使用 yyyy/mm/dd 格式儲存在資料庫，在外部層顯示的資料可能為：

```
dd-mm-yyyy
yyyy-mm-dd
dd/mm/yyyy
```

以關聯式資料庫模型來說，外部層顯示的資料只是一個虛擬關聯表，稱為「視界」（Views），在 SQL Server 或 MySQL 稱為檢視表。

1-2-3　內部層

在內部層（Internal Level）看到的是實際儲存觀點的資料庫，這就是實際電腦儲存在磁碟等儲存裝置的資料。基本上，內部層在三層架構中，扮演資料庫管理系統與作業系統的介面。

內部層的資料是實際儲存在資料庫的資料結構或檔案組織所呈現的資料內容。例如：使用鏈結串列結構來儲存資料，如下圖所示：

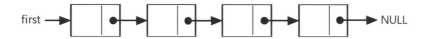

1-3 │ 資料庫綱要

在第 1-2 節的 ANSI/SPARC 三層資料系統架構探討的是以資料庫管理系統的角度，針對不同使用觀點來說明其管理的資料，也就是以三層抽象觀點來檢視資料庫中儲存的資料。

現在轉換主題到資料庫本身，在資料庫管理系統看到的資料是儲存在資料庫的資料，除了資料本身外，還包含描述資料的定義，稱為「綱要」（Schema）。而所謂「資料庫綱要」（Database Schema）是指整個資料庫的描述，即描述整個資料庫儲存資料的定義資料，如下圖所示：

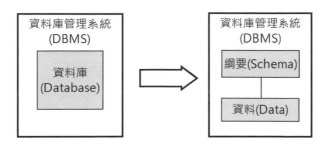

上述資料庫管理系統管理的資料庫可以分割成資料和描述資料的綱要,如下所示:

- 綱要(Schema):資料描述的定義資料,對比程式語言的變數就是資料型別(Data Type,SQL Server 或 MySQL 稱為資料類型)。例如:C 語言宣告成整數的 age 年齡變數,如下所示:

```
int age;
```

- 資料(Data):資料本身,即程式語言的變數值。例如:年齡為 22,如下所示:

```
age = 22;
```

同樣的,對應 ANSI/SPARC 三層資料庫系統架構,資料庫綱要也可以分成三層資料庫綱要,事實上,所謂的「資料庫設計」(Database Design)就是在設計這三層資料庫綱要。

1-3-1 三層資料庫綱要

在 ANSI/SPARC 三層資料庫系統架構的每一層,都可以分割成資料和綱要,所以,完整資料庫綱要也分為三層,如下圖所示:

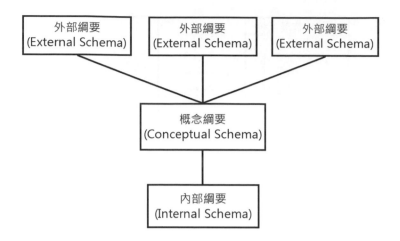

上述圖例是三層資料庫綱要，其每一層綱要的簡單說明，如下所示：

- 外部綱要（External Schema）：描述使用者的資料。

- 概念綱要（Conceptual Schema）：描述資料本身的意義。

> **Memo**
>
> 如同概念層，因為沒有針對特定資料庫模型，所以稱為概念綱要，如果指定資料庫模型，例如：關聯式資料庫模型，這一層綱要應該稱為「邏輯綱要」（Logical Schema）。

- 內部綱要（Internal Schema）：描述實際儲存的資料。

外部綱要

外部綱要（External Schema）源於概念綱要，主要是用來描述外部層顯示的資料，每一個外部層綱要只描述資料庫的部分資料，可以隱藏其他部分的資料。事實上，每一個外部層使用者觀點的資料都需要一個外部綱要，一個資料庫可能擁有多個外部綱要，如下圖所示：

學生年齡檢視

學生編號	姓名	年齡

學生郵寄標籤檢視

學號	姓名	地址

上述圖例是源自本節後【學生】概念綱要的 2 個外部綱要，左邊定義學生年齡資料；右邊定義郵寄標籤的資料。

資料庫管理系統是使用「次綱要資料定義語言」（Sub Schema Data Definition Language；SDDL）來定義外部綱要。以 SQL 語言來說，就是建立視界（Views），在 SQL Server 或 MySQL 稱為檢視表。

概念綱要

概念綱要（Conceptual Schema）是描述概念層的完整資料庫，即「概念資料庫設計」（Conceptual Database Design）的結果。概念資料庫設計主要是分析使用者資訊，以便定義所需的資料項目，並不涉及到使用哪一套現有的資料庫管理系統。

概念綱要描述完整資料庫的資料和其關聯性，所以資料庫只能擁有一個概念綱要，如下圖所示：

學生

學號	姓名	地址	電話	生日

上述圖例是學生資料庫的概念綱要。在資料庫管理系統是使用資料定義語言（Data Definition Language；DDL）來定義概念綱要。在概念綱要通常會包含：

- 資料的限制條件（Constraints）：確保資料庫中資料的正確性。
- 保密和完整性（Integrity）資訊：可以防止不正確的資料寫入資料庫。

內部綱要

內部綱要（Internal Schema）是描述內部層實際儲存觀點的資料，這是定義資料的儲存結構和哪些資料需要建立索引。如同概念綱要，資料庫只能擁有一個內部綱要。例如：使用 C 語言宣告學生 Students 的結構，如下所示：

```
struct Students {
    char no[5];
    char name[15];
    char address[40];
    int telephone;
    struct Date birthday;
    struct Student *next;
};
```

上述結構宣告定義學生資料的儲存結構，也就是鏈結串列的節點，我們是使用串列的節點來儲存資料庫中的資料。在資料庫管理系統是使用儲存定義語言（Storage Definition Language；SDL）來定義內部綱要。在內部綱要主要考量：

- 配置資料和索引資料的儲存空間。

- 選擇 B 樹或雜湊函數來建立索引資料。

- 描述資料階層中的記錄格式，以及如何組合記錄來儲存成檔案。

- 資料壓縮（Data Compression）和資料加密（Data Encryption）技術，以減少佔用的磁碟空間和保護儲存的資料。

1-3-2 資料庫綱要之間的對映

ANSI/SPARC 三層資料庫綱要只是描述資料，真正的資料是儲存在大量儲存裝置（Mass Storage）的資料庫。所以，當外部層以使用者觀點顯示資料時，也就是參考外部綱要向概念綱要請求資料，然後概念綱要請求內部綱要從資料庫取得資料，在取得真正資料後，資料需要進行轉換來符合概念綱要的定義，然後再轉換成符合外部綱要的定義，最後才是外部層使用者觀點所看到的資料。在各層間進行的資料轉換過程，稱為「對映」（Mapping）。

資料庫管理系統負責三層綱要的對映（Mapping），對映資料可以檢查各層綱要的描述是否一致。例如：外部綱要一定源自概念綱要，如下圖所示：

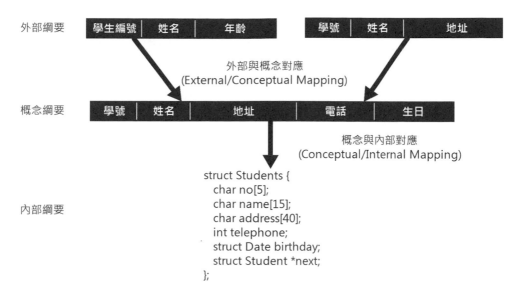

上述圖例顯示各層綱要之間的對映,主要分為兩種:位在外部和概念綱要的對映和概念和內部綱要的對映,如下所示:

- 外部與概念對映(External/Conceptual Mapping):所有外部綱要都要對映到概念綱要,以便資料庫管理系統知道如何將外部層的資料連接到哪一部分的概念綱要。例如:在外部綱要(學生編號, 姓名, 年齡),學生編號是對映到概念綱要的學號;年齡是從概念綱要的生日運算而得。

- 概念與內部對映(Conceptual/Internal Mapping):這是概念綱要對映到內部綱要,以便資料庫管理系統可以找到實際儲存裝置的記錄資料,然後建立概念綱要的邏輯結構。

上述對映的定義資料都是由資料庫管理系統來管理與維護,屬於系統目錄(System Catalog)的資料。

1-3-3 實體與邏輯資料獨立

三層資料庫綱要的主要目的是為了達成「資料獨立」(Data Independence),也就是說上層綱要並不會受到下層綱要的影響,當下層綱要更改時,也不會影響到上層綱要。

　　換句話說，應用程式不會受到資料庫的資料所影響，可以將使用者的應用程式與資料庫分開，這也是為什麼我們可以在市面上，現有資料庫管理系統上開發所需的資料庫應用程式。

　　在三層資料庫綱要擁有兩種資料獨立：分別是建立在外部與概念對映的邏輯資料獨立，和概念與內部對映的實體資料獨立。

邏輯資料獨立

　　邏輯資料獨立（Logical Data Independence）是指當更改概念綱要時，並不會影響到外部綱要。其位置是在三層架構的外部綱要和概念綱要之間，如下圖所示：

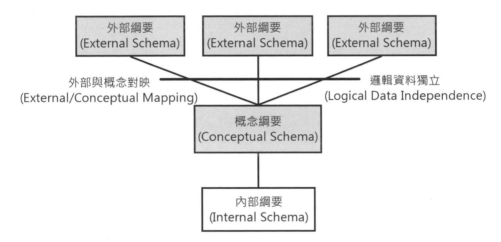

　　當在上述圖例更改概念綱要時，例如：新增、修改或刪除實體、屬性或關聯性，我們並不用同時更改存在的外部綱要或重寫程式碼，因為可以透過外部與概念對映來達成邏輯資料獨立。

　　所以，每當資料庫需要更改概念綱要時，只需配合修改外部與概念對映的定義，就可以在不更改存在的外部綱要下，取得相同使用者觀點的資料。

實體資料獨立

　　實體資料獨立（Physical Data Independence）是指當更改內部綱要時，並不會影響到概念綱要。其位置是位在三層架構的概念綱要和內部綱要之間，如下圖所示：

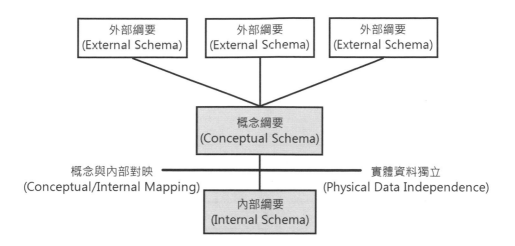

在上述圖例更改內部綱要時，例如：使用不同檔案組織或儲存結構，我們並不用更改概念綱要和外部綱要，因為可以透過概念與內部對映來達成實體資料獨立。

所以，每當資料庫需要更改內部綱要時，只需配合修改概念與內部對映的定義，就可以完全不動到概念綱要和外部綱要。

1-4 | 資料庫管理系統

資料庫管理系統從字面來說是一套管理資料庫的軟體工具，這是由一組程式模組來分別負責組織、管理、儲存和讀取資料庫的資料，使用者對於資料庫的任何操作，都需要透過資料庫管理系統來處理。

在第 1-2 節討論的三層資料庫系統架構是資料庫管理系統的抽象觀點（Abstract View），以資料庫儲存資料的角度來說明整個資料庫管理系統。

換一種方式，以軟體角度來說，資料庫管理系統是由多種不同的程式模組所組成，雖然各家廠商的資料庫管理系統擁有不同的系統架構，不過，基本資料庫管理系統的系統架構都擁有四大模組，如下圖所示：

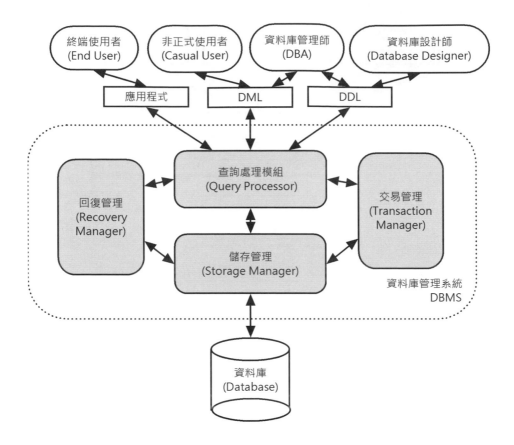

　　在上述圖例的虛線框是資料庫管理系統的主要模組，使用者執行 DDL 語言定義資料庫綱要，使用 DML 語言新增、刪除、更新和查詢資料庫的資料，透過作業系統存取資料庫的資料。各模組的說明如下所示：

儲存管理（Storage Manager）

　　儲存管理對於有些資料庫管理系統來說，就是作業系統的檔案管理，不過，為了效率考量，資料庫管理系統通常會自行配置磁碟空間，將資料存入儲存裝置的資料庫。例如：硬式磁碟機，或是從資料庫讀取資料。

　　儲存管理可以再分為：檔案管理（File Manager）實際配置磁碟空間後將資料存入磁碟，和緩衝區管理（Buffer Manager）負責電腦記憶體的管理。

查詢處理模組（Query Processor）

負責處理使用者下達的查詢語言指令敘述，可以再細分成多個模組負責檢查語法、最佳化查詢指令的處理程序。

查詢處理模組是參考系統目錄的中繼資料來進行「查詢轉換」（Query Transformation），將外部綱要查詢轉換成內部綱要的查詢，或是使用索引來加速資料查詢；如果是交易，就交給交易管理來處理。

交易管理（Transaction Manager）

交易管理主要分為：同名的交易管理子系統，負責處理資料庫的交易，保障資料庫商業交易的操作需要一併執行；「鎖定管理」（Lock Manager）也稱為「並行控制管理」（Concurrency-Control Manager）子系統來負責資源鎖定。

回復管理（Recovery Manager）

回復管理主要分為：「記錄管理」（Log Manager）子系統，負責記錄資料庫的所有操作，包含交易記錄，以便同名的回復管理子系統能夠執行回復處理，回復資料庫系統儲存的資料至指定的時間點。

1-5 資料庫管理師

「資料庫管理師」（Database Administrator；DBA）負責和執行一個成功資料庫環境的相關管理和維護工作。事實上，資料庫管理師負責很多工作，它可能只有一個人，也可能是一個小組來擔任。簡單的說，資料庫管理師的主要目的是維護資料庫系統的正常運作，並且讓使用者能夠存取所需的資料。

在公司之中，到底誰可以擔任資料庫管理師？可能直接由網路系統的系統管理者兼任或資料庫系統的設計者，通常資料庫管理師需要擁有公司管理和資料庫

等電腦技術的專業知識，最好是主修資訊或資管科系的人員，其需具備的電腦相關知識，如下所示：

- 熟悉作業系統操作。

- 熟悉一種或數種資料庫管理系統的使用。

- 精通資料庫系統提供的查詢語言，例如：SQL Server 的 Transact-SQL、Oracle 的 PL/SQL 或 MySQL 的 SQL 語言。

- 資料庫設計，至少需要清楚公司資料庫系統的資料庫綱要。

- 對電腦硬體與網路架構有一定的了解。例如：主從架構和 Internet 網際網路。

資料庫管理師需要負責的工作相當多，主要負責的工作可以分成三大部分來說明：維護資料庫綱要、資料管理和維護和監控資料庫管理系統。

維護資料庫綱要

資料庫管理師需要參與資料庫設計，提供資料庫設計師關於概念層綱要的修改建議。

資料庫管理師需要負責從資料庫使用的資料庫模型。例如：關聯式資料庫模型，和系統規格建立有效的資料庫設計，也就是描述資料庫在儲存裝置的實際資料結構。其主要工作如下所示：

- 決定哪些資料存入資料庫：資料庫管理師可以提出建議，決定哪些資料擁有存入資料庫的價值，即維護概念層綱要。

- 決定使用的資料結構：資料庫管理師需要建立實際資料庫的內部儲存結構和檔案結構，也就是決定資料的儲存方式和索引設計，有哪些資料需要索引來加速資料搜尋，即維護內部層綱要。

- 決定使用者觀點的資料：在與使用者和程式設計師討論後，資料庫管理師可以決定是否建立指定應用程式的功能來存取資料庫，即維護外部層綱要。

資料管理

資料庫管理師最主要的工作是資料管理，提供公司或組織一個集中管理的資料庫，並且依據各部門的需求，提供不同觀點的資料，其主要工作如下所示：

- 管理和維護系統目錄（System Catalog）：建立和管理資料庫綱要內容的資料名稱、格式、關聯性（Relationships）和各層對映轉換所需的資料。

- 使用者管理和存取控制：資料庫管理師負責新增和刪除資料庫系統的使用者，並且指定使用者擁有的權限，即誰允許存取哪些資料，誰不允許，這部分的使用者資料也是儲存在系統目錄。

- 資料安全控制（Data Security Control）：為了防止不當修改與竊取資料，資料庫管理師可以使用密碼、權限管理和加密運算來保障資料安全。

- 資料完整性檢查（Data Integrity Checking）：為了防止不正確和不一致的資料存入資料庫，資料庫管理師負責設計完整性限制條件（Integrity Constraints），保證只有正確和一致的資料可以輸入或更改。

- 轉換資料：當升級資料庫系統時，資料庫管理師負責將舊系統的資料轉換到新系統，或匯出和匯入成其他資料庫格式的資料，因為不同資料庫系統之間的資料通常並不能直接轉換，我們會使用轉換工具，或是傳統的一般文字檔案作為媒介，檔案使用固定欄寬或特殊分隔字元儲存資料。只需將資料庫系統的資料匯出成上述格式的檔案後，在其他資料庫系統就可以將檔案匯入資料庫中。

維護和監控資料庫管理系統

對於資料庫管理系統本身，資料庫管理師負責的工作，如下所示：

- 安裝和升級資料庫管理系統：資料庫管理師負責公司資料庫管理系統和更新套件的安裝，當新版推出時，還負責資料庫管理系統的升級安裝。

- 監控和調整資料庫的效能：資料庫管理師負責監控資料庫系統的實際使用狀態，統計和分析資料庫的資料使用狀態，依據監控所得的資訊，資料庫

管理師可以更改資料結構、查詢指令或重寫應用程式來調整資料庫效能，以便最佳化資料庫的使用。

- 使用者的稽核追蹤：資料庫管理師扮演資料庫系統運作的線上警察，負責追蹤使用者的資料存取狀況，檢查是否有非法入侵的使用者，可以防止違規使用者存取資料庫中的重要資料。

- 容量計劃和選擇儲存裝置：資料庫儲存的資料會隨時間而成長，但是資料庫系統的儲存容量並不會自動的同步成長，資料庫管理師需要預估未來可能的資料成長量，選擇適當的儲存裝置和更改資料結構，以便滿足資料成長的需求。

- 備份與回復：資料庫是公司重要的資產，資料庫管理師需要盡其所能的維護資料庫不受到損害，資料庫管理師負責定期備份資料庫，當系統發生問題時，採用最適當的回復程序，以最快速方式來恢復資料庫的正常運作。

1-6 資料庫系統的處理架構

「架構」（Architecture）這個名詞可以指單獨一台電腦的設計，不過，對於企業組織來說，通常是指整個公司組織電腦系統的配置，包含實際使用的電腦硬體種類、網路、配置位置和使用的電腦運算方式。

資料庫系統架構主要可以分成兩種處理架構，如下所示：

- 集中式處理架構（Centralized Processing Architectures）。

- 分散式處理架構（Distributed Processing Architectures）。

1-6-1 集中式處理架構

在早期大型主機（Mainframe）時代，電腦系統主要是使用 IBM 公司開發的「系統網路架構」（Systems Network Architecture；SNA），這種架構屬於集中式處理架構，擁有一台大型主機，使用多個終端機（Terminals）與主機進行溝通，如下圖：

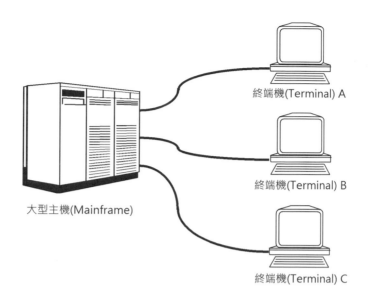

終端機(Terminal) A

終端機(Terminal) B

終端機(Terminal) C

大型主機(Mainframe)

上述圖例的大型主機負責資料處理的所有工作，以資料庫系統來說，資料庫管理系統和作業系統都是在同一台電腦執行，使用者透過終端機將資訊送到主機，由一台主機全權負責處理，處理完成後將結果傳回給終端機。

例如：使用者下達資料庫語言的查詢指令，當送至主機取得回應結果後，在終端機顯示的結果就是由主機產生的資料，終端機只負責送出指令和顯示取得的資料。

集中式處理架構可以集中管理使用者的資料、減少資料重複、容易維護資料保密和安全問題。但是當資料快速成長時，單一主機的運算能力將難以負荷，基於成本考量，也不可能無限制增加主機的運算能力。「三個臭皮匠，勝過一個諸葛亮」，使用多個低成本個人電腦或工作站的分散式處理架構，就成為另一種替代選擇。

1-6-2　分散式處理架構

分散式處理架構（Distributed Processing Architectures）是隨著個人電腦和區域網路而興起，大型主機逐漸被功能強大的個人電腦或工作站（Workstation）所取代，個人電腦和工作站足以分擔原來大型主機負責的工作，使用多台個人電腦和工作站透過網路分開在各電腦執行所分擔的工作，稱為分散式處理架構。

主從架構

在 1980 年代的中期,「主從架構」（Client/Server Architecture）成為資料庫系統架構的主流,事實上,主從架構的電腦本身並沒有分別,只是扮演不同角色,分為伺服端（Server）和用戶端（Client）,如下所示:

- 伺服端(Server):在主從架構中扮演提供服務(Service)的提供者(Provider)角色。

- 用戶端（Client）：也稱為客戶端,它在主從架構中的角色是提出服務請求（Request）的請求者（Requester）。

在主從架構資料庫系統的工作是分散在用戶端和伺服端的電腦執行,其所扮演的角色需視安裝的軟體而定,同一台電腦可以是用戶端,也可能是伺服端。例如:在電腦安裝資料庫管理系統 SQL Server 或 MySQL,就是伺服端的資料庫伺服器,安裝 PHP 或 Python/C#建立的應用程式就是用戶端,如下圖所示:

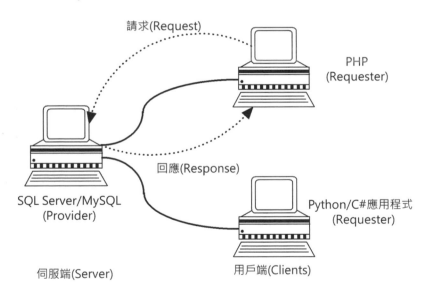

上述圖例的用戶端 Python 應用程式向伺服端 SQL Server 或 MySQL 提出請求,以關聯式資料庫系統來說,就是在 Python 應用程式下達 SQL 指令,伺服端的資料庫管理系統在執行指令後,將結果回應到用戶端的電腦處理和顯示查詢結果。

二層式主從架構

標準主從架構就是一種二層式主從架構(Two-Tier Client/Server Architecture)。二層式主從架構是 90 年代廣泛使用的處理架構,如下圖所示:

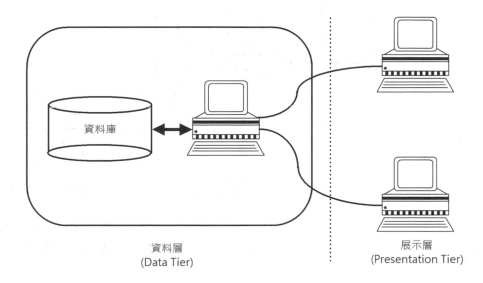

資料層 (Data Tier)	展示層 (Presentation Tier)

上述圖例的資料層是主從架構的伺服端,展示層是用戶端,各層安裝的軟體分別負責不同的工作,如下所示:

- 展示層(Presentation Tier):與使用者互動的使用介面,它是實際使用者看到的應用程式,應用程式負責商業邏輯(Business Logic)和資料處理邏輯(Data Processing Logic)。以關聯式資料庫來說,就是建立 SQL 指令向資料層的資料庫管理系統取得所需資料,在處理後顯示所需的查詢結果。

- 資料層(Data Tier):負責資料的儲存,以資料庫系統來說,就是管理資料庫的資料庫管理系統,因為需要回應多位用戶端的請求,通常都是使用功能最強大的電腦來負責。

三層式主從架構

　　三層式主從架構是擴充二層式主從架構，在之間新增一層「商業邏輯層」（Business Logic Tier）來建立「三層式主從架構」（Three-Tier Client/Server Architecture），如下圖所示：

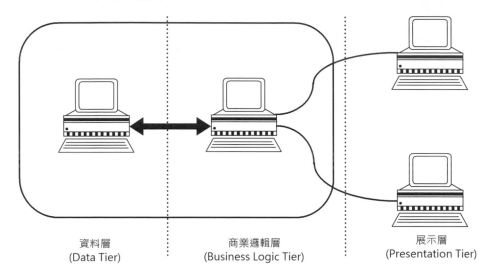

資料層	商業邏輯層	展示層
(Data Tier)	(Business Logic Tier)	(Presentation Tier)

　　上述圖例的商業邏輯層是將二層式主從架構展示層的資料處理和商業邏輯功能獨立成「應用程式伺服器」（Application Server），使用高速網路與資料層的資料庫伺服器進行連接。

　　應用程式伺服器（Application Server）如同餐廳中超高效率的服務生，從展示層的前台取得點選套餐，將它送到後台的資料庫伺服器取得所需的各種餐點，在處理後，送到前台的是一套完整組合的套餐。

2

關聯式資料庫模型

2-1 │ 資料庫模型的基礎

　　「資料模型」（Data Model）是使用一組整合觀念來描述資料與資料之間的關係和限制條件（可以用來檢查是否儲存正確資料的條件）。以資料庫來說，資料模型是用來描述資料庫中資料的特性。

　　因為本書說明的資料模型主要是針對資料庫建立的資料模型，所以筆者稱為資料庫模型（Database Model）。事實上，資料庫系統演進的過程就是各種資料庫模型的發展史，如下圖所示：

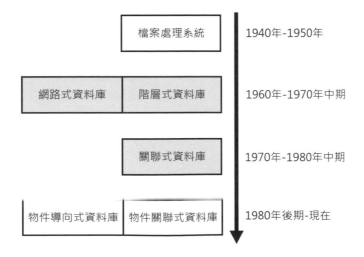

檔案處理系統	1940年-1950年
網路式資料庫 │ 階層式資料庫	1960年-1970年中期
關聯式資料庫	1970年-1980年中期
物件導向式資料庫 │ 物件關聯式資料庫	1980年後期-現在

上述圖例的箭頭標示資料庫演進的年代，網路式和階層式資料庫大約在同一時期發展，物件導向和關聯式資料庫也在同一時期，所以本書列在同一個年代。

在本節只準備說明階層式、網路式和關聯式三種資料庫的資料庫模型。物件導向式資料庫模型需要擁有物件導向程式設計觀念，有興趣的讀者請自行參閱相關書籍。

2-1-1　階層式資料庫模型

階層式資料庫模型（Hierarchical Database Model）類似下一節的網路式資料庫模型，模型是使用樹狀結構來組織資料，記錄資料之間是以父子關係建立連接，子記錄只能擁有一個父記錄。

階層式資料庫模型的基本型態

階層式資料庫模型的資料結構一定擁有一個「樹根」（Root），然後使用「父子關聯性」（Parent-child Relationships）連接記錄集合，將資料建立成階層的樹狀結構。基本上，階層式資料庫模型擁有兩種基本型態，如下所示：

- 記錄型態（Record Type）：記錄型態是由一組欄位屬性組成。每一個記錄型態的成員稱為記錄，資料是一組記錄的集合。

- 父子關聯型態（Parent-child Relationship Type）：兩個記錄型態之間的連接型態，屬於一對多關聯性（Relationship），這是從稱為「父記錄型態」（Parent Record Type）關聯到多個「子記錄型態」（Child Record Type）。

階層式資料庫模型是由多個記錄型態，然後使用父子關聯型態將它們連接起來，如下圖所示：

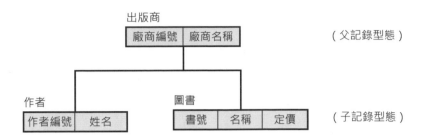

上述圖例擁有出版商、作者和圖書三種記錄型態，其中出版商參加兩個父子關聯型態的父記錄型態，作者和圖書參加一個父子關聯型態的子記錄型態。

階層式資料庫

在階層式資料庫模型的父子關係是一個父親允許有多個兒子，可是兒子只能有一個父親。完整圖書出版的階層式資料庫，如下圖所示：

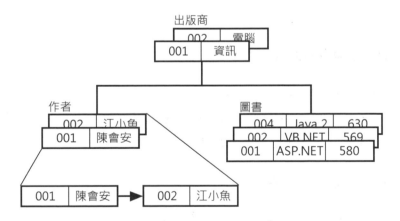

上述圖例【資訊】出版商擁有 2 位簽約作者和出版 3 本書，在階層式資料庫存取子記錄一定需要從父記錄開始，因為父記錄擁有低階指標指向子記錄，這是一種一對一或一對多關聯性（Relationships）。

階層式資料庫模型的多對多關聯性

對於多對多關聯性（Relationships）來說，在階層式資料庫模型可以重複相同的記錄型態，如下圖所示：

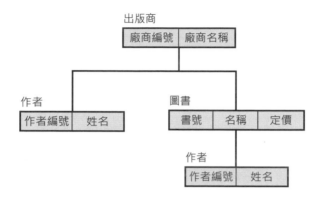

上述圖例重複【作者】記錄型態，將它加入父子關聯型態成為【圖書】記錄型態的子記錄型態，表示作者可以在多家出版社出書，出版社也可以出版多位作者的著作。

2-1-2　網路式資料庫模型

網路式和階層式資料庫系統是約在同一個年代開發的資料庫系統。網路式資料庫模型（Network Database Model）是將資料連接成網路狀圖形，支援多對多關聯性（Relationship），而且資料之間的連接可以有迴圈。

網路式資料庫模型的基本型態

網路式資料庫模型擁有兩種基本型態，如下所示：

- 記錄型態（Record Type）：記錄型態是由一組屬性所組成，每一個記錄型態的成員稱為記錄，資料是一組記錄的集合。

- 連接型態（Link Type）：連接兩個記錄型態的型態，屬於一對多關聯性（Relationship），這是從稱為「擁有者型態」（Owner Type）關聯到多個「成員型態」（Member Type）。

　　網路式資料庫模型是建立在兩種「集合結構」（Set Structures），也就是一組記錄型態的記錄集合（A Set of Records）和一組連接型態的連接集合（A Set of Links），如下圖所示：

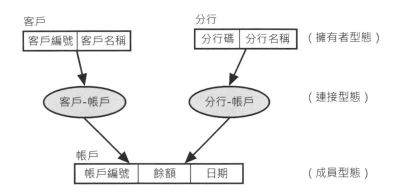

　　上述圖例擁有客戶、分行和帳戶三種記錄型態，客戶-帳戶和分行-帳戶兩種連接型態。客戶和分行是擁有者型態（Owner Type）；帳戶是成員型態（Member Type）。

　　客戶和帳戶記錄型態是使用客戶-帳戶連接型態來建立一對多的擁有關聯性，同樣的，分行和帳戶記錄型態是以分行-帳戶連接型態建立一對多的擁有關聯性。簡單的說，客戶可以擁有多個帳戶，銀行分行也能擁有多個帳戶。

網路式資料庫

　　在網路式資料庫模型的一個成員型態記錄可以有多個擁有者型態的記錄。例如：一個帳戶擁有客戶和分行兩個擁有者型態的記錄。完整銀行分行帳戶的網路式資料庫，如下圖所示：

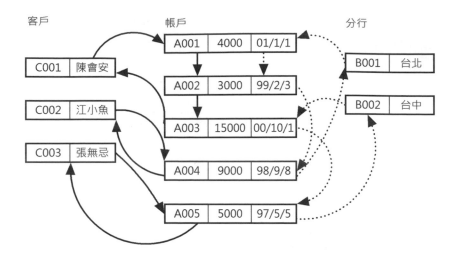

上述圖例的實心箭頭線是客戶-帳戶連接型態；虛線是分行-帳戶連接型態，透過連接可以走訪記錄型態的記錄。例如：客戶【陳會安】可以使用客戶-帳戶連接走訪其帳戶：A001、A002 和 A003。台中分行可以使用分行-帳戶連接走訪其帳戶：A003 和 A005。

客戶和分行是一種多對多關聯性，客戶可以在多家分行開帳戶，分行也允許不同客戶開帳戶，只需使用客戶-帳戶連接和分行-帳戶連接就可以取得記錄型態之間的關聯性。

2-1-3 關聯式資料庫模型

關聯式資料庫模型（Relational Database Model）是 1970 年由 IBM 研究員 E. F. Codd 博士開發的資料庫模型，其理論基礎是數學的集合論（Set Theory）。不同於階層和網路式模式使用低階指標連接資料，關聯式資料庫模型是使用「資料值」（Data Value）來建立關聯性，支援一對一、一對多和多對多關聯性。

關聯式資料庫模型的組成元素，如下所示：

- 資料結構（Data Structures）：資料的組成方式，以關聯式資料庫模型來說，就是欄和列組成表格的關聯表（Relations）。

- 資料操作或運算（Data Manipulation 或 Operations）：資料的相關操作是關聯式代數（Relational Algebra）和關聯式計算（Relational Calculus）。

- 完整性限制條件（Integrity Constraints）：維護資料完整性的條件，其目的是確保儲存的資料是合法和正確的資料。

直到現在，關聯式資料庫系統仍然是資料庫系統的主流，市面上已經有上百種商用和免費的關聯式資料庫管理系統，例如：微軟公司的 SQL Server 或 Oracle 公司的 MySQL 和 Oracle 等。

2-2 資料結構

關聯式資料庫是一組關聯表（Relations）的集合，關聯表是關聯式資料庫模型的資料結構（Data Structures），使用二維表格來組織資料。每一個關聯表是由兩個部分組成，如下圖所示：

學生				
學號:int	姓名:char(10)	地址:varchar(50)	電話:char(12)	生日:datetime
S001	江小魚	新北市中和景平路1000號	02-22222222	2002/2/2
S002	劉得華	桃園市三民路1000號	03-33333333	2001/3/3
S003	郭富成	台中市中港路三段500號	04-44444444	2002/5/5
S004	張學有	高雄市四維路1000號	05-55555555	2003/6/6

關聯表綱要 (Relation Schema)
關聯表實例 (Relation Instance)

上述二維表格是一個關聯表，在標題列以上的屬性和關聯表名稱是關聯表綱要；之下為關聯表實例（Instance），也就是實際儲存的記錄資料，如下所示：

- 關聯表綱要（Relation Schema）：包含關聯表名稱、屬性名稱和其定義域。

- 關聯表實例（Relation Instance）：指某個時間點儲存在關聯表的資料（因為儲存的資料可能隨時變動），可以視為是一個二維表格，其儲存的每一筆記錄稱為一個「值組」（Tuples）。

2-2-1　關聯表綱要

關聯表綱要主要是指關聯表名稱、關聯表屬性和定義域清單，多個關聯表綱要集合起來就是「關聯式資料庫綱要」（Relational Database Schema）。在說明關聯表綱要的表示法之前，我們先來看看關聯表的相關術語。

關聯表的相關術語

關聯表本身類似 Excel 試算表，這是一個擁有多欄和多列的二維表格，資料是置於每一個儲存格，在表格的標題列是關聯表綱要的屬性與定義域清單，如下圖所示：

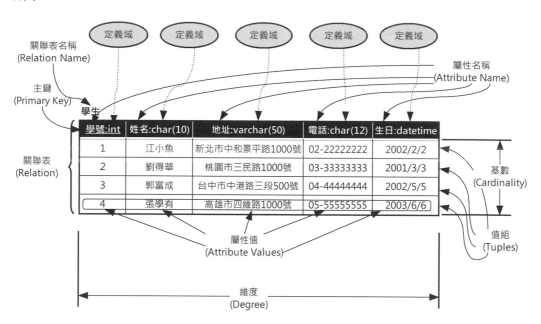

上述關聯表圖例的相關術語說明，如下所示：

- 關聯表（Relations）：相當於是一個二維表格，不過，不同於表格，我們並不用考慮各列和各欄資料的順序，每一個關聯表擁有一個唯一的關聯表名稱。例如：名為【學生】的關聯表。

- 屬性（Attributes）：在關聯表的所有屬性是一個「屬性集合」（Attribute Set），因為是集合，所以關聯表的屬性並不能重複，以學生關聯表為例的屬性集合，每一個屬性都擁有：屬性名稱（即關聯表的欄位名稱）和屬性所屬的定義域（Domains），如下所示：

```
{ <學號:int>,<姓名:char(10)>,<地址:varchar(12)>,
            <電話:char(12)>,<生日:datetime> }
```

- 值組（Tuples）：關聯表的一列，也就是一筆記錄，一組目前屬性值的集合。例如：前兩筆值組，如下所示：

```
tuple1 = { 1,'江小魚', '新北市中和景平路1000號', '02-22222222', '2002/2/2' }
tuple2 = { 2,'劉得華', '桃園市三民路1000號', '03-33333333', '2001/3/3' }
```

- 維度（Degree）：關聯表的維度是指關聯表的屬性數目，因為關聯表全少擁有 2 個屬性（主鍵加上 1 個非主鍵屬性），所以最小維度為 2，以此例學生關聯表的維度是 5。

- 基數（Cardinality）：關聯表的基數是關聯表值組的數目，如果關聯表沒有任何記錄，其基數為 0。學生關聯表的基數為 4。

- 主鍵（Primary Key）：在關聯表需要選擇一個或多個屬性的屬性子集合（Attribute Subset）作為主鍵，用來識別值組是唯一的。簡單的說，依照主鍵值就可以判斷出是關聯表的哪一筆值組，以此例【學號】屬性是主鍵，主鍵的屬性值 1 可以識別出是第 1 筆值組，從屬性值 1、2 可以判斷出第 1 筆和第 2 筆值組是不同的學生。

- 定義域（Domains）：一組可接受屬性值的集合，通常是使用資料類型來代表值集合的範圍，也就是說，值組的屬性值需要滿足定義域所定義的值集合，以此例學號的屬性值範圍是 int、姓名是 char、地址是 varchar 和生日是 datetime。在＜第 2-2-2 節：關聯表實例＞有進一步的說明。

關聯表綱要表示法

在【學生】關聯表擁有學號、姓名、地址、電話和生日屬性集合，其定義域分別為：int、char(10)、varchar(50)、char(12)和 datetime。在本書使用的關聯表綱要表示法的語法，如下所示：

```
關聯表名稱（屬性 1, 屬性 2, 屬性 3, … , 屬性 N）
```

上述語法的說明，如下所示：

- 關聯表名稱：我們替關聯表所命名的名稱。

- 屬性 1, 屬性 2, 屬性 3, … , 屬性 N：括號中是屬性清單，通常省略屬性的定義域。

在屬性加上底線表示是主鍵，外來鍵可以使用虛線底線或其他表示方法。例如：學生關聯表的主鍵是學號，其關聯表綱要如下所示：

```
學生（學號, 姓名, 地址, 電話, 生日）
```

2-2-2　關聯表實例

在定義關聯表綱要後，我們就可以將資料儲存到關聯表，稱為關聯表實例（Relation Instance）。這是一個有限個數的集合，集合內容是關聯表的值組（Tuples）。

更正確的說，因為關聯表儲存的資料可能隨時變動，所以關聯表實例是指某一時間點的值組集合。例如：上一節【學生】關聯表實例，如下表所示：

1	江小魚	新北市中和景平路1000號	02-22222222	2002/2/2
2	劉得華	桃園市三民路1000號	03-33333333	2001/3/3
3	郭富成	台中市中港路三段500號	04-44444444	2002/5/5
4	張學有	高雄市四維路1000號	05-55555555	2003/6/6

　　因為值組是一個集合，所以，關聯表的值組如同屬性一般，不可重複，即表示不會有兩筆值組的屬性值是完全相同的。

　　在關聯表實例的值組是屬性值集合，至於哪些類型的資料可以儲存在關聯表的指定屬性，需視屬性的定義域（Domains）而定。

2-2-3　定義域

　　定義域（Domains）是一組可接受值的集合，這些值是不可分割的單元值（Atomic），也就是說，不允許是另一個集合。對比程式語言，定義域相當於是變數的資料型別（SQL Server/MySQL 稱為資料類型），值組的屬性值相當於是變數值，滿足資料型別的定義域範圍。定義域主要分為兩種如下所示：

簡單屬性（Simple Attributes）

　　簡單屬性是一種不可再分割的屬性，其定義域是相同類型的單元值（Atomic）集合。例如：int 是所有整數值的集合；char(10)是只有 10 個字元的字串集合，簡單屬性的定義域可以自行定義或限制現有類型的範圍，例如：台灣城市的集合和 12 個月份，如下所示：

```
{ '台北市', '台中市', '高雄市' }
{ 1, 2, 3, 4, 5, 6, 7, 8, 9, 10, 11, 12 }
```

　　上述集合是指屬性值只能是集合中的一個值，因為一年只有 12 月，所以雖然類型是 int 所有整數集合，不過值只能是 1~12 範圍的值。

複合屬性（Composite Attributes）

　　複合屬性是由簡單屬性所組成的屬性，可以建立成一個階層架構。例如：地址屬性和生日屬性是由數個簡單屬性所組成，如下所示：

```
地址 = 城市+街道+門牌號碼
生日 = 月+日+年
```

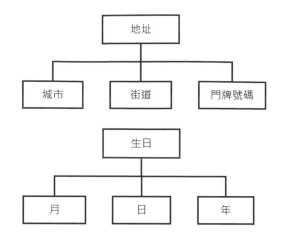

上述地址屬性是由城市、街道和門牌號碼組成，屬性值的定義域也是由城市、街道和門牌號碼屬性的定義域組成；生日屬性的定義域是月（1~12）、日（1~31）和年（0~9999）屬性的整數定義域所組成。

目前大多數的關聯式資料庫管理系統並沒有完全支援定義域。例如：有些 SQL 查詢語言不支援自訂定義域，取而代之的是提供基本資料類型。

因為定義域是用來定義屬性值的範圍，資料庫管理系統只需依據定義域，就可以檢查使用者輸入的資料是否正確，與屬性值比較就可以檢查是否屬於相同定義域，即第 2-4 節完整性限制條件的定義域限制條件（Domain Constraints）。

2-2-4　屬性值

屬性值（Attribute Values）是關聯表實際儲存資料的最小單位，在關聯表屬性集合的每一個屬性都擁有一組可接受的值，即屬性的定義域。例如：【學生】關聯表，如右圖所示：

學生

學號	姓名	城市	年齡	成績
1	江小魚	新北市	19	65
2	劉得華	桃園市	20	91
3	郭富成	台中市	19	84
4	張學有	高雄市	18	72

上述關聯表實例的屬性值集合（Attribute Value Set）是指目前關聯表實例各屬性所包含的值範圍，如下所示：

```
城市屬性值 = { '新北市', '桃園市', '台中市','高雄市' }
年齡屬性值 = 18~20
成績屬性值 = 65~91
```

上述屬性值集合可以定義所需定義域的依據，不過，我們仍然需要參考實際情況，才能定義出可接受值範圍的定義域。例如：成績真正的範圍是 0~100。關聯表屬性值擁有的特點，如下所示：

- 單元值（Atomic）：屬性值是不可分割的單元值。

- 需要指派定義域：屬性值一定需要指派其定義域，而且只有一個定義域，雖然屬性值屬於指派的定義域，但並不表示所有定義域的值都會出現，屬性值集合可能只是定義域的部分集合。

- 可能為空值：屬性值可能是本節後說明的空值。

總之，關聯表的屬性值不允許是「多重值屬性」（Multivalued Attributes），也就是屬性值是由多個值組成的集合。如果關聯表的屬性值是一個集合，我們需要分成多個值組或分割成其他關聯表，此過程稱為「正規化」（Normalization）。

2-2-5　空值

在關聯表的屬性值可能是一個未知或無值的空值（Null Values），此值是一個特殊符號，不是 0，也不是空字串，所有定義域都會包含空值。

空值並沒有意義，所以不能作為真偽的比較運算，例如：5 = NULL 並無法判斷是 True 或 False。空值的意義有兩種：未知值（Unknown）和不適性（Not Applicable）。

未知值（Unknown）

屬性值是一個未知值，這個部分的空值分成兩種情況，如下所示：

- 找不到（Missing）：屬性值存在但找不到，例如：不知道學生【陳大安】
  的地址，因為地址屬性值一定存在只是找不到，所以代表一個找不到的空
  值，如下圖所示：

學生

學號	姓名	地址	年齡	成績
1	江小魚	新北市中和景平路1000號	19	65
2	劉得華	桃園市三民路10號	20	91
3	郭富成	台中市中港路5號	19	84
4	陳大安	NULL	18	72

- 完全未知（Total Unknown）：不知道
  屬性值是否存在。例如：不知道張先生
  是否有配偶，所以配偶是完全未知的空
  值，如右圖所示：

郵寄標籤

編號	姓名	配偶	年齡
1	張先生	NULL	25
2	劉先生	江小姐	30

不適性（Not Applicable）

不適性空值是指屬性沒有適合的屬性
值。例如：公司員工劉先生沒有手機，所以手
機號碼屬性值是一個不適性的空值，如右圖：

員工

編號	姓名	手機號碼	年齡
1	張先生	0938-000123	25
2	劉先生	NULL	30

2-2-6 關聯表的特性

關聯表擁有五個特性：名稱唯一性、沒有重複的值組、值組是沒有順序、屬
性也沒有順序和所有的屬性值都是單元值，如下所示：

- 名稱唯一性：關聯表的名稱是唯一的，在資料庫不能有兩個關聯表擁有相
  同名稱，同一個關聯表的屬性名稱也是唯一，不過，不同關聯表之間允許
  擁有相同名稱的屬性。

- 沒有重複的值組：關聯表是數學集合，在集合中不允許有重複元素，所以關聯表沒有重複值組，其隱含意義是關聯表擁有主鍵，主鍵是值組的識別，所以沒有兩個值組是完全相同的。

- 值組是沒有順序：在關聯表的值組因為是集合，所以沒有順序的分別，也就是說，如果重新排列關聯表的值組，也不會產生新的關聯表。

- 屬性也沒有順序：關聯表的屬性也沒有順序差別，如果重新排列關聯表的屬性，也不會產生新的關聯表。事實上，大部分資料庫管理系統並不支援此特性，資料庫管理系統提供的資料庫存取函式庫，不但可以取得屬性的原始順序，而且允許使用順序來存取屬性值。

- 所有屬性值都是單元值：關聯表的屬性值都是單元值（Atomic），這是指二維表格中的每一個儲存格的值都是單一值，而不是一組值的集合，例如：姓名屬性值只能是【江小魚】，而不能是{江小魚，江大魚}多個值的集合。

2-3 資料操作或運算

對於關聯式資料庫模型的資料操作或運算來說，E. F. Codd 提出兩種存取關聯式資料的基礎查詢語言：關聯式代數和關聯式計算。

2-3-1 關聯式代數

關聯式代數（Relational Algebra）是低階運算子導向語言（Operator-oriented Language），可以描述如何得到查詢結果的步驟，如同程式語言一行一行的執行程式，這是一種程序式（Procedural）的查詢語言，一個關聯式代數運算式，如下所示：

結果　＝　σ 學生.科系編號 ＝ 科系.科系編號（學生 X 科系）

上述關聯式代數運算式使用 X 和 σ 運算子（Operators）一步步執行運算，以 1 個或 2 個關聯表作為運算元（Operands），其產生的運算結果就是另一個關聯表。

關聯式代數的運算子可以分為：集合論和代數運算子。傳統集合論運算子的數學符號，如下表所示：

關聯式代數運算子	符號	說明
交集（Intersection）	∩	將 2 個關聯表的相同值組取出成為一個關聯表
聯集（Union）	∪	將 2 個關聯表的所有值組合併成一個關聯表
差集（Set Difference）	−	在 2 個關聯表中，值組只存在第 1 個運算元，而不存在第 2 個運算元的關聯表
卡笛生乘積（Cartesian Product）	X	在 2 個關聯表中，第 1 個運算元的關聯表值組將結合第 2 個關聯表的所有值組，可以產生一個新的關聯表

關聯式代數理論的代數運算子和其數學符號，如下表所示：

關聯式代數運算子	符號	說明
選取（Selection）或稱限制（Restriction）	σ	從關聯表選出指定條件的值組
投影（Projection）	π	只取出關聯表所需屬性的集合
合併（Join）	▷◁	在 2 個關聯表使用相同定義域的屬性為條件合併 2 個關聯表的值組
除法（Division）	÷	在 2 個關聯表中，一個關聯表是除關聯表，一個是被除關聯表，可以找出除關聯表在被除關聯表中的「所有」資料

2-3-2 關聯式計算

關聯式計算（Relational Calculus）是一種高階的宣告式語言（Declarative Language），屬於非程序式（Non-procedural）查詢語言，我們不用一步一步描述其查詢過程，而是使用值組或定義域變數建立查詢運算式（Query Expression）直接宣告和定義查詢結果的關聯表，如下所示：

```
{ t | P(t) }
{ <x₁, x₂, …, xₙ> | P(<x₁, x₂, …, xₙ>) }
```

上述查詢運算式直接告訴資料庫管理系統需要什麼樣的關聯表，關聯表的值組 t 滿足 P(t)的特性描述，或是定義域$<x_1, x_2, ..., x_n>$滿足 $P(<x_1, x_2, ..., x_n>)$的特性描述，所以，我們不用考量如何建構查詢結果的步驟，只需描述所需的查詢結果。

2-3-3 SQL 語言與關聯式代數與計算

SQL 結構化查詢語言的基礎是關聯式代數和計算，SQL 語言的語法可以視為是一種關聯式計算的版本，關聯式資料庫管理系統內部的查詢處理模組（Query Processor）可以將 SQL 指令轉換成關聯式代數運算式後，使用關聯式代數進行實際的資料查詢，如下圖所示：

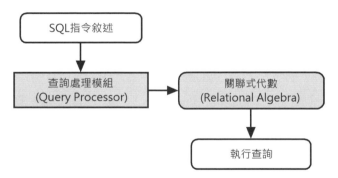

上述圖例是資料庫管理系統執行 SQL 指令敘述的過程，當輸入 SQL 指令後，SQL 指令會轉換成關聯式代數運算式，以便進行最佳化處理，最後產生程式碼來執行查詢。

所以，關聯式代數運算式也可以反過來轉換成對應的 SQL 指令敘述。例如：第 2-3-1 節的關聯式代數運算式相當於是執行 SQL 語言的 SELECT 指令、FROM 和 WHERE 子句，如下所示：

```
SELECT * FROM 學生, 科系
WHERE 學生.科系編號 = 科系.科系編號
```

上述 SQL 語言的 SELECT 指令包含多種關聯式代數運算子，WHERE 子句是合併與選取運算，FROM 子句屬於卡笛生乘積運算，再加上 UNION、EXCEPT 和 INTERSECT 指令，就可以寫出關聯式代數運算式對應的 SQL 指令敘述。

2-4 完整性限制條件

關聯式資料庫模型的完整性限制條件（Integrity Constraints）是資料庫設計的一部分，其目的是建立檢查資料庫儲存資料的依據和保障資料的正確性。不但可以防止授權使用者將不合法的資料存入資料庫，還能夠避免關聯表之間的資料不一致。

關聯式資料庫模型的完整性限制條件有很多種，其中適用在所有關聯式資料庫的完整性限制條件有四種，如下所示：

- 鍵限制條件（Key Constraints）：關聯表一定擁有一個唯一和最小的主鍵（Primary Key）。

- 定義域限制條件（Domain Constraints）：關聯表的屬性值一定是屬於定義域的單元值。

- 實體完整性（Entity Integrity）：關聯表的主鍵不可以是空值，屬於關聯表內部的完整性條件。

- 參考完整性（Referential Integrity）：當關聯表存在外來鍵時，外來鍵的值一定是來自參考關聯表的主鍵值，或為空值，此為關聯表與關聯表之間的完整性條件。

在上述四個完整性限制條件中，前兩個是定義關聯表的鍵和屬性值內容的條件；後兩個是維持關聯表之間關聯正確和一致性的主要規則。

2-4-1　鍵限制條件

　　關聯式資料庫模型的鍵是一個重要觀念，關聯表的「鍵」（Keys）是指關聯表綱要中單一屬性或一組屬性的集合。鍵限制條件（Key Constraints）是指關聯表一定擁有一個唯一和最小的主鍵（Primary Key）。

　　簡單的說，主鍵的目的是在關聯表能夠從兩個或兩個以上的值組中識別出是不同的值組。例如：在【學生】關聯表找出主鍵，其內容如下圖所示：

學生

學號	身份證字號	英文姓名	中文姓名	郵遞區號	電話	年齡
1	A123456	Jane	江小魚	220	02-22222222	19
2	B345689	Tom	劉得華	100	03-33333333	20
3	H123987	John	郭富成	300	04-44444444	19
4	J896756	Tony	張學有	248	05-55555555	18

　　上述學生關聯表的屬性有：學號、身分證字號、英文姓名、中文姓名、郵遞區號、電話和年齡。可以找出的鍵有：超鍵（Superkeys）、候選鍵（Candidate Keys）、主鍵（Primary Key）、替代鍵（Alternate Keys）和外來鍵（Foreign Keys）。

超鍵（Superkeys）

　　超鍵是關聯表綱要的單一屬性或屬性值集合，超鍵需要滿足唯一性，如下：

- 唯一性（Uniqueness）：在關聯表中絕不會有兩個值組擁有相同值。

　　我們可以透過超鍵的識別，在關聯表存取指定的值組。例如：學號 002 的學生資料，而不是學號 003。例如：從【學生】關聯表找出符合條件的超鍵，如下所示：

```
(學號)
(身分證字號)
(學號，身分證字號)
(學號，英文姓名)
(身分證字號，中文姓名)
```

> (身分證字號, 郵遞區號)
> (學號, 電話)
> (學號, 年齡)
> (學號, 英文姓名, 中文姓名)
> (身分證字號, 中文姓名, 郵遞區號)
> ....

上述單一和屬性集合都是超鍵,屬性集合只需包含學號或身分證字號屬性就是合法的超鍵,因為每位學生的學號和身分證字號一定不會相同。

▌Memo

屬性是否可以作為超鍵需視屬性值而定,如果關聯表所有學生的中文或英文名字保證不會相同,則(中文姓名)和(英文姓名)也可以是超鍵,包含中文姓名或英文姓名屬性的屬性集合都是合法的超鍵。

基本上,在關聯表中符合條件的超鍵相當多,大多數超鍵的問題是超鍵中有些屬性事實上是多餘的。例如:(學號, 英文姓名)超鍵的英文姓名屬性是多餘的,(身分證字號, 英文姓名, 郵遞區號)超鍵的英文姓名和郵遞區號屬性也是多餘的屬性,所以,我們可以從超鍵中進一步篩選出候選鍵。

候選鍵(Candidate Keys)

候選鍵是一個超鍵,在每一個關聯表至少擁有一個候選鍵,不只滿足超鍵的唯一性,還需要滿足最小性,如下所示:

- 最小性(Minimality):最小屬性數的超鍵,在超鍵中沒有一個屬性可以刪除,否則將違反唯一性。

因此,關聯表的候選鍵需要同時滿足唯一性和最小性,也就是說,候選鍵是最小屬性數的超鍵,所以,單一屬性的超鍵一定是候選鍵。例如:從【學生】關聯表的超鍵中,找出符合條件的候選鍵,如下所示:

> (學號)
> (身分證字號)

上述(學號)和(身分證字號)超鍵都是候選鍵，滿足唯一性和最小性。如果學生的中英文名字不會重複，(中文姓名)和(英文姓名)超鍵也是候選鍵。(學號, 中文姓名)超鍵不是候選鍵，因為只滿足唯一性，但是不滿足最小性。

候選鍵的屬性如果不只一個，而是多個屬性的集合，此時稱為複合鍵（Composite Key）。例如：【選課】關聯表的候選鍵，如下圖所示：

選課

課程編號	學號	成績
CS101	001	85
CS101	002	65
CS001	001	49
CS204	003	93

在上述關聯表中，單一屬性的課程編號和學號都不符合唯一性，因為可能有很多學生 001 和 002 上同一門課 CS101；一位學生 001 選多門課 CS101 和 CS001。

選課關聯表的(課程編號, 學號)屬性集合符合唯一性，這是一個超鍵，刪除任何一個屬性都會違反唯一性，所以滿足最小性，因此，超鍵(課程編號, 學號)是一個候選鍵，也是一個複合鍵。

主鍵（Primary Key；PK）

主鍵是關聯表候選鍵的其中之一，而且只有一個。例如：【學生】關聯表的(學號)和(身分證字號)都是候選鍵，關聯表的主鍵就是這兩個候選鍵的其中之一。

因為關聯表可能擁有多個候選鍵，此時的重點是如何在眾多候選鍵之中挑選主鍵。一些挑選原則如下所示：

- 不可為空值（Not Null）：候選鍵的屬性值不能是空值，如果是複合鍵，每一個屬性值都保證不能是空值。

- 永遠不會改變（Never Change）：候選鍵的屬性值永遠不會改變。例如：
  【學生】關聯表的學號和身份證字號不會改變，如果姓名不重複，中文和
  英文姓名候選鍵也可以作為主鍵，不過，姓名是有可能改變的。

- 非識別值（Nonidentifying Value）：候選鍵的屬性值本身沒有其他意義。
  例如：客戶編號格式是 ACCCnnn，第 1 個字母是行業代碼，中間三碼是
  郵遞區號，最後三碼是流水編號。如果客戶搬家，客戶編號中間三碼就會
  與實際情況不符。

- 簡短且簡單的值（Brevity and Simplicity）：盡可能選擇單一屬性的候選
  鍵，因為資料庫管理系統通常會使用主鍵建立索引資料，主鍵愈短，不但
  節省儲存空間，更可加速資料查詢。簡單是指候選鍵屬性值不會包括一些
  特殊符號，建議選擇定義域為整數或固定長度字串作為候選鍵。

例如：在【學生】關聯表的(學號)和(身分證字號)都可作為主鍵，也都滿足上
述條件，不過，我們應選(學號)，因為擁有代表性，雖然身份證字號一樣可以作為
主鍵，不過這是【學生】關聯表，學號更能代表學生。

替代鍵（Alternate Keys）

在關聯表的候選鍵之中，不是主鍵的其他候選鍵稱為替代鍵，因為這些是可
以用來替代主鍵的候選鍵。例如：【學生】關聯表的(學號)和(身分證字號)是兩個
候選鍵，因為(學號)是主鍵；(身分證字號)就是替代鍵。

外來鍵（Foreign Keys；FK）

外來鍵是關聯表的單一或多個屬性的集合，其屬性值是參考其他關聯表的主
鍵，當然也可能參考同一個關聯表的主鍵。外來鍵和其他關聯表的主鍵是對應的，
在關聯式資料庫扮演連接多個關聯表的膠水功能，如下圖所示：

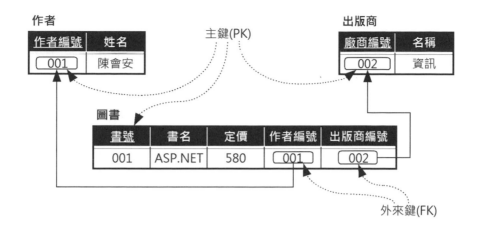

　　從上述圖例可以看出外來鍵需要考量兩件事：外來鍵是關聯表的哪些屬性，和參考哪一個關聯表。外來鍵的一些特性，如下所示：

- 外來鍵一定參考其他關聯表的主鍵，可以用來建立兩個關聯表之間的連接。例如：圖書關聯表的作者編號外來鍵是作者關聯表的主鍵。

- 外來鍵在關聯表內不一定是主鍵，例如：【圖書】關聯表的作者編號外來鍵並不是主鍵。

- 外來鍵和參考的主鍵屬於相同定義域，不過屬性名稱可以不同。例如：【圖書】關聯表的出版商編號是外來鍵，它是參考【出版商】關聯表的主鍵廠商編號。

- 外來鍵和參考主鍵中的主鍵如果是單一屬性；外來鍵就是單一屬性，主鍵是屬性集合；外來鍵一樣也是屬性集合。

- 外來鍵可以是空值 NULL。

- 外來鍵可以參考同一個關聯表的主鍵,例如:【員工】關聯表的老闆屬性是一個外來鍵,參考同一個關聯表的主鍵(員工編號),如右圖所示:

員工

員工編號	姓名	老闆	薪水	職稱
001	陳會安	NULL	800000	經理
002	江小魚	001	50000	副理
003	張三	002	40000	專員
004	李四	002	30000	專員

2-4-2 定義域限制條件

定義域限制條件(Domain Constraints)是指在關聯表的屬性值一定是定義域的單元值(Atomic)。例如:年齡屬性的定義域是 int,屬性值可以為 25,但不可以是 24.5。

定義域限制條件是指關聯表屬性一定需要指派定義域,在新增或查詢資料庫時,資料庫管理系統可以檢查屬性值是否屬於相同的定義域,以便進行有意義的比較。例如:學生和影片關聯表綱要,如下所示:

```
學生 ( 學號, 姓名, 地址, 電話, 生日 )
影片 ( 編號, 名稱, 出版日期, 租價, 分類 )
```

如果將上述【學生】關聯表的學號和【影片】關聯表的編號進行比較,這是一種沒有意義的比較,因為兩個屬性分別屬於不同的定義域。不過,目前大部分關聯式資料庫管理系統,定義域限制條件只提供基本資料類型的定義域,並不能自行定義所需的定義域。

2-4-3 實體完整性

實體完整性是關聯表內部的完整性條件,主要是用來規範關聯表主鍵的使用規則。

實體完整性

實體完整性(Entity Integrity)是指在基底關聯表主鍵的任何部分都不可以是空值,其規則如下所示:

- 主鍵如果是多個屬性的集合，任何一個屬性都不可以是空值，例如：(英文姓名, 中文姓名)是主鍵，英文姓名屬性不可以是空值；中文姓名屬性也不可以是空值。

- 在關聯表只有主鍵不可以是空值，其他替代鍵並不適用此規則。

- 實體完整性是針對基底關聯表，從其導出的關聯表並不用遵守。

Memo

基底關聯表（Base Relations）是一種具名關聯表，這是實際儲存資料的關聯表，並不是由其他關聯表運算所得，也稱為「真實關聯表」（Real Relations）。

實體完整性隱含的意義是指關聯表中不可儲存不可識別的值組（即不存在的記錄），因為關聯表儲存的是實體資料，在現實生活中，實體是可識別的，在此所謂的識別，就是指它是存在的東西。

因為關聯表的主鍵是用來識別值組，如果【學生】關聯表的學號主鍵是空值，就表示這位學生根本不存在，對於不存在的東西，關聯表何需儲存這位學生的資料。

主鍵的使用規則

「規則」（Rule）是以敘述方式來說明發生的原因和將會有什麼影響，在資料庫系統是用來定義完整性限制條件的執行方式。

關聯式資料庫管理系統支援實體完整性，可以定義主鍵的更新規則，如下所示：

- 主鍵的更新規則（Update Rule）：更新規則是指在基底關聯表的一個值組更新主鍵或新增值組時，如果主鍵是空值就會違反實體完整性，資料庫管理系統必須拒絕這項操作。

2-4-4　參考完整性

參考完整性是關聯表與關聯表之間的完整性條件，主要是用來規範外來鍵的使用規則。

參考完整性

參考完整性（Referential Integrity）是當關聯表存在外來鍵時，外來鍵的值一定是來自參考關聯表的主鍵值，或為空值。也就是說，外來鍵的屬性值集合是對應參考主鍵的屬性值集合，如下圖所示：

上述圖例可以看出參考主鍵的屬性值集合是定義域的子集，即外來鍵的屬性值集合，只是加上空值。例如：公司【員工】關聯表都會參與公司的【專案】關聯表，如下圖所示：

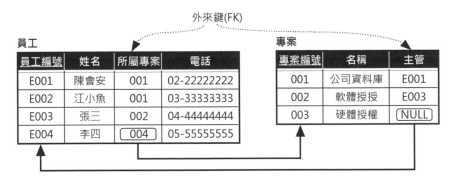

上述圖例的員工編號和專案編號是主鍵，所屬專案和主管分別是員工和專案的外來鍵，參考專案編號和員工編號主鍵。參考完整性的規則如下所示：

- 在關聯表不可包含無法參考的外來鍵。例如：員工李四的【所屬專案】外來鍵值根本不存在參考的主鍵【專案編號】，表示此值組違反參考完整性，因為沒有父親的專案編號，怎麼會有兒子所屬的專案。

- 如果外來鍵不是關聯表的主鍵，其屬性值可以為空值。例如：【專案】關聯表硬體授權的主管外來鍵是空值，因為可能尚未指定專案主管，所以並沒有違反參考完整性。

外來鍵參考圖

在關聯式資料庫模型的外來鍵是資料庫中各關聯表之間的結合劑，只需將外來鍵和參考主鍵連接起來，就可以了解關聯表之間的關係，所以建立資料庫綱要時，通常會使用圖形來標示關聯表之間的外來鍵關係，稱為「外來鍵參考圖」（Referential Diagram），如下圖所示：

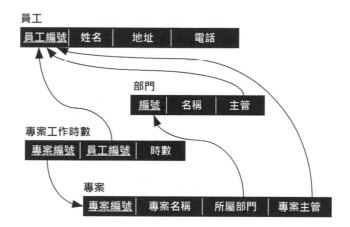

上述圖例是一間公司的資料庫綱要，擁有員工、部門、專案工作時數和專案關聯表綱要，各關聯表的外來鍵是使用箭頭線指向參考主鍵，其中【專案工作時數】關聯表的主鍵是複合鍵，也是外來鍵，從圖例可以清楚顯示整個資料庫中關聯表之間的關係。

因為關聯表的外來鍵是參考其他關聯表的主鍵，在參考的關聯表也可能擁有其他外來鍵，再參考到其他關聯表。如果將這些外來鍵的參考關係依序繪出，可以建立「外來鍵參考鏈」（Referential Chain），如下所示：

專案 → 部門 → 員工

上述參考鍵是說明【專案】關聯表參考【部門】關聯表，然後再參考到【員工】關聯表。如果外來鍵參考最後回到原關聯表，稱為「外來鍵參考環」（Referential Cycle），例如：關聯表 R1 的參考鏈最後又回到 R1，其外來鍵參考環，如下所示：

```
R1 → R2 → R3 → … → Rn → R1
```

外來鍵的使用規則

參考完整性主要是規範外來鍵的使用，當更新外來鍵或刪除參考主鍵時，都可能違反參考完整性。例如：客戶和訂單的外來鍵參考圖，如下圖所示：

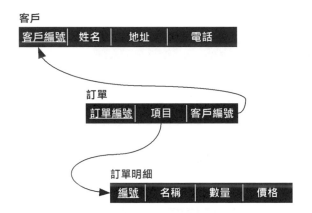

在上述外來鍵參考圖如果刪除【客戶】關聯表的值組，因為【訂單】關聯表擁有參考到【客戶】關聯表的外來鍵客戶編號，表示主鍵的值組已經不存在，即外來鍵參考的主鍵值組已經不存在，違反參考完整性。

另一種情況是更新【訂單】關聯表的外來鍵項目，因為此鍵參考【訂單明細】關聯表的主鍵編號，如果更新外來鍵所參考的主鍵不存在時，一樣違反參考完整性。由以上情況，可以定義兩種外來鍵的使用規則，如下所示：

- 外來鍵的更新規則（Update Rule）：如果一個值組擁有外來鍵，當合法使用者試圖在更新或新增值組時，更改到外來鍵的值，資料庫管理系統會如何處理？

- 外來鍵的刪除規則（Delete Rule）：如果一個值組擁有外來鍵，當合法使用者試圖刪除參考的主鍵時，資料庫管理系統會怎麼處理？

當上述規則在刪除參考主鍵或更新外來鍵時，將會導致違反參考完整性，資料庫管理系統可能有三種處理方式，如下所示：

- 限制性處理方式（Restricted）：拒絕刪除或更新操作。

- 連鎖性處理方式（Cascades）：連鎖性處理方式是當更新或刪除時，需要作用到所有影響的外來鍵，否則拒絕此操作。例如：在刪除客戶時，所有外來鍵參考的訂單資料也需一併刪除，當更改訂單明細編號時，則所有訂單中擁有此項目的外來鍵也需一併更改。

- 空值化處理方式（Nullifies）：將所有可能的外來鍵都設為空值，否則拒絕此操作。例如：當刪除客戶時，就將【訂單】關聯表中參考此客戶主鍵的外來鍵，即客戶編號都設為空值。

2-4-5 其他完整性限制條件

資料庫管理師除了建立前述的完整性限制條件外，還可以依照實際需求在基底關聯表的屬性新增額外的完整性限制條件。通常所有導出關聯表也都會繼承在基底關聯表設定的完整性條件，這些額外條件是在關聯表新增、刪除和更新資料時，觸發的一些額外檢查條件。

▌Memo

導出關聯表（Derived Relations）是由其他具名關聯表，經過運算而得的關聯表。具名關聯表（Named Relations）是在資料庫管理系統使用 CREATE TABLE、CREATE VIEW 和 CREATE SNAPSHOT 指令建立擁有名稱的關聯表，也就是使用者知道的關聯表。

　　「語意完整性」（Semantic Integrity）是大部分資料庫管理系統都支援的完整性條件，這是屬性內容的一些限制條件，可以檢查關聯表值組的屬性是否為合法資料。主要限制條件如下所示：

- 空值限制條件（Null Constraint）：限制屬性值不可為空值，也就是說，此屬性一定要輸入資料。例如：【學生】關聯表一定需要輸入姓名屬性。

- 預設值（Default Value）：如果新增時沒有輸入屬性值，值組的屬性會填入預設值，其主要目的是避免屬性為空值。例如：【員工】關聯表的部門屬性如果沒有輸入，預設填入【業務部】。

- 檢查限制條件（Check Constraint）：一個布林值的邏輯運算式，輸入的屬性值一定需要滿足運算式，即邏輯運算式為真（True）。一些檢查限制條件的範例，如下所示：

  - 學號不可是 4444、8888 和 9999：學號 <> 4444 and 學號 <> 8888 and 學號 <> 9999。

  - 員工每週最高工時不可超過 44 小時：時數 <= 44。

  - 部門員工薪水不可以高過部門經理：員工.薪水 <= 部門經理.薪水。

3

實體關聯模型
與正規化

3-1 | 實體關聯模型與實體關聯圖

　　「實體關聯模型」（Entity-Relationship Model；ERM）是 1976 年 Peter Chen 開發的資料塑模方法。「實體關聯圖」（Entity-Relationship Diagram；ERD）是一種圖形化模型，就是使用圖形符號所表示的實體關聯模型。

3-1-1 實體關聯模型的基礎

　　實體關聯模型是日前資料庫系統分析和設計時最常使用的方法，可以將商業領域的公司或組織的資料以邏輯方式呈現，實體關聯模型相信實體（Entity）與關聯性（Relationship）是真實世界最自然的資料塑模（Data Modeling）方式。我們可以使用實體和關聯性來描述真實世界的資料。

實體關聯模型使用實體與關聯性來描述資料和資料之間的關係,如下圖所示:

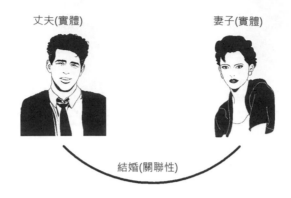

上述圖例是真實世界的結婚關係,丈夫與妻子是實體,在之間擁有結婚的關聯性,實體關聯模型使用上述實體和關聯性來描述真實世界,讓資料庫設計者專注於資料之間的關係,而不是實際的資料結構。

換個角度來說,實體關聯模型是將真實世界的資料塑模成邏輯關聯資料(Logically Related Data),詳見<第 1-1-2 節:資料塑模>,這就是儲存在資料庫的資料。

3-1-2　實體關聯圖的基礎

實體關聯圖是使用圖形符號所建立的實體關聯模型,以資料庫設計來說,通常是使用在概念或邏輯資料庫設計。實體關聯圖的基本建立步驟,如下所示:

1️⃣ 從系統需求找出實體型態。

2️⃣ 找出實體型態與其他實體型態之間的關聯性。

3️⃣ 定義實體型態之間的關聯型態種類是:一對一、一對多或多對多關聯型態。

4️⃣ 定義實體型態的屬性型態與主鍵。

在實體關聯圖使用的圖形符號，整理如下表所示：

實體關聯圖的種類	圖形符號
實體（Entity）	
弱實體（Weak Entity）	
關聯性（Relationship）	
識別關聯性（Identifying Relationship）	
屬性（Attribute）	
鍵屬性（Key Attribute）	
複合屬性（Composite Attribute）	
多重值屬性（Multivalued Attribute）	
導出屬性（Derived Attribute）	
E1 全部參與(Total Participation) R	
E2 部分參與(Partial Participation) R	

在本書準備建立的【教務系統】範例資料庫，其實體關聯圖如下圖所示：

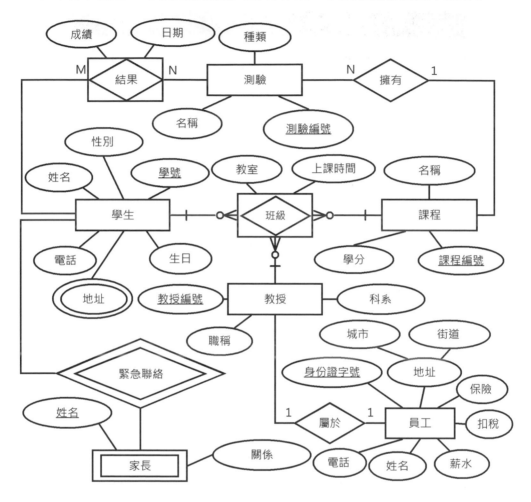

　　上述圖例是範例資料庫的實體關聯圖，從下一節開始，我們將詳細說明【教務系統】範例資料庫的實體關聯圖中，各符號圖形的使用。

3-1-3　實體型態

　　實體（Entities）是從真實世界的資料中識別出的東西。例如：人、客戶、產品、供應商、地方、物件、事件或一個觀念，也稱為實體實例（Entity Instances），其特性如下所示：

- 實體一定屬於資料庫系統範圍之內的東西。

- 實體至少擁有一個不是鍵（即關聯表主鍵）的屬性。

我們可以將實體分類成不同的實體型態（Entity Type），表示它們擁有相同的屬性，同一類實體可以指定實體型態名稱（Entity Type Name）來代表。

在實體圖聯圖的圖形符號是長方形節點，內為實體型態的名稱，如右圖所示：

右述名稱的學生稱為實體型態，因為學生代表扮演的角色，屬於此角色的東西，就稱為學生。例如：陳會安雖然是本書作者，如果在學校註冊上課，他就是學生。

每一位學生稱為實體型態的實例（Instances），或簡稱為實體，其集合稱為「實體集合」（Entity Set），也就是一個關聯表，如下圖所示：

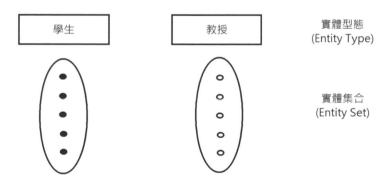

上述圖例的每一個小實心和空心圓點代表此實體型態的實體，其集合是實體集合。對比物件導向觀念的類別與物件，類別相當於實體型態；實例（或稱實體）就是對應物件。

3-1-4 關聯型態

關聯性（Relationships）是二個或多個實體之間擁有的關係，也稱為關聯實例（Relationship Instances），我們可以歸類成一種關聯型態（Relationship Types）。

關聯型態也稱為「結合實體型態」（Associate Entity Type），其目的是連接一、二個或以上相關的實體型態。關聯型態是使用菱形節點的圖形符號，在菱形的端點使用實線與擁有關聯性的實體型態連接，如下圖所示：

上述【屬於】是關聯型態，因為教授也是學校的員工。同樣的，關聯型態也可以建立實例，實例的集合稱為「關聯集合」（Relationship Set），如下圖所示：

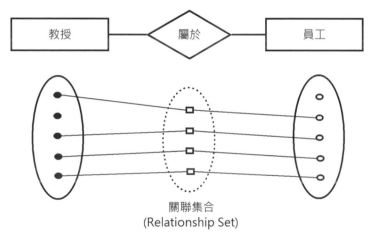

關聯集合
(Relationship Set)

上述圖例的教授和員工實體都參與【屬於】關聯型態。在實務上，某些特殊情況，實體型態本身會參與自己的關聯型態，稱為「遞迴」（Recursive）或稱「自身關聯性」（Self Relationship），如右圖所示：

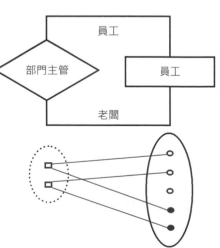

右述圖例的員工實體型態是部門主管，當然也是一位員工，所以員工實體型態本身就參與部門主管的關聯型態。

3-1-5 關聯限制條件

關聯型態是用來描述真實世界實體之間的關係，不過真實世界的關係並沒有如此單純，有時這種關係是一種有條件的關係。例如：一夫一妻制，同一公司的員工只有一位部門主管或是部門只能有 3 位員工等條件。

在實體關聯圖中，關聯型態連接的實體型態可以指定其限制條件，稱為「關聯限制條件」（Relationship Constraints）。

基數比限制條件

基數比限制條件（Cardinality Ratio Constraints）是用來限制關聯實體型態連接的實體個數，可以分為三種，如下所示：

- 一對一關聯性（One-to-one Relationship；1:1）：指一個實體只關聯到另一個實體。例如：一位教授只能是學校的一位員工，如下圖所示：

- 一對多關聯性（One-to-many Relationship；1:N）：指一個實體關聯到多個實體。例如：一門課程擁有小考、期中考和期末考等多次測驗，如下圖所示：

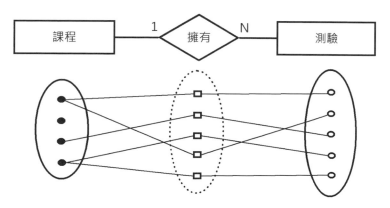

- 多對多關聯性（Many-to-many Relationship；M:N）：指多個實體關聯到多個其他實體。例如：學生可以參加多次測驗；反過來，測驗可以讓多位學生應試，如下圖所示：

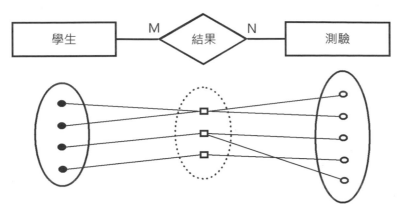

基數限制條件

基數限制條件（Cardinality Constraints）是在關聯型態的連接線上，標示實體允許參與關聯型態的數量範圍，即(1,N)、(0,N)、(1,1)和(0,1)等從 0 到 N 個。例如：課程是以(0,N)範圍參與擁有關聯型態，測驗是以(1,1)參與關聯型態，如下圖所示：

參與限制條件

參與限制條件（Participation Constraints）是指實體集合的實體全部或部分參與關聯型態，可以分為兩種，如下所示：

- 全部參與限制條件（Total Participation Constraints）：所有實體集合的實體都參與關聯型態，圖形符號是使用雙線來標示，也稱為「存在相依」（Existence Dependency）。

- 部分參與限制條件（Partial Participation Constraints）：在實體集合只有部分實體參與關聯型態，圖形符號是使用單線來標示。

　　例如：在課程與測驗實體型態的一對多關聯性中，課程實體只有部分參與，因為課程可能沒有測驗；測驗實體是全部參與關聯，因為如果課程有測驗，就一定存在測驗實體，不會有測驗而沒有課程，如下圖所示：

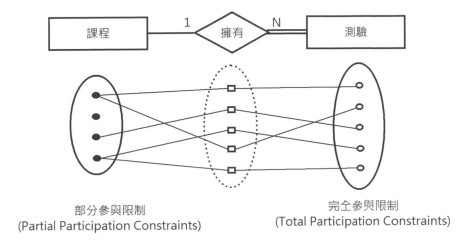

部分參與限制
(Partial Participation Constraints)　　　　完全參與限制
(Total Participation Constraints)

　　關聯限制條件的基數和參與條件可以使用雞爪符號（Crow's Foot Notation）標示在連接線的兩個端點，如下圖所示：

　　上述連接線的兩端使用雞爪符號表示關聯性的參與和基數條件，關聯型態名稱是直接置於實體之間的連接線之上，以此例，一位客戶實體可以擁有零、一個或多個訂單實體；反過來，訂單只能擁有一個客戶。

　　在第 5 章的資料庫設計工具就是使用上述雞爪符號來標示實體之間的關聯性，其進一步說明請參閱＜第5章：資料庫設計工具的使用＞。

3-1-6 屬性

　　屬性（Attribute）是實體擁有的特性。例如，學生實體擁有學號、姓名、地址和電話等屬性。「屬性型態」（Attribute Type）是屬性的所有可能值，也稱為值集合（Value Set），相當於是關聯表的定義域（Domain）。

實體關聯圖的實體與關聯型態可以擁有 0 到多個屬性（Attributes），屬性是使用橢圓型圖形符號的節點，使用單線與實體或關聯型態來連接，如下圖所示：

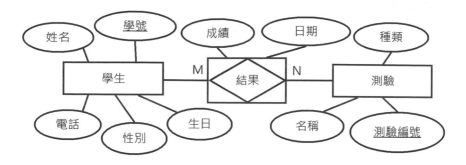

上述圖例的實體型態一定擁有屬性，關聯型態不一定有。如果關聯型態擁有屬性，而且是一種多對多關聯性，此時的關聯型態稱為「關聯實體」（Relationship-Entity），在角色上如同實體，所以在菱形圖外加上長方形框表示視為實體型態。

屬性是一組值的集合，這些值是屬性的可能值，稱為值集合（Value Set），即定義域。屬性可以分成很多種，如下所示：

- 單元值屬性型態（Atomic Attribute Types）：實體與關聯型態的最基本屬性型態是單元值。例如：學生實體型態的學號、姓名、生日和電話屬性。

- 複合屬性型態（Composite Attribute Types）：屬性是由多個單元值屬性組成，使用樹狀的單元值屬性圖形符號來表示。例如：員工實體型態的地址複合屬性是由街道、城市和郵遞區號單元值屬性所組成，如右圖所示：

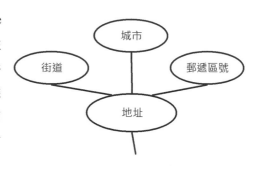

- 多重值屬性型態（Multivalued Attribute Types）：屬性值不是單元值，而是多重值，使用雙線的橢圓形節點符號標示。例如：學生實體型態的地址屬性可以記錄學生多個通訊地址，就是一個多重值屬性，如下圖所示：

- 導出屬性型態（Derived Attribute Types）：由其他屬性計算出的屬性，這是使用虛線的橢圓形節點符號來標示。例如：測驗實體型態的學生數屬性是記錄參加考試的學生數，事實上，屬性值是從結果關聯型態計算而得，如下圖所示：

- 鍵屬性型態（Key Attribute Types）：如果屬性是實體型態中用來識別實體的屬性，其角色相當於關聯表的主鍵，鍵屬性型態是在名稱下加上底線來標示。例如：學生實體型態的主鍵是學號屬性，如下圖所示：

3-1-7　弱實體型態

弱實體型態（Weak Entity Types）是一種需要依賴其他實體型態才能存在的實體形態，簡單的說，這是一種沒有主鍵的實體型態。例如：學生家長是一種弱實體，因為只有學生實體存在，家長實體才會存在。

相對的，擁有主鍵的實體型態稱為「一般實體型態」（Regular Entity Type）或強實體型態（Strong Entity Type）。在實體關聯圖的弱實體型態是使用雙框長方形圖形符號來標示。例如：家長弱實體型態，如下圖所示：

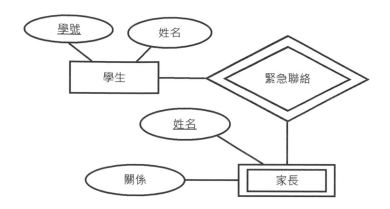

上述實體關聯圖的家長是弱實體型態，擁有姓名的「部分鍵」（Partial Key），其目的只在分辨是不同的家長實體。

弱實體型態一定需要關聯到一個強實體型態，以便識別其身份，強實體型態稱為「識別實體型態」（Identifying Entity Type），使用的關聯型態稱為「識別關聯型態」（Identifying Relationship Type），以雙框菱形圖形符號來表示，例如：緊急聯絡。

3-2 將實體關聯圖轉換成關聯表綱要

在完成概念資料庫設計建立概念資料模型的實體關聯圖後，接下來，我們就可以進行邏輯資料庫設計。以關聯式資料庫來說，就是將實體關聯圖轉換成關聯式資料庫模型（即邏輯資料模型）。

事實上，實體關聯圖也可以用來建立邏輯資料模型，其差別在於它是一個正規化的實體關聯圖，為了方便識別，本節是使用外來鍵參考圖來建立邏輯資料模型。

一般來說，實體關聯圖只需透過本節的轉換規則，就可以轉換成良好設計的關聯表綱要，至少符合 1NF、2NF 和 3NF 前三階正規化型式。

3-2-1 將強實體型態轉換成關聯表

在實體關聯圖的強實體型態（即一般實體型態）是對應關聯表，將強實體型態轉換成關聯表綱要的規則，如下所示：

- 建立新的關聯表綱要，其名稱是實體型態名稱。

- 關聯表綱要包含單元值屬性型態和複合屬性型態。

- 關聯表綱要不包含多重值屬性型態、外來鍵和導出屬性型態。

- 將鍵屬性（Key Attribute）指定為關聯表綱要的主鍵。

例如：員工實體型態的實體關聯圖，如下圖所示：

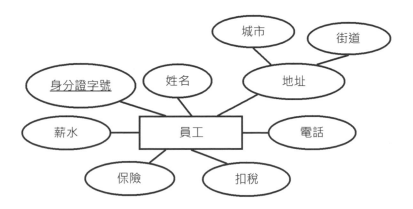

上述實體關聯圖轉換成的員工關聯表綱要，如下圖所示：

員工

身分證字號	姓名	城市	街道	電話	薪水	保險	扣稅

3-2-2 將關聯型態轉換成外來鍵

實體關聯圖的關聯型態可以轉換成關聯表綱要的外來鍵，我們可以在關聯表綱要新增參考到其他實體型態的外來鍵，分為三種：一對一、一對多和多對多關聯型態。

一對一關聯型態

一對一關聯型態轉換成關聯表綱要的規則，如下所示：

- 在參與關聯性的關聯表綱要新增參考到另一個關聯表綱要的外來鍵（FK）。

- 若關聯型態擁有單元值屬性，也一併加入新增外來鍵的關聯表綱要。

例如：教授實體型態與員工實體型態是一對一關聯性，其實體關聯圖如下圖：

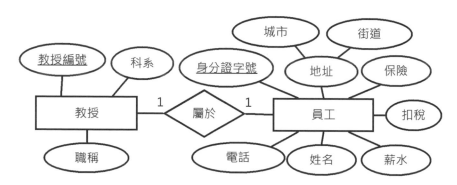

上述圖例的教授和員工實體型態參與屬於關聯型態的一對一關聯性。在將兩個實體型態轉換成關聯表綱要後，只需在教授關聯表綱要新增身份證字號屬性的外來鍵即可，如下圖所示：

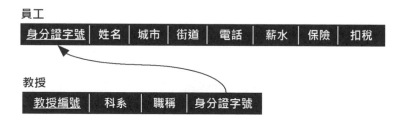

上述外來鍵參考圖可以看出教授關聯表的身份證字號屬性是參考到員工關聯表的外來鍵。

一對多關聯型態

一對多關聯型態轉換成關聯表綱要的規則，如下所示：

- 在 N 端的關聯表綱要新增參考到 1 端關聯表綱要的外來鍵（FK）。

- 若關聯型態擁有單元值屬性，也一併加入新增外來鍵的關聯表綱要。

例如：課程實體型態與測驗實體型態擁有一對多關聯，其實體關聯圖如下圖：

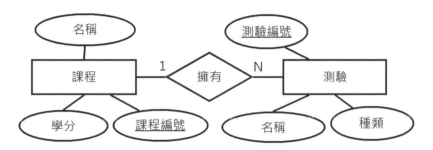

上述圖例的測驗實體型態是 N 方的一對多關聯性。在將兩個實體型態轉換成關聯表綱要後，只需在測驗關聯表綱要新增課程編號的外來鍵，如下圖所示：

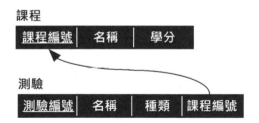

上述外來鍵參考圖可以看出測驗關聯表的課程編號屬性是參考到課程關聯表的外來鍵。

多對多關聯型態

多對多關聯型態轉換成關聯表綱要的規則，如下所示：

- 將關聯型態建立成新的關聯表綱要，名稱為關聯型態名稱，在新關聯表綱要擁有兩個外來鍵（FK），分別參考關聯到的實體型態。

- 若關聯型態擁有單元值屬性，一併加入新的關聯表綱要。

- 關聯型態建立的關聯表綱要，其主鍵是兩個外來鍵的組合鍵，有時，可能需要新增幾個關聯型態的屬性作為主鍵。

例如：學生和測驗實體型態是參與結果關聯型態，一位學生可以參與多次測驗，測驗可以讓多位學生來應試，多對多關聯的實體關聯圖，如下圖所示：

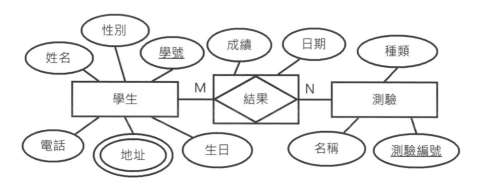

上述圖例的結果關聯型態是一種關聯實體型態，我們可以將三個實體型態轉換成關聯表綱要（除了學生關聯表綱要的地址多重值屬性），然後在結果關聯表綱要新增學號和測驗編號的外來鍵，如下圖所示：

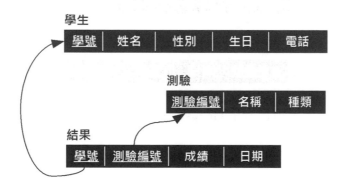

上述外來鍵參考圖可以看出結果關聯表的學號屬性是參考到學生關聯表的外來鍵，測驗編號屬性是參考到測驗關聯表的外來鍵。

3-2-3 轉換多重關聯型態

關聯資料型態如果是建立兩個實體型態之間的關係，稱為二元關聯型態
（Binary Relationship Type），事實上，關聯型態可能擁有三個或更多實體型態之
間的關聯性（Relationship），稱為「多重關聯型態」（Ternary Relationship Type）。

多重關聯型態的轉換規則類似多對多關聯型態，其規則如下所示：

- 將關聯型態建立成新的關聯表綱要，名稱是關聯型態的名稱，關聯表綱要
  擁有多個外來鍵（FK）分別參考關聯到的實體型態。

- 若關聯型態擁有單元值屬性，也一併加入新建立的關聯表綱要。

- 關聯型態建立的關聯表綱要主鍵通常是所有外來鍵的組合鍵，不過，可能
  需要新增幾個關聯型態的屬性，或部分外來鍵來作為主鍵。

例如：學生、課程和教授三個實體型態參與多重關聯型態班級的實體關聯圖，
如下圖所示：

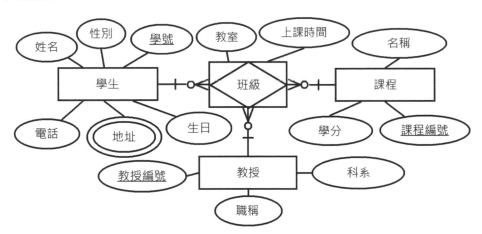

上述實體關聯圖是使用雞爪符號標示基數與參與條件（雞爪符號是學生關聯
到 0、1 或多個班級），在轉換成學生、課程、教授和班級關聯表綱要後，如下圖：

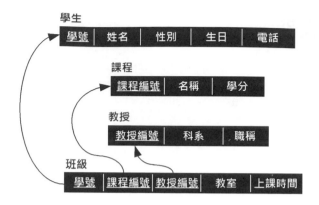

　　上述外來鍵參考圖可以看出班級關聯表是多重關聯型態轉換的關聯表，三個外來鍵學號、課程編號和教授編號屬性分別參考到學生、課程和教授關聯表。

3-2-4　多重值屬性轉換成關聯表

　　實體型態如果擁有多重值屬性，多重值屬性也需要轉換成關聯表綱要，其規則如下所示：

- 建立新的關聯表綱要，其名稱可以是屬性名稱或實體與屬性結合的名稱。

- 在新關聯表綱要新增參考到實體型態主鍵的外來鍵。

- 新關聯表綱要的主鍵是外來鍵加上多重值屬性，如果多重值屬性是複合屬性，可能需要加上其中一個屬性或是全部屬性。

　　例如：學生實體型態擁有地址多重值屬性的實體關聯圖，如右圖所示：

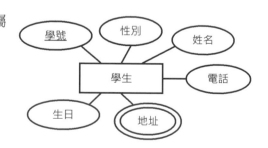

　　上述圖例學生實體型態的地址是多重值屬性，在轉換成關聯表綱要後，只需在學生聯絡地址關聯表綱要新增學號外來鍵和指定學號與地址屬性為主鍵，如下圖：

上述外來鍵參考圖可以看出學生聯絡地址關聯表的學號屬性是參考到學生關聯表的外來鍵。

3-2-5　弱實體型態轉換成關聯表

弱實體型態如同實體型態也是轉換成關聯表綱要，只是弱實體型態一定擁有一個對應的識別實體型態，所以在轉換上稍有不同，其規則如下所示：

- 建立新的關聯表綱要，其名稱為弱實體型態的名稱。

- 新關聯表綱要包含單元值屬性型態。

- 在新關聯表綱要新增識別實體型態的主鍵作為參考的外來鍵。

- 將弱實體型態的「部分鍵」（Partial Key）加上外來鍵，以便指定成新關聯表綱要的主鍵。

例如：家長弱實體型態和其識別實體型態學生的實體關聯圖，如右圖所示：

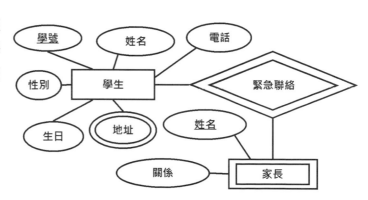

上述圖例的家長弱實體型態在轉換成關聯表綱要後，只需在家長關聯表綱要新增學號外來鍵和指定學號與姓名屬性為主鍵，如下圖所示：

上述外來鍵參考圖可以看出家長關聯表的學號屬性是參考到學生關聯表的外來鍵。

3-3 ｜ 關聯表的正規化

「正規化」（Normalization）是一種標準處理程序來決定關聯表應該擁有哪些屬性，其目的是建立「良好結構關聯表」（Well-structured Relation），一種沒有重複資料的關聯表。而且在新增、刪除或更新資料時，不會造成錯誤或資料不一致的異常情況。

3-3-1　正規化的基礎

以資料庫設計來說，正規化屬於邏輯資料庫設計的一部分，可以用來驗證和最佳化邏輯資料庫設計，以便滿足完整性限制條件和避免不需要的資料重複。

正規化的目的

正規化的目的是建立良好結構的關聯表，其說明如下所示：

- 去除重複性（Eliminating Redundancy）：建立沒有重複資料的關聯表，因為重複資料不只浪費資料庫的儲存空間，而且會產生資料維護上的問題。

- 去除不一致的相依性（Eliminating Inconsistent Dependency）：資料相依是指關聯表中的屬性之間擁有關係，如果關聯表擁有不一致的資料相依，這些屬性就會在新增、刪除或更新資料時，造成異常情況。

正規化的型式

關聯式資料庫的實體關聯圖是從上而下（Top-Down）進行分析，先找出實體，然後再分析實體之間的關聯性。正規化是從下而上（Bottom-Up）評估關聯表綱要是否符合正規化型式，針對的是關聯表中各屬性之間的關係，所以，正規化型式就是一些組織關聯表屬性的規則。

關聯表正規化的首要工作是處理主鍵與屬性之間的「功能相依」（Functional Dependencies），這是前三階正規化型式的基礎，如下所示：

- 第一階正規化型式（First Normal Form；1NF）：在關聯表刪除多重值和複合屬性，讓關聯表只擁有單元值屬性。

- 第二階正規化型式（Second Normal Form；2NF）：滿足 1NF 且關聯表沒有「部分相依」（Partial Dependency）。

- 第三階正規化型式（Third Normal Form；3NF）：滿足 2NF，而且關聯表沒有「遞移相依」（Transitive Dependency）。

- Boyce-Codd 正規化型式（Boyce-Codd Normal Form；BCNF）：屬於廣義的第三階正規化型式，如果關聯表擁有多個複合候選鍵，我們需要刪除候選鍵之間的功能相依，因為這些候選鍵間屬性的功能相依將會造成異常操作。

3-3-2　第一階正規化型式 – 1NF

第一階正規化型式是在處理關聯表本身，並沒有解決任何關聯表存在功能相依所造成的資料重複或操作異常等問題。簡單的說，第一階正規化型式是指關聯表沒有多重值和複合屬性，都是單元值屬性，所以，我們需要刪除關聯表中的複合和多重值屬性，如下所示：

- 刪除複合屬性：複合屬性的刪除只需將組成的單元值屬性展開，例如：複合屬性地址是由街道、城市和郵遞區號所組成，刪除複合屬性就是將地址屬性展開成街道、城市和郵遞區號三個屬性。

- 刪除多重值屬性：刪除多重值屬性基本上有三種方法，我們可以將多重值屬性分割成關聯表、值組或屬性，在本節筆者準備使用一個實例來說明這三種方法。

例如：在學生關聯表儲存學生的選課資料，主鍵是學號，其中姓名屬性是學生姓名的單元值，課程編號、名稱、教授編號、教授姓名、辦公室和教室屬性擁有多重值，如下圖所示：

學生

學號	姓名	課程編號	名稱	教授編號	教授姓名	辦公室	教室
S001	陳會安	{ CS101, CS203, CS222, CS213,}	{ 計算機概論, 程式語言, 資料庫管理系統, 物件導向程式設計, }	{ E001, E003, E002, E003, }	{ 陳慶新, 李鴻章, 楊金樺, 李鴻章 }	{ CS-102, M-100, CIS-101, M-100 }	{ 180-M, 221-S, 100-M, 500-K }
S002	江小魚	{ CS222, CS203 }	{ 資料庫管理系統, 程式語言 }	{ E002, E003 }	{ 楊金樺, 李鴻章 }	{ CIS-101, M-100 }	{ 100-M, 221-S }
S003	張三丰	{ CS121, CS213 }	{ 離散數學, 物件導向程式設計 }	{ E002, E001 }	{ 楊金樺, 陳慶新 }	{ CIS-101, CS-102 }	{ 221-S, 622-G }
S004	李四方	CS222	資料庫管理系統	E002	楊金樺	CIS-101	100-M

上述學生上的同一門課程可能是不同教授所開的課，例如：物件導向程式設計共有李鴻章和陳慶新兩位教授開課；而不同課程可能在同一間教室上課，例如：離散數學和程式語言是在同一間教室上課。

在學生關聯表擁有多重值屬性，並不符合 1NF 定義，所以需要執行關聯表的第一階正規化，其方法共有三種：分割成不同的關聯表、值組或屬性。

方法一：分割成不同的關聯表

關聯表如果擁有多重值屬性，所以違反 1NF，第一階正規化可以將多重值屬性連同主鍵分割成新的關聯表，如下圖所示：

學生

學號	姓名
S001	陳會安
S002	江小魚
S003	張三丰
S004	李四方

班級

學號	課程編號	名稱	教授編號	教授姓名	辦公室	教室
S001	CS101	計算機概論	E001	陳慶新	CS-102	180-M
S001	CS203	程式語言	E003	李鴻章	M-100	221-S
S001	CS222	資料庫管理系統	E002	楊金欉	CIS-101	100-M
S001	CS213	物件導向程式設計	E003	李鴻章	M-100	500-K
S002	CS222	資料庫管理系統	E002	楊金欉	CIS-101	100-M
S003	CS203	程式語言	E003	李鴻章	M-100	221-S
S003	CS121	離散數學	E002	楊金欉	CIS-101	221-S
S003	CS213	物件導向程式設計	E001	陳慶新	CS-102	622-G
S004	CS222	資料庫管理系統	E002	楊金欉	CIS-101	100-M

上述兩個關聯表是由學生關聯表分割而成，左邊的學生關聯表是學生資料，符合 1NF。班級關聯表是多重值屬性分割建立的新關聯表，新關聯表是以(學號, 課程編號, 教授編號)複合鍵作為主鍵，也符合 1NF。

方法二：分割成值組

因為符合 1NF 關聯表的每一個屬性只能儲存單元值，所以第一階正規化可以將多重值屬性改成重複值組，將屬性的每一個多重值都新增為一筆值組，如下圖：

學生

學號	姓名	課程編號	名稱	教授編號	教授姓名	辦公室	教室
S001	陳會安	CS101	計算機概論	E001	陳慶新	CS-102	180-M
S001	陳會安	CS203	程式語言	E003	李鴻章	M-100	221-S
S001	陳會安	CS222	資料庫管理系統	E002	楊金欉	CIS-101	100-M
S001	陳會安	CS213	物件導向程式設計	E003	李鴻章	M-100	500-K
S002	江小魚	CS222	資料庫管理系統	E002	楊金欉	CIS-101	100-M
S002	江小魚	CS203	程式語言	E003	李鴻章	M-100	221-S
S003	張三丰	CS121	離散數學	E002	楊金欉	CIS-101	221-S
S003	張三丰	CS213	物件導向程式設計	E001	陳慶新	CS-102	622-G
S004	李四方	CS222	資料庫管理系統	E002	楊金欉	CIS-101	100-M

上述學生關聯表的主鍵是(學號, 課程編號, 教授編號)，每一個屬性儲存的都是單元值，符合 1NF。

方法三：分割成不同屬性

第一階正規化還可以將多重值屬性配合空值，分割成為關聯表的多個屬性，不過，其先決條件是多重值個數是有限的。例如：一位學生規定只能修兩門課程（為了方便說明，筆者刪除教授與教室部分的屬性），如下圖所示：

學生

學號	姓名	課程編號1	課程名稱1	課程編號2	課程名稱2
S001	陳會安	CS101	計算機概論	CS203	程式語言
S002	江小魚	CS222	資料庫管理系統	CS203	程式語言
S003	張三丰	CS121	離散數學	CS213	物件導向程式設計
S004	李四方	CS222	資料庫管理系統	NULL	NULL

上述學生關聯表使用兩組屬性儲存選課的課程編號與課程名稱，雖然符合1NF，但是若學生選課數不只兩門，就會產生資料無法新增的異常情況。

在方法三是將多重值屬性分割成不同屬性，這種第一階正規化方法屬於一種特殊情況，只有少數情況下可以使用。例如：產品價格只有兩種，就可以分割成兩個屬性：定價（List Price）和售價（Sale Price）。

事實上，學生只能選修兩門課並不符合實際情況，學生關聯表並不能使用此方法來執行正規化，應該選用前兩種方法進行第一階正規化。

在本書是使用第一種方法進行第一階正規化，以便接著進行後面的第二階正規化，其結果與使用第二種方法的關聯表進行二階正規化的結果是完全相同。其差異只在第一種方法的學生關聯表是在第一階正規化時就分割出來，第二種方法是等到第二階正規化刪除部分相依時才分割出來。

3-3-3　第二階正規化型式 – 2NF

第二階正規化的目的是讓每一個關聯表只能儲存同類資料，也就是單純化關聯表儲存的資料。例如：學生關聯表用來儲存學生資料；教授關聯表儲存教授資料，而不會儲存課程等其他資料。當關聯表符合 1NF 後，就可以進行第二階正規化。

簡單的說，第二階正規化型式是指在關聯表中，不是主鍵的屬性需要完全相依於主鍵；反過來說，就是刪除關聯表中所有的部分相依（Partial Dependency）屬性。

功能相依（Functional Dependency；FD）是一種欄位之間的關係，知道欄位 A 的值，就可以知道欄位 B 的值，寫成 A→B，即欄位 B 功能相依於欄位 A。例如：本節第二階正規化後班級關聯表的主鍵是(學號, 課程編號, 教授編號)欄位，知道學號 S001、CS203 和 E003，就可以決定教室是 221-S；反之，知道 221-S，並不能決定學號，因為多位學生可能在同一間教室上課。

當執行上一節學生關聯表的第一階正規化後，目前關聯表已經分割成學生和班級兩個關聯表。現在我們就繼續上一節的正規化，執行班級關聯表的第二階正規化，如下圖所示：

班級

學號	課程編號	名稱	教授編號	教授姓名	辦公室	教室
S001	CS101	計算機概論	E001	陳慶新	CS-102	180-M
S001	CS203	程式語言	E003	李鴻章	M-100	221-S
S001	CS222	資料庫管理系統	E002	楊金欉	CIS-101	100-M
S001	CS213	物件導向程式設計	E003	李鴻章	M-100	500-K
S002	CS222	資料庫管理系統	E002	楊金欉	CIS-101	100-M
S003	CS203	程式語言	E003	李鴻章	M-100	221-S
S003	CS121	離散數學	E002	楊金欉	CIS-101	221-S
S003	CS213	物件導向程式設計	E001	陳慶新	CS-102	622-G
S004	CS222	資料庫管理系統	E002	楊金欉	CIS-101	100-M

上述班級關聯表的主鍵是(學號, 課程編號, 教授編號)，關聯表已知的功能相依，如下所示：

```
FD1：{學號, 課程編號, 教授編號}→辦公室
FD2：課程編號→名稱
FD3：教授編號→{教授姓名, 辦公室}
```

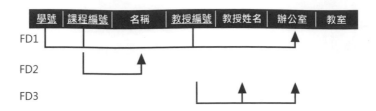

上述清單因為存在 FD2 和 FD3 的功能相依，表示這些屬性只是部分相依於主鍵，而不是完全相依於主鍵，其說明如下表所示：

功能相依	部分相依
{學號, 課程編號, 教授編號}→名稱	因存在 FD2，可以刪除學號和教授編號屬性，名稱是部分相依於主鍵
{學號, 課程編號, 教授編號}→{教授姓名, 辦公室}	因存在 FD3，可以刪除學號和課程編號屬性，教授姓名和辦公室是部分相依於主鍵

所以，在班級關聯表的非主鍵屬性名稱和教授姓名和辦公室並非完全相依於主鍵，所以不符合 2NF。

換一個角度來看，部分相依表示關聯表擁有其他資料的子集合。執行第二階正規化過程是：在部分相依 A→B 中，刪除屬性 A 不影響功能相依的屬性後，將功能相依 FD2 和 FD3 兩邊屬性獨立成關聯表，左邊剩下的屬性就是新關聯表的主鍵，如下圖所示：

班級

學號	課程編號	教授編號	教室
S001	CS101	E001	180-M
S001	CS203	E003	221-S
S001	CS222	E002	100-M
S001	CS213	E003	500-K
S002	CS222	E002	100-M
S003	CS203	E003	221-S
S003	CS121	E002	221-S
S003	CS213	E001	622-G
S004	CS222	E002	100-M

課程

課程編號	名稱
CS101	計算機概論
CS203	程式語言
CS222	資料庫管理系統
CS213	物件導向程式設計
CS121	離散數學

教授

教授編號	教授姓名	辦公室
E001	陳慶新	CS-102
E002	楊金欉	CIS-101
E003	李鴻章	M-100

上述圖例可以看到分割成班級、課程和教授三個關聯表，課程和教授關聯表分別是 FD2 和 FD3 功能相依建立的關聯表，這三個關聯表的非主鍵屬性都完全相依於主鍵，所以都滿足 2NF。

3-3-4 第三階正規化型式 – 3NF

第三階正規化的目的是移除哪些不是直接功能相依於主鍵的屬性，因為這些屬性是借由另一個屬性來功能相依於主鍵。換句話說，這些屬性是隱藏在非主鍵屬性中其他資料的子集合。當關聯表符合 2NF 後，就可以進行第三階正規化。

簡單的說，第三階正規化是指關聯表中不屬於主鍵的屬性都只能功能相依於主鍵，而不能同時功能相依於其他非主鍵的屬性，即刪除關聯表中所有的遞移相依（Transitive Dependency）屬性。

例如：繼續上一節的教授關聯表，執行關聯表的第三階正規化，如下圖所示：

教授

教授編號	教授姓名	辦公室編號	辦公室名稱
E001	陳慶新	CS-102	網路研究室
E002	楊金欉	CIS-101	資料庫中心
E003	李鴻章	M-100	數學系電腦中心
E004	王陽明	M-100	數學系電腦中心

上述教授關聯表為了方便說明，新增辦公室編號、名稱和一位講師王陽明，他與李鴻章位在同一間辦公室。教授關聯表已知的功能相依，如下所示：

```
FD1：教授編號→{教授姓名，辦公室編號，辦公室名稱}
FD2：教授編號→教授姓名
FD3：教授編號→辦公室名稱
FD4：教授編號→辦公室編號
FD5：辦公室編號→辦公室名稱
```

上述 FD3 的辦公室名稱屬性雖然功能相依於主鍵教授編號，但是，這是借由 FD4 和 FD5 所得到，所以 FD3 是遞移相依，如下圖所示：

上述圖例的教授編號屬性是主鍵，辦公室名稱屬性並非直接功能相依於主鍵，而是透過辦公室編號屬性，表示非主鍵的屬性有功能相依於其他非主鍵屬性，所以不符合 3NF。

換個角度來說，遞移相依表示關聯表仍然隱藏著其他資料的子集合。在執行第三階正規化時，就是將造成遞移相依的 A→B 功能相依兩邊的屬性獨立成關聯表，左邊的屬性是新關聯表的主鍵，如下圖所示：

教授

教授編號	教授姓名	辦公室編號
E001	陳慶新	CS-102
E002	楊金欉	CIS-101
E003	李鴻章	M-100
E004	王陽明	M-100

辦公室

辦公室編號	辦公室名稱
CS-102	網路研究室
CIS-101	資料庫中心
M-100	數學系電腦中心

上述圖例可以看到教授和辦公室兩個關聯表，辦公室關聯表是 FD5 功能相依建立的新關聯表，這兩個關聯表的非主鍵屬性都完全功能相依於主鍵，所以滿足 3NF。

3-3-5　Boyce-Codd 正規化型式 – BCNF

Boyce-Codd 正規化型式可以視為是一種更嚴格的第三階正規化型式，其目的是保證關聯表的所有屬性都功能相依於候選鍵。Boyce-Codd 正規化可以讓所有屬性都完全功能相依於候選鍵，而不是候選鍵的部分屬性。

請注意！Boyce-Codd 正規化是在處理關聯表擁有多個候選鍵的特殊情況，所以，Boyce-Codd 正規化處理的關聯表至少擁有二個或更多個候選鍵，而且這兩個候選鍵是：

- 複合候選鍵。

- 在複合候選鍵之間擁有重疊屬性，也就是說至少擁有一個相同屬性。

　　如果關聯表沒有上述情況，3NF 就等於 BCNF。例如：擁有學生身份證字號與成績的學生關聯表，如下圖所示：

學生

學號	身分證字號	課程編號	成績
S001	H12345678	CS101	90
S001	H12345678	CS203	82
S002	J45678377	CS203	87
S003	I12345674	CS213	92

　　上述學生關聯表擁有學號、身份證字號、課程編號和成績屬性，主鍵是(學號, 課程編號)。在學生關聯表擁有兩個候選鍵，如下所示：

```
(學號, 課程編號)
(身分證字號, 課程編號)
```

　　上述兩個候選鍵擁有重疊屬性課程編號，而且在候選鍵之間擁有功能相依：身分證字號→學號，因為身份證字號可以決定學號，如下圖所示：

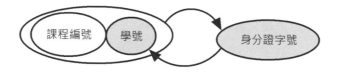

```
{學號, 課程編號}→身分證字號
身分證字號→學號
```

　　上述身分證字號屬性可以決定學號屬性，但是身分證字號只是候選鍵的一部分，而不是候選鍵（Candidate Keys），所以學生關聯表違反 BCNF。

　　簡單的說，BCNF 是指關聯表中，主要功能相依 A→B 的左邊屬性 A 稱為「決定屬性」（Determinant），決定屬性一定是候選鍵或主鍵。如果關聯表擁有不符

合上述規則的功能相依,就表示有不同的資料儲存在同一個關聯表,我們需要分割關聯表。

前述學生關聯表並不符合 BCNF,因為關聯表擁有重複資料會導致更新異常的情況。例如:學生 S001 的身份證字號輸入錯誤,更改身分證字號屬性需要同時更改 2 筆值組,否則將造成資料不一致,所以學生關聯表需要執行 BCNF 正規化,如下圖所示:

身分證字號

學號	身分證字號
S001	H12345678
S002	J45678377
S003	I12345674

成績單

學號	課程編號	成績
S001	CS101	90
S001	CS203	82
S002	CS203	87
S003	CS213	92

上述圖例可以看到儲存學生身份證字號和成績單兩個關聯表,兩個關聯表都滿足 3NF,而且所有屬性都決定於主鍵,所以滿足 BCNF。

因為學生關聯表的學號和身分證字號兩個屬性之間相互擁有功能相依,如下:

```
學號→身分證字號
身分證字號→學號
```

所以執行 BCNF 正規化分割學生關聯表時,也可以使用身分證字號屬性進行分割,如下圖所示:

身分證字號

學號	身分證字號
S001	H12345678
S002	J45678377
S003	I12345674

成績單

身分證字號	課程編號	成績
H12345678	CS101	90
H12345678	CS203	82
J45678377	CS203	87
I12345674	CS213	92

Chapter 4

SQL Server 資料庫管理系統

4-1 | SQL Server 的基礎

SQL Server 是微軟公司所開發的一套企業級資料庫產品,一種關聯式資料庫管理系統,在實務上,SQL Server 不只是一個關聯式資料庫引擎,還是一個功能強大的資料平台(Data Platform),提供企業級商業資料管理和資料分析,目前的最新版本是 SQL Server 2022 版。

請注意!關聯式資料庫模型的相關術語主要在用來說明資料庫系統的相關理論,在 SQL Server 使用的資料庫相關名詞另有一套術語。不過,這些名詞或術語都代表相同的意義,如下表所示:

關聯式資料庫模型	SQL Server 資料庫管理系統
關聯表(Relation)	資料表(Tables)
視界(Views)	檢視(Views)或檢視表
屬性(Attributes)	欄位(Fields)或資料行(Columns)
值組(Tuples)	記錄(Records)或資料列(Rows)

4-1-1　SQL Server 的版本演進

　　SQL Server 是微軟公司針對企業級市場推出的資料庫產品，其 SQL 語言是遵循 ANSI-SQL 規格，並且擴充功能成為 Transact-SQL（簡稱 T-SQL），這是擁有基本程式能力的 SQL 語言。微軟 SQL Server 的最初版本是源於 UNIX 和 VMS 作業系統的 Sybase SQL Server 4.0。

　　在網路上的維基百科可以查詢 SQL Server 的版本演進，其 URL 網址如下所示：

- https://zh.wikipedia.org/wiki/Microsoft_SQL_Server

SQL Server 1.0 & 1.1　[編輯]

SQL Server的發源最早要回到1986年，當時微軟已和IBM合作開發OS/2（當時為了要繼承MS-DOS）作業系統，但由於缺乏資料庫的管理工具，而IBM也打算將其資料庫工具放到OS/2中銷售之下，微軟和Sybase合作，將Sybase所開發的資料庫產品納入微軟所研發的OS/2中，並在獲得Ashton-Tate的支持下，第一個掛微軟名稱的資料庫伺服器Ashton-Tate/Microsoft SQL Server 1.0於1989年上市。

不過在1989-1990年間，由於Ashton-Tate的dBase IV計畫不順，讓微軟原本打算由dBase IV來開發SQL Server應用程式的計畫變得無法實現，因此微軟終止與Ashton-Tate的合約，真正掛微軟單一品牌的Microsoft SQL Server 1.1於1990年中出貨。同一年，微軟為SQL Server建立技術支援團隊，並於1991年初起陸續取得Sybase的授權，有權利可以檢視與修改SQL Server的原始程式碼。雖然主控權仍在Sybase，微軟的任何修正都需要由Sybase檢視並同意後才可以執行，但這個里程碑對日後微軟開始發展自己的資料庫伺服器時，在資料庫引擎的發展上，提供了相當重要的基礎。

然而在OS/2的銷售狀況不佳下，SQL Server 1.0/1.1/1.11（後續發布的1.1升級版）的銷售狀況都不佳[2]。

SQL Server 4.2　[編輯]

1992年，由Sybase與微軟共同發表SQL Server 4.2版，微軟在此版本中的貢獻為：

1. 與Sybase合作，將Sybase的SQL Server核心程式碼移植到OS/2中。
2. 提供MS-DOS，Windows以及OS/2的使用者端函式庫（Client Library）。
3. 開發部份管理工具。

不過SQL Server 4.2一開始並不是以32位元為基礎，而是以16位元為基礎開發。

版本	年份	發佈名稱	代號	內部版本號
1.0 (OS/2)	1989年	SQL Server 1.0	-	
4.21 (WinNT)	1993年	SQL Server 4.21	-	
6.0	1995年	SQL Server 6.0	SQL95	
6.5	1996年	SQL Server 6.5	Hydra	
7.0	1998年	SQL Server 7.0	Sphinx	
-	1999年	SQL Server 7.0 OLAP工具	Plato	
8.0	2000年	SQL Server 2000	Shiloh	539
8.0	2003年	SQL Server 2000 64-bit版本	Liberty	539
9.0	2005年	SQL Server 2005	Yukon	611/612
10.0	2008年	SQL Server 2008	Katmai	655
10.25	2009年	SQL Azure	CloudDatabase	-
10.50	2010年	SQL Server 2008 R2	Kilimanjaro（aka KJ）	661
11.0	2012年	SQL Server 2012	Denali	706
12.0	2014年	SQL Server 2014		782
13.0	2016年	SQL Server 2016		852
14.0	2017/09/29	SQL Server 2017	Helsinki	869
15.0	2019/11/4	SQL Server 2019	Seattle	895

　　微軟在 2019 年 11 月推出 SQL Server 2019 版，在此版本支援海量資料叢集功能，可以輕鬆結合內置 SQL Server 引擎的 Apache Spark 和 Hadoop 分散式檔案系統（HDFS）來同時管理結構化和非結構化資料，幫助企業與開發人員輕鬆建構雲端工作環境。

　　SQL Server 2022 版是在 2022 年 11 月推出，這是目前 SQL Server 最強力支援 Azure 雲端功能的版本，藉著與 Azure 雲端的緊密連結，可以讓使用者更簡單的在雲端建構災難備援，或將資料送到 Azure 雲端執行資料分析，並且在持續提升安全性與執行效能下，幫助企業和組織建構現代化的資料平台。

4-1-2　SQL Server 的組成元素

SQL Server 架構的基本組成元素有：服務、執行個體和工具，其說明如下所示：

服務（Services）

Windows 作業系統的服務是一種在背景執行的程式，通常都是在電腦啟動後就自動執行，因為並不需要與使用者互動，並沒有使用介面。當成功安裝 SQL Server 後，SQL Server 就會在安裝電腦的 Windows 作業系統建立多個服務，例如：資料庫引擎、SQL Server Agent 和全文檢索搜尋服務等，在第 4-3-1 節有進一步的說明。

執行個體（Instances）

SQL Server 可以在同一台電腦安裝多個執行個體（Instances），我們可以將 SQL Server 執行個體視為在同一台電腦安裝的多個 SQL Server 資料庫伺服器，可以分別提供不同的服務與用途，如下圖所示：

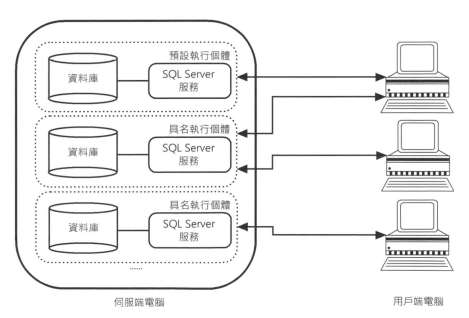

上述圖例的伺服端電腦安裝有多個執行個體，用戶端程式可以連線指定的執行個體來存取資料庫。對於 SQL Server 來說，一台電腦只能擁有一個預設執行個體，其他的都是具名執行個體，其說明如下所示：

- 預設執行個體（Default Instance）：預設執行個體是一個不需名稱的執行個體，在每一台電腦只能安裝一個預設執行個體。因為是預設執行個體，用戶端只需指名電腦名稱，就可以連線預設執行個體。

- 具名執行個體（Named Instance）：在電腦安裝的 SQL Server 不是預設或不具名的執行個體，就是具名執行個體。我們需要替具名執行個體命名。因為在同一台電腦可以安裝多個具名執行個體，所以連線 SQL Server 時，除了電腦名稱外，還需指明執行個體名稱。

工具（Tools）

SQL Server 提供多種工具來幫助我們管理、開發和查詢 SQL Server 資料庫，主要工具的簡單說明，如下所示：

- SQL Server Management Studio（SSMS）：SQL Server 圖形介面的整合管理工具，可以幫助我們管理、開發和查詢 SQL Server 資料庫。

- SQLCMD：命令列模式的管理工具，可以讓我們直接下達 T-SQL 指令來管理 SQL Server 資料庫。

- SQL Server 設定管理員：此工具是用來管理 SQL Server 服務、設定伺服器或用戶端的網路通訊協定，和管理用戶端電腦的網路連線組態。

4-1-3　SQL Server 2022 的版本和支援功能

SQL Server 2022 提供商業授權的企業版和標準版，免費特殊版本的開發人員版和 Express 版。基本上，這些 SQL Server 版本都是使用相同的資料庫引擎，只是支援不同 CPU 數、記憶體大小、不同資料庫儲存容量和更多進階功能元件等，其簡單說明如下所示：

- 企業版（Enterprise Edition）：SQL Server 功能最強大的版本，提供 SQL Server 所有功能和完整的高階資料中心功能，可以用來建立完整的資料管理和商業情報平台，幫助我們建立大型和跨國企業的資料庫系統或分散式資料庫系統，提供超高速效能、不受限制的虛擬化和進階的商業智慧分析、更強大資料轉換功能和更高的可用性（High Availability）。

- 標準版（Standard Edition）：此版本適用在部門、中型至小型企業組織建構資料管理和商業智慧分析平台，提供核心資料庫引擎、報表和資料分析功能，支援內部部署和雲端的一般開發工具，但缺少企業版的進階功能和支援較少 CPU 數，並且沒有提供完整可用性、安全性和資料倉儲功能。

> **Memo**
>
> SQL Server 2019 的 Web 版（Web Edition）仍然存在，在 2022 版是以 Microsoft Services Provider License Agreement（SPLA）授權來使用，此版本是針對在 Windows Server 作業系統建立 Web 環境提供的解決方案，能夠支援低成本、大規模和立即使用的網際網路應用程式。

- 開發人員版（Developer Edition）：提供軟體開發商開發建立各種應用 SQL Server 資料庫應用程式，其功能和企業版完全相同，不過，只授權使用在系統開發、展示與軟體測試用途。

- Express 版（Express Edition）：SQL Server 入門級的免費資料庫伺服器，可以建立桌上型或小型伺服器的資料庫應用程式，作為個人或小型公司的資料庫解決方案。此版本只提供資料庫引擎、用戶端工具、Management Studio 管理工具和全文檢索搜尋等功能。

4-2 | 安裝 SQL Server 資料庫管理系統

SQL Server 支援主從架構或分散式資料庫系統屬埋架構，可以在同一台或多台電腦安裝 SQL Server。雖然 SQL Server 可以將資料庫引擎和相關工具都安裝在

同一台電腦，不過，其邏輯架構仍然是主從架構，只是用戶端和伺服端都位在同一台電腦。

4-2-1　SQL Server 2022 版的軟硬體需求

為了讓安裝 SQL Server 2022 版的過程能夠更加的順利，建議預先準備好符合 SQL Server 最小軟硬體需求的 Windows 電腦，並且在新購或升級符合需求的硬體設備後，再執行 SQL Server 2022 版的安裝。

SQL Server 2022 版的硬體需求

電腦 CPU 速度和記憶體大小如果不符合最小硬體需求，SQL Server 2022 版雖然可以安裝，但並不能保證其執行效能。SQL Server 2022 版 CPU 和記憶體的最小與建議需求和 SQL Server 2019 版相同，如下表所示：

規格	最小與建議需求
CPU	64 位元處理器，速度至少 1.4GHz，建議 2.0GHz 以上，支援的 x64 CPU 有：AMD Opteron、AMD Athlon 64、支援 EM64T 的 Intel Xenon 和支援 EM64T 的 Pentium IV
記憶體	最少 1GB，建議最少 4GB 以上（Express 版最少 512MB，建議 1GB 以上）
螢幕	Super-VGA(800x600)以上的解析度

SQL Server 2022 版的硬碟空間需要至少 6 GB 的可用硬碟空間，建議安裝在 NTFS 檔案系統。其實際所需的硬碟空間需視安裝的元件而定，如下表所示：

安裝元件	所需硬碟空間
資料庫引擎	1,480MB
資料庫引擎+R 服務	2,744MB
資料庫引擎+PolyBase 查詢服務	4,194MB
Analysis Services	698MB
Reporting Services	967MB

安裝元件	所需硬碟空間
Microsoft R Server（獨立式）	280MB
Reporting Services - SharePoint	1,230MB
Integration Services	306MB
用戶端元件	445MB
SQL Server 線上叢書	27MB

SQL Server 2022 版的軟體需求

SQL Server 安裝程式預設就會自動安裝所需的軟體元件，如下所示：

- SQL Server Native Client。

- SQL Server 安裝程式支援檔案。

安裝 SQL Server 2022 版的基本軟體需求，如下表所示：

軟體元件	需求
作業系統	Windows 10 TH1 1507 或更新版本、Windows Server 2016 或更新版本
.NET Framework	2022 版是最低作業系統需求的 .NET Framework 版本，2019 版是.NET Framewrok 4.6.2 版
網路軟體	SQL Server 支援作業系統的內建網路軟體

4-2-2　安裝 SQL Server 2022 版

SQL Server 2022 安裝程式可以幫助我們安裝 SQL Server 執行個體，為了方便讀者建立學習 SQL Server 2022 資料庫管理系統的測試環境，本書是在 Windows 10 作業系統安裝 SQL Server 2022 開發人員版（Developer），其下載網址如下所示：

- https://www.microsoft.com/en-us/sql-server/sql-server-downloads

請啟動瀏覽器進入上述網址，可以看到下載網頁，然後捲動網頁找到下載免費特殊版本（Or, download a free specialized edition）區段，可以看到 Developer 版的下載按鈕，如下圖所示：

Or, download a free specialized edition

Developer

SQL Server 2022 Developer is a full-featured free edition, licensed for use as a development and test database in a non-production environment.

Express

SQL Server 2022 Express is a free edition of SQL Server, ideal for development and production for desktop, web, and small server applications.

　　請按位在 Developer 版下方的【Download now】鈕下載安裝程式檔案，其下載檔名是【SQL2022-SSEI-Dev.exe】。

安裝 SQL Server 執行個體

　　請使用擁有系統管理者權限的使用者登入 Windows 作業系統，以便擁有足夠的權限來安裝 SQL Server，其安裝步驟如下所示：

1 請雙擊下載檔案【SQL2022-SSEI-Dev.exe】執行安裝程式，並且保持 Internet 連線，按【是】鈕，稍等一下，可以看到選取安裝類型的畫面。

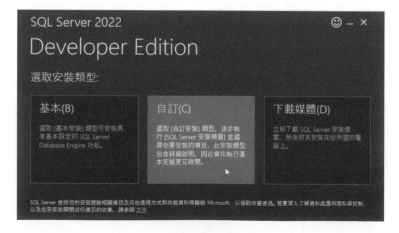

❷ 選【自訂】類型後，可以看到指定媒體下載位置，不用更改，按【安裝】鈕，可以看到目前下載安裝封裝的進度。

❸ 等到下載安裝封裝完成後，就會啟動 SQL Server 安裝中心，請在左邊選【安裝】後，右邊點選最上方【新增 SQL Server 獨立安裝或將功能加入至現有安裝】。

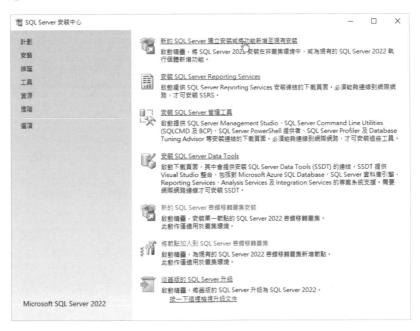

④ 如果 Windows 作業系統是第一次安裝 SQL Server，請直接跳至步驟 5.，如果已經安裝有其他版本的 SQL Server，就會執行更新和安裝規則檢查，當通過沒有失敗（有警告並沒有關係），即可按【下一步】鈕選擇升級或新安裝 SQL Server，請選【執行 SQL Server 2022 的新安裝】，按【下一步】鈕選擇安裝哪一種版本。

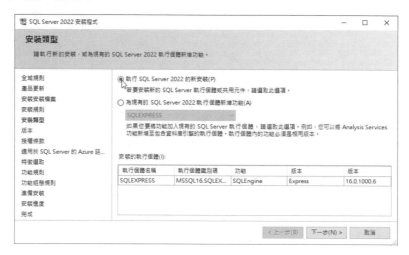

⑤ 請選【指定免費版本】後，再選【Developer】版（Evaluation 是評估版；Developer 是開發人員版；Express 是免費版）。如果擁有正版序號，請選【輸入產品金鑰】來輸入序號，按【下一步】鈕檢視軟體使用者授權合約。

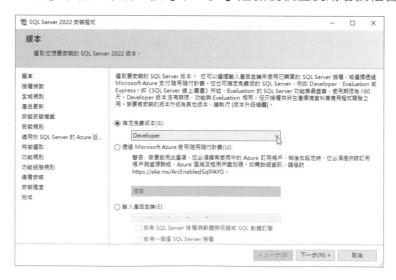

6 勾選【我接受授權條款和隱私權聲明】同意授權，按【下一步】鈕安裝適用 SQL Server 的 Azure 延伸模組（在 SQL Server 2019 版並沒有此步驟）。

7 如果擁有 Azure 帳戶或服務主體，請勾選上方【適用 SQL Server 的 Azure 延伸模組】和在下方輸入登入資訊，因為本書內容並未涉及此部分，請取消勾選，按【下一步】鈕勾選需要安裝的元件。

8 請按下方【全選】鈕,勾選全部功能後,按【下一步】鈕執行功能規則檢查。

9 在通過檢查後,即可輸入執行個體組態設定,預設安裝成【預設執行個體】
(如果已經安裝有其他具名執行個體的 SQL Server,請選安裝成預設執行個
體),按【下一步】鈕設定 PolyBase 組態。

在上方可以看到 Windows 電腦已經安裝有其他版本的 SQL Server 執行個體，以此例是 SQL Server 2022 Express 版。

⑩ 在設定 PolyBase 組態步驟，可以指定 PolyBase 服務的連接埠範圍，不用更改，按【下一步】鈕檢視伺服器組態。

⑪ 在伺服器組態步驟請用預設值，不用更改，按【下一步】鈕。

⑫ 然後指定資料庫引擎組態的驗證模式、管理員和資料目錄，是否啟用 FILESTREAM。首先選【混合模式】支援 Windows 和 SQL Server 驗證後，在下方輸入使用者密碼（此為資料庫伺服器預設的系統管理者 sa 的密碼），在輸入兩次密碼後，按下方【加入目前使用者】鈕指定目前使用者為 SQL Server 管理員，然後選上方【資料目錄】標籤可以指定資料目錄的路徑。

SQL Server 2022 安裝程式 ⎯ □ ✕

資料庫引擎組態

指定資料庫引擎驗證安全性模式、系統管理員、資料目錄、TempDB、最大平行處理原則程度、記憶體限制和 Filestream 設定。

全域規則
產品更新
安裝安裝檔案
安裝規則
安裝類型
版本
授權條款
適用於 SQL Server 的 Azure 延...
特徵選取
功能規則
執行個體組態
PolyBase 組態
伺服器組態
資料庫引擎組態
Analysis Services 組態
Integration Services Scale Ou...
Integration Services Scale Ou...
功能組態規則
準備安裝
安裝進度
完成

伺服器組態　資料目錄　TempDB　MaxDOP　記憶體　FILESTREAM

指定資料庫引擎的驗證模式和管理員。

驗證模式
○ Windows 驗證模式(W)
◉ 混合模式 (SQL Server 驗證與 Windows 驗證)(M)

指定 SQL Server 系統管理員帳戶的密碼。
輸入密碼(E): ●●●●●●●●
確認密碼(O): ●●●●●●●●

指定 SQL Server 管理員
DESKTOP-JOE\hueya (hueya)　　　　　　　SQL Server 管理員對資料庫引擎具有不受限制的存取權。

加入目前使用者(C)　加入(A)...　移除(R)

< 上一步(B)　下一步(N) >　取消

⑬ 資 料 目 錄 請 用 預 設 值 ， 在【 FILESTREAM 】標 籤 並 不 用 勾 選 啟 用 FILESTREAM，按【下一步】鈕設定 Analysis Services 組態（因為有勾選 安裝 Analysis Services）。

⑭ 在伺服器模式請用預設值，按下方【加入目前使用者】鈕指定目前使用者是 Analysis Services 管理員，按【下一步】鈕指定 Integration Services Scale Out 組態 – 主要節點（因為有勾選 Integration Services）。

⑮ 請直接使用預設值，不用更改，按【下一步】鈕，指定 Integration Services Scale Out 組態 – 背景工作節點。

⑯ 一樣請使用預設值，不用更改，按【下一步】鈕可以看到目前選擇的安裝元件清單。

⑰ 按【安裝】鈕，開始複製元件安裝 SQL Server，可以看到目前的安裝進度，請耐心等候。

⑱ 等到複製和成功完成安裝後，請按【關閉】鈕完成 SQL Server 2022 版的安裝。

安裝 SQL Server Management Studio（SSMS）管理工具

SQL Server 的 SSMS 管理工具需要自行下載和安裝，其下載和安裝步驟如下所示：

1 請啟動 SQL Server 安裝中心，在左邊選【安裝】後；右邊點選第三項的【安裝 SQL Server 管理工具】，即可進入 SSMS 下載頁面。

2 請在下載頁面點選【免費下載 SQL Server Management Studio (SSMS) 19.0】超連結下載 SSMS 安裝程式檔，請注意！SQL Server 2022 版只支援 19.0 以上版本的 SSMS。

❸ 下載的安裝程式檔案名稱是【SSMS-Setup-CHT.exe】，然後雙擊啟動安裝
程式，再按【安裝】鈕，接著按【是】鈕開始安裝 SQL Server Management
Studio 和 Azure Data Studio，可以看到目前的安裝進度。

❹ 稍等一下，等到安裝完成，請按【關閉】鈕完成安裝。

4-3 │ SQL Server 管理工具的使用

SQL Server 支援多種圖形化使用介面的管理工具，可以幫助資料庫管理師管理 SQL Server 資料庫和執行 SQL 指令碼。

4-3-1　SQL Server 設定管理員

SQL Server 設定管理員是管理 SQL Server 相關服務、設定伺服器或用戶端的網路通訊協定，和管理用戶端電腦的網路連線組態。

請執行「開始>Microsoft SQL Server 2022>SQL Server 2022 設定管理員」命令，再按【是】鈕，可以看到 SQL Server 設定管理員的執行畫面，如下圖所示：

上述 SQL 設定管理員主要管理項目的簡單說明，如下所示：

- SQL Server 服務：SQL Server 伺服器提供的服務清單，包含 SQL Server、Analysis Services、SQL Server Browser 和 SQL Server Agent 等，依安裝和不同版本而有所不同。

- SQL Server 網路組態：顯示支援的網路通訊協定清單，區分 32 和 64 位元版，沒有標示的是 64 位元版。

- SQL Native Client 11.0 組態：顯示 SQL Native Client 連線的相關設定，包含用戶端通訊協定和別名，一樣區分 32 和沒有標示的 64 位元版。

> **Memo**
>
> SQL Native Client 是微軟的資料存取技術，結合 OLE DB 和 ODBC 技術成為單一函式庫，可以讓用戶端程式使用 OLE DB 或 ODBC 執行 SQL Server 原生的資料庫存取。

SQL Server 服務說明

SQL Server 執行個體是以服務方式，在 Windows 作業系統的背景執行，我們可以使用 SQL Server 設定管理員來檢視 SQL Server 各種服務的狀態，並且停止、暫停或啟動指定的服務。

SQL Server 服務需視安裝的元件和版本而定，請在 SQL 設定管理員的左邊選【SQL Server 服務】，可以在右邊看到服務清單，如下圖所示：

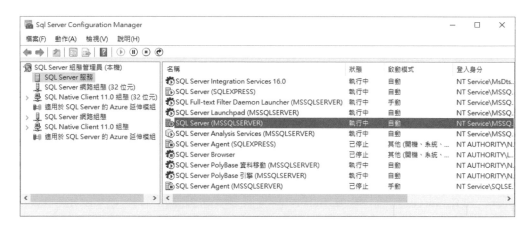

上述主要 SQL Server 服務的簡單說明，如下所示：

- SQL Server：SQL Server 服務的資料庫引擎，在之後的括號是執行個體名稱，筆者電腦同時安裝 SQL Server 和 SQL Server Express 版，可以看到執行個體名稱分別是 MSSQLSERVER 和 SQLEXPRESS。此服務就是資料庫

引擎，我們需要啟動服務才能執行 SQL 指令碼來存取資料庫。預設是【自動】啟動，即當開機啟動 Windows 作業系統後，就會自動啟動此服務。

- SQL Server Launchpad：SQL Server 機器學習服務，其進一步說明請參閱
  ＜第 19 章：SQL Server 機器學習服務＞。

- SQL Full-text Filter Daemon Launcher：啟動篩選背景程式主機服務就是
  SQL Server 整合全文檢索服務，啟動此服務才能執行全文檢索索引和搜尋
  功能，其進一步說明請參閱＜第 21 章：SQL Server 全文檢索搜尋＞。

- SQL Server Browser：因為同一台電腦可以安裝多個執行個體（Instances），
  此服務可以讓用戶端連線正確的執行個體，而不用指明使用的通訊埠號，
  預設已停止此服務。

Memo

SQL Server Browser 是當有多個具名執行個體使用動態通訊埠來進行連線時，因為
每次啟動 SQL Server 才會替具名執行個體指定通訊埠號，所以通訊埠號可能在每次
啟動都會指定不同的埠號，類似 DHCP（Dynamic Host Configuration Protocol）伺
服器動態指定網路電腦的 IP 位址。

當用戶端在連線 SQL Server 時，因為很難指明正確的通訊埠號，所以，我們需要透
過 SQL Server Browser 服務來替我們進行執行個體和通訊埠的配對，讓用戶端能夠
連線正確的具名執行個體。

- SQL Server Agent：SQL Server 代理程式是用來建立工作排程和產生警
  示，可以幫助我們建立 SQL Server 的自動化管理功能。

- SQL Server Analysis Services 和 Integration Services：SQL Server 商業智
  慧元件的相關服務。

- SQL Server PolyBase 引擎：PloyBase 服務引擎可以讓 SQL Server 執行個
  體處理從外部資料來源讀取資料的 Transact-SQL 查詢。

停止或暫停服務

在 SQL 設定管理員指定的服務項目上，執行【右】鍵快顯功能表的命令，就可以啟動、停止或暫停此服務，如下圖所示：

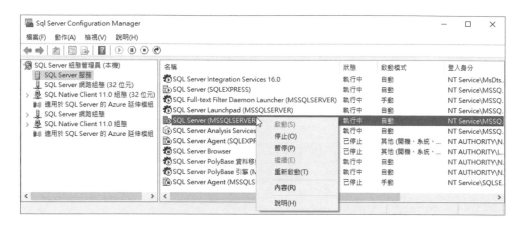

在上述快顯功能表執行【停止】命令是停止服務；【暫停】命令可以暫停服務，暫停和停止服務的差異，以 SQL Server 服務為例，暫停是指 SQL Server 服務仍在執行，但不允許新使用者連線 SQL Server 服務。

更改啟動模式

在 SQL 設定管理員可以更改指定服務的啟動模式，請在服務項目上，執行【右】鍵快顯功能表的【內容】命令，以「SQL Server 內容」對話方塊為例，如右圖所示：

在【服務】標籤的【啟動模式】欄位，可以指定啟動方式是自動、已停用或手動來啟動此服務。

設定 SQL Server 服務的參數

在「SQL Server 內容」對話方塊選【進階】標籤，可以設定 SQL Server 服務的參數，如右圖所示：

上述圖例可變更的參數說明，如下所示：

- 客戶回函報表（Customer Feedback Reporting）：是否將服務報告傳回微軟公司，這是 SQL Server 最常使用服務的使用報告。

- 傾印目錄（Dump Directory）：指定 SQL Server 記錄檔的目錄。

- 錯誤報告（Error Report）：是否將錯誤報告傳回微軟公司。

啟用網路通訊協定

在 SQL Server 設定管理員可以檢視、啟用或停用支援的網路通訊協定，請在左邊展開【SQL Server 網路組態】後，選之下的【MSSQLSERVER 的通訊協定】（SQLEXPRESS 是 SQL Server Express 版），可以看到支援的通訊協定清單，如下圖所示：

在上述狀態欄是目前狀態。執行【右】鍵快顯功能表的命令，即可啟用或停用通訊協定。SQL Server 支援的通訊協定說明，如下所示：

- 共用記憶體（Shared Memory）：一種不需要任何設定的通訊協定，主要是使用在本機電腦，可以在同一台電腦以安全方式讓用戶端程式連線 SQL Server 執行個體。

- 具名管道（Named Pipes）：微軟替 Windows 區域網路開發的通訊協定，源於 UNIX 作業系統的管道觀念，用戶端是使用 IPC（Inter-process Communication）來連線 SQL Server 執行個體，使用部分記憶體來傳遞資訊至本機或其他網路上的電腦。

- TCP/IP：Internet 網際網路使用的通訊協定，可以讓不同硬體架構和作業系統的遠端電腦使用 IP 位址來連線 SQL Server 執行個體。

4-3-2　啟動 Management Studio 整合管理工具

SQL Server Management Studio 管理工具（簡稱 SSMS）是 SQL Server 圖形使用介面的整合管理環境，可以讓我們使用同一工具來存取、設定、管理和開發 SQL Server 元件，其啟動步驟如下所示：

❶ 請執行「開始>Microsoft SQL Server Tools 19>Microsoft SQL Server Management Studio 19」命令啟動 SQL Server Management Studio，第一次啟動需要執行環境設定。

2 在「連線至伺服器」對話方塊的【伺服器類型】欄預設是資料庫引擎（Database Engine），即連線 SQL Server 服務的資料庫伺服器，在【伺服器名稱】欄選擇或輸入伺服器名稱（即電腦名稱），【驗證】欄選擇驗證方式，按【連線】鈕連線 SQL Server，如下圖所示：

3 在稍等一下，可以看到 SQL Server Management Studio 執行畫面，如下圖所示：

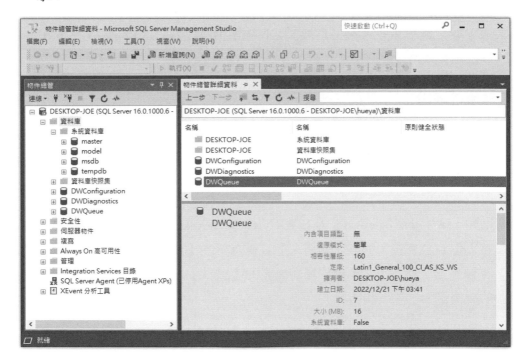

上述管理介面是源於 Visual Studio 開發工具，在左邊「物件總管」視窗類似 Windows 檔案總管，使用樹狀結構管理伺服器的相關物件項目，按下項目前的加減號，可以展開或隱藏其子物件的項目清單。

當在物件總管選取指定物件項目後，按 🖂 鍵或「檢視>物件總管詳細資料」命令，可以在右邊【物件總管詳細資料】標籤頁看到下一層的物件清單。執行「檔案>結束」命令可中斷連線和離開 Management Studio。

4-3-3　Management Studio 的使用介面

在 Management Studio 使用介面提供 SQL Server 大部分管理功能，我們可以在各視窗檢視資料庫物件，或編輯和執行 T-SQL 指令等。

物件總管視窗

Management Studio 物件總管視窗可以檢視和管理所有伺服器的相關物件，本書內容主要是說明 SQL Server 服務的資料庫引擎（Database Engine），其相關物件說明請參閱第 4-4 節。

標籤頁和屬性視窗

在物件總管視窗選取物件進行相關操作後，在中間視窗會依操作不同，而顯示編輯所需的標籤頁，如果有需要，還會在右邊顯示「屬性」視窗來編輯相關屬性。

例如：請先參閱第 4-3-4 節執行書附「Ch04\Test.sql」的 SQL 指令碼檔案建立【聯絡人】資料庫後，展開【聯絡人】資料庫下的【資料表】，然後在【聯絡資料】資料表上，執行【右】鍵快顯功能表的【設計】命令，可以開啟修改資料表定義的編輯畫面，如下圖所示：

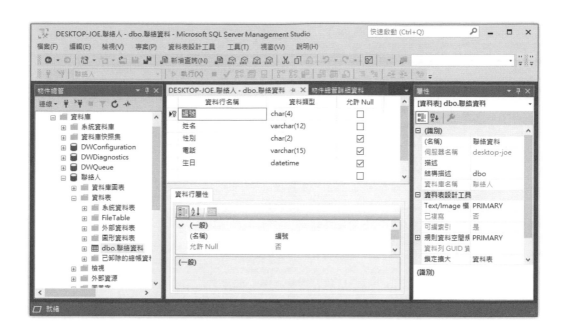

在上述圖例的中間視窗擁有【dbo.聯絡資料】和【物件總管詳細資料】兩頁標籤頁,只需在上方選擇標籤,就可以切換操作或管理的物件。在 Management Studio 的每一種管理、開發或存取操作都會在中間新增一頁標籤頁。

位在右邊的是「屬性」視窗(如果沒有看到,請執行「檢視>屬性視窗」命令,或按 鍵開啟此視窗),在最上方是選取的物件名稱,下方是屬性清單,預設使用分類方式來顯示,只需選取指定屬性後的欄位,就可以更改屬性內容。

功能表、工具列和快顯功能表

Management Studio 提供的管理功能都可以透過執行功能表命令,或工具列按鈕來開啟或執行。另一種方式是在指定物件上,執行【右】鍵快顯功能表的命令來達成,如下圖所示:

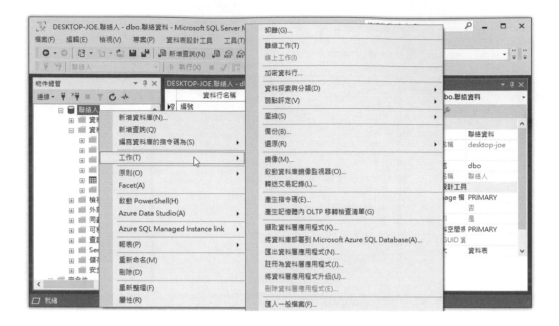

上述圖例是在【聯絡人】資料庫項目上，開啟【右】鍵的快顯功能表，因為是資料庫物件，在快顯功能表是資料庫相關操作的命令。

4-3-4 在 Management Studio 新增和執行 SQL 指令碼檔案

在本書的書附範例檔提供 SQL 指令碼檔案，其副檔名是.sql。對於現存的 SQL 指令碼檔案，我們可以在 Management Studio 開啟指令碼檔案來執行 SQL 指令。

例如：書附「Ch04\Test.sql」的 SQL 指令碼檔案可以建立【聯絡人】資料庫，執行此 SQL 指令碼檔案的步驟，如下所示：

1 請啟動 Management Studio 連線 SQL Server 執行個體，然後執行「檔案>開啟>檔案」命令開啟「開啟檔案」對話方塊，請切換至「\SQLServer\Ch04」資料夾，選 Test.sql，按【開啟】鈕。

2 可以看到開啟的 SQL 指令碼內容。按上方【執行】鈕（或按 🔲 鍵）執行指令碼，可以在下方看到訊息，顯示已經順利執行命令完成。

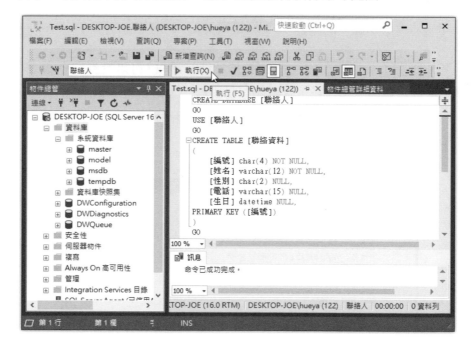

在 Management Studio 的「物件總管」視窗，可以看到【聯絡人】資料庫項目下新增的資料表清單（如果沒有看到，請在資料庫上，執行【右】鍵快顯功能表的【重新整理】命令），如右圖所示：

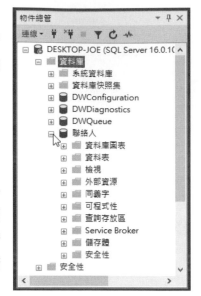

在 Management Studio 執行「檔案>新增>資料庫引擎查詢」命令（需重新連線）或按上方工具列的【新增查詢】鈕（並不需重新連線），就可以新增標籤頁來輸入 SQL 指令碼，執行「檔案>儲存 ???.sql」命令可以儲存成 SQL 指令碼檔案。

如果 SQL 指令碼檔案或輸入的 SQL 指令碼有錯誤，可以看到指令碼下方使用紅色鋸齒線標示錯誤（請注意！有可能只是誤標），當執行 SQL 指令碼後，可以在右下方「訊息」視窗顯示紅色的錯誤訊息，和指出錯誤所在的行列號，例如：執行 TestError.sql，如下圖所示：

4-4 | 檢視 SQL Server 資料庫物件

SQL Server 系統或使用者資料庫都是各種物件所組成，在 Management Studio 工具的「物件總管」視窗可以檢視這些資料庫物件。

4-4-1 系統資料庫

在 SQL Server 資料庫伺服器管理的資料庫分為兩種，如下所示：

- 使用者定義的資料庫（User-defined Databases）：這是使用者自行建立和控制的資料庫，例如：在第 4-3-4 節建立的【聯絡人】資料庫、第 5 章建立的 SPASchool 資料庫，和第 6 章建立的資料庫等。

- 系統資料庫（System Databases）：在安裝 SQL Server 後自動建立的資料庫，這是一些系統所需和維持 SQL Server 正常運作的資料庫。

master 資料庫

系統資料庫 master 記錄 SQL Server 執行個體的所有系統層級的資訊，包含：每位登入的使用者帳戶、系統組態設定、其他資料庫的狀態和使用者資料庫初始化資訊的檔案位置。簡單的說，master 資料庫是儲存整個 SQL Server 執行個體可以正常運作的重要資訊。如果 master 資料庫損壞，SQL Server 將無法正常運作。

model 資料庫

model 資料庫是建立 SQL Server 使用者資料庫的範本，內含使用者資料庫的基本關聯表綱要和相關系統物件，當我們使用 Management Studio 或 Transact-SQL 指令 CREATE DATABASE 建立資料庫時，就是直接複製 model 資料庫來建立新資料庫。

msdb 資料庫

　　msdb 資料庫主要是提供 SQL Server 代理程式（SQL Server Agent）使用的資料庫，其內容是儲存警示（Alert）或作業（Jobs）等排程資料，例如：資料庫備份的相關工作排程等。

　　另外，msdb 資料庫還包含 SQL Server Integration Services 的封裝、資料庫備份還原記錄、複寫和維護計劃等資訊。

tempdb 資料庫

　　tempdb 資料庫的功能是儲存目前 SQL Server 執行所需的暫存資料，包含所有暫存資料表和預存程序，和 SQL Server 執行查詢時產生的一些中間結果。SQL Server 在每一次啟動都會重新依據 model 資料庫來建立全新的 tempdb 資料庫。

　　tempdb 資料庫是一種全域資源，連線 SQL Server 的所有使用者都可以使用此資料庫來儲存暫存資料表和預存程序。並且在中斷 SQL Server 連線後，相關的暫存資料表和預存程序也會一併刪除。

Resource 資料庫

　　Resource 資料庫是一個唯讀且隱藏的資料庫，必須和 master 資料庫位在同一個路徑。在 Management Studio 並無法直接檢視 Resource 資料庫，資料檔名稱是 mssqlsystemresource.mdf；交易記錄檔是 mssqlsystemresource.ldf。

　　Resource 資料庫的主要目的是為了方便管理系統資料表和加速升級操作，舊版在安裝 Service Pack 時，我們需要備份資料庫且重新建立上千個系統物件，現在有了 Resource 資料庫，只需複寫唯讀的 Resource 資料庫即可完成升級或回復作業。

4-4-2　資料庫物件

SQL Server 系統或使用者資料庫都是由各種物件所組成，在 Management Studio 的「物件總管」視窗可以檢視資料庫的物件清單。例如：展開【聯絡人】資料庫，如右圖所示：

上述圖例 SQL Server 資料庫的常用物件說明，如下表所示：

物件	說明
資料庫圖表	使用圖形方式視覺化顯示關聯表綱要
資料表	即關聯表（Relations）
檢視	檢視表，即視界（Views）的虛擬關聯表
同義字	替本機或遠端伺服器的資料庫物件建立別名
可程式性	一些可程式化的相關物件
儲存體	全文檢索目錄、資料分割配置和函數等相關物件
安全性	安全性管理的相關物件

可程式性

在可程式性項目下是一些可程式化的相關物件。常用物件的說明如下表所示：

物件	說明
預存程序	將例行、常用和複雜的資料庫操作預先建立 Transact-SQL 指令敘述集合，這是在資料庫管理系統執行的指令敘述集合，可以簡化相關或重複的資料庫操作
函數	將一或多個 Transact-SQL 指令敘述建立成函數，以便能夠重複呼叫使用這些函數
資料庫觸發程序	一種特殊用途的預存程序，屬於主動執行的程序，不像預存程序是使用者執行，這是當資料表操作符合特定條件時，就自動執行觸發程序
規則	設定與 CHECK 條件相同功能的檢查條件，同一個規則物件可以套用在多個資料表的不同欄位
預設值	定義欄位的預設值，同一個預設物件可以套用在多個資料表的不同欄位
順序	SQL Server 資料庫物件，可以根據建立順序時指定的開始值、增量和結束值來產生數值序列，即流水號

上表規則和預設值物件在 SQL Server 2008 版已經不建議使用，目前的 SQL Server 仍然看得到，只是為了與舊版 SQL Server 相容。

安全性

資料庫安全性管理的相關物件，主要物件的說明如下表所示：

物件	說明
使用者	資料庫的使用者，即允許存取資料庫的使用者清單
角色	角色是將使用資料庫的權限以扮演的角色來進行分類，我們可以直接使用角色快速指定使用者的權限
結構描述	結構描述（Schema）可以替資料庫物件新增分類名稱，SQL Server 資料庫物件名稱的全名是「結構描述.物件名稱」
非對稱金鑰	資料加密建立的非對稱金鑰

物件	說明
憑證	資料加密建立的憑證
對稱金鑰	資料加密建立的對稱金鑰

4-5 新增 SQL Server 使用者帳戶

　　使用者管理是資料庫管理系統的身份識別系統，因為只有在資料庫管理系統擁有使用者帳戶和密碼的使用者，才允許建立資料庫連線，可以存取、設計、建立和維護資料庫。

4-5-1 SQL Server 使用者管理的基礎

　　資料庫系統使用者管理是一套與作業系統不同的使用者管理機制，各自擁有不同的使用者帳戶清單。

SQL Server 的使用者帳戶

　　在 SQL Server 的使用者帳戶分為兩種：登入（Logins）和資料庫使用者（Database Users），如下圖所示：

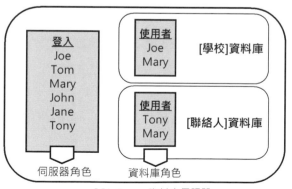

SQL Server資料庫伺服器

在上述圖例的 SQL Server 資料庫伺服器管理【學校】和【聯絡人】兩個資料庫,其中登入的使用者清單是允許連線 SQL Server 資料庫伺服器的登入帳戶,位在資料庫中的使用者清單,則是擁有存取指定資料庫權限的使用者。

當使用者成功登入資料庫伺服器後,並不表示可以使用資料庫,他還需要是資料庫使用者,才能擁有足夠的權限來使用指定的資料庫。在授權方面,SQL Server 可以使用角色來快速授與使用者權限,在登入帳戶是使用伺服器角色;資料庫使用者是使用資料庫角色。

伺服器角色

伺服器角色是用來授與登入的權限,可以讓使用者擁有 SQL Server 系統管理和維護權限,其說明如下表所示:

伺服器角色	說明
sysadmin	SQL Server 系統管理者,擁有最大權限的使用者
securityadmin	管理登入與 CREATE DATABASE 指令的權限,可以讀取錯誤記錄檔
serveradmin	負責設定伺服器範圍的組態選項和關閉伺服器
setupadmin	管理連線伺服器的相關設定與預存程序
processadmin	管理 SQL Server 的行程(Process)
diskadmin	管理磁碟的資料庫檔案
dbcreator	擁有建立、更改、卸除資料庫和更改資料庫屬性的權限
bulkadmin	擁有執行 BULK INSERT 指令的權限

資料庫角色

資料庫角色是授與資料庫使用者帳戶的權限,我們可以快速使用角色來授與使用者指定資料庫的存取權限。其說明如下表所示:

資料庫角色	說明
public	所有使用者都擁有此角色的權限，可以瀏覽資料表、檢視和執行預存程序，但沒有存取權限
db_owner	資料庫的擁有者，預設資料庫使用者 dbo 就屬於此角色，擁有資料庫的全部權限
db_datareader	使用者擁有查詢資料庫記錄的權限，也就是執行 SELECT 指令
db_datawriter	使用者擁有資料表記錄的新增、刪除和更新權限，也就是執行 INSERT、DELETE 和 UPDATE 指令
db_accesadmin	此角色可以建立和管理資料庫使用者

4-5-2　新增登入

在 SQL Server 執行個體新增名為 Tom 的登入（Logins），因為是使用 Windows 驗證，SQL Server 是直接使用作業系統帳戶來登入伺服器。請先在 Windows 作業系統新增名為 Tom 的使用者，如下圖所示：

然後啟動 Management Studio 建立 Windows 使用者帳戶的登入，其步驟如下所示：

1 請啟動 Management Studio 建立連線且在「物件總管」視窗展開【安全性】項目後，在【登入】項目上，執行【右】鍵快顯功能表的【新增登入】命令，可以看到「登入 - 新增」對話方塊。

② 選【Windows 驗證】後（若選【SQL Server 驗證】，請輸入兩次密碼來建立 SQL Server 登入帳戶），按【登入名稱】欄位後方的【搜尋】鈕搜尋 Windows 使用者。

③ 在「選取使用者或群組」對話方塊按左下方【進階】鈕。

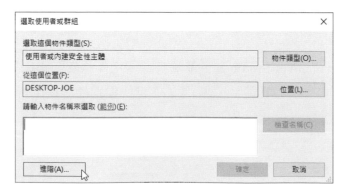

④ 按右方中間的【立即尋找】鈕，可以在下方看到搜尋結果，請選【Tom】，
按二次【確定】鈕選擇此使用者。

⑤ 在【登入名稱】欄位可以看到使用者名稱，如果是直接輸入使用者名稱，其格
式為「網域或電腦名稱\帳戶名稱」，以筆者電腦為例是【DESKTOP-JOE\Tom】，
然後按下方【確定】鈕。

6 稍等一下,可以在「物件總管」視窗看到建立的登入【DESKTOP-JOE\Tom】。

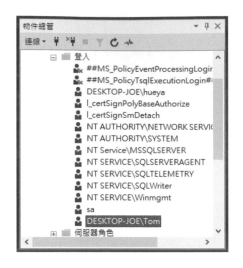

4-5-3 新增資料庫使用者

在 SQL Server 新增登入後,就可以在 Management Studio 新增資料庫使用者 (Database Users) 和授與使用者的權限。例如:在【聯絡人】資料庫新增使用者 【Tom】,和擁有 db_owner 資料庫權限,其步驟如下所示:

1 請啟動 Management Studio 建立連線和在「物件總管」視窗展開【聯絡人】 資料庫下的【安全性】項目後,在【使用者】項目上,執行【右】鍵快顯功 能表的「新增使用者」命令,可以看到「資料庫使用者 - 新增」對話方塊。

❷ 在【使用者類型】欄選【Windows 使用者】，【使用者名稱】欄輸入資料庫
使用者名稱 Tom，按【登入名稱】欄後面按鈕選擇對應的 Windows 登入。

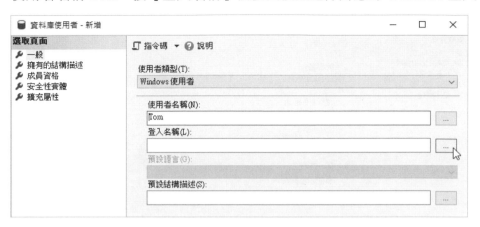

❸ 在「選取登入」對話方塊，按【瀏覽】鈕，可以看到登入清單。

❹ 請勾選【[DESKTOP-JOE\Tom]】，按二次【確定】鈕。

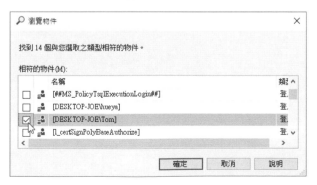

❺ 可以看到選擇的登入【DESKTOP-JOE\Tom】，請在左邊選【成員資格】
頁面。

❻ 在此頁面可以指定資料庫使用者的角色，請在右邊選【db_owner】權限，按
下方【確定】鈕完成資料庫使用者的新增。

7 請在「物件總管」展開【聯絡人】資料
庫；再展開【安全性】下的【使用者】，
可以看到新增的資料庫使用者 Tom。

現在，我們可以改用 Tom 登入 Windows 作業系統來連線 SQL Server，而且
Tom 擁有全部權限來存取【聯絡人】資料庫，因為他是 db_owner 角色的資料庫使
用者。

4-6 | SQL Server 技術文件

SQL Server 技術文件是一份網路的線上說明文件，提供完整 SQL Server 操作
說明、Transact-SQL 語法參考和問題解答。當使用者在操作 SQL Server 發生問題
時，都可以試著自行進入線上技術文件來找尋所需的解答，其網址如下所示：

- https://docs.microsoft.com/zh-tw/sql/sql-server/?view=sql-server-ver16

　　上述圖例是文件集的首頁，只需捲動視窗選擇技術分類，就可以顯示指定項目的進一步文件內容，例如：選 SQL Server 機器學習服務，如下圖所示：

　　在網頁的左上角有一個搜尋圖示，點選即可輸入關鍵字來搜尋 SQL Server 線上技術文件的內容。

資料庫設計工具的使用

5-1 資料庫設計的基礎

「資料庫設計」（Database Design）是一項大工程，因為資料庫儲存的資料牽涉到公司或組織的標準化資訊、資料處理和儲存方式，資料庫應用程式開發不能只會寫程式，還需要擁有資料庫相關的技術背景。

關聯式資料庫設計（Relational Database Design）是在建立關聯式資料庫，更正確的說，我們是建立關聯式資料庫綱要，也就是定義資料表、欄位和主索引等定義資料。

5-1-1 資料庫系統開發的生命周期

資料庫系統開發的生命周期是資料庫系統的開發流程，它和其他應用程式的開發過程並沒有什麼不同。資料庫系統開發的生命周期可以分成五個階段，其流程圖如右圖所示：

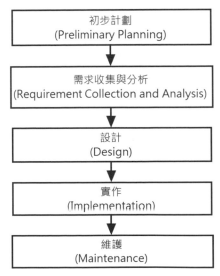

上述資料庫系統的開發流程中，第一階段的初步計劃是描述資料庫系統的目的、功能和預期目標等資訊。第二階段依照初步計劃進行資料收集、訪查來確定資料庫系統的需求，在此階段注重的是問題，而不是系統本身，在完成需求的收集後，就可以開始進行分析。

在之後三個階段是資料庫設計與實作部分，當分析完資料庫的需求後，就可以在第三階段進行資料庫設計，第四階段是在選擇的資料庫管理系統實作資料庫，例如：SQL Server。最後第五階段，雖然資料庫系統已經設計完成，但是，還是需要定時維護資料庫系統，以維持資料庫系統的正常運作。

在本節主要說明第三階段的資料庫設計，對比軟體系統開發，就是系統分析。事實上，完整資料庫設計分成兩個部分，如下所示：

- 資料庫設計（Database Design）：依照一定程序、方法和技術，使用結構化方式將概念資料模型（詳見下一節說明）轉換成資料庫的過程。

- 應用程式設計（Application Design）：撰寫程式建立使用者介面，並且將商業處理流程轉換成應用程式的執行流程，以便使用者能夠輕易存取所需的資訊，即所謂資料庫程式設計（Database Programming），進一步說明請參閱＜第 18 章：SQL Server 用戶端程式開發 – 使用 C#和 Python 語言＞。

5-1-2　資料庫設計方法論

「資料庫設計方法論」（Database Design Methodology）是使用特定程序、技術和工具的結構化設計方法，一種結構化的資料庫設計方法，這是一種計劃性、按部就班來進行資料庫設計。

對於小型資料庫系統來說，就算沒有使用任何資料庫設計方法論，資料庫設計者一樣可以依據經驗來建立所需的資料庫。但是，對於大型資料庫設計的專案計劃來說，資料庫設計方法論就十分重要。

在本節說明的資料庫設計方法論，完整資料庫設計共分成三個階段：概念、邏輯和實體資料庫設計，如下圖所示：

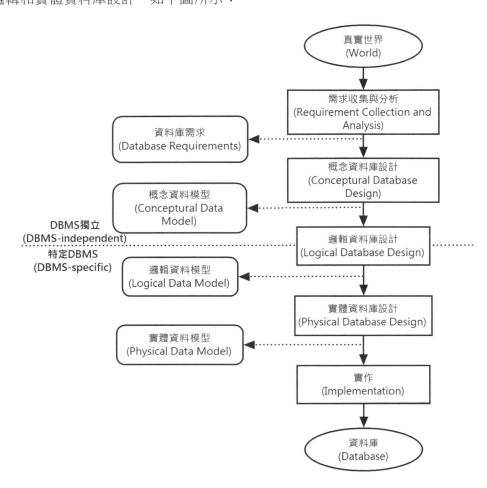

上述圖例顯示當從真實世界進行需求收集和分析後，就可以撰寫資料庫需求書，通常是使用文字來描述系統需求。接著進行三個階段的資料庫設計來建立所需的資料模型，在這三個階段主要是建立概念、邏輯和實體資料模型，如下所示：

概念資料庫設計（Conceptual Database Design）

概念資料庫設計是將資料庫需求轉換成概念資料模型的過程，並沒有針對特定資料庫管理系統或資料庫模型。簡單的說，概念資料模型是一種使用者了解的

模型，用來描述真實世界的資料如何在資料庫中呈現。實體關聯圖是目前最廣泛使用的概念資料模型。

邏輯資料庫設計（Logical Database Design）

邏輯資料庫設計是將概念資料模型轉換成邏輯資料模型的過程，邏輯資料庫設計是針對特定資料庫模型來建立邏輯資料模型，例如：關聯式資料庫模型。

邏輯資料模型是一種資料庫管理系統了解的資料模型，擁有完整資料庫綱要，我們可以使用第 2 章的外來鍵參考圖建立邏輯資料模型。事實上，實體關聯圖不只可以建立概念資料模型，也可以建立邏輯資料模型，其最大差異在於邏輯資料模型是一個已經正規化的實體關聯圖。

實體資料庫設計（Physical Database Design）

實體資料庫設計是將邏輯資料模型轉換成關聯式資料庫管理系統的 SQL 指令碼，以便建立資料庫。實體資料模型可以描述資料庫的關聯表、檔案組織、索引設計和額外的完整性限制條件。

5-1-3　安裝資料庫設計工具

「資料庫設計工具」（Database Design Tools）也稱為資料庫塑模工具（Database Modeling Tools）或資料塑模工具（Data Modeling Tools），這是一套提供完整資料庫設計環境的應用程式，可以幫助我們執行資料庫設計、建立與維護資料庫。以關聯式資料庫來說，資料庫設計工具的最重要功能就是繪製實體關聯圖。

SQL Power Architect 是加拿大 SQL Power Group 公司開發的一套企業級的資料庫塑模工具，可以幫助開發者、資料庫管理師或資料庫設計者有效的執行資料庫設計與開發過程，和建立和維護資料庫設計成果。

安裝 Java 執行環境

SQL Power Architect 是使用 Java+JDBC 技術開發的資料庫塑模工具，需要使用 JRE 7（Java Runtime Environment 7）或以上版本來執行，在執行前請先在 Windows 作業系統安裝 JRE。

請進入 Oracle 下載網址：https://www.java.com/zh-TW/download/下載 JRE，在本書是安裝 JRE 8 Update 351，下載的安裝程式檔案是【jre-8u351-windows-x64.exe】，其安裝步驟如下所示：

① 請雙擊【jre-8u351-windows-x64.exe】程式檔案，按【是】鈕，稍等一下，可以看到歡迎安裝的精靈畫面和授權合約說明。

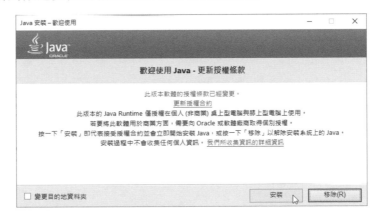

② 按【安裝】鈕同意授權和開始安裝 JRE，可以看到目前的安裝進度，等到安裝完成，可以看到成功安裝的精靈畫面。

③ 按【關閉】鈕完成 JRE 安裝。

安裝 SQL Power Architect

SQL Power Architect 目前已經是 Open Source 免費軟體，可以在 BEST OF BI 網站免費下載 1.09 版，其下載網址：https://bestofbi.com/architect-download/，下載檔案是 ZIP 格式檔案，請先解壓縮此檔案，然後進行安裝，其安裝步驟如下所示：

❶ 請雙擊解壓縮的【SQL-Power-Architect-Setup-Windows-1.0.9.exe】安裝程式檔案,按【是】鈕,稍等一下,可以啟動安裝精靈,看到歡迎安裝的精靈畫面,按【Next】鈕。

❷ 在軟體使用者授權合約步驟,勾選【I accept the terms of this license agreement】同意授權,按【Next】鈕選擇安裝路徑。

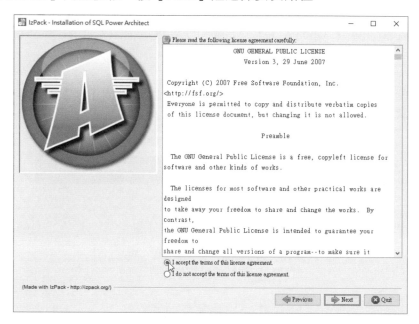

❸ 預設安裝路徑是「C:\Program Files\SQL Power Architect」,按【Browse】鈕可更改路徑,請按【Next】鈕,可以看到一個訊息視窗,表示需建立安裝路徑,按【確定】鈕建立資料夾後,開始複製元件和安裝 SQL Power Architect。

❹ 等到複製和安裝完成後,按【Next】鈕選擇建立開始功能表的名稱,和是否新增桌面捷徑,請自行選擇後,按【Next】鈕,可以看到完成安裝的精靈畫面。

5 按【Done】鈕完成 SQL Power Architect 安裝。

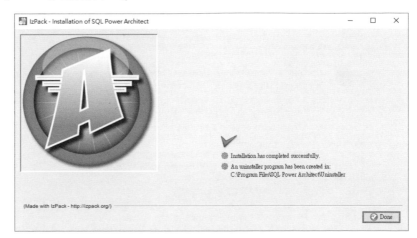

解除安裝，請切換至安裝路徑「C:\Program Files\SQL Power Architect\
Uninstaller」後，雙擊 uninstaller.jar 執行解除安裝程式。

5-2 ｜啟動塑模工具與新增專案

在 SQL Power Architect 建立資料庫模型（Model）就是在繪製實體關聯圖，
每一張實體關聯圖就是一個 SQL Power Architect 專案。

5-2-1 啟動與結束 SQL Power Architect

在成功安裝 SQL Power Architect 後，我們就可以啟動 SQL Power Architect
來看一看其使用介面。

啟動 SQL Power Architect

在 Windows 作業系統啟動 SQL Power Architect 的步驟，如下所示：

① 請執行「開始>SQL Power Architect」命令,如果看到「Missing PLINI」訊息視窗,請按【Create】鈕建立 PLINI 檔案。

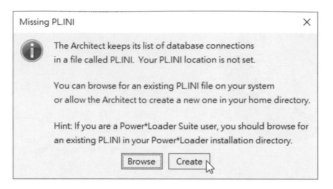

② 然後在 SQL Power Architect 歡迎視窗,按【Close】鈕,可以看到 SQL Power Architect 執行畫面,預設建立名為 New Project 的新專案。

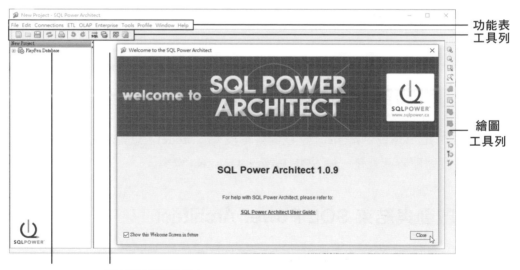

資料庫樹　　資料模型編輯視窗

在上述執行畫面的上方是功能表與工具列(前幾個是檔案和編輯按鈕;在後方是進階功能的相關按鈕),在下方分成左右兩大部分:左邊視窗是資料庫樹(Database Tree),使用樹狀結構管理專案物件,包含資料模型的資料表、欄位、索引和鍵物件,和新增至專案的資料庫連線,這些連線可以連線目標資料庫來建立或更新資料庫結構。

在右邊視窗是 Playpen 資料庫模型的編輯視窗，最右邊是垂直的繪圖工具列，在這一排按鈕的最上方 4 個是放大/縮小鈕；位在下方依序是新增資料表、欄位、索引、鍵和關聯性的相關按鈕。

結束 SQL Power Architect

在完成資料庫設計後，請執行「File>Exit」命令結束 SQL Power Architect 資料庫塑模工具。

5-2-2　新增與開啟專案

當啟動 SQL Power Architect 預設就會建立一個新專案，每一個專案是一張實體關聯圖，我們可以同時開啟多個專案來編輯和繪製實體關聯圖。在 SQL Power Architect 支援建立資料庫設計的兩種資料模型，如下所示：

- 邏輯資料模型（Logical Data Model）：沒有針對特定資料庫系統建立的實體關聯圖，也就是在專案右邊編輯視窗建立的資料模型，例如：SQL-92。

- 實體資料模型（Physical Data Model）：將建立的資料模型輸出成 SQL 指令碼，可以連線目標資料庫來建立模型設計的資料表，詳見第 5-6 節。

新增專案

SQL Power Architect 在啟動後預設建立一個新專案，當然，我們可以自行執行命令來新增或開啟專案，例如：新增名為 Ch5_2_2 的專案，其步驟如下所示：

1 請啟動 SQL Power Architect 可以看到預設建立 New Project 專案和 Playpen Database 資料庫，如下圖所示：

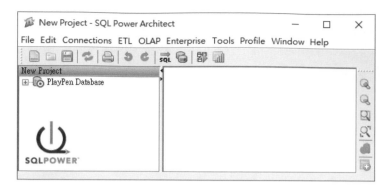

② 請執行「File>New Project」命令，或按工具列第 1 個【New】鈕，可以在左邊資料庫樹看到新增的專案，名稱也是 New Project，如下圖所示：

③ 因為左邊有 2 個同名專案（目前的專案顯示成橘紅色），刪除專案請移至第 1 個專案最後，點選紅色圓形【X】圖示，如果看到警告訊息，請按【Don't Save】鈕不儲存專案，可以看到剩下一個專案。

④ 請執行「File>Save Project」命令，在「Save」對話方塊切換至儲存路徑「\SQLServer\Ch05」，在【檔案名稱】欄輸入【Ch5_2_2】，按【Save】鈕儲存專案（預設副檔名是.architect）。

⑤ 可以看到專案名稱已經改為 Ch5_2_2，如下圖所示：

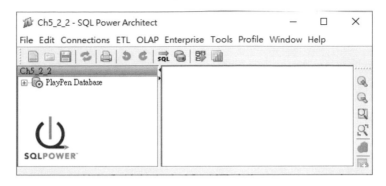

開啟專案

對於書附存在的專案或尚未完成的專案，SQL Power Architect 可以開啟存在的 Ch5_2_2.architect 專案來進行編輯，如下所示：

① 請重新啟動 SQL Power Architect，執行「File>Open Project」命令或按工具列第 2 個【Open】鈕。

② 在「Open」對話方塊切換路徑後，選名為 Ch5_2_2.architect 的專案檔（Ch5_2_2.architect~是備份檔）後，按【Open】鈕開啟專案。

5-3 | 新增實體

實體（Entities）是從真實世界的資料識別出的東西。例如：人、客戶、產品或觀念等。屬性（Attributes）是實體擁有的特性，例如：學生實體擁有學號、姓名、地址和電話等屬性。

在 SQL Power Architect 建立專案後，就可以新增實體關聯圖的實體和屬性，對於實體資料模型來說，就是建立 SQL Server 資料庫的資料表定義資料。

5-3-1 實體的圖形符號

SQL Power Architect 的實體與屬性圖形符號和第 3-1 節有些不同。例如：第 3-1 節的【學生】實體（已經刪除多重值屬性【地址】），如下圖所示：

上述【學生】實體是使用長方形表示實體型態；屬性是使用橢圓形的圖形符號，然後使用實線連接線來連接實體型態。

SQL Power Architect 的實體是使用長方形圖形符號來表示，主鍵與屬性清單是位在長方形的方框，類似 UML 類別圖，如下圖所示：

學生
學號 : Char(4) [PK]
姓名 : VarChar(12) 電話 : VarChar(15) 生日 : Date

上述實體共分成三個部分,在最上方是實體名稱;中間是主鍵清單;下方是屬性清單(即欄位)。每一個屬性依序是名稱和資料類型,在之後的[PK]表示是主鍵、[FK]是外來鍵、[PFK]是主鍵且為外來鍵。

5-3-2 新增與刪除實體

在 SQL Power Architect 建立專案後,就可以執行位在最右方垂直繪圖工具列按鈕來新增和刪除實體。

新增實體

SQL Power Architect 在專案新增實體後,可以替實體命名(Logical Table Name)和輸入資料表名稱(Physical Table Name)。請新增名為【學生】的實體;資料表名稱是【Students】,其步驟如下所示:

1 請啟動 SQL Power Architect 新增名為 Ch5_3_2.architect 的專案後,按右邊垂直繪圖工具列第 6 個【New Table】鈕,移動游標至右邊編輯區域的插入位置點一下,可以看到「Table Properties」對話方塊。

2 在【Logical Table Name】欄輸入實體名稱【學生】,【Physical Table Name】欄輸入資料表名稱【Students】(Physical Table Name 不支援中文)‧【Primary Key Name】欄位輸入【Students_pk】(此欄位是產生 SQL 指令碼時指定的主鍵名稱)。

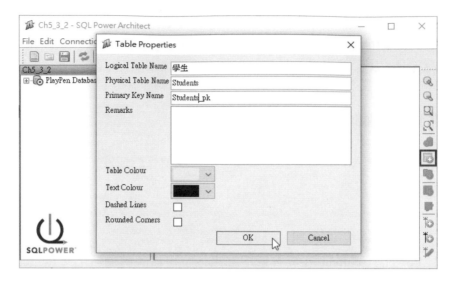

③ 按【OK】鈕完成【學生】實體的新增(按右邊垂直繪圖工具列第 1 個【Zoom
In】鈕可以放大實體),如下圖所示:

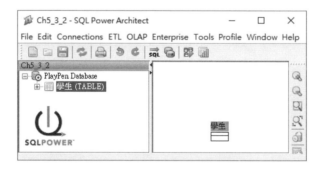

刪除實體

在編輯區域選取欲刪除的實體後,請執行【右】鍵快顯功能表的【Delete
Selected】命令來刪除實體。

編輯實體

在編輯區域選取實體後,雙擊或執行【右】鍵快顯功能表的【Table Properties】
命令,都可以開啟「Table Properties」對話方塊來重新編輯實體。

5-3-3 新增屬性清單和指定主鍵

在 SQL Power Architect 新增【學生】實體後，就可以替實體新增屬性清單（即欄位）和指定主鍵，這就是在建立學生資料表的欄位定義資料，其步驟如下所示：

1 請啟動 SQL Power Architect 開啟 Ch5_3_2. architect 專案，選【學生】實體，在右邊垂直繪圖工具列按游標所在的【Insert Column】鈕，可以看到「Column Properties of New Column」對話方塊。

2 在【Logical Name】欄輸入【學號】，【Physical Name】欄輸入【sid】（Physical Name 不支援中文），勾選【In Primary Key】表示是主鍵欄位之一，在【Type】欄選【CHAR】，勾選下方【Precision】，輸入長度【4】，【Default】欄位可以輸入欄位預設值，如下圖所示：

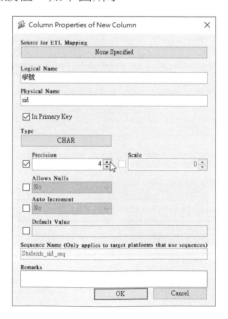

③ 按【OK】鈕插入學號欄位（欄位是位在主鍵區段），如下圖所示：

④ 請再次按【Insert Column】鈕來新增欄位，如果在實體有選擇欄位，就是插入在此欄位之後，在【Logical Name】欄輸入【姓名】，【Physical Name】欄輸入【name】，在【Type】欄選【VARCHAR】，勾選下方【Precision】，輸入長度【12】。

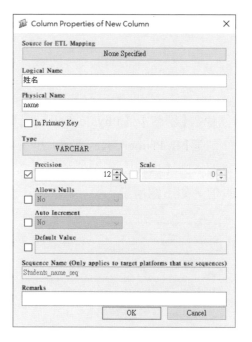

⑤ 按【OK】鈕插入姓名欄位（欄位是位在屬性區段），如下圖所示：

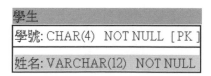

6 請重複上述步驟依序再新增電話（tel）和生日（birthday）欄位，都勾選 Allow Nulls 欄位選 Yes，可以看到最後建立的【學生】實體，如下圖所示：

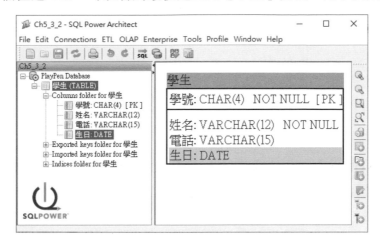

5-3-4 編輯屬性

在實體新增屬性清單後，我們可以更改屬性清單的排列順序、刪除屬性和重新編輯屬性的內容。

刪除屬性

當實體如果有不再需要或輸入錯誤的屬性，請在實體圖形選取屬性後，執行【右】鍵快顯功能表的【Delete Selected】命令來刪除屬性。

屬性排列順序

屬性清單的順序如果有問題，請直接在實體圖形上拖拉屬性至正確的位置，即可調整屬性的順序。

重新編輯屬性內容

如果需要重新編輯屬性內容，請在屬性清單選取屬性後，雙擊或執行【右】鍵快顯功能表的【Column Properties】命令，都可以開啟「Column Properties」對話方塊來編輯屬性內容。

5-3-5 建立與編輯索引

在實體除了主索引（主鍵）外，我們還可以針對指定欄位新增索引來加速資料的搜尋與排序。

建立索引

在實體可以針對指定欄位來建立索引。例如：在【學生】實體建立名為【Students_idx】的索引，索引欄位是姓名，其步驟如下所示：

1 請啟動 SQL Power Architect 開啟 Ch5_3_2.architect 專案，選取【學生】實體後，執行【右】鍵快顯功能表的【New Index】命令（或按右邊工具列第 7 個【New Index】鈕）來新增索引。

2 在「Index Properties」對話方塊的【Index Name】欄位輸入索引名稱【Students_idx】，下方勾選索引種類是 Unique 或 Clustered 後，勾選索引欄位【姓名】，不只一個請重複勾選，按【OK】鈕建立索引。

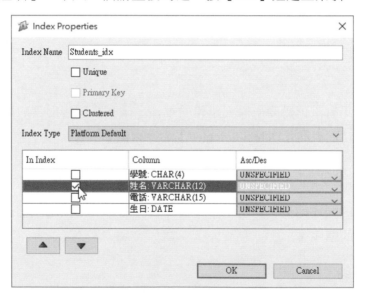

③ 請展開左邊【學生】實體的物件樹,在【Indices folder for 學生】下,可以看到新增的索引(Students_pk 是主索引),如下圖所示:

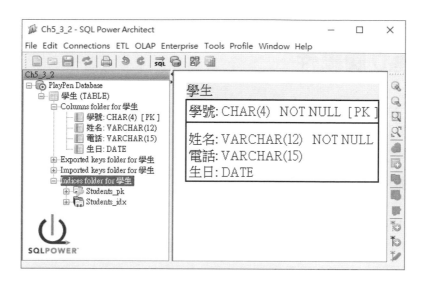

編輯與刪除索引

當需要編輯索引或新增複合主鍵的欄位,請在實體圖形上,按滑鼠【右】鍵顯示快顯功能表,如下圖所示:

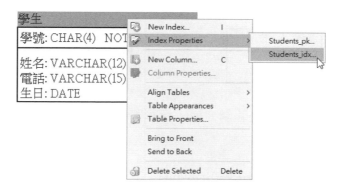

在【Index Properties】命令的子選單是目前實體建立的索引清單,執行【Students_pk】命令是編輯主索引;執行【Students_idx】命令是編輯其他索引。

請注意！刪除索引不是執行【右】鍵快顯功能表的【Delete Selected】命令，而是在左邊樹狀結構選取索引後，執行「Edit>Cut」命令來刪除索引。

5-4 建立關聯性

關聯性（Relationships）是指二個或多個實體之間擁有的關係，在 SQL Power Architect 建立實體和新增屬性清單後，可以建立關聯性來完成實體關聯圖。

5-4-1 關聯性的圖形符號

在 SQL Power Architect 關聯性的圖形符號是使用連接線表示實體之間是哪一種關聯性，在連接線端點是使用雞爪符號標示關聯性的限制條件。

關聯性的基數和參與條件

SQL Power Architect 支援關聯性的基數和參與條件，使用雞爪符號標示在連接線的兩個端點，其關聯性參與條件使用的術語和第 3-1-5 節有些不同。例如：【講師】實體可以上很多門【課程】實體，或沒有教任何一門課程的一對多關聯性，如下圖所示：

上述圖例的講師實體是強制參與；課程實體是選項參與名為上課的關聯型態，其說明如下所示：

- 強制參與（Mandatory Participation）：即第 3-1-5 節的全部參與限制條件（Total Participation Constraints）。因為所有講師都需教課，所以講師實體完全參與上課關聯型態的強制參與。

- 選項參與（Optional Participation）：即第 3-1-5 節的部分參與限制條件（Partial Participation Constraints）。因為不是所有課程都有講師教，所以課程實體只有部分參與上課關聯型態，即選項參與。

在連接線端點如果有小圓圈標示可為 0 時，在此端的實體就是選項參與；沒有小圓圈是強制參與，因為至少為 1。例如：【課程】實體是 0 到多，所以是選項參與；【講師】實體為 1，則是強制參與。

關聯性的種類

在 SQL Power Architect 右邊垂直繪圖工具列的最後提供建立關聯性的 3 個按鈕，可以建立二種關聯性，如下圖所示：

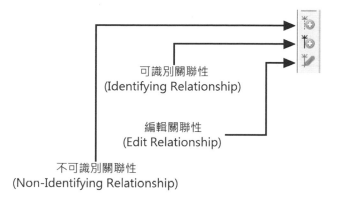

可識別關聯性
(Identifying Relationship)

編輯關聯性
(Edit Relationship)

不可識別關聯性
(Non-Identifying Relationship)

上述工具列的前 2 個按鈕可以新增實體之間的關聯性，最後 1 個按鈕是編輯關聯性，其說明如下所示：

- 可識別關聯性（Identifying Relationship）：指外來鍵是實體的主鍵欄位之一。例如：當實體 A 關聯到實體 B，實體 A 的主鍵 k 不只是實體 B 的外來鍵，還是主鍵欄位之一。在 SQL Power Architect 是使用實線來表示關聯性，例如：【訂單】實體的主鍵訂單編號不只是【訂單明細】實體的外來鍵，還是主鍵欄位之一，如下圖所示：

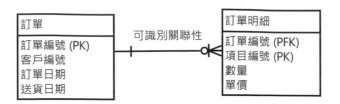

- 不可識別關聯性（Non-Identifying Relationship）：指外來鍵不是實體的主鍵欄位之一。例如：當實體 A 關聯到實體 B 時，實體 A 的主鍵 k 是實體 B 的外來鍵，但並不是主鍵欄位之一。在 SQL Power Architect 是使用虛線表示不可識別關聯性，例如：【訂單】實體的外來鍵客戶編號並不是主鍵欄位之一，所以這是不可識別關聯性，如下圖所示：

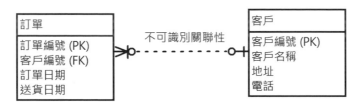

多對多關聯性

多對多關聯性在 SQL Power Architect 是使用兩個一對多關聯性來建立，例如：【學生】實體和【測驗】實體的多對多關聯性，這是籍由【結果】關聯實體型態來建立 2 個一對多關聯性，如下圖所示：

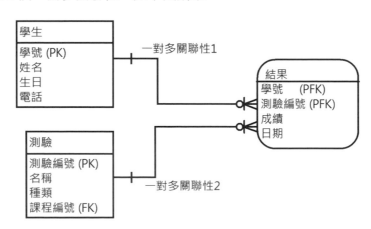

5-4-2 建立關聯性

在 SQL Power Architect 模型新增實體和屬性清單後，就可以使用垂直繪圖工具列的按鈕，在實體之間建立關聯性。

建立關聯性

因為可識別關聯性和不可識別關聯性的建立步驟相同，筆者只以可識別關聯性為例。例如：建立【學生】實體和其【家長】實體之間可識別的一對多關聯性，其步驟如下所示：

1 請啟動 SQL Power Architect 開啟 Ch5_4_2.architect 專案檔案後，執行「File>Save Project As...」命令另存成 Ch5_4_2a.architect 專案檔案。

2 按右邊垂直繪圖工具列倒數第 2 個【New Identifying Relationship】鈕後，先選「一」端的【學生】實體，然後選「多」端的【家長】實體，建立預設黑色連接線的關聯性，如下圖所示：

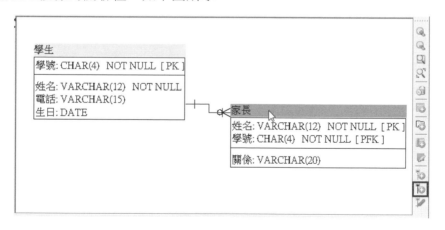

❸ 選取連接線，可以看到連接線成為橘色，如下圖所示：

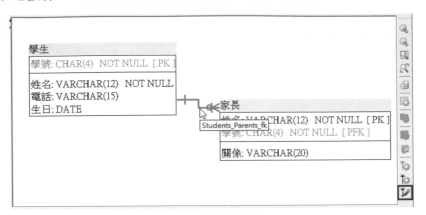

❹ 按右邊垂直繪圖工具列最後 1 個【Edit Relationship】鈕，可以看到「Relationship Properties」對話方塊。

❺ 在【Name】欄輸入關聯型態名稱【Dependents_of】，Type 選【Identifying】，使用主鍵來建立關聯性，在 Cardinality 指定基數限制條件為，預設是 1（Exactly one）對應 0 至多（Zero or More），可改為 1 對應 1 至多（One or More），按【OK】鈕完成關聯性編輯。

建立多對多關聯性

在 SQL Power Architect 建立多對多關聯性需要新增一個結合實體，然後建立 2 個針對結合實體的一對多關聯性，請注意！我們需要自行建立這 3 個實體，和建立之間的 2 個一對多關聯性。

例如：【結果】實體是結合實體（沒有主鍵），我們先建立【學生】實體和【結果】實體之間的一對多關聯性，再建立【測驗】實體和【結果】實體之間的一對多關聯性，即可完成【學生】實體和【測驗】實體之間的多對多關聯性，其步驟如下所示：

1 請啟動 SQL Power Architect 開啟 Ch5_4_2b.architect 專案檔案後，執行「File>Save Project As...」命令另存成 Ch5_4_2c.architect 專案檔案，可以看到【學生】、【測驗】和【結果】三個實體。

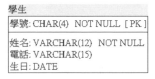
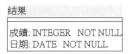
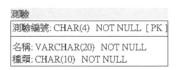

2 按垂直繪圖工具列的【New Identifying Relationship】鈕，先選「一」端的【學生】實體，再選「多」端的【結果】實體，可以建立預設黑色連接線的關聯性，如下圖所示：

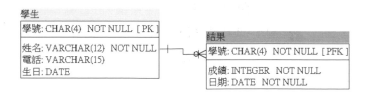

❸ 按垂直繪圖工具列的【New Identifying Relationship】鈕，先選「一」端的【測驗】實體，再選「多」端的【結果】實體，即可建立 2 個一對多關聯性。

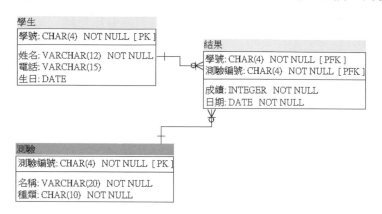

多重關聯型態（Ternary Relationship Type）是一種擁有三個或更多實體型態之間的關聯性，其建立方式就是依序建立多個一對多關聯性。

建立自身關聯性

「自身關聯性」（Self Relationship）是指實體的外來鍵是參考同一實體自己的主鍵。例如：在【員工】實體建立自身關聯性，因為員工的長官也是一位員工，其步驟如下所示：

❶ 請啟動 SQL Power Architect 開啟 Ch5_4_2d.architect 專案檔案後，執行「File>Save Project As...」命令另存成 Ch5_4_2e.architect 專案檔案。

❷ 按垂直繪圖工具列倒數第 3 個【Non-Identifying Relationship】鈕，先選【員工】實體，在移開後，再回頭選一次【員工】實體，即可建立自身關聯性，可以看到新增不可識別自身關聯性的連接線，如右圖所示：

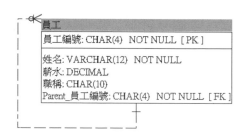

5-4-3　編輯關聯性與參考完整性規則

在選取關聯性連接線後，執行【右】鍵快顯功能表的【Delete Selected】命令可以刪除關聯性。雙擊連接線或執行【右】鍵快顯功能表的【Relationship Properties】命令，都可以開啟「Relationship Properties」對話方塊來重新編輯關聯性，如下圖：

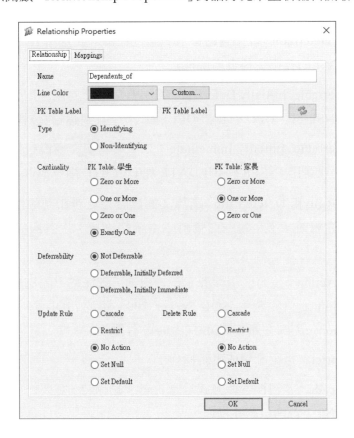

Relationship 標籤

在 Relationship 標籤的 Name 欄位是關聯性名稱，Line Color 欄可以指定連接線色彩，和輸入兩個端點的 Label 標籤名稱，在之後是關聯性的相關設定，如下：

- Type：選擇是可識別關聯性（Identifying Relationship）或不可識別關聯性（Non-Identifying Relationship）。

- Cardinality：選擇關聯性的基數限制條件（Cardinality Constraints），可以選擇 PK 和 FK 實體參數的數量，可以只有 1 個（Exactly One）、0 或 1（Zero or One）、1 或多（One or More）和 0 或多（Zero or More）。

- Deferrability：選擇是否可延遲檢查外來鍵的參考完整性（不是每一種資料庫系統都支援），其設定值說明如下所示：

  - Not Deferrable：外來鍵的參考完整性在每一次送出 INSERT、UPDATE 和 DELETE 指令都會馬上檢查。

  - Deferrable, Initially Deferred：如果資料庫交易沒有指明延遲檢查，執行 INSERT、UPDATE 和 DELETE 指令直到確認交易後才檢查。

  - Deferrable, Initially Immediate：如果資料庫交易沒有指明延遲檢查，每一次送出 INSERT、UPDATE 和 DELETE 指令都會馬上檢查。

- Update Rule 和 Delete Rule：選擇 2 個實體在更新和刪除操作時使用的參考完整性規則（不是每一種資料庫系統都支援），其設定值的說明如下所示：

  - No Action：沒有使用參考完整性規則（請注意！因為此版 SQL Power Architect 只能產生 SQL Server 2005 版的 SQL 指令碼，請選 No Action，否則在產生 SQL 指令時會有錯誤）。

  - Restrict：拒絕刪除或更新操作。

  - Cascade：連鎖性處理方式是當更新或刪除時，需要作用在所有影響的外來鍵，否則拒絕此操作。

  - Set NULL：將所有可能的外來鍵都設為空值，否則拒絕此操作。

  - Set Default：將所有可能的外來鍵都設為預設值，否則拒絕此操作。

Mapping 標籤

在 Mapping 標籤可以顯示關聯欄位，左邊實體是父實體【學生】；右邊是子實體【家長】，可以看到關聯性欄位是學號，如下圖所示：

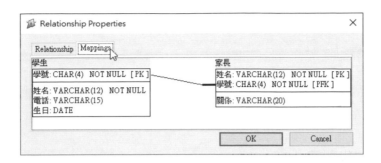

5-5 產生資料庫設計報告和建立資料庫

現在，我們就可以使用 SQL Power Architect 重繪第 3-1 節【教務系統】範例資料庫的實體關聯圖（專案檔案：SPASchool.architect），如下圖所示：

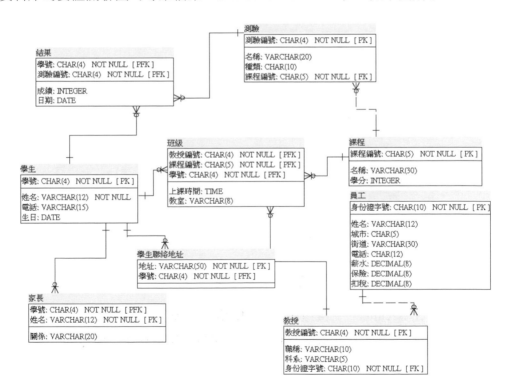

上述圖例的實體關聯圖是【教務系統】範例資料庫針對 SQL Server 資料庫系統建立的實體資料模型。

在 SQL Power Architect 支援多種匯出功能，可以將繪製的模型圖匯出建立成 PDF 檔，和產生 HTML 格式的資料庫設計報告。

匯出 PDF 格式的模型圖

在 SQL Power Architect 繪製的實體關聯圖除了可以列印外，還可以匯出成 PDF 格式的模型圖，其步驟如下所示：

1 請啟動 SQL Power Architect 開啟 SPASchool.architect 專案檔案，執行「File>Export Playpen to PDF」命令。

2 在「Save」對話方塊切換路徑，輸入檔名【SPASchool】，按【Save】鈕匯出成 PDF 檔。

產生 HTML 格式的資料庫設計報告

SQL Power Architect 支援產生 HTML 格式的資料庫專案報告，例如：將 SPASchool.architect 專案輸出成 HTML 格式的報告，其步驟如下所示：

1 請啟動 SQL Power Architect 開啟 SPASchool.architect 專案檔案，執行「File>Export to HTML」命令。

2 在「Generate HTML Report」對話方塊選【Use built-in report format】內建格式後，按【Output File】欄後按鈕，選擇輸出檔案「SQLServer\Ch05\SPAASchool.html」，需加上副檔名.html。

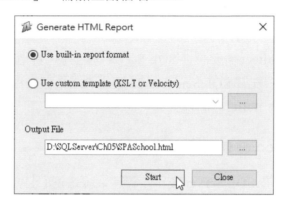

3 按【Start】鈕開始產生 HTML 報表，完成後就會自動啟動瀏覽器來顯示報告內容，按【Close】鈕結束。

員工 (Physical Name: Employees)

Logical Column Name	Physical Column Name	Type	PK	Nullable
身份證字號 (PK)	SSN	CHAR	PK	NOT NULL
姓名	name	VARCHAR(12)		
城市	city	CHAR		
街道	street	VARCHAR(30)		
電話	tel	CHAR		
薪水	salary	DECIMAL(8,0)		
保險	insurance	DECIMAL(8,0)		
扣稅	tax	DECIMAL(8,0)		

Referenced By

- 教授 referencing (身份證字號)

5-6 在 SQL Server 建立模型設計的資料表

SQL Power Architect 可以針對 SQL Server 產生資料庫綱要的 SQL 指令碼（即實體資料庫設計），然後連線 SQL Server 伺服器建立我們模型設計的資料表。

5-6-1 設定 SQL Server 伺服器和新增 JDBC 驅動程式

SQL Power Architect 需要設定 SQL Server 伺服器、新增登入與資料庫使用者（SQL Server 驗證）、安裝 SQL Server 2022 版的 JDBC 驅動程式，和在 SQL Power Architect 新增支援的 JDBC 驅動程式。

步驟一：指定 SQL Server 使用混合模式驗證

在第 4-2-2 節安裝 SQL Server 資料庫管理系統是選【混合模式】的驗證模式，如果是選【Windows 驗證模式】，我們需要更改模式，其步驟如下所示：

❶ 請啟動 Management Studio 建立連線，在「物件總管」視窗的 SQL Server 資料庫伺服器上，執行【右】鍵快顯功能表的【屬性】命令，可以看到「伺服器屬性」對話方塊。

❷ 在左邊選【安全性】，右邊的「伺服器驗證」區段如果是【Windows 驗證模式】，請選【SQL Server 及 Windows 驗證模式】，按【確定】鈕完成變更。

❸ 因為有變更驗證模式，我們需要重新啟動 SQL Server 資料庫伺服器，這部分說明請參閱步驟二。

步驟二：啟用 SQL Server 的 TCP/IP 通訊協定

JDBC 是透過 TCP/IP 通訊協定連線 SQL Server 資料庫伺服器，我們需要啟用 SQL Server 的 TCP/IP 通訊協定和指定埠號 1433，其步驟如下所示：

❶ 請啟動 SQL Server 設定管理員，在左邊選【SQL Server 網路組態】下的【MSSQLSERVER 的通訊協定】，如下圖所示：

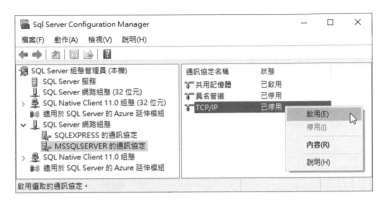

2 在右邊【TCP/IP】如果沒有啟用，請在 TCP/IP 協定上，執行【右】鍵快顯功能表的【啟用】命令啟用 TCP/IP，可以看到警告訊息。

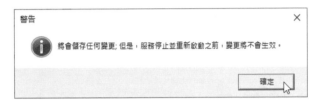

3 訊息指出需重新啟動服務才能真正變更，請按【確定】鈕繼續。

4 請在【TCP/IP】協定上，執行【右】鍵快顯功能表的【內容】命令，在「TCP/IP - 內容」對話方塊選【IP 位址】標籤後，捲動至最後的「IPAll」區段，確認【TCP Port】欄的埠號是【1433】後，按【確定】鈕。

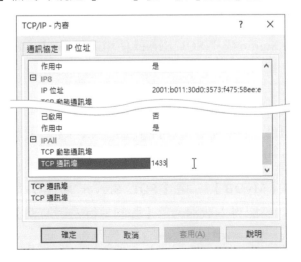

⑤ 因為需要重新啟動 SQL Server 資料庫伺服器，請在左邊選【SQL Server 服務】後，在右邊 SQL Server 上，執行【右】鍵快顯功能表的【重新啟動】命令重新啟動 SQL Server，如下圖所示：

步驟三：建立連線的目標資料庫

我們需要建立 SQL Power Architect 連線的目標資料庫（一個空資料庫），請參閱第 4-3-4 節的步驟開啟書附「Ch05\CreateSPASchool.sql」的 SQL 指令碼檔案，然後執行指令碼建立【SPASchool】資料庫。

步驟四：新增 SQL Server 驗證的使用者

在 Management Studio 建立 SQL Server 使用者帳戶 MyDB 登入，其步驟如下所示：

❶ 請啟動 Management Studio 建立連線後，在「物件總管」視窗展開伺服器下的【安全性】項目，然後在【登入】項目上，執行【右】鍵快顯功能表的【新增登入】命令，可以看到「登入 – 新增」對話方塊。

❷ 輸入登入名稱【MyDB】，選【SQL Server 驗證】後，輸入兩次密碼【Aa123456】，請記得！取消勾選【強制執行密碼逾期】後，按【確定】鈕建立 SQL Server 登入帳戶。

③ 在「物件總管」視窗展開步驟三建立的【SPASchool】資料庫，在【安全性】項目上，執行【右】鍵快顯功能表的【新增使用者】命令，可以看到「資料庫使用者－新增」對話方塊。

④ 在【使用者類型】欄選【有登入的 SQL 使用者】，【使用者名稱】欄輸入資料庫使用者名稱【MyDB】，【登入名稱】欄輸入登入名稱【MyDB】。

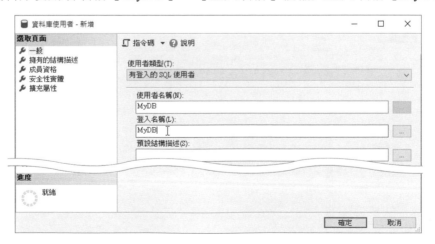

⑤ 在左邊選【成員資格】頁面後，右邊選【db_owner】權限，可以擁有此資料庫的完整權限，按【確定】鈕完成資料庫使用者的新增。

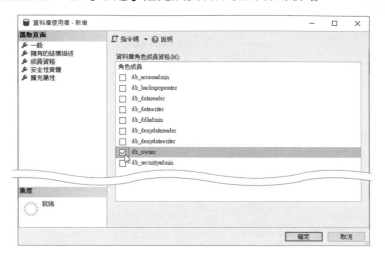

步驟五：安裝 JDBC 驅動程式

　　SQL Power Architect 1.09 版並沒有內建常用 JDBC 驅動程式，請將書附「Ch05\jdbc」目錄的 JDBC 驅動程式（源於 1.08 版和新增 SQL Server 2022 的 JDBC 驅動程式 mssql-jdbc-11.2.1.jre8.jar），複製至 SQL Power Architect 安裝目錄「C:\Program Files\SQL Power Architect」下（需擁有系統管理者權限才能複製），如下圖所示：

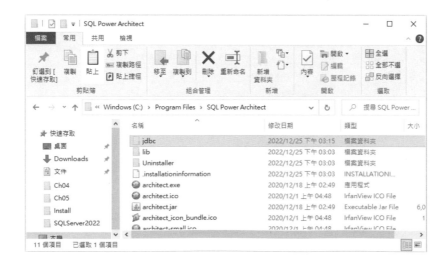

步驟六：在 SQL Power Architect 新增 JDBC 驅動程式

　　SQL Power Architect 連線 SQL Server 2022 版需要新增支援的 JDBC 驅動程式，才能成功的使用 SSL 進行連線，其步驟如下所示：

① 請啟動 SQL Power Architect，執行「Connections>Database Connection Manager」命令，按【JDBC Drivers】鈕新增驅動程式。

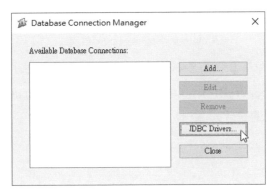

② 按左下方【＋】鈕新增 JDBC 驅動程式。

③ 我們準備複製 SQL Server 2008 來修改，請選【Copy defaults from.】，在下方選【SQL Server 2008】，按【OK】鈕。

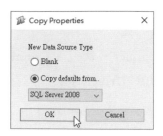

④ 在【Name】欄輸入【SQL Server 2022】，在【Connection String Template】欄的最後加上【;encrypt=true;trustServerCertificate=true】（可用 ⌃CTRL + V 鍵貼上），完整的連線字串範本，如下所示：

```
jdbc:sqlserver://<Hostname>:<Port:1433>;DatabaseName=<Database
Name>;encrypt=true;trustServerCertificate=true
```

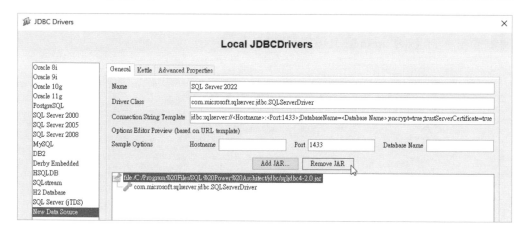

⑤ 在下方選 JAR 檔，按【Remove JAR】鈕刪除舊版驅動程式後，按【Add JAR】鈕新增支援 SQL Server 2022 版的 JDBC 驅動程式。

⑥ 請切換至「C:\Program Files\SQL Power Architect\jdbc」目錄，選【mssql-jdbc-11.2.1.jre8.jar】，按【Open】鈕。

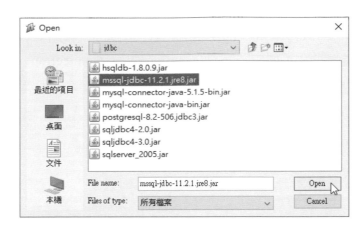

7 可以看到選擇 JDBC 驅動程式的 JAR 檔,按【OK】鈕後,再按【Close】鈕
完成 JDBC 驅動程式的新增。

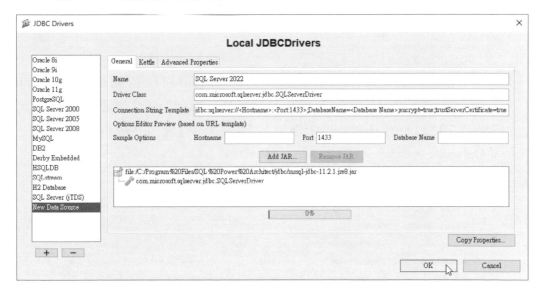

5-6-2 在 SQL Power Architect 新增資料庫連線

SQL Power Architect 可以新增資料庫連線來連線 SQL Server 資料庫,請注意!
新增的資料庫連線可以在每一個新增的專案來使用。在 SQL Power Architect 新增
資料庫連線的步驟,如下所示:

❶ 請啟動 SQL Power Architect，在左邊 Playpen Database 資料庫上，執行【右】鍵快顯功能表的「Add Source Connection>New Connection」命令，可以看到「Database Connection」對話方塊。

❷ 我們準備連線第 5-6-1 節步驟三建立的 SPASchool 資料庫，請在【Connection Name】欄輸入連線名稱【SPASchool】，【Database Type】欄選最後的【SQL Server 2022】，【Hostname】欄輸入【localhost】，【Port】是【1433】，【Database Name】是【SPASchool】。

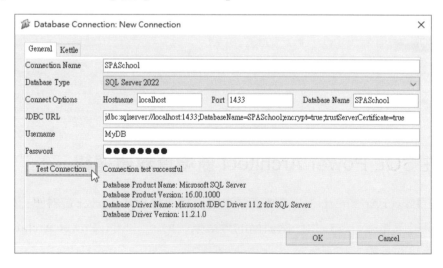

❸ 然後在下方【Username】和【Password】欄輸入第
5-6-1 節步驟四建立的使用者 MyDB，按【Test
Connection】鈕測試連線，如果沒有問題，可以看
到成功連線 SQL Server 2022，請按【OK】鈕新增
資料庫連線，可以在左邊資料庫樹看到 SPASchool
節點。

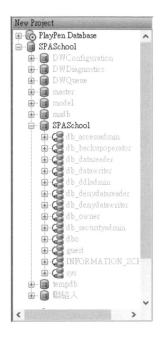

　　上述樹狀結構顯示 SQL Server 伺服器上的資料庫清單（包含系統資料庫），
請注意！我們只能展開 SPASchool 資料庫，因為 MyDB 使用者只有此資料庫的存
取權限。

5-6-3　產生 SQL 指令建立資料庫

　　SQL Power Architect 能夠自動產生 SQL 指令來建立關聯式資料庫綱要。例
如：將 SPASchool.architect 專案檔案輸出成名為 SPASchool.sql 的 SQL 指令碼檔
案和建立目標資料庫的資料表，其步驟如下所示：

❶ 請啟動 SQL Power Architect 開啟 SPASchool.architect 專案檔案。

❷ 在左邊 Playpen Database 資料庫上，執行【右】鍵快顯功能表的「Add Source
Connection>SPASchool」命令新增資料庫連線（即第 5-6-2 節新增的資料庫
連線），如下圖所示：

❸ 在左邊可以展開 SPASchool 資料庫連線的資料庫，然後執行「Tools>Forward Engineer」命令。

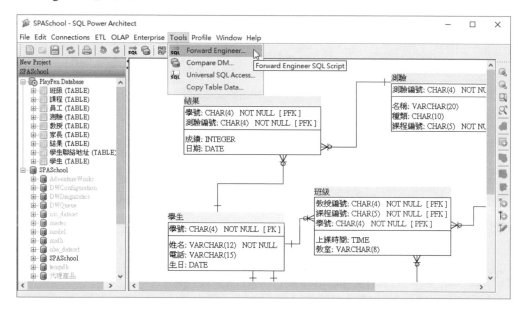

❹ 在「Forward Engineer SQL Script」對話方塊的【Create in:】欄選擇建立在 SQL Server 的【SPASchool】資料庫，【Generate DDL for Database Type】欄選【Microsoft SQL Server 2005】（只支援此 SQL Server 版本），按【OK】鈕。

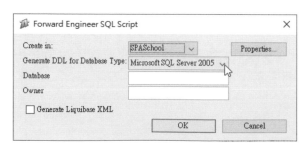

5 在「Preview SQL Script」對話方塊可以預覽 SQL 指令碼，按【Save】鈕儲存成「\SQLServer\Ch05\SPASchool.sql」檔案。

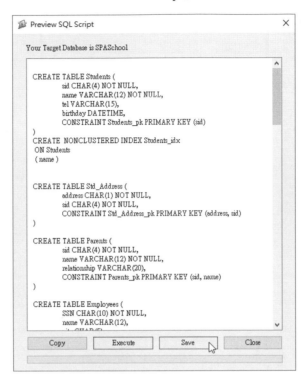

6 按【Execute】鈕在資料庫連線的 SPASchool 資料庫建立資料表，可以看到已經成功執行 SQL 指令碼，按【OK】鈕。

7 再按【Close】鈕完成資料庫設定的資料表建立。

在 SQL Server Management Studio 可以看到 SQL Power Architect 在 SPASchool 資料庫建立的資料表清單,如下圖所示:

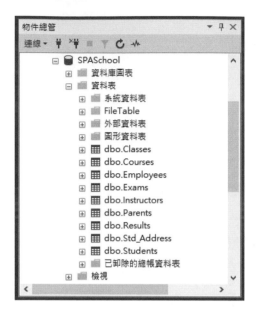

6

SQL 語言與資料庫建置

6-1 | SQL 語言的基礎

SQL 語言是一種第四代程式語言，可以用來查詢或編輯關聯式資料庫的記錄資料，這是 70 年代由 IBM 公司研發，並且在 1986 年成為 ANSI 標準的一種關聯式資料庫語言。

6-1-1 SQL 結構化查詢語言

「SQL」（Structured Query Language）的全名是結構化查詢語言，本書簡稱 SQL 語言。SQL 語言在 1980 年成為「ISO」（International Organization for Standardization）和「ANSI」（American National Standards Institute）的標準資料庫語言，其版本分為 1989 年的 ANSI-SQL 89 和 1992 年制定的 ANSI-SQL 92，也稱為 SQL 2，這是目前關聯式資料庫的標準語言，ANSI-SQL 99 稱為 SQL 3，適用在物件關聯式資料庫的 SQL 語言。SQL Server 的 Transact-SQL 也支援最新的 ANSI-SQL 2008 的特點。

早在 1970 年，E. F. Codd 建立關聯式資料庫模型時，就提出一種構想的資料庫語言，一種完整和通用的資料庫存取語言，雖然當時並沒有真正建立語法，但這便是 SQL 的起源。

1974 年 Chamberlin 和 Boyce 建立 SEQUEL 的語言，這是 SQL 的原型。IBM 稍加修改後作為其關聯式資料庫管理系統的資料庫語言，稱為 System R，1980 年 SQL 的名稱正式誕生，從哪天開始，SQL 逐漸壯大成為一種標準的關聯式資料庫語言。

目前 SQL 語言雖然都源於 ANSI-SQL。不過，在支援上仍有些許差異，有些沒有完全支援 ANSI-SQL 指令，或擴充程式化功能，新增 ANSI-SQL 沒有的一些條件與迴圈指令，例如：SQL Server 的 Transact-SQL（簡稱 T-SQL）、Oracle 的 PL/SQL（Procedure Language Extension to SQL）和 IBM 的 SQL PL。

6-1-2　SQL 語言的基本語法

SQL 語言的基礎是關聯式代數和計算，SQL 語法可以視為是一種關聯式計算的版本，一種非程序式（Non-procedural）查詢語言，因為是宣告語言，所以並不用一步一步描述執行過程，如下所示：

```
SELECT * FROM 員工
WHERE 薪水 >= 30000
```

上述 SQL 指令敘述查詢員工資料表中，薪水超過 3 萬元的員工資料，SQL 指令敘述是直接告訴資料庫管理系統需要什麼樣的查詢結果，而不用詳細說明取得查詢結果的步驟。

Transact-SQL 的語法元素

SQL Server 資料庫管理系統的 SQL 語言稱為 Transact-SQL（簡稱 T-SQL），其基本語法是由多個以關鍵字（Keywords）開頭的子句（Clauses）所組成的指令敘述（Statements），例如：前述 SQL 指令敘述是由 SELECT、FROM 和 WHERE 子句所組成，SELECT、FROM 和 WHERE 就是關鍵字。

如同其他程式語言，T-SQL 也是由多種語法元素組成，其說明如下所示：

- 識別名稱（Identifiers）：SQL Server 執行個體的資料庫物件名稱，所有資料庫物件都擁有對應的識別名稱，例如：資料庫、資料表、檢視表、預存程序和觸發程序等。

- 資料類型（Data Types）：指定欄位、T-SQL 變數或參數可以儲存的資料內容，詳細資料類型說明請參閱＜第 7-1 節：資料類型＞。

- 函數（Functions）：SQL Server 內建或自訂函數，例如：GETDATE()內建函數可以傳回目前的系統日期時間，我們可以使用函數來指定欄位預設值。

- 運算式（Expressions）：在 SQL 指令敘述的子句可以使用運算式來取得單一值，例如：欄位名稱和變數等運算式就是取得欄位和變數的單一值。

- 關鍵字（Keywords）：在 SQL Server 擁有特殊意義的保留字（Reserved Words），例如：SELECT、FROM 和 WHERE 等都是關鍵字。

Transact-SQL 語法元素除了上述五種元素外，還可以加上註解（Comments）文字，詳細說明請參閱＜第 13 章：Transact-SQL 程式設計＞。

識別名稱的命名原則

識別名稱是 SQL Server 各種資料庫物件的名稱，我們在撰寫 SQL 指令敘述時需要使用這些物件的識別名稱，其命名規則如下所示：

- 正常物件的名稱長度不可超過 128 個字元；暫存物件是 116 個字元。

- 名稱是 Unicode 定義的字元，包含 a 到 z 和從 A 到 Z 的字元、數字 0~9、底線或其他語系的字元，例如：中文字元。

- 名稱除第 1 個字元之後的字元可以是數字、@、$、#或底線，我們並不可以使用數字、@、$、#或底線作為識別名稱的第 1 個字元。

- 名稱不建議使用 T-SQL 關鍵字，因為 T-SQL 不區分大小寫，所以不建議包含任何大小寫的關鍵字，如果一定需要使用關鍵字，請使用雙引號「""」或方括號「[ ]」將名稱括起。

- 名稱不允許內嵌空格、關鍵字或特殊字元開頭，否則需要使用雙引號「""」或方括號「[ ]」將名稱括起，例如：[My School]、[1CD]和[where]等。

識別名稱預設是使用方括號「[ ]」將名稱括起，為了與舊系統相容，我們可能需要使用雙引號「""」括起，例如："My School"，此時，SQL Server 需要將資料庫的【引號識別碼已啟用】選項設為 True，詳細說明請參閱＜第 6-4-2 節：資料庫選項＞。

資料庫物件的完整名稱

T-SQL 資料庫物件的完整名稱是由四個部分組成，其語法如下所示：

```
伺服器名稱 . 資料庫名稱 . 結構描述名稱 . 物件名稱
```

上述名稱是使用「.」句號運算子來連接，例如：【員工】資料表的完整名稱為【DESKTOP-JOE.我的學校.dbo.員工】。在 SQL Server 參考指定物件時，並不需要使用完整名稱，物件名稱只需足以讓 SQL Server 資料庫引擎識別即可。完整名稱各部分的名稱說明，如下所示：

- 伺服器名稱：指定連線本機或遠端的伺服器名稱。

- 資料庫名稱：指定參考物件所屬的 SQL Server 資料庫名稱，我們可以使用 USE 指令切換目前使用的資料庫，如此就不需指明資料庫名稱。

- 結構描述名稱：如果資料庫擁有多個結構描述，我們就需要指明結構描述名稱。

Memo ··

結構描述（Schema）是 SQL-99 規範的觀念，可以用來群組資料庫物件，例如：資料表、檢視表、預存程序和函數等。類似.NET Framework 的命名空間（Namespace），預設結構描述名稱是 dbo。

SQL Server 結構描述通常是使用在大型資料庫的多個資料表，除了可以有效分類資料表外，還可以避免名稱重複的問題。

- 物件名稱：參考資料庫物件的名稱。

6-1-3 SQL 語言的指令種類

SQL 語言的指令依功能分成 DDL、DML 和 DCL 三種。一般來說，資料庫管理師最常使用 DDL 和 DCL 指令，T-SQL 程式設計者主要是使用 DML 指令；使用 DDL 指令的目的是用來建立資料庫，其說明如下所示：

- 資料定義語言 DDL（Data Definition Language）：DDL 指令是用來建立、修改、刪除資料庫物件的資料表、檢視表、索引、預存程序、觸發和函數等，如下表所示：

DDL 指令	說明
CREATE/ALTER/DROP DATABASE	建立、更改和刪除資料庫
CREATE/ALTER/DROP TABLE	建立、更改和刪除資料表
CREATE/ALTER/DROP VIEW	建立、更改和刪除檢視表
CREATE/ALTER/DROP INDEX	建立、更改和刪除索引
CREATE/ALTER/DROP PROCEDURE	建立、更改和刪除預存程序
CREATE/ALTER/DROP TRIGGER	建立、更改和刪除觸發程序
CREATE/ALTER/DROP FUNCTION	建立、更改和刪除函數

- 資料操作語言 DML（Data Manipulation Language）：DML 指令是針對資料表儲存記錄的指令，可以插入、刪除、更新和查詢記錄資料，如下表所示：

DML 指令	說明
INSERT	在資料表插入一筆新記錄
UPDATE	更新資料表的記錄，這些記錄是已經存在的記錄
DELETE	刪除資料表的記錄
SELECT	查詢資料表的記錄，使用條件查詢資料表符合條件的記錄

- 資料控制語言 DCL（Data Control Language）：資料庫安全管理的權限設定指令，主要有 GRANT、DENY 和 REVOKE 指令。

在本書內容主要是說明 SQL 語言的 DDL 和 DML 指令。對於本書範例的 SQL 指令碼檔案，請參閱第 4-3-4 節的說明，啟動 Management Studio 來執行本書範例的 SQL 指令碼檔案。

6-2 | SQL Server 的資料庫結構

SQL Server 實體資料庫結構是在探討資料庫檔案的檔案結構（File Organizations）。檔案結構是安排記錄如何儲存在檔案中，不同檔案結構不只佔用不同大小的空間，因為結構不同，所以擁有不同的存取方式。

SQL Server 資料庫結構可以分為兩種，如下所示：

- 邏輯資料庫結構：使用者觀點的資料庫結構，SQL Server 邏輯資料庫結構是由資料表、檢視表、索引和限制條件等物件所組成。

- 實體資料庫結構：實際儲存觀點的資料庫結構，也就是如何將資料儲存在磁碟的結構，以作業系統來說，資料庫是以檔案為單位來儲存在磁碟，檔

案內容是由分頁（Pages）和範圍（Extents）組成，為了方便管理，我們可以將檔案分類成檔案群組（Filegroups）。

6-2-1 資料庫檔案與檔案群組

SQL Server 資料庫是由多個作業系統檔案組成的集合，資料庫儲存的資料（Data）和交易記錄（Log）分別位在不同檔案。在資料部分基於存取效率、備份和還原的管理上考量，我們可以進一步將大型資料檔（Data Files）分割成多個小型資料檔。

檔案群組（Filegroups）是用來組織資料庫的多個資料檔，以方便資料庫管理師來管理多個資料檔，如下圖所示：

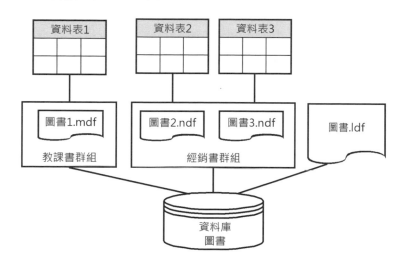

上述圖例的【圖書】資料庫是由【教課書群組】、【經銷書群組】兩個檔案群組和圖書.ldf 交易記錄檔所組成，在每一個檔案群組內可以包含多個資料檔，用來分別儲存不同資料表的記錄資料。

資料庫檔案

在 SQL Server 資料庫擁有三種類型的資料庫檔案（Database Files），其說明如下所示：

- 主資料檔（Primary Data Files）：資料庫儲存的資料一開始就是存入主資料檔，在主資料檔除了能夠儲存資料外，還包含資料庫的啟動資訊，即資料庫包含哪些資料檔的指標，每一個資料庫都有一個且只有一個主資料檔，其建議副檔名是.mdf。

- 次資料檔（Secondary Data Files）：不是主資料檔的其他資料檔稱為次資料檔，一個資料庫可能沒有任何次資料檔，也可能擁有多個次資料檔，其主要目的是因為資料量太過龐大，所以分成多個次資料檔來儲存，或是將資料分散儲存至不同磁碟，以方便進行管理。其建議副檔名是.ndf。

- 交易記錄檔（Log Files）：儲存交易記錄的檔案，這些交易記錄是復原資料庫的記錄資料，每一個資料庫至少擁有一個交易記錄檔，也有可能擁有多個交易記錄檔，其建議副檔名是.ldf。

雖然 SQL Server 沒有規定一定需要使用上述建議副檔名來替資料庫檔案命名，不過，我們仍然建議依據上述副檔名來命名，以方便辨識是哪一種資料庫檔案。

檔案群組

SQL Server 資料庫如果只有一個資料檔時，我們並不需要考量檔案群組的問題。但是，對於大型資料庫，或基於管理或配置磁碟空間的考量（例如：將部分資料置於不同磁碟），我們就需要將資料庫建立成多個資料檔，和分成不同檔案群組（Filegroups），以方便資料庫檔案的管理。

當使用檔案群組來群組多個資料檔，而且將資料存入資料檔時，SQL Server 是以檔案群組為單位，而不是個別資料檔。SQL Server 檔案群組也分為三種，其說明如下所示：

- 主檔案群組（Primary Filegroups）：這是內含主資料檔的檔案群組，在建立資料庫時，SQL Server 預設建立此檔案群組，如果資料庫有建立其他次資料檔時，沒有指定所屬檔案群組的資料檔（而且沒有指定預設檔案群組），就是屬於主檔案群組。

- 使用者定義檔案群組（User-defined Filegroups）：使用者自行建立的檔案群組，這是使用 FILEGROUP 關鍵字，在 T-SQL 指令 CREATE DATABASE 或 ALTER DATABASE 指令建立的檔案群組。

- 預設檔案群組（Default Filegroups）：這是資料庫預設使用的檔案群組，可以是主檔案群組或使用者定義檔案群組，如果沒有指定，預設是主檔案群組。當我們在資料庫建立資料表或索引時，如果沒有指定屬於哪一個檔案群組，就是屬於預設檔案群組。

SQL Server 資料檔一定屬於一個且只有一個檔案群組；交易記錄檔並不屬於任何檔案群組。我們可以將資料庫的資料表和索引分別建立在特定的檔案群組。

6-2-2 分頁

SQL Server 資料檔的內容在邏輯上是分成連續分頁（Pages），這是 SQL Server 最基本的儲存單位，當資料庫配置資料檔的磁碟空間（即副檔名.mdf 或 ndf）時，就是配置 0 至 n 頁的連續分頁。資料庫的資料表或索引就是使用這些分頁來存放資料，不過，交易記錄檔的內容並不是由分頁組成，其儲存的內容是一系列交易記錄（Transaction Log）資料。

分頁（Pages）是 SQL Server 儲存資料的基本單位，其大小是 8KB，128 頁分頁等於 1MB 空間。當在資料檔（即副檔名.mdf 或 ndf）新增記錄時，如果是在空資料檔新增第 1 筆記錄時，不論記錄大小，SQL Server 一定配置一頁分頁給資料表來儲存這筆記錄，其他記錄則會依序存入分頁配置的可用空間中，如右圖所示：

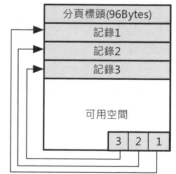

右述圖例的分頁開始是 96 位元組的標頭資訊，用來儲存系統所需的相關資訊，之後依序是存入的記錄資料，在分頁的最後擁有資料列位移（Row Offsets）指標，可以指向分頁中各記錄的開始位址。

對於分頁中尚未使用的空間，SQL Server 可以存入其他新記錄，如果可用空間不足以存入一筆記錄時，SQL Server 就會配置一個新分頁儲存這筆記錄，所以，分頁中的記錄一定是完整記錄，並不會只有記錄的部分欄位資料。

6-2-3　範圍

範圍（Extends）是由八個連續分頁所組成，其目的是讓 SQL Server 可以更有效率的來管理資料檔的眾多分頁，如下圖所示：

					範圍		
分頁	分頁	分頁	分頁	分頁	分頁	分頁	分頁
分頁	分頁	分頁	分頁	分頁	分頁	分頁	分頁
分頁	分頁	分頁	分頁	分頁	分頁	分頁	分頁
分頁	分頁	分頁	分頁	分頁	分頁	分頁	分頁

上述圖例的範圍是由八頁分頁組成，資料檔的所有分頁都是儲存在範圍之中。

範圍（Extends）是基本的空間管理單位，一個範圍包含連續 8 頁分頁，即 64KB，每 16 個範圍等於 1MB，它是儲存資料表或索引資料所配置空間的基本單位。SQL Server 資料庫引擎為了更有效率的配置空間，它是使用兩種類型的範圍來配置空間。

制式範圍（Uniform Extends）

在制式範圍中的分頁都是儲存同一個物件的資料，即完全由一個物件所使用，例如：都是配置給資料表或都配置給索引。當我們建立存在資料表的索引時，就需要配置超過 8 頁分頁的索引資料，此時就是使用制式範圍來儲存索引資料。

混合範圍（Mixed Extends）

　　混合範圍中的分頁是儲存不同物件的資料，例如：部分分頁屬於資料表；部分屬於索引。一般來說，新建立的資料表或索引都是儲存在混合範圍，等到資料表或索引成長至超過 8 頁分頁時，就會轉成使用制式範圍來儲存。

6-3 建立使用者資料庫

　　在完成資料庫設計後，我們就可以使用 Management Studio 或直接執行 T-SQL 的 CREATE DATABASE 指令來建立 SQL Server 使用者資料庫。

6-3-1 在 Management Studio 建立資料庫

　　Management Studio 提供相關使用介面，我們只需在相關欄位輸入資料就可以建立資料庫。例如：建立名為【教務系統】的資料庫，其步驟如下所示：

1 請啟動 Management Studio 建立連線後，在「物件總管」視窗展開 SQL Server 執行個體，選【資料庫】，執行【右】鍵快顯功能表的【新增資料庫】命令。

❷ 在「新增資料庫」對話方塊的【資料庫名稱】欄輸入資料庫名稱【教務系統】。

❸ 下方「資料庫檔案」框的表格可以設定資料庫的詳細資訊，請更改初始大小
為 8MB 和 1MB，其欄位的說明如下表所示：

欄位名稱	說明
邏輯名稱	實體資料庫檔案的別名，主要是使用在 T-SQL 指令，資料檔預設與資料庫名稱相同，交易記錄檔在名稱後加上「_log」
檔案類型	資料列資料是資料檔，記錄檔就是交易記錄檔
檔案群組	所屬的檔案群組，預設建立名為 PRIMARY 的主檔案群組，交易記錄檔並不屬於任何檔案群組
初始大小	資料庫檔案的初始尺寸，預設是 8MB，PRIMARY 群組的資料檔至少 8MB；交易記錄檔至少 1MB
自動成長/大小上限	尺寸和當記錄增加時，資料庫檔案自動成長的方式，可以是指定量或百分比，預設值是以 64MB 為單位，和指定資料庫檔案尺寸的上限，預設值是無限制
路徑	檔案儲存的路徑，如果有多個磁碟，就可以在此指定資料庫儲存的路徑
檔案名稱	作業系統的檔案名稱

④ 按【確定】鈕建立教務系統資料庫。

當建立資料庫後，在 Management Studio 的「物件總管」視窗的【資料庫】項目下，可以看到新建立的【教務系統】資料庫（如果沒有看到，請執行【右】鍵快顯功能表的【重新整理】命令），如下圖所示：

6-3-2 使用 T-SQL 指令建立資料庫

T-SQL 語言是使用 CREATE DATABASE 指令建立資料庫，其基本語法如下所示：

```
CREATE DATABASE 資料庫名稱
[ON [PRIMART] 資料檔規格清單]
[LOG ON 交易記錄檔規格清單]
[COLLATE 定序名稱]
[FOR ATTACH]
```

上述語法「[]」方括號括起的子句表示可有可無，此語法可以建立名為【資料庫名稱】的資料庫，COLLATE 子句是指定資料庫的定序設定，定序是用來指定資料的排序規則，是否區分英文大小寫和腔調上的差異等，如果沒有指定，就是使用 SQL Server 預設的定序設定。

ON 與 LOG ON 子句的是資料和交易記錄檔的規格清單，PRIMARY 是主檔案群組，其規格清單是使用「( )」符號括起的 NAME、FILENAME、SIZE、MAXSIZE、FILEGROWTH 屬性，如下所示：

```
(  NAME= '學校',
   FILENAME= 'D:\Data\學校.mdf',
   SIZE=8MB,
   MAXSIZE=10MB,
   FILEGROWTH=1MB )
```

　　上述屬性依序指定資料庫的邏輯名稱、實體檔案名稱和路徑、初始尺寸、最大尺寸和檔案成長尺寸，詳見上一節說明。FOR ATTACH 子句是附加資料庫，詳細說明請參閱＜第 6-6-3 節：使用 T-SQL 指令附加資料庫＞。

SQL 指令碼檔：Ch6_3_2.sql

　　請使用 SQL Server 預設值建立名為【圖書】的資料庫，如下所示：

```
CREATE DATABASE 圖書
```

SQL 指令碼檔：Ch6_3_2a.sql

　　請指定資料檔和交易記錄檔的規格清單來建立名為【學校】的資料庫，檔案是位在「D:\Data」路徑（請先自行建立此資料夾），如下所示：

```
CREATE DATABASE 學校
ON PRIMARY
  ( NAME='學校',
    FILENAME= 'D:\Data\學校.mdf',
    SIZE=8MB,
    MAXSIZE=10MB,
    FILEGROWTH=1MB )
LOG ON
  ( NAME='學校_log',
    FILENAME = 'D:\Data\學校_log.ldf',
    SIZE=1MB,
    MAXSIZE=10MB,
    FILEGROWTH=10% )
```

6-3-3　建立多檔案群組的資料庫

SQL Server 在建立資料庫的同時就可以新增檔案群組。在這一節我們準備建立名為【產品】的資料庫，內含 2 個檔案群組、3 個資料檔和 1 個交易記錄檔，如下圖所示：

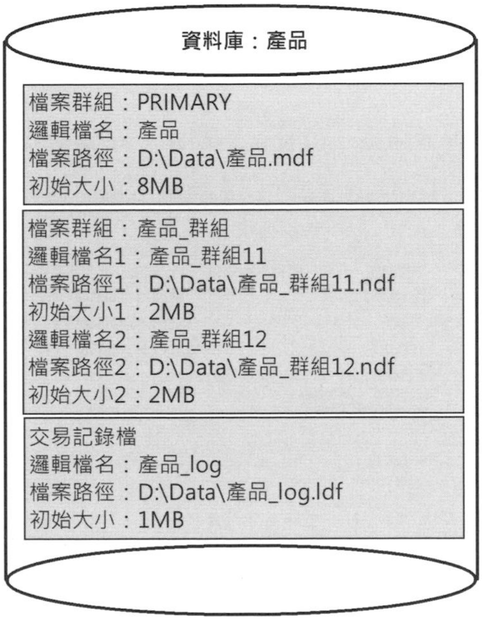

```
                    資料庫：產品

    檔案群組：PRIMARY
    邏輯檔名：產品
    檔案路徑：D:\Data\產品.mdf
    初始大小：8MB

    檔案群組：產品_群組
    邏輯檔名1：產品_群組11
    檔案路徑1：D:\Data\產品_群組11.ndf
    初始大小1：2MB
    邏輯檔名2：產品_群組12
    檔案路徑2：D:\Data\產品_群組12.ndf
    初始大小2：2MB

    交易記錄檔
    邏輯檔名：產品_log
    檔案路徑：D:\Data\產品_log.ldf
    初始大小：1MB
```

在 Management Studio 建立多檔案群組的資料庫

在 Management Studio 執行指令開啟「新增資料庫」對話方塊後，就可以建立多檔案群組的【產品】資料庫，其步驟如下所示：

❶ 請啟動 Management Studio 建立連線後，在「物件總管」視窗的【資料庫】上，執行【右】鍵的【新增資料庫】命令，可以看到「新增資料庫」對話方塊。

❷ 在【資料庫名稱】欄輸入資料庫名稱【產品】後，下方「資料庫檔案」框設定資料檔和交易記錄檔的名稱、初始大小和路徑後，請更改路徑為「D:\Data」。

資料庫名稱(N):			產品				
擁有者(O):			<預設值>				…

☑ 使用全文檢索索引(U)

資料庫檔案(F):

邏輯名稱	檔案類型	檔案群組	初始大小 (MB)	自動成長 / 大小上限		路徑		檔案名稱
產品	資料列資料	PRIMARY	8	以 64 MB 為單位,無限制	…	D:\Data	…	
產品_log	記錄檔	不適用	1	以 64 MB 為單位,無限制	…	D:\Data	…	

加入(A)	移降(R)

3 按下方【加入】鈕新增檔案,預設是資料檔,在輸入名稱【產品_群組_11】、初始大小 2 和路徑「D:\Data」後,在【檔案群組】欄選【<新增檔案群組>】。

資料庫檔案(F):

邏輯名稱	檔案類型	檔案群組	初始大小 (MB)	自動成長 / 大小上限		路徑		檔第
產品	資料列資料	PRIMARY	8	以 64 MB 為單位,無限制	…	D:\Data	…	
產品_log	記錄檔	不適用	1	以 64 MB 為單位,無限制	…	D:\Data	…	
產品_群組_11	資料列資料	PRIMARY ∨	2	以 64 MB 為單位,無限制	…	D:\Data	…	
		PRIMARY						
		<新增檔案群組>						

4 在「為 產品 新增檔案群組」對話方塊的【名稱】欄輸入檔案群組名稱【產品_群組】,下方可以選擇是唯讀(在群組的資料檔只能讀取,不能寫入)或是否是預設檔案群組,按【確定】鈕新增檔案群組。

■ 為 產品 新增檔案群組　　　　　　　　×

名稱(N):　　　　　　產品_群組 I

選項:
　　□ 唯讀(R)
　　□ 預設值(D)

目前的預設檔案群組: PRIMARY

確定	取消

5 再按一次下方【加入】鈕,新增名為【產品_群組_12】的資料檔,指定檔案群組是【產品_群組】後,依序輸入初始大小 2 和路徑「D:\Data」。

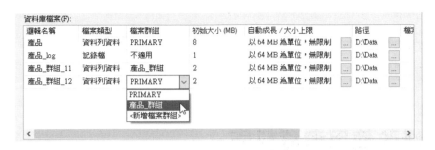

6 按【確定】鈕建立多檔案群組的產品資料庫。

使用 T-SQL 指令建立多檔案群組的資料庫

　　SQL Server 除了可以使用 Management Studio 建立多檔案群組的資料庫外，我們一樣可以使用 T-SQL 的 CREATE DATABASE 指令來建立多檔案群組的資料庫。

SQL 指令碼檔：Ch6_3_3.sql

　　建立多檔案群組的資料庫【代理產品】，其架構和上一節的【產品】相同，內含 2 個檔案群組、3 個資料檔和 1 個交易記錄檔，如下所示：

```
CREATE DATABASE 代理產品
ON PRIMARY
  ( NAME='代理產品',
    FILENAME= 'D:\Data\代理產品.mdf',
    SIZE=8MB,
    MAXSIZE=10MB,
    FILEGROWTH=1MB ),
FILEGROUP 代理產品_群組
  ( NAME = '代理產品_群組_11',
    FILENAME = 'D:\Data\代理產品_群組_11.ndf',
    SIZE = 2MB,
    MAXSIZE=10MB,
    FILEGROWTH=1MB ),
  ( NAME = '代理產品_群組_12',
    FILENAME = 'D:\Data\代理產品_群組_12.ndf',
    SIZE = 2MB,
    MAXSIZE=10MB,
    FILEGROWTH=1MB )
LOG ON
  ( NAME='代理產品_log',
```

```
FILENAME = 'D:\Data\代理產品_log.ldf',
SIZE=1MB,
MAXSIZE=10MB,
FILEGROWTH=10% )
```

6-4 修改使用者資料庫

在 SQL Server 成功建立使用者資料庫後，如果資料庫結構有變更，我們可以直接使用 Management Studio 或 T-SQL 指令來修改使用者資料庫，而不用重新建立資料庫。

6-4-1 使用 Management Studio 修改使用者資料庫

Management Studio 可以在「資料庫屬性」對話方塊更改資料庫屬性，也就是修改使用者資料庫。

新增或修改資料庫檔案

在 Management Studio 新增或修改資料檔或交易記錄檔的屬性，我們只需在「物件總管」視窗的【產品】上，執行【右】鍵快顯功能表的【屬性】命令，可以看到「資料庫屬性」對話方塊，選【檔案】頁面如右圖所示：

在上述對話方塊按右下方【加入】鈕，可以新增資料檔和交易記錄檔。在中間表格欄位可以更改資料庫屬性，例如：在【檔案群組】欄更改檔案群組、【初始大小】欄位調整資料庫尺寸等。

新增或修改檔案群組

在 Management Studio 的「資料庫屬性」對話方塊的【檔案群組】頁面，可以新增或修改檔案群組，如下圖所示：

在上述對話方塊按【加入檔案群組】鈕可以新增檔案群組，勾選【預設值】欄可以指定預設的檔案群組，【唯讀】欄指定是否是唯讀的檔案群組。

6-4-2 資料庫選項

在「資料庫屬性」對話方塊選【選項】頁面，可以看到一些資料庫的進階屬性，如下圖所示：

在上述圖例可以看到相關的資料庫選項，其說明如下所示：

定序

　　指定資料庫使用的定序設定，預設值是安裝執行個體時的定序設定。以繁體中文來說，Chinese_Taiwan_Stroke_CI_AS 定序名稱以筆劃順序來排序；Chinese_Taiwan_Bopomofo_CI_AI 定序名稱則是以注音符號來排序，即 CREATE DATABASE 指令 COLLATE 子句的定序名稱。

復原模式

　　SQL Server 資料庫的復原模式可以決定寫入和保留交易記錄的方式，因為交易記錄檔的內容影響之後的資料庫備份。復原模式可以決定備份時，我們能夠執行哪幾種備份類型。SQL Server 資料庫支援三種復原模式，其說明如下所示：

- 完整（Full）：交易記錄檔會完整記錄每一筆交易的資料庫操作，包含已完成的交易，等到使用者備份交易記錄檔，才會刪除這些已完成的交易記錄，其備份功能支援完整、差異和交易記錄備份。

- 大量記錄（Bulk-logged）：和完整復原模式的差異很小，只差在如何記錄大量批次資料庫操作指令的方式，例如：BCP、BULK INSERT 和 WRITETEXT 指令等。對於這些指令，大量記錄只會記錄相關操作，而不會完整記錄詳細的資料庫操作。其備份功能也支援完整、差異和交易記錄備份。

- 簡單（Simple）：交易記錄會在確實寫入資料庫後，即完成交易後就自動清除，所以備份功能只支援完整和差異備份，並不支援交易記錄備份。

相容性層級

指定資料庫引擎使用哪一種版本來執行相關指令，以便能夠與舊版相容，除非用戶端程式只能支援舊版 SQL Server，否則並不用更改此設定，預設值是最新版。

其他選項

在【選項】頁面其他部分的資料庫選項屬於細部設定，常用選項的說明，如下所示：

- 自動更新統計資料：對於手動使用 CREATE STATISTICS 指令建立的統計資訊是否自動更新，以便可以更新過時資訊來增加查詢效率，預設值為 True，表示自動更新。

- 自動非同步更新統計資料：是否以同步方式自動更新統計資訊，預設值為 False 自動同步更新。

- 自動建立統計資料：在執行查詢時，為了加速查詢效率，是否自動建立統計資料，預設值 True，表示自動建立統計資料。

- 自動壓縮：是否自動定時移除沒有使用的分頁來壓縮資料庫尺寸，因為此操作會影響系統效能，除非磁碟空間有限，並不用開啟此選項，預設值為 False。

- ANSI NULL 預設值：這是資料庫層級的 ANSI 標準選項，在建立資料表時，欄位預設值是 NULL 或 NOT NULL，預設值 False 是 NOT NULL。

- ANSI NULLS 已啟用：指定與 Null 值進行等於和不等於比較時的行為，預設值 False 是當使用 WHERE 子句的 column_name = NULL 時，可以傳回 column_name 含有 Null 值的記錄。如為 True，即使 column_name 含有 Null 值，也是傳回 0 個記錄，不會進行比較。

- ANSI 填補已啟用：設定如何處理欄位值比定義尺寸還短的情況，主要是指 char、varchar、binary 和 varbinary 等資料類型的欄位，是否刪除尾端的空格，預設值 False 為刪除。

- ANSI 警告已啟用：當發生除以零此類情況，或聚合函數出現 NULL 值時，是否顯示錯誤或警告。預設值 False 不會產生警告，而是傳回 NULL 值。

- 引號識別碼已啟用：如果識別碼中有空白字元時，是否可以使用引號括起，例如："My School"，預設值 False 為不可以。

- 串連 Null 產生 Null：處理連接字串中有 NULL 值的情況，預設值 False 是當字串與 Null 字串連接時，傳回結果還是該字串；如為 True，就是傳回 Null。

- 算術中止已啟用：如有算術錯誤，是否讓 SQL Server 終止目前作業且回復交易，預設值 False 只會提出警告。

- 遞迴觸發程序已啟用：是否允許遞迴執行觸發程序，如果資料表欄位在修改後就會觸發，在觸發程序中如果再修改欄位，就會再次觸發，預設值 False 並不允許遞迴觸發程序。

- 數值捨入中止：數值如有四捨五入時，是否顯示警告訊息，預設值 False 為不顯示。

- 限制存取：指定存取方式是多人存取的 MULTIPLE_USER，或單人存取的 SINGLE_USER，或 RESTRICTED_USER 只允許 db_owner 角色的資料庫擁有者才允許存取。

- 資料庫狀態：顯示目前資料庫的狀態是正常上線、離線、復原或還原等狀態。

- 資料庫唯讀：是否不允許使用者寫入資料，只能進行查詢，預設值 False 表示可寫入。如果需要設定此選項，請在所有使用者都中斷連線後，再進行設定。

- 頁面確認：為了避免磁碟讀取資料的不一致問題，可以指定確認分頁資料正確性的方式。預設值是 CHECKSUM，可以在分頁儲存檢查值，在讀取後，計算檢查值後與分頁檢查值進行比較，以確認讀取分頁資料的正確性。另一選項值是 TORNPAGEDETECTION，即使用毀損頁偵測方式來檢查分頁資料的正確性。

- 預設資料指標：設定建立資料指標後其允許使用的範圍，預設值 GLOBAL 是全域範圍，表示連線執行的所有預存程序都可參考此指標。值 LOCAL 是區域範圍，只限其建立所在範圍可以參考。

- 認可時關閉資料指標已啟用：對於建立資料指標的交易來說，是否在認可後（即交易成功）關閉資料指標，預設值 False 表示不關閉。

6-4-3　使用 T-SQL 指令修改使用者資料庫

　　T-SQL 語言可以使用 ALTER DATABASE 指令來修改使用者資料庫，其基本語法如下所示：

```
ALTER DATABASE 資料庫名稱
  MODIFY NAME = 新的資料庫名稱
  | COLLATE 定序名稱
  | ADD FILE 資料檔規格清單
       [ TO FILEGROUP 檔案群組名稱 ]
  | ADD LOG FILE 交易記錄檔規格清單
  | REMOVE FILE 邏輯檔案名稱
```

```
| MODIFY FILE 資料檔規格清單
| ADD FILEGROUP 檔案群組名稱
| REMOVE FILEGROUP 檔案群組名稱
| MODIFY FILEGROUP 檔案群組名稱
  READONLY | READWRITE | DEFAULT | NAME = 新檔案群組名稱
| SET 選項屬性清單
[ WITH ROLLBACK AFTER 等待秒數 [ SECONDS ]
         | ROLLBACK IMMEDIATE
         | NO_WAIT ]
```

上述語法是修改【資料庫名稱】的資料庫，MODIFY NAME 是更改的資料庫名稱，COLLATE 更改定序設定，之後的語法可以分成三大部分，其說明如下所示：

- 修改檔案：ADD FILE/LOG FILE 子句新增資料檔或交易記錄檔、REMOVE FILE 子句刪除指定邏輯檔案名稱的檔案、MODIFY FILE 子句可以修改檔案，我們可以指定規格清單來新增或修改資料或交易記錄檔。

- 修改檔案群組：ADD/REMOVE/MODIFY FILEGROUP 子句可以新增、刪除和更改檔案群組，其中 MODIFY FILEGROUP 可以更改群組名稱和指定群組屬性，READONLY 是唯讀、READWRITE 是可讀寫和 DEFAULT 指定預設檔案群組。

- 修改資料庫選項：SET 子句可以變更資料庫選項，也就是第 6-4-2 節的資料庫選項內容，WITH 子句是當設定失敗時，在何時執行回復處理，進一步說明請參閱 SQL Server 線上技術文件。

SQL 指令碼檔：Ch6_4_3.sql

請在【產品】資料庫的【產品_群組】檔案群組，新增名為【產品_群組_13】的資料檔，如下所示：

```
ALTER DATABASE 產品 ADD FILE
(  NAME = '產品_群組_13',
   FILENAME = 'D:\Data\產品_群組_13.ndf',
   SIZE = 2MB,
   MAXSIZE=10MB,
   FILEGROWTH=1MB ) TO FILEGROUP 產品_群組
```

上述 ALTER DATABASE 指令使用 ADD FILE 子句新增資料檔，可以在【產品_群組】檔案群組新增一個資料檔。

SQL 指令碼檔：Ch6_4_3a.sql

請在【產品】資料庫新增名為【產品_log2】的交易記錄檔，如下所示：

```
ALTER DATABASE 產品 ADD LOG FILE
 ( NAME = '產品_log2',
   FILENAME = 'D:\Data\產品_log2.ldf',
   SIZE = 5MB,
   MAXSIZE=10MB,
   FILEGROWTH=1MB )
```

上述 ALTER DATABASE 指令使用 ADD LOG FILE 子句新增交易記錄檔。

SQL 指令碼檔：Ch6_4_3b.sql

請調整【代理產品】資料庫交易記錄檔案的尺寸成為 5MB，如下所示：

```
ALTER DATABASE 代理產品 MODIFY FILE
 ( NAME = '代理產品_log', SIZE = 5MB )
```

上述 ALTER DATABASE 指令調整交易記錄檔尺寸，如果 NAME 屬性是資料檔，就是調整資料檔尺寸。

SQL 指令碼檔：Ch6_4_3c.sql

更改【代理產品】資料庫預設檔案群組為【代理產品_群組】，如下所示：

```
ALTER DATABASE 代理產品
MODIFY FILEGROUP 代理產品_群組 DEFAULT
```

上述 ALTER DATABASE 指令可以更改預設檔案群組，如右圖所示：

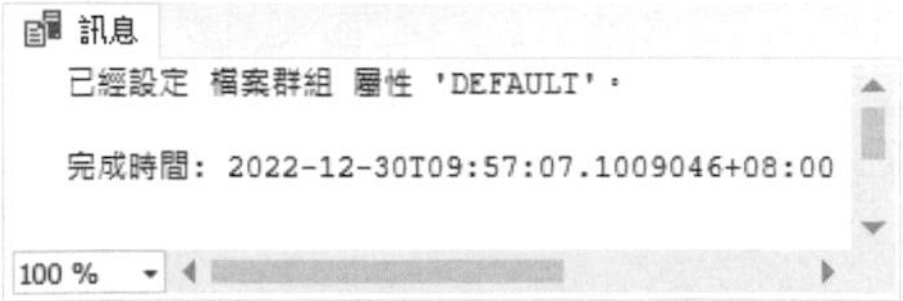

訊息

已經設定 檔案群組 屬性 'DEFAULT'。

完成時間: 2022-12-30T09:57:07.1009046+08:00

100 %

6-5 | 刪除使用者資料庫

對於不再需要的使用者資料庫，我們可以使用 Management Studio 或 T-SQL 的 DROP DATABASE 指令來刪除使用者資料庫。

使用 Management Studio 刪除使用者資料庫

在 Management Studio 刪除第 4 章建立的【聯絡人】資料庫，請在【聯絡人】資料庫上，執行【右】鍵快顯功能表的【刪除】命令，可以看到「刪除物件」對話方塊。

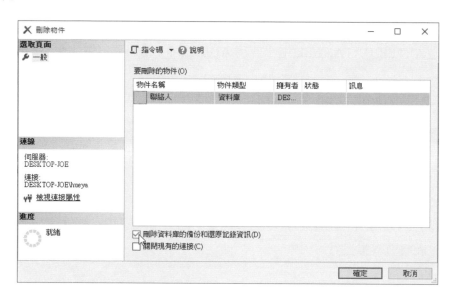

上述對話方塊的下方預設勾選【刪除資料庫的備份和還原記錄資訊】，表示一併刪除 msdb 資料庫相關的備份記錄，勾選【關閉現有的連線】可關閉目前存在的資料庫連接，按【確定】鈕即可刪除資料庫。

使用 T-SQL 指令刪除使用者資料庫

在 T-SQL 語言刪除資料庫是使用 DROP DATABASE 指令，其語法如下所示：

```
DROP DATABASE 資料庫名稱清單
```

上述語法的【資料庫名稱清單】就是欲刪除的資料庫名稱，如果不只一個，請使用「,」號分隔。

💻 (SQL 指令碼檔：Ch6_5.sql)

在 SQL Server 同時刪除【教務系統】和【學校】資料庫（如果資料庫正在使用中，就會顯示無法刪除的錯誤訊息文字），如下所示：

```
DROP DATABASE 教務系統，學校
```

6-6 資料庫的卸離與附加

SQL Server 可以同時管理多個資料庫，為了避免沒有使用的資料庫平白佔用系統資源，或者需要將資料庫移至其他 SQL Server。我們可以先卸離指定資料庫後，再在其他 SQL Server 將它附加回去。

6-6-1 卸離資料庫

卸離資料庫並不是刪除資料庫，卸離只是將資料庫定義資料從 master 資料庫刪除，如此使用者就可以複製資料庫的.MDF（Master Data File）資料檔和.LDF（Log Data File）交易記錄兩個檔案。例如：在 SQL Server 卸離【圖書】資料庫，其步驟如下所示：

❶ 請啟動 Management Studio 建立連線後，在「物件總管」視窗展開【資料庫】項目，在【圖書】資料庫上，執行【右】鍵快顯功能表的「工作>卸離」命令。

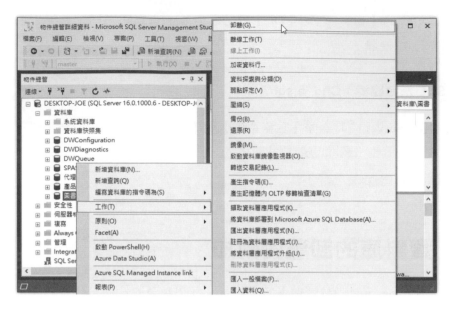

2 在「卸離資料庫」對話方塊，按【確定】鈕卸離資料庫。

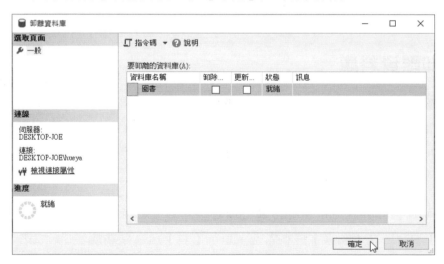

　　當資料庫成功卸離後，表示 master 資料庫已經刪除其定義資料，在 Management Studio 的【資料庫】項目，就不會看到【圖書】資料庫。

　　接著我們可以搬移資料庫，請將位在「C:\Program Files\Microsoft SQL Server\MSSQL16.MSSQLSERVER\MSSQL\DATA」資料夾（2019 版是 MSSQL

15）的【圖書.mdf】和【圖書_log.ldf】兩個檔案複製到其他 SQL Server 或資料夾，例如：「D:\Data」資料夾，如下圖所示：

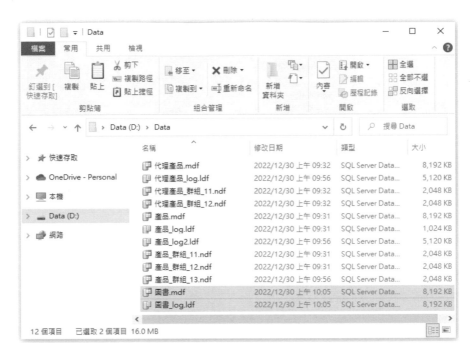

6-6-2　附加資料庫

在複製好資料庫檔案後，我們可以在另一台電腦的 SQL Server 或其他磁碟，使用附加（Attach）方式來回存資料庫。例如：附加位在「D:\Data」資料夾的【圖書】資料庫（附加資料庫需要擁有足夠的權限，請替這 2 個檔案新增使用者 Users 的【完全控制】權限），其步驟如下所示：

❶ 請啟動 Management Studio 建立連線後，在「物件總管」視窗展開【資料庫】項目，在【資料庫】上執行【右】鍵快顯功能表的【附加】命令。

❷ 在「附加資料庫」對話方塊，按游標所在【加入】鈕，可以看到「尋找資料庫檔案」對話方塊。

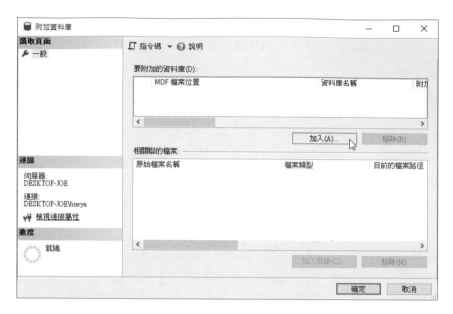

❸ 在「尋找資料庫檔案」對話方塊選擇【圖書.mdf】檔案,按【確定】鈕,可以看到資料庫的詳細資料。

❹ 再按一次【確定】鈕附加資料庫至 SQL Server。

在 Management Studio 的「物件總管」視窗，展開資料庫清單後，就可以看到附加的【圖書】資料庫。

6-6-3　使用 T-SQL 指令卸離與附加資料庫

T-SQL 指令只能附加資料庫，我們需要使用系統預存程序來卸離與附加資料庫。

> **Memo**
>
> 系統預存程序（System Stored Procedures）是 SQL Server 已經預設寫好的預存程序，可以擴充 T-SQL 的功能，換句話說，我們可以馬上使用這些預存程序來執行所需的操作。

使用系統預存程序卸離資料庫

在 SQL Server 可以使用 sp_detach_db 系統預存程序來卸離資料庫，其基本語法如下所示：

```
EXEC sp_detach_db '資料庫名稱'
```

上述系統預存程序可以卸離參數的資料庫。

SQL 指令碼檔：Ch6_6_3.sql

請使用系統預存程序來卸離【圖書】資料庫，如下所示：

```
EXEC sp_detach_db '圖書'
```

使用 T-SQL 指令附加資料庫

T-SQL 指令 CREATE DATABASE 可以使用 FOR ATTACH 子句來附加資料庫。

SQL 指令碼檔：Ch6_6_3a.sql

請在 SQL Server 使用 T-SQL 指令附加【圖書】資料庫，位置是在「D:\Data」資料夾，如下所示：

```
CREATE DATABASE 圖書
ON PRIMARY
( FILENAME = 'D:\Data\圖書.mdf' )
FOR ATTACH
```

使用系統預存程序附加資料庫

除了 T-SQL 指令外，我們也可以使用 sp_attach_db 系統預存程序來附加資料庫，其基本語法如下所示：

```
EXEC sp_attach_db '資料庫名稱', '資料檔路徑'
```

上述系統預存程序可以附加參數資料檔路徑的資料庫回到 SQL Server。

SQL 指令碼檔：Ch6_6_3b.sql

請在 SQL Server 使用系統預存程序附加位在「D:\Data」資料夾的【圖書】資料庫（請先卸離此資料庫），如下所示：

```
EXEC sp_attach_db '圖書','D:\Data\圖書.mdf'
```

Memo

在本章 SQL 指令碼檔案都有使用 USE 指令切換至系統資料庫 master，以避免目標資料庫正在使用中的錯誤（第 7-2-2 節和第 13-3-3 節有進一步的說明），如下所示：

```
USE master
GO
```

建立資料表與完整性限制條件

7-1 | 資料類型

SQL Server 資料類型（Data Type）也稱為資料型別，可以定義資料表欄位能夠儲存哪一種資料，和使用多少位元組來儲存資料，即資料範圍。在 SQL Server 的資料類型可以分為兩種：系統內建資料類型和使用者自訂資料類型。

7-1-1 數值資料類型

SQL Server 數值資料類型是用來儲存數值資料，包含整數和小數。

位元資料類型

位元資料類型 bit 的值可以是 0、1 或 NULL，一個 bit 資料類型的欄位大小是 1 位元（Bits），但會佔用整個位元組（Bytes），除非資料表擁有數個 bit 資料類型的欄位，才會使用同一個位元組的 1~8 位元，若超過 8 個欄位，就使用第 2 個位元組的 9~16 位元來儲存。

因為 bit 資料類型的值可以是 1 或 0，所以特別適合使用在開/關、真/假和 True/False 等布林資料的欄位，即 1 為 True；0 為 False。

整數資料類型

整數資料類型是儲存整數但沒有小數的數值資料,例如:1、-23、589 和 8888 等正負整數。SQL Server 提供數種整數資料類型來儲存不同範圍的整數資料,我們可以依照欄位可能整數值的範圍來決定使用哪一種整數資料類型,如下表所示:

資料類型	資料範圍	位元組數
tinyint	0 ~ 255	1
smallint	-32,768 ~ 32,767	2
int	-2,147,483,648 ~ 2,147,483,647	4
bigint	-9,223,372,036,854,775,808 ~ 9,223,372,036,854,775,807	8

例如:學生成績範圍是整數的 0~100 分,所以,成績欄位的最佳資料類型是 tinyint。

精確小數資料類型

精確小數資料類型是儲存包含小數的數值資料,而且完全保留數值資料的精確度(Precision)。SQL Server 提供兩種精確小數資料類型,如下表所示:

資料類型	資料範圍	位元組數
decimal(p, s)	-1038+1 ~ 1038-1	視精確度佔 5 到 17 位元組
numeric(p, s)	-1038+1 ~ 1038-1	視精確度佔 5 到 17 位元組

上表兩種資料類型完全相同,decimal 是遵循 ANSI-SQL 92 規格,numeric 只是為了相容舊版 SQL Server,在新版 SQL Server 建議使用 decimal 取代 numeric 資料類型。

當使用 decimal 和 numeric 資料類型定義資料表欄位時,我們需要指定精確度(Precision,全部的位數)和小數位數(Scale,小數點右邊的位數),例如:當

數值最大值是 9999.9999 時，其小數位數有 4 位數（即小數點之下的位數），精確度（全部位數，不包含小數點）是 8 位數，如下所示：

```
numeric(8,4)
decimal(8,4)
```

浮點數資料類型

浮點數資料類型是遵循 IEEE（Institute of Electrical and Electronic Engineers）的資料類型，一樣可以用來儲存擁有小數點的數值資料。此類型也稱為不精確小數資料類型，因為當數值非常大或非常小時，其儲存資料是一個近似值（Approximate），例如：1/3 的除法結果是一個近似值。

SQL Server 兩種浮點數資料類型只有精確度上的差異，當欄位資料並不強調精確值，或希望使用較少空間儲存時，我們可以使用浮點數資料類型來儲存擁有小數點的數值資料，如下表所示：

資料類型	資料範圍	位元組數
float(n)	-1.79E+308 ~ 1.79E+308，精確度是 1~15 位數	4 或 8
real	-3.40E+38 ~ 3.40E+38，精確度是 1~7 位數	4

上述 float 資料類型可以指定儲存數值資料的位元數 n，n 的值如果是 1~24，SQL Server 是使用 24（佔用的位元組數是 4）；25~53 是使用 53（佔用的位元組數是 8），此為預設值，即沒有指定時的預設位元數。

當使用 float 和 real 資料類型來定義資料表欄位時，如果數值超過精確度的位數，就會因為四捨五入而產生誤差的近似值。

貨幣資料類型

貨幣資料類型並不是 ANSI-SQL 92 規格的資料類型，SQL Server 提供此類型來儲存貨幣資料，以符合實際貨幣輸入格式的千元符號「,」，例如：2,500 元，如下表所示：

資料類型	資料範圍	位元組數
money	-922,337,203,685,477.5808 ~ 922,337,203,685,477.5807	8
smallmoney	-214,748.3648 ~ 214,748.3647	4

上表兩種資料類型只是範圍上的不同，都可以精確到小數點下 4 位數。在實務上，我們也可以使用 decimal 資料類型儲存貨幣資料。

7-1-2　日期資料類型

日期資料類型可以儲存日期與時間資料，SQL Server 提供六種日期資料類型，如下表所示：

資料類型	資料範圍	位元組數
datetime	1753 年 1 月 1 日 ~ 9999 年 12 月 31 日，時間可精確至 3.33 毫秒	8
smalldatetime	1900 年 1 月 1 日 ~ 2079 年 6 月 6 日，時間可精確至分	4
date	0001 年 1 月 1 日 ~ 9999 年 12 月 31 日	3
time(n)	00:00:00.0000000 ~ 23:59:59.9999999，可精確至 100 奈秒	3~5
datetime2(n)	0001 年 1 月 1 日 ~ 9999 年 12 月 31 日，時間可精確至 100 奈秒	6~8
datetimeoffset(n)	0001 年 1 月 1 日 ~ 9999 年 12 月 31 日，時間可精確至 100 奈秒（以 UTC 為單位）	8~10

上表 time、datetime2 和 datetimeoffset 資料類型的參數 n 可以指定儲存秒數的精確度，預設值 3 是指時間的秒可以精確到小數點下 3 位，即.999，參數 n 的值可以是 0~7。

date 資料類型的輸入格式為 YYYY-MM-DD，time 資料類型的輸入格式為 HH:MM:SS，datetime 資料類型的輸入格式為 YYYY-MM-DD HH:MM:SS，smalldatetime 的輸入格式為 YYYY-MM-DD HH:MM。

　　資料類型 date 和 time 可以單獨儲存日期和時間資料，datetime2 可以視為 datetime 類型的延伸，提供更大的日期與時間範圍、較大秒數的有效位數和能夠自行指定小數位數 0~7 位數（預設是 7 位數，例如：2023-12-23 12:35:29.1234567）：

```
time(1)
datetime2(1)
```

　　上述 time 和 datetime2 資料類型使用括號指定小數位數為 1，此時儲存的時間範例是 12:35:29.1，日期時間是 2023-12-23 12:35:29.1。datetimeoffset 類型可以儲存使用 UTC 時區差表示的日期與時間資料，如下所示：

```
2023-12-23 12:35:29.1234567 + 08:00
```

　　上述日期與時間資料中的時間資料是使用 UTC 時間，表示本地時間為「GMT」（Greenwich Mean Time）格林威治標準時間再加 8 小時，時區位移的範圍為-14:00 至+14:00。

7-1-3　字元與位元串流資料類型

　　在電腦系統讀寫的位元串流(Byte Stream)是一序列的位元組資料。SQL Server 可以將位元組資料解碼成字元、數字或符號，即字串和統一字碼字串資料類型的資料。如果不作任何解碼就是二進位字串資料類型。

> **Memo**
>
> 統一字碼（Unicode）是由 Unicode Consortium 組織制定的一個能包括全世界文字的字碼集，它包含 GB2312 和 Big5 字碼集的所有字集，即 ISO 10646 字集。

字串資料類型

　　字串資料類型是儲存字串資料，例如：'陳會安'、'This is a book.'和'Joe Chen' 等。SQL Server 提供四種字串資料類型，可以儲存固定長度或變動長度的字串，如下表所示：

資料類型	資料範圍	位元組數
char(n)	1 ~ 8000 字元或 1 ~ 4000 中文字	固定長度字串，大小為 n 位元組
varchar(n)	1 ~ 8000 字元或 1 ~ 4000 中文字	變動長度字串，最大為 n 位元組
varchar(max)	2G 個字元或 1G 中文字	變動長度字串，最大為 2GB
text	2G 個字元或 1G 中文字	變動長度字串，最大為 2GB

上表(n)是指定儲存的字串長度（即位元組數，沒有指明就是 1），例如：char(10) 和 varchar(10)都可以儲存最多 10 位元組的資料，也就是 10 個字元或 5 個中文字。實務上，如果欄位值小於等於 5 位元組，建議使用 char 來取代 varchar 資料類型。

資料類型 char(10)是儲存固定長度字串，如果存入字串長度沒有 10 位元組，未填滿部分會自動填入空白字元；varchar(10)是儲存變動長度字串，如果存入 5 個字元，就只會佔用 5 位元組。不過，varchar(max)和 text 不需要指定字串長度。請注意！因為之後版本的 SQL Server 會刪除 text 資料類型，請改用 varchar(max) 資料類型來取代。

統一字碼字串資料類型

統一字碼字串資料類型是用來儲存使用統一字碼為字碼集的字串資料，SQL Server 統一字碼字串的資料需要指明「N」開頭的字串，如下所示：

```
N'This is a book.'
N'Joe Chen'
```

上述統一字碼字串是使用 16 位元編碼，相當於儲存一個中文字，即一個字元佔用兩個位元組，如下表所示：

資料類型	資料範圍	位元組數
nchar(n)	1 ~ 4000 字元	固定長度字串，大小為 n x 2 位元組，不足部分填入空白字元
nvarchar(n)	1 ~ 4000 字元	變動長度字串，最大為 n x 2 位元組
nvarchar(max)	1G 字元	變動長度字串，最大為 2GB
ntext	1G 字元	變動長度字串，最大為 2GB

上表(n)是指定儲存的字串長度（沒有指明就是 1），例如：nchar(10)和 nvarchar(10)，表示長度為 10 個字元，佔用 20 個位元組。至於 nvarchar(max)和 ntext 不需要指定字串長度。

在實務上，除非有支援多種語言或商業上的考量，並不需要使用統一字碼字串資料類型，使用字串資料類型即可。請注意！因為之後版本的 SQL Server 會刪除 ntext 資料類型，請改為使用 nvarchar(max)資料類型來取代。

二進位字串資料類型

二進位字串資料類型是儲存二進位字串（Binary String）資料，也就是未經解碼的位元串流，可以儲存二進位資料的圖檔、Word 文件或 Excel 試算表等，如下：

資料類型	資料範圍	位元組數
binary(n)	1～8000 位元組	固定長度二進位字串，大小為 n 位元組，不足部分填入 0x00
varbinary(n)	1～8000 位元組	變動長度二進位字串，最大為 n 位元組
varbinary(max)	2G 位元組	變動長度二進位字串，最大為 2GB
image	2G 位元組	變動長度二進位字串，最大為 2GB

上述(n)是指定儲存二進位資料長度為 n（即位元組數，沒有指明就是 1），例如：binary(10)和 varbinary(10)。至於 varbinary(max)和 image 不需要指定長度。請注意！因為之後版本的 SQL Server 會刪除 image 資料類型，請改用 varbinary(max)資料類型來取代。

7-1-4　其他資料類型

在 SQL Server 除了前述常用的數值、貨幣、日期與時間和字串資料類型外，還提供一些特殊用途的資料類型。一般來說，除非資料庫應用程式有特殊的需求，通常我們並不會使用到這些資料類型。

標記資料類型

標記資料類型可以建立記錄資料戳記或識別碼，這些都是資料庫或全域的唯一值。SQL Server 提供兩種標記資料類型，如下表所示：

資料類型	資料範圍	位元組數
timestamp 或 rowversion	8 位元組的十六進位值	8
uniqueidentifier	16 位元組的十六進位值	16

上表 timestamp 資料類型（亦稱為 rowversion）可以建立記錄資料更新的時間戳記，當記錄更新時，SQL Server 同時會自動更新時間戳記欄位的值，這是資料庫的唯一值。

資料類型 uniqueidentifier 的值是 GUID（Globally Unique Identifier），這是一種全域唯一識別碼，我們需要使用 NEWID()或 NEWSEQUENTIAL()函數來產生此識別碼。

xml 資料類型

資料類型 xml 可以在資料表儲存整份 XML 文件或 XML 片段的內容，而且支援 XML 索引來加速 XML 資料的存取。

在資料表建立的 xml 欄位可以分為兩種：強制類型的 XML 欄位（Typed XML Columns）需要使用 XML Schema 進行驗證，否則只能建立非強制類型的 XML 欄位（Un-typed XML Columns）。

sql_variant 資料類型

sql_variant 資料類型建立的資料表欄位可以儲存 text、ntext、image、timestamp、sql_variant、varchar(max)、nvarchar(max)和 varbinary(max)資料類型之外所有資料類型的資料，視資料類型不同，可以儲存最大 8016 位元的資料。

　　資料類型 sql_variant 類似 Visual Basic 語言的 variant 資料類型，可以建立儲存各種資料的變數，當我們不確定欄位的資料類型時，可以使用 sql_variant 資料類型來儲存數值、日期與時間或字串資料。

階層資料類型

　　hierarchyid 資料類型可以在 SQL Server 資料庫儲存階層資料（Hierarchical Data），這是一種可變長度的系統資料類型，可以使用 hierarchyid 欄位來代表記錄在階層中的位置。

　　不過，hierarchyid 資料類型的欄位並不會自動產生樹狀目錄的階層架構，應用程式需要自行產生且指定 hierarchyid 欄位值，以便建立記錄之間的關聯性來建立階層資料。因為此類型的使用已經超過本書範圍，其進一步說明請參閱 SQL Server 線上技術文件。

空間資料類型

　　空間資料類型有 geometry 和 geography 兩種，geometry 資料類型支援儲存平面地球（Flat Earth）的地理資料，符合開放式地理空間協會（Open Geospatial Consortium，OGC）的規格。

　　資料類型 geography 可以儲存球形地球（Round Earth）資料，即地理座標的經緯度，例如：儲存 GPS 的經緯度座標。關於空間資料類型的使用可能需要整本書來說明，所以本書並沒有討論這兩種資料類型。

T-SQL 變數的資料類型

　　SQL Server 提供一些專為 T-SQL 變數宣告使用的資料類型，這些資料類型並不能用來定義資料表的欄位，如下表所示：

資料類型	說明
cursor	查詢結果的資料集，可以一筆一筆取出資料集的記錄資料，能夠建立參考資料指標的變數或預存程序傳回值的資料類型

資料類型	說明
table	主要是當作暫存儲存體，可以儲存資料表查詢結果的一組記錄集合，這是一組表格型式的資料，可以作為函數或預存程序傳回值的資料類型，或建立資料表變數（Table Variables）

7-1-5　使用者自訂資料類型

　　SQL Server 支援使用者自訂資料類型，可以讓我們使用 SQL Server 原生資料類型為基礎來建立自訂資料類型，更正確的說，我們是在建立別名的資料類型，一種資料類型的別名。

　　例如：建立以 varchar 資料類型為基礎，可以儲存地址資料的 address 別名資料類型，如下所示：

```
CREATE TYPE address
FROM varchar(35) NOT NULL
```

　　上述 CREATE TYPE 指令建立自訂資料類型，使用 varchar 資料類型建立的 address 別名資料類型。

7-2 | 資料表的建立

　　SQL Server 可以使用 Management Studio 或 T-SQL 指令建立資料表，並且指定建立在哪一個檔案群組，如果沒有指明，就是建立在預設檔案群組。

> **Memo**
>
> 請使用 Management Studio 執行「Ch07\School.sql」的 SQL 的指令碼檔案，在 SQL Server 建立名為【教務系統】的多檔案群組資料庫，我們準備在此資料庫建立第 5-5 節邏輯資料庫設計模型的資料表。

7-2-1　使用 Management Studio 建立資料表

Management Studio 提供圖形使用介面來建立資料表的定義資料，例如：在執行 School.sql 建立的【教務系統】資料庫，建立名為【學生】的資料表，其步驟如下所示：

1 請啟動 Management Studio 建立連線後，在「物件總管」視窗展開【資料庫】下的【教務系統】，在【資料表】上執行【右】鍵快顯功能表的「新增>資料表」命令。

2 在標籤頁上方【資料行名稱】欄輸入欄位名稱，【資料類型】欄選擇欄位使用的資料類型，勾選【允許 Nulll】表示欄位允許 Null 值，然後在下方編輯欄位屬性（即【資料行屬性】標籤頁）。

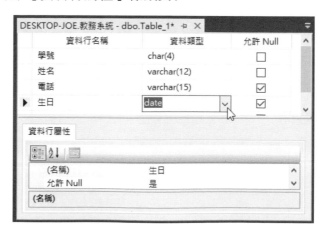

上述編輯畫面下方是資料表的欄位屬性清單（視使用的資料類型而定），常用屬性說明如下表所示：

屬性	說明
允許 Null	欄位值是否可以是 NULL 空值
長度	欄位資料的長度，以位元組為單位，因為有些資料類型是固定長度，所以不一定可以設定此屬性
資料類型	欄位儲存資料的資料類型
預設值或繫結	指定欄位的預設值，當新增記錄時，如果沒有輸入資料，就是填入此預設值
整數位數	指定資料類型 decimal 和 numeric 欄位的整數位數
小數位數	指定資料類型 decimal 和 numeric 欄位的小數位數
RowGuid	指定資料類型 uniqueidentifier 欄位是否自動產生全域唯一識別碼，即在【預設值或繫結】屬性使用 NEWID()函數產生識別碼
計算資料行規格/(公式)	指定計算欄位的運算式
定序	指定欄位定序，預設使用資料庫的定序設定，只有 char、varchar、text、nchar、nvarchar 和 ntext 資料類型可以更改
描述	欄位說明文字
識別規格/(為識別)	指定欄位值是否自動編號
識別規格/識別值種子	指定自動編號的起始值，預設為 1
識別規格/識別值增量	指定自動編號的遞增值，預設為 1

❸ 請依序輸入第 5-5 節實體關聯圖【學生】資料表的欄位定義資料後，執行「檔案>儲存 Table_1」命令儲存定義資料，可以看到「選擇名稱」對話方塊。

❹ 在【輸入資料表名稱】欄輸入【學生】的資料表名稱後，按【確定】鈕儲存資料表的定義資料。

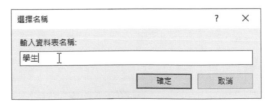

5 接著設定主索引欄位，請在欲建立成主索引的欄位上，執行【右】鍵快顯功能表的【設定主索引鍵】命令，將它指定成主鍵。

Memo

如果主索引鍵（即主鍵）是多個欄位的複合鍵，請使用 **CTRL** 鍵來配合選取多個欄位後，再執行 Step 5 設定主索引鍵。因為主鍵本身就是一種 SQL Sever 條件約束，進一步說明請參閱＜第 7-3-2 節：建立 PRIMARY KEY 條件約束＞。

---

6 在欄位前可以看到鑰匙符號，表示它是主鍵，如下圖所示：

　　在「物件總管」視窗展開【資料庫】下【教務系統】資料庫，可以在【資料表】下看到新增的【dbo.學生】資料表，dbo 是系統預設的結構描述名稱。

7-2-2　使用 T-SQL 指令建立資料表

　　T-SQL 語言是使用 CREATE TABLE 指令在目前選擇的資料庫建立資料表，其基本語法如下所示：

```
CREATE TABLE 資料表名稱 (
    欄位名稱 1    資料類型    [ 欄位屬性清單 ],
    欄位名稱 2    資料類型    [ 欄位屬性清單 ],
    欄位名稱 3    資料類型    [ 欄位屬性清單 ],
    ........
    欄位名稱 n    資料類型    [ 欄位屬性清單 ]
    [ 資料表屬性清單 ]
)
[ ON 檔案群組名稱 ]
[ TEXTIMAGE_ON 檔案群組名稱 ]
```

　　上述語法建立名為【資料表名稱】的資料表，在括號內是以逗號分隔的欄位定義清單，依序為欄位名稱、資料類型和欄位屬性清單（如有多個，請使用空白字元分隔）。常用欄位屬性的說明，如下表所示：

欄位屬性	說明
NOT NULL | NULL	欄位值是否可以是空值，如果沒有指明，預設值是 NULL，可以是空值
DEFAULT 預設值	指定欄位的預設值，如果欄位沒有輸入資料，預設填入之後的預設值
IDENTITY(起始值, 遞增值)	是否是自動編號欄位，一個資料表只允許 1 個自動編號欄位，在括號中可以指定起始值和遞增值，沒有指定都是 1
PRIMARY KEY | UNIQUE	欄位是否為主索引鍵（PRIMARY KEY）或不可重複的唯一值（UNIQUE），如為主索引鍵，就不允許同時使用 NULL 屬性

▌Memo

PRIMARY KEY 和 UNIQUE 欄位屬性都是指定欄位值是唯一值來避免重複資料，不過，同一資料表只允許指定一個 PRIMARY KEY 主索引鍵；但可以有多個 UNIQUE 欄位，相當於是候選鍵，而且 UNIQUE 欄位允許欄位值是 NULL 空值，不過，也只允許有一筆記錄的欄位資料是空值，否則就會產生重複資料。

　　在欄位定義清單後是資料表屬性清單（如有多個，請使用逗號分隔），這部分是用來建立完整性限制條件，筆者在下一節再詳細說明。

　　ON 和 TEXTIMAGE_ON 子句都是指定資料表建立在哪一個檔案群組，如果沒有指定，就是預設檔案群組。TEXTIMAGE_ON 子句可以指定 text、ntext、image、xml、varchar(max)、nvarchar(max)、varbinary(max)和 CLR 使用者自訂類型儲存的檔案群組。

SQL 指令碼檔：Ch7_2_2.sql

　　請在【教務系統】資料庫新增【員工】資料表，因為沒有 ON 子句，所以是建立在預設檔案群組，如下所示：

```
USE 教務系統
GO
CREATE TABLE 員工 (
    身份證字號   char(10)    NOT NULL PRIMARY KEY,
    姓名         varchar(12) NOT NULL,
    城市         varchar(5)  DEFAULT '台北',
    街道         varchar(30),
    電話         char(12),
    薪水         money,
    保險         money,
    扣稅         money
)
```

　　上述 SQL 指令碼檔案使用 USE 指令切換使用的資料庫（因為我們是在此資料庫新增資料表），因為在同一個指令碼檔案擁有多個 T-SQL 指令敘述，所以使用 GO 指令代表批次的結束，進一步說明請參閱＜第 13 章：Transact-SQL 程式設計＞。

　　CREATE TABLE 指令可以在資料庫建立【員工】資料表，其主鍵是【身份證字號】欄位，在【城市】欄位指定預設值為'台北'。

SQL 指令碼檔：Ch7_2_2a.sql

請在【教務系統】資料庫新增【課程】資料表，這是建立在名為【教務系統_群組】檔案群組的資料表，如下所示：

```
CREATE TABLE 課程 (
    課程編號    char(5)      NOT NULL PRIMARY KEY ,
    名稱       varchar(30) NOT NULL ,
    學分       int          DEFAULT 3
)
ON 教務系統_群組
```

上述 CREATE TABLE 指令的 ON 子句指定建立在哪一個檔案群組。

SQL 指令碼檔：Ch7_2_2b.sql

請在【教務系統】資料庫新增【教授】資料表，並且新增自動編號的【建檔編號】欄位，如下所示：

```
CREATE TABLE 教授 (
    建檔編號    int          IDENTITY(1000, 1),
    教授編號    char(4)      NOT NULL PRIMARY KEY,
    職稱       varchar(10),
    科系       varchar(5),
    身份證字號  char(10)     NOT NULL
)
```

上述資料表的【建檔編號】欄位是一個自動編號欄位，指定起始值 1000 和遞增值 1。

7-2-3　建立計算欄位

計算欄位（Computed Columns）是一種沒有儲存值的資料表欄位，欄位值是同一筆記錄其他欄位建立的運算式所計算出的結果。因為欄位沒有真正儲存資料，只是其他欄位值的計算結果，所以計算欄位是一種虛擬欄位。

請注意！計算欄位因為沒有真正存入資料，所以不能指定 DEFAULT、NOT NULL、NULL 等欄位屬性和條件約束。如果計算欄位值是唯一值且不會更動，仍然可以將它指定成 PRIMARY KEY 和 UNIQUE 欄位，不過很少會如此設定。

在 Management Studio 新增計算欄位是在編輯畫面下方指定【計算資料行規格/(公式)】的欄位屬性。T-SQL 指令是使用 AS 關鍵字指定計算欄位的運算式。

SQL 指令碼檔：Ch7_2_3.sql

請在【教務系統】資料庫新增【估價單】資料表，最後的【平均單價】欄位是一個計算欄位，其運算式是【總價 / 數量】，如下所示：

```
CREATE TABLE 估價單 (
    估價單編號    int       NOT NULL IDENTITY PRIMARY KEY,
    產品編號      char(4)   NOT NULL,
    總價         decimal(5, 1) NOT NULL,
    數量         int       NOT NULL DEFAULT 1,
    平均單價      AS   總價 / 數量
)
```

在實務上，計算欄位多是使用在需要替複雜運算式建立索引來提昇查詢效率時，進一步說明請參閱＜第 12-7-1 節：建立計算欄位的索引＞。

7-2-4　疏鬆欄位的使用

疏鬆欄位（Sparse Columns）是指資料表中此欄位資料大部分都是 NULL 值，也就是說，整個資料表只有少部分記錄欄位有值，其他都是 NULL，因為 NULL 值根本不需要佔用儲存空間，所以，疏鬆欄位只有非 NULL 值才真正需要佔用儲存空間。

疏鬆欄位在資料表設計上的注意事項，如下所示：

- 疏鬆欄位必須大部分記錄的欄位值是 NULL 值。

- 疏鬆欄位不能指定 DEFAULT 或新增任何規則，也不能使用 IDENTITY 和 ROWGUIDCOL 屬性。

- 疏鬆欄位可以使用在任何資料類型的欄位，除了 geography、geometry、text、ntext、image、timestamp 和使用者自訂類型等資料類型。

- 疏鬆欄位不能作為主鍵欄位，也不可以用來建立叢集索引。

在 Management Studio 新增疏鬆欄位就是在編輯畫面下方的【為疏鬆】欄位，將屬性值改為【是】。T-SQL 指令是使用 SPARSE 關鍵字指定欄位為疏鬆欄位。

🖥 　SQL 指令碼檔：Ch7_2_4.sql

請在【教務系統】資料庫新增【廠商】資料表，最後的【分公司數】欄位是一個疏鬆欄位，因為大部分廠商都沒有分公司，如下所示：

```
CREATE TABLE 廠商 (
    廠商編號  int    NOT NULL IDENTITY PRIMARY KEY,
    廠商名稱  varchar(100),
    分公司數  int    SPARSE
)
```

上述【分公司數】欄位使用 SPARSE 關鍵字指定此欄位是一個疏鬆欄位。

7-3 建立完整性限制條件

在 SQL Server 資料庫建立完整性限制條件是加上條件約束，我們可以透過條件約束來檢查儲存資料的正確性。不但可以防止將錯誤資料存入資料表，還能夠避免資料表之間欄位資料的不一致。

7-3-1 條件約束的基礎

條件約束（Constraints）可以定義欄位檢查規則，檢查輸入資料是否允許存入資料表欄位。我們可以建立資料庫的完整性限制條件來維護資料完整性。

SQL Server 條件約束分為針對單一欄位值的「欄位層級條件約束」（Column-level Constraints）和多個欄位值的「資料表層級條件約束」（Table-level Constraints），其說明如下表所示：

條件約束	欄位層級	資料表層級
NOT NULL	指定欄位不可是空值	N/A
PRIMARY KEY	指定單一欄位的主鍵	指定一到多欄位集合的主鍵
UNIQUE	指定單一欄位值是唯一值	指定一到多欄位集合的值是唯一值
CHECK	指定單一欄位值的範圍	指定多欄位值的範圍
FOREIGN KEY / REFERENCES	指定單一欄位的外來鍵，即建立關聯性	指定一到多欄位集合的外來鍵，即建立關聯性

簡單的說，如果條件約束是針對單一欄位，請使用欄位層級條件約束；若超過一個欄位，就只能使用資料表層級的條件約束。

第 7-2 節已說明過欄位層級的 NOT NULL 和 PRIMARY KEY，本節將依序說明資料表層級的 PRIMARY KEY、CHECK 和 FOREIGN KEY 條件約束。UNIQUE 條件約束是新增唯一索引鍵，SQL Server 預設替此欄位新增非叢集索引，這部分就留到第 12 章再詳細說明。

7-3-2 建立 PRIMARY KEY 條件約束

PRIMARY KEY 條件約束是指定資料表的主鍵，在第 7-2 節已經說明如何建立欄位層級的 PRIMARY KEY 條件約束。如果主鍵是多個欄位的複合鍵，在 Management Studio 選取欄位時，請使用 `CTRL` 鍵配合選取多個欄位後，再設定主索引鍵。

使用 T-SQL 指令建立 PRIMARY KEY 條件約束

在 T-SQL 語言的 CREATE TABLE 指令可以指定資料表層級的 PRIMARY KEY 條件約束，其基本語法如下所示：

```
[ CONSTRAINT 條件約束名稱 ]
 PRIMARY KEY (欄位清單)
```

上述語法建立名為【條件約束名稱】的條件約束，如果沒有指定名稱，SQL Server 會自動產生條件約束名稱，在括號內的欄位清單如果為多欄位的複合鍵，請使用逗號分隔各欄位名稱。

📟 **SQL 指令碼檔：Ch7_3_2.sql**

請在【教務系統】資料庫新增【訂單明細】資料表，主鍵是【訂單編號】和【項目序號】欄位的複合鍵，如下所示：

```
CREATE TABLE 訂單明細 (
    訂單編號    int       NOT NULL,
    項目序號    smallint  NOT NULL,
    數量       int       DEFAULT 1,
    PRIMARY KEY (訂單編號, 項目序號)
)
```

7-3-3　建立 CHECK 條件約束

CHECK 條件約束是限制欄位值是否在指定範圍之內，其內容是一個條件運算式，運算結果如為 True，就允許存入欄位資料，False 就不允許存入。例如：在【員工】資料表的【扣稅】欄位值，一定小於【薪水】欄位值，即新增【薪水 > 扣稅】條件運算式。

使用 Management Studio 建立 CHECK 條件約束

在 Management Studio 建立 CHECK 條件約束（正確的說是修改資料表來新增 CHECK 條件約束），請在「物件總管」視窗展開【員工】資料表，在其上執行【右】鍵快顯功能表的【設計】命令，可以看到欄位定義資料的編輯畫面。

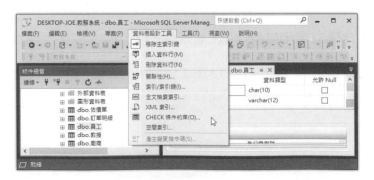

執行「資料表設計工具 > CHECK 條件約束」命令，可以看到「檢查條件約束」對話方塊，按左下角【加入】鈕新增 CHECK 條件約束，如下圖所示：

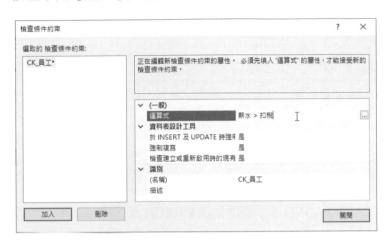

在右邊【運算式】屬性輸入條件運算式【薪水 > 扣稅】，下方【(名稱)】屬性是 SQL Server 自動產生的條件約束名稱，如果不滿意，請自行更改。

最後，只需儲存【員工】資料表，就可以一併儲存新增的 CHECK 條件約束。刪除 CHECK 條件約束請在「檢查條件約束」對話方塊的左邊選擇欲刪除的條件約束後，按下方【刪除】鈕刪除 CHECK 條件約束。

使用 T-SQL 指令建立 CHECK 條件約束

在 T-SQL 語言的 CREATE TABLE 指令也可以建立 CHECK 條件約束，欄位層級是位在欄位屬性清單，其建立的條件約束只針對此欄位有效；資料表層級是位在資料表屬性清單，條件約束對整個資料表都有效，其基本語法如下所示：

```
[ CONSTRAINT 條件約束名稱 ]
  CHECK (條件運算式)
```

上述語法在 CHECK 條件約束的括號內是條件運算式，如果沒有指定條件約束名稱，SQL Server 會自動替它命名。

SQL 指令碼檔：Ch7_3_3.sql

請在【教務系統】資料庫新增【訂單】資料表，【訂單總價】和【付款總額】欄位有建立欄位層級的 CHECK 條件約束，如下所示：

```
CREATE TABLE 訂單 (
    訂單編號    int   NOT NULL IDENTITY PRIMARY KEY,
    訂單總價    money NOT NULL
        CONSTRAINT 訂單總價_條件約束
        CHECK (訂單總價 > 0),
    付款總額    money DEFAULT 0
        CHECK (付款總額 > 0)
)
```

上述 CREATE TABLE 指令新增 2 個 CHECK 條件約束，第 1 個有指定條件約束名稱。請在 Management Studio 開啟【訂單】資料表的「檢查條件約束」對話方塊，可以看到建立的 CHECK 條件約束，如下圖所示：

SQL 指令碼檔：Ch7_3_3a.sql

請在【教務系統】資料庫新增【我的訂單】資料表，擁有資料表層級的 CHECK 條件約束，如下所示：

```
CREATE TABLE 我的訂單 (
    訂單編號    int   NOT NULL IDENTITY PRIMARY KEY,
    訂單總價    money NOT NULL,
    付款總額    money DEFAULT 0,
    CHECK ( (訂單總價 > 0) AND (付款總額 > 0)
            AND (訂單總價 > 付款總額))
)
```

上述 CREATE TABLE 指令的最後建立資料表層級的 CHECK 條件約束，因為條件包含多個欄位，所以不能使用欄位層級的 CHECK 條件約束。

7-3-4　建立資料表的關聯性

資料表的關聯性（Relationships）是二個或多個資料表之間擁有的關係，在資料表之間建立關聯性（Relationships）的目的是建立參考完整性（Referential Integrity），這是資料表與資料表之間的完整性限制條件。

基本上，資料表的關聯性可以分為三種，如下所示：

- 一對一的關聯性（1:1）：指一個資料表的單筆記錄只關聯到另一個資料表的單筆記錄，這是指資料表一筆記錄的欄位值可以被其他資料表一筆記錄的欄位值所參考。

- 一對多的關聯性（1:N）：指一個資料表的單筆記錄關聯到另一個資料表的多筆記錄，這是指資料表一筆記錄的欄位值可以被其他資料表多筆記錄的欄位值所參考。

- 多對多的關聯性（M:N）：指一個資料表的多筆記錄關聯到另一個資料表的多筆記錄，這是指資料表多筆記錄的欄位值可以被其他資料表多筆記錄的欄位值所參考。

在 SQL Server 建立資料表之間的關聯性，就是新增 FOREIGN KEY 條件約束。

使用 Management Studio 建立關聯性

在 Management Studio 建立關聯性是在資料表新增外部索引鍵，例如：在【教務系統】資料庫的【教授】資料表建立參考【員工】資料表主鍵【身份證字號】外來鍵的一對一關聯性，其建立步驟如下所示：

1 啟動 Management Studio 建立連線後，在「物件總管」視窗展開【教務系統】資料庫下的【教授】資料表，在【索引鍵】上，執行【右】鍵快顯功能表的【新增外部索引鍵】命令。

❷ 在「外部索引鍵關聯性」對話方塊右邊點選【資料表及資料行規格】欄後的
按鈕。

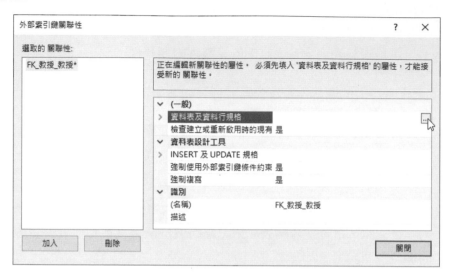

❸ 在【關聯性名稱】欄輸入建立的關聯性名稱（此為 SQL Server 自動產生的
名稱），下方左邊是主索引鍵資料表【員工】和欄位名稱【身份證字號】，
右邊是外部索引鍵資料表，請選擇外來鍵欄位【身份證字號】，按【確定】
鈕。

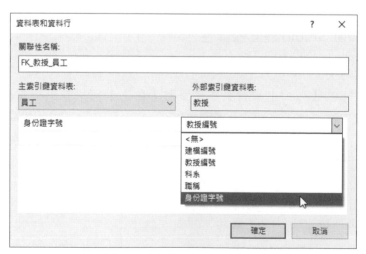

❹ 回到「外部索引鍵關聯性」對話方塊展開【資料表及資料行規格】屬性欄，可以看到建立的關聯性資訊，按【關閉】鈕完成關聯性的建立。

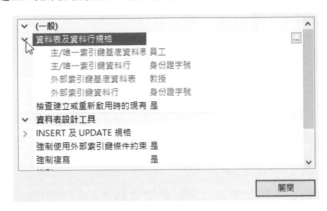

❺ 在儲存【教授】和【員工】資料表的欄位定義資料後，就完成關聯性的建立。

刪除關聯性請在資料表上執行【右】鍵快顯功能表的【設計】命令，就可以進入欄位定義的編輯畫面，然後在上方欄位清單上，執行【右】鍵快顯功能表的【關聯性】命令，可以開啟「外部索引鍵關聯性」對話方塊。

在對話方塊的左方選擇欲刪除的關聯性名稱，按下方【刪除】鈕刪除關聯性；按【加入】鈕可以新增外部索引鍵。

使用 T-SQL 指令建立關聯性

使用 T-SQL 指令建立關聯性是新增 FOREIGN KEY 條件約束，在 CREATE TABLE 指令的條件約束語法中，欄位層級是位在欄位屬性清單；資料表層級是位在資料表屬性清單，其基本語法如下所示：

```
[CONSTRAINT 條件約束名稱]
 [ [FOREIGN KEY (欄位清單) ]
  REFERENCES 參考資料表名稱 (欄位清單)
  [ON DELETE { CASCADE | NO ACTION }]
  [ON UPDATE { CASCADE | NO ACTION }] ]
```

上述語法如果使用在欄位層級，並不需要指明 FOREIGN KEY 的欄位清單（也可以省略 FOREIGN KEY 關鍵字），括號內的欄位清單如果為多欄位的複合鍵，請使用逗號分隔。

REFERENCES 子句是參考資料表，括號是參考資料表的主鍵。ON DELETE 和 ON UPDATE 子句的說明，如下所示：

- ON DELETE 子句：指定當刪除參考資料表的關聯記錄時，資料表的記錄需要如何處理，CASCADE 是一併刪除；NO ACTION 是拒絕刪除操作，並且產生錯誤訊息。

- ON UPDATE 子句：指定當更新參考資料表的關聯記錄時，資料表的記錄需要如何處理，CASCADE 是一併更新；NO ACTION 是拒絕更新操作，並且產生錯誤訊息。

SQL 指令碼檔：Ch7_3_4.sql

請在【教務系統】資料庫建立【班級】資料表，並且使用 FOREIGN KEY 條件約束，建立與【學生】、【課程】和【教授】資料表之間的關聯性，如下所示：

```
CREATE TABLE 班級 (
    教授編號    char(4)   NOT NULL,
    課程編號    char(5)   NOT NULL,
    學號       char(4)   NOT NULL
               REFERENCES 學生 (學號),
    上課時間    datetime,
    教室       varchar(8),
    PRIMARY KEY (學號，教授編號，課程編號),
    FOREIGN KEY (教授編號) REFERENCES 教授 (教授編號),
    FOREIGN KEY (課程編號) REFERENCES 課程 (課程編號)
)
```

上述 CREATE TABLE 指令分別在【學號】欄位和資料表層級建立 3 個 FOREIGN KEY 條件約束。

7-4 | 修改與刪除資料表

　　SQL Server 可以使用 Management Studio 或 T-SQL 指令來修改與刪除資料表，使用的是 ALTER TABLE 和 DROP TABLE 指令。

7-4-1 修改資料表名稱

　　在建立資料表後，如果需要，我們可以使用 Management Studio 或系統預存程序來修改資料表名稱。

使用 Management Studio 修改資料表名稱

　　在 Management Studio 的「物件總管」視窗展開【教務系統】資料庫下的資料表清單，在資料表上，例如：【估價單】，執行【右】鍵快顯功能表的【重新命名】命令，可以修改資料表名稱。

使用系統預存程序修改資料表名稱

　　在 SQL Server 是使用 sp_rename 系統預存程序修改資料庫物件的名稱，包含資料庫、資料表、欄位和預存程序等，其基本語法如下所示：

```
EXEC sp_rename '物件名稱', '新名稱' [,'物件型態' ]
```

　　上述系統預存程序最後一個參數的物件型態可以指定是修改資料庫（DATABASE）、欄位（COLUMN）或索引（INDEX），如果沒有指定，就是修改資料表名稱。

📺 **SQL 指令碼檔：Ch7_4_1.sql**

　　請使用系統預存程序修改【教務系統】資料庫的【訂單】資料表名稱成為【學校訂單】，如下所示：

```
EXEC sp_rename '訂單', '學校訂單'
```

上述系統預存程序可以更改資料表名稱，執行結果可以顯示一個注意訊息，說明更改名稱可能會影響指令碼和預存程序的執行，如右圖所示：

7-4-2 修改資料表欄位

對於已經建立的資料表，我們可以使用 Management Studio 或 T-SQL 指令來新增或刪除欄位定義資料。

使用 Management Studio 修改資料表欄位

Management Studio 只需在「物件總管」視窗展開資料表，然後在資料表上，執行【右】鍵快顯功能表的【設計】命令，就可以開啟資料表欄位定義的編輯視窗來修改資料表欄位的定義資料。

使用 T-SQL 指令修改資料表欄位

T-SQL 修改資料表欄位是使用 ALTER TABLE 指令，其基本語法如下所示：

```
ALTER TABLE 資料表名稱
ADD 新欄位名稱 資料類型 [欄位屬性清單]
    | 計算欄位名稱 AS 運算式 [,]
或
DROP COLUMN 欄位名稱
或
ALTER COLUMN 欄位名稱 新資料類型 [NULL | NOT NULL]
```

上述 ADD 子句是新增欄位或計算欄位，如果不只一個，請使用逗號分隔；DROP COLUMN 子句可以刪除欄位；ALTER COLUMN 子句是修改資料類型和是否允許 NULL 空值。

📺 (SQL 指令碼檔：Ch7_4_2.sql)

請在【教務系統】資料庫修改【我的訂單】資料表，新增【訂單日期】和【送貨日期】欄位，資料類型都是 datetime，如下所示：

```
ALTER TABLE 我的訂單
   ADD 訂單日期 datetime NOT NULL,
        送貨日期 datetime
```

上述 ALTER TABLE 指令共新增 2 個資料表欄位。

💻 （**SQL 指令碼檔：Ch7_4_2a.sql**）

請在【教務系統】資料庫修改【我的訂單】資料表，刪除【送貨日期】欄位，如下所示：

```
ALTER TABLE 我的訂單
   DROP COLUMN 送貨日期
```

💻 （**SQL 指令碼檔：Ch7_4_2b.sql**）

請在【教務系統】資料庫修改【我的訂單】資料表，將【訂單日期】欄位的資料類型改為 varchar(20)，如下所示：

```
ALTER TABLE 我的訂單
   ALTER COLUMN 訂單日期 varchar(20) NOT NULL
```

7-4-3　修改條件約束

對於已經建立的資料表，我們可以使用 Management Studio 或 T-SQL 指令來修改條件約束。

使用 Management Studio 修改條件約束

在 Management Studio 只需執行【右】鍵快顯功能表的【設計】命令，開啟資料表欄位定義編輯視窗，就可以開啟「檢查條件約束」對話方塊來修改 CHECK 條件約束。開啟「外部索引鍵關聯性」對話方塊可以修改資料表的關聯性。

除了在 Management Studio 按上方工具列按鈕來開啟上述兩個對話方塊外，在欄位定義標籤頁上，執行【右】鍵快顯功能表的【關聯性】和【CHECK 條件約束】命令，也一樣可以開啟所需的對話方塊。

使用 T-SQL 指令修改條件約束

T-SQL 是使用 ALTER TABLE 指令修改條件約束，其基本語法如下所示：

```
ALTER TABLE 資料表名稱 [ WITH CHECK | WITH NOCHECK]
ADD CONSTRAINT 條件約束定義
或
DROP CONSTRAINT 條件約束名稱
```

上述 ADD CONSTRAINT 子句可以新增條件約束定義（即第 7-3 節條件約束的 T-SQL 語法），條件約束定義包含：PRIMARY KEY、UNIQUE、FOREIGN KEY、DEFAULT 和 CHECK 條件約束。

DROP CONSTRAINT 子句可以刪除指定名稱的條件約束。SQL Server 預設在修改條件約束後，對存在的記錄資料檢查是否符合新增的條件約束，即 WITH CHECK；不需檢查是 WITH NOCHECK。

🖥️ **SQL 指令碼檔：Ch7_4_3.sql**

請在【教務系統】資料庫修改【員工】資料表，新增【薪水】欄位的 CHECK 條件約束，條件運算式為【薪水 > 18000】，如下所示：

```
ALTER TABLE 員工
   ADD CONSTRAINT 薪水_條件
       CHECK (薪水 > 18000)
```

上述 ALTER TABLE 指令新增的 CHECK 條件約束有指定條件約束名稱。

🖥️ **SQL 指令碼檔：Ch7_4_3a.sql**

請在【教務系統】資料庫修改【員工】資料表，刪除名為【薪水_條件】的條件約束，如下所示：

```
ALTER TABLE 員工
   DROP CONSTRAINT 薪水_條件
```

7-4-4 刪除資料表

對於資料庫已經存在的資料表，我們可以在 Management Studio「物件總管」視窗的資料表物件上，執行【右】鍵快顯功能表的【刪除】命令來刪除資料表。

另一種方式是使用 T-SQL 的 DROP TABLE 指令來刪除資料表，刪除範圍包含資料表索引、記錄和檢視表，其基本語法如下所示：

```
DROP TABLE 資料表名稱
```

上述語法可以從資料庫刪除名為【資料表名稱】的資料表。

 SQL 指令碼檔：Ch7_4_4.sql

請在【教務系統】資料庫刪除【我的訂單】資料表，如下所示：

```
DROP TABLE 我的訂單
```

7-5 | 建立 SQL Server 資料庫圖表

Management Studio 提供資料庫圖表功能，可以使用符號圖形來顯示資料庫的資料表內容與其關聯性。不只如此，資料庫圖表一樣提供編輯功能，可以直接在資料庫圖表的編輯畫面新增資料表、建立關聯性和條件約束。

因為本書第 5 章已經說明資料庫設計工具，所以筆者只準備簡單說明 SQL Server 的資料庫圖表功能，其建立步驟如下所示：

① 在 Management Studio 的「物件總管」視窗的資料庫下，展開【教務系統】
資料庫的物件清單，在【資料庫圖表】上執行【右】鍵快顯功能表的【新增
資料庫圖表】命令。

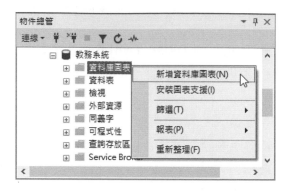

② 如果是第一次執行，可以看到需要建立支援物件的訊息視窗，按【是】鈕建
立支援物件。

③ 稍等一下，可以看到「加入資料
表」對話方塊，請使用 [CTRL] 或 [SHIFT]
鍵配滑鼠選取資料表【員工】、
【班級】【教授】、【課程】和
【學生】後，按【加入】鈕加入
資料庫圖表，再按【關閉】鈕。

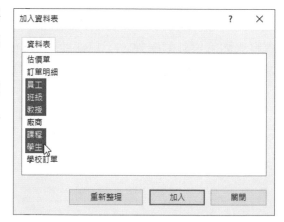

④ 可以看到建立的資料庫圖表，如下圖所示：

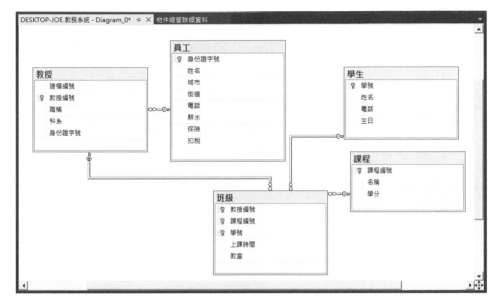

在上述資料庫圖表空白部分，執行【右】鍵快顯功能表的命令，可以新增資料表或加入資料表。選資料表圖示的指定欄位，可以編輯定義資料，按上方工具列按鈕可以新增條件約束，直接在圖示間拖拉欄位可以建立關聯性。

⑤ 請執行「檔案>儲存 Diagram_??」命令儲存資料庫圖表，可以看到「選擇名稱」對話方塊，在輸入資料庫圖表名稱後，按【確定】鈕儲存 SQL Server 資料庫圖表。

7-6 暫存資料表的建立

不同於本節之前建立的資料表都是「長存資料表」（Permanent Tables），因為這是一種長時間存在的資料表。暫存資料表（Temporary Tables）是一種因需求而暫時用來儲存資料建立的資料表，只有在使用者的工作階段（Session）存

在，即使用者連線時存在，當使用者離線後，SQL Server 就會自動刪除這些暫存資料表。

SQL Server 暫存資料表是儲存在 tempdb 系統資料庫，依使用範圍可以分為兩種，如下所示：

- 區域暫存資料表（Local Temporary Tables）：這是名稱使用「#」開頭的資料表，只有在使用者目前工作階段的期間有效，當工作階段終止，即使用者離線後，SQL Server 就會自動刪除此資料表。

- 全域暫存資料表（Global Temporary Tables）：這是名稱使用「##」開頭的資料表，所有使用者的工作階段都可以存取此資料表，直到最後一位使用者的工作階段終止，即離線後，才會自動刪除此資料表。

在 SQL Server 建立暫存資料表的語法和建立資料表相同，其差異只在資料表名稱的開頭需加上「#」或「##」。

SQL 指令碼檔：Ch7_6.sql

請在 SQL Server 新增名為【#課程】資料表，這是一個區域暫存資料表，如下所示：

```
CREATE TABLE #課程 (
    課程編號    char(5) ,
    名稱        varchar(30) ,
    學分        int
)
```

SQL 指令碼檔：Ch7_6a.sql

請在 SQL Server 新增名為【##教授】資料表，這是一個全域暫存資料表，如下所示：

```
CREATE TABLE ##教授 (
    教授編號    char(4),
    職稱        varchar(10),
    科系        varchar(5),
)
```

Chapter 8

SELECT 敘述的基本查詢

8-1 SELECT 查詢指令

Memo

本章 SQL 指令碼檔案執行的 SQL 查詢是使用【教務系統】資料庫,請重新啟動 SSMS 執行本書範例「Ch08\Ch8_School.sql」的 SQL 指令碼檔案,可以建立第 8~10 章測試所需的資料庫、資料表和記錄資料。

SELECT 指令是 DML 指令中語法最複雜的一個,其基本語法如下所示:

```
SELECT 欄位清單
FROM 資料表來源
[WHERE 搜尋條件]
[GROUP BY 欄位清單]
[HAVING 搜尋條件]
[ORDER BY 欄位清單]
```

上述語法的【欄位清單】可以指定查詢欄位,如果不只一個,請使用「,」逗號分隔,搜尋條件是由多個比較和邏輯運算式組成,可以過濾 FROM 子句資料表來源的記錄資料。SELECT 指令各子句的說明,如下表所示:

子句	說明
SELECT	指定查詢結果包含哪些欄位
FROM	指定查詢的資料來源是哪些資料表
WHERE	過濾查詢結果的條件，可以從資料表來源取得符合條件的查詢結果
GROUP BY	可以將相同欄位值的欄位群組在一起，以便執行群組查詢
HAVING	搭配 GROUP BY 子句進一步過濾群組查詢的條件
ORDER BY	指定查詢結果的排序欄位

8-2 | SELECT 子句

在 SELECT 指令的 SELECT 子句是指定查詢結果包含哪些欄位，其基本語法如下所示：

```
SELECT [ALL | DISTINCT]
    [TOP n | PERCENT] [WITH TIES]]]
    欄位規格 [[AS] 欄位別名] [, 欄位規格 [[AS] 欄位別名]]
```

上述 ALL 是預設值可以顯示所有記錄的欄位值，DISTINCT 只顯示不重複欄位值的記錄，TOP 關鍵字可以顯示查詢結果的前幾筆記錄或多少百分比。

欄位規格（Column Specification）是指查詢結果的欄位清單，可以使用 AS 關鍵字指定欄位別名。基本上，欄位規格可以是資料表欄位或計算值的運算式，其說明如下表所示：

欄位規格	說明
資料表的欄位（Base Table Column）	即資料表的欄位名稱清單，或使用「*」符號代表所有欄位
計算值欄位（Calculated Value Column）	算術運算子、字串或函數組成的運算式欄位

8-2-1 資料表的欄位

在 SELECT 子句的欄位規格如果是資料表欄位，我們可以直接指明需要查詢的欄位名稱清單，或使用「*」符號代表資料表的所有欄位。

查詢資料表的部分欄位

SELECT 子句可以指明查詢結果所需的欄位清單，即查詢資料表中所需的部分欄位。

📃 **SQL 指令碼檔：Ch8_2_1.sql**

請查詢【學生】資料表的所有學生記錄，不過，只顯示學號、姓名和生日三個欄位，如下所示：

```
SELECT 學號, 姓名, 生日 FROM 學生
```

上述 SELECT 指令顯示【學生】資料表的學號、姓名和生日共 3 個以「,」逗號分隔的欄位，可以找到 8 筆記錄，如右圖所示：

	學號	姓名	生日
1	S001	陳會安	2003-09-03
2	S002	江小魚	2004-02-02
3	S003	張無忌	2002-05-03
4	S004	陳小安	2002-06-13
5	S005	孫燕之	NULL
6	S006	周杰輪	2003-12-23
7	S007	蔡一零	2003-11-23
8	S008	劉得華	2003-02-23

查詢資料表的所有欄位

查詢結果如果需要顯示資料表的所有欄位，SELECT 指令可以直接使用「*」符號代表資料表的所有欄位，而不用一一列出欄位清單。

📃 **SQL 指令碼檔：Ch8_2_1a.sql**

請查詢【課程】資料表的所有課程記錄和顯示所有欄位，如下所示：

```
SELECT * FROM 課程
```

上述 SELECT 指令的執行結果顯示【課程】資料表的所有記錄和欄位，共有 8 筆記錄，如右圖所示：

	課程編號	名稱	學分
1	CS101	計算機概論	4
2	CS111	線性代數	4
3	CS121	離散數學	4
4	CS203	程式語言	3
5	CS205	網頁程式設計	3
6	CS213	物件導向程式設計	2
7	CS222	資料庫管理系統	3
8	CS349	物件導向分析	3

8-2-2 欄位別名

SELECT 指令預設是使用資料表定義的欄位名稱來顯示查詢結果，基於需要，我們可以使用 AS 關鍵字指定欄位別名，AS 關鍵字本身則是可有可無。

SQL 指令碼檔：Ch8_2_2.sql

請查詢【學生】資料表的學號、姓名和生日資料，為了方便閱讀，顯示欄位名稱改為【學生學號】、【學生姓名】和【學生生日】的欄位別名，如下所示：

```
SELECT 學號 AS 學生學號, 姓名 AS 學生姓名,
       生日 AS 學生生日
FROM 學生
```

上述 SELECT 指令顯示【學生】資料表的學號、姓名和生日欄位和欄位別名，我們可以看到欄位標題顯示的是別名，而不是原來的欄位名稱，如下圖所示：

	學生學號	學生姓名	學生生日
1	S001	陳會安	2003-09-03
2	S002	江小魚	2004-02-02
3	S003	張無忌	2002-05-03
4	S004	陳小安	2002-06-13
5	S005	孫燕之	NULL
6	S006	周杰輪	2003-12-23
7	S007	蔡一零	2003-11-23
8	S008	劉得華	2003-02-23

8-2-3　計算值欄位

在 SELECT 子句的欄位規格如果是計算值欄位，我們可以使用算術運算子、字串或函數來組成運算式欄位。因為計算值欄位沒有欄位名稱，所以使用 AS 關鍵字指定計算值欄位的別名。

算術運算子

SELECT 子句的計算值欄位支援算術運算子（Arithmetic Operators）的數學運算，支援的算術運算子說明，如右表所示：

算術運算子	說明
+	加法
-	減法
*	乘法
/	除法
%	餘數

算術運算子可以使用在 SELECT 子句的欄位規格，以算術運算式來計算欄位值。例如：計算多個欄位的總和、使用欄位組成算術運算式或遞增一個固定值。

📥 **SQL 指令碼檔：Ch8_2_3.sql**

因為【員工】資料表的薪水需要扣除稅金才是實拿的薪水，我們可以使用算術運算式來查詢【員工】資料表的薪水資料，顯示每位員工的薪水淨額，如下所示：

```
SELECT 身份證字號, 姓名,
       薪水-扣稅 AS 薪水淨額
FROM 員工
```

上述 SELECT 指令可以顯示員工的薪水淨額，如右圖所示：

	身份證字號	姓名	薪水淨額
1	A123456789	陳慶新	78000.00
2	A221304680	郭富城	34200.00
3	A222222222	楊金欉	78000.00
4	D333300333	王心零	49000.00
5	D444403333	劉得華	24500.00
6	E444006666	小龍女	24500.00
7	F213456780	陳小安	49000.00
8	F332213046	張無忌	49000.00
9	H098765432	李鴻章	58500.00

字串連接運算子

計算值欄位如果是字串運算式，可以包含一至多個字串類型的欄位，和一些字串常數（Char String Constants），這是使用單引號或雙引號括起的一序列字元，如下所示：

```
'Abcdefg'
'5678'
'SQL Server 資料庫設計'
```

上述字串常數可以使用字串連接運算子「＋」號來連接欄位值和字串常數。

SQL 指令碼檔：Ch8_2_3a.sql

因為【員工】資料表的地址資料是由兩個欄位組成，我們可以使用字串連接運算式來顯示員工的地址資料，如下所示：

```
SELECT 身份證字號, 姓名,
       城市+'市'+街道 AS 地址
FROM 員工
```

上述 SELECT 指令可以顯示員工的地址資料，如右圖所示：

	身份證字號	姓名	地址
1	A123456789	陳慶新	台北 市信義路
2	A221304680	郭富城	台北 市忠孝東路
3	A222222222	楊金欉	桃園 市中正路
4	D333300333	王心零	桃園 市經國路
5	D444403333	劉得華	新北 市板橋區文心路
6	E444006666	小龍女	新北 市板橋區中正路
7	F213456780	陳小安	新北 市新店區四維路
8	F332213046	張無忌	台北 市仁愛路
9	H098765432	李鴻章	基隆 市信四路

T-SQL 函數

在計算值欄位的運算式可以包含 T-SQL 支援的數學、字串或日期/時間函數。例如：LEFT()、CONVERT()、GETDATE()、DATEDIFF()函數和聚合函數（請參閱＜第 8-5 節：聚合函數＞）等。

進一步的 T-SQL 函數說明，請參閱＜附錄 A：Transact-SQL 的內建函數＞或 SQL Server 線上技術文件。

![SQL 指令碼檔：Ch8_2_3b.sql]

因為【學生】資料表只有學生生日資料，並沒有年齡，我們可以搭配 T-SQL 函數來計算出學生年齡，如下所示：

```
SELECT 學號, 姓名,
       GETDATE() AS 今天,
       DATEDIFF(year, 生日, GETDATE()) AS 年齡
FROM 學生
```

上述 SELECT 指令可以顯示學生的年齡，如下圖所示：

	學號	姓名	今天	年齡
1	S001	陳會安	2023-02-27 10:58:50.703	20
2	S002	江小魚	2023-02-27 10:58:50.703	19
3	S003	張無忌	2023-02-27 10:58:50.703	21
4	S004	陳小安	2023-02-27 10:58:50.703	21
5	S005	孫燕之	2023-02-27 10:58:50.703	NULL
6	S006	周杰輪	2023-02-27 10:58:50.703	20
7	S007	蔡一零	2023-02-27 10:58:50.703	20
8	S008	劉得華	2023-02-27 10:58:50.703	20

8-2-4　刪除重複記錄 - ALL 與 DISTINCT

資料表記錄的欄位值如果有重複值，SELECT 子句的預設值 ALL 會顯示所有欄位值，我們可以使用 DISTINCT 關鍵字刪除重複欄位值，當欄位擁有重複值，就只會顯示其中一筆記錄。

![SQL 指令碼檔：Ch8_2_4.sql]

請查詢【課程】資料表的課程資料擁有幾種不同的學分數，如下所示：

```
SELECT DISTINCT 學分 FROM 課程
```

上述 SELECT 指令的【課程】資料表欄位學分擁有重複值，所以只會顯示其中一筆，如右圖所示：

	學分
1	2
2	3
3	4

上述查詢結果顯示 3 筆記錄，因為記錄有重複的欄位值。如果使用 DISTINCTROW 關鍵字可以分辨整筆記錄的所有欄位值，即重複記錄。

8-2-5　前幾筆記錄 - TOP 子句

在 SELECT 指令可以使用 TOP 子句取得查詢結果的前幾筆記錄，或前多少百分比的記錄資料。

TOP 子句和 PERCENT 關鍵字

Top n 可以取得資料來源的前 n 筆記錄，加上 PERCENT 關鍵字就是前百分之 n 的記錄，此時的 n 值範圍是 0~100。如果使用 ORDER BY 子句進行排序，可以顯示排序後的前幾筆記錄。

SQL 指令碼檔：Ch8_2_5.sql

請在【學生】資料表顯示前 3 筆學生記錄資料，如下所示：

```
SELECT TOP 3 * FROM 學生
```

上述 SELECT 指令可以使用資料表主索引的順序來取出前 3 筆記錄，如下圖所示：

	學號	姓名	性別	電話	生日
1	S001	陳會安	男	02-22222222	2003-09-03
2	S002	江小魚	女	03-33333333	2004-02-02
3	S003	張無忌	男	04-44444444	2002-05-03

SQL 指令碼檔：Ch8_2_5a.sql

請在【學生】資料表取出前 25%的學生記錄資料，如下所示：

```
SELECT TOP 25 PERCENT * FROM 學生
```

上述 SELECT 指令可以使用資料表主索引的順序來取出前 25%的記錄，即 8
筆的前 2 筆，如下圖所示：

	學號	姓名	性別	電話	生日
1	S001	陳會安	男	02-22222222	2003-09-03
2	S002	江小魚	女	03-33333333	2004-02-02

WITH TIES 與 ORDER BY 子句

TOP 子句還可以加上 WITH TIES 子句處理欄位值平手的情況，不過，我們需
要使用 ORDER BY 子句指定是哪一個欄位如果平手，就將所有平手的記錄也一併
顯示。

SQL 指令碼檔：Ch8_2_5b.sql

請在【課程】資料表取出前 3 筆課程記錄資料，如果有同學分的記錄也一併顯
出來，如下所示：

```
SELECT TOP 3 WITH TIES * FROM 課程
ORDER BY 學分
```

上述 SELECT 指令雖然是取出前 3 筆記錄，因為使用 WITH TIES，而且使用
ORDER BY 子句指定【學分】欄位，所以所有學分為 3 平手的記錄也都會取出，
共取出 5 筆記錄，如下圖所示：

	課程編號	名稱	學分
1	CS213	物件導向程式設計	2
2	CS222	資料庫管理系統	3
3	CS349	物件導向分析	3
4	CS203	程式語言	3
5	CS205	網頁程式設計	3

關於 ORDER BY 子句的進一步說明，請參閱＜第 8-7 節：排序 ORDER BY
子句＞。

8-3 │ FROM 子句

SELECT 指令是使用 FROM 子句指定查詢的來源資料表是哪些資料表，可以是一個資料表或多個相關聯的資料表。在本章的 SQL 指令碼檔都是從單一資料表取得查詢結果，第 9 章就會說明如何從多個資料表取得查詢結果，即合併查詢和子查詢。

基本上，FROM 子句可以使用的資料表種類，如下所示：

- 長存資料表（Permanent Tables）：使用 CREATE TABLE 指令建立的一般資料表。

- 暫存資料表（Temporary Tables）：使用 CREATE TABLE 指令建立的暫存資料表（以「#」或「##」開頭的資料表），或由子查詢取得中間結果記錄資料的暫存資料表，這部分說明請參閱第 9 章。

- 檢視表（Views）：一種建立在長存資料表上的虛擬資料表，進一步說明請參閱第 11 章。

在本節之前我們已經使用 FROM 子句指定資料表來源是長存資料表，在這一節我們說明 FROM 子句的來源資料表是 CREATE TABLE 指令建立的暫存資料表，請先執行 SQL 指令碼檔案 Ch8_3.sql 建立名為【##課程】的暫存資料表，和插入 2 筆課程記錄。

🖳 (**SQL 查詢範例：Ch8_3a.sql**)

在執行 Ch8_3.sql 建立【##課程】暫存資料表後，請查詢【##課程】暫存資料表的課程記錄資料，如下所示：

```
SELECT * FROM ##課程
```

上述 SELECT 指令的 FROM 子句是使用暫存資料表，我們一樣可以查詢暫存資料表的記錄資料，如右圖所示：

	課程編號	名稱	學分
1	CS101	計算機概論	4
2	CS121	離散數學	4

8-4 | WHERE 子句

SELECT 指令是用 FROM 字句指出查詢哪個資料表的哪些欄位，事實上，WHERE 子句的篩選條件才是真正的查詢條件，可以過濾記錄和找出符合所需條件的記錄資料，其基本語法如下所示：

```
WHERE 搜尋條件
```

上述搜尋條件是使用運算子建立的過濾篩選條件，查詢結果可以取回符合條件的記錄資料。

8-4-1 比較運算子

比較運算子（Comparison Operators）除了 text、ntext 或 image 資料類型外，所有資料類型都可以使用比較運算子，其傳回值是布林資料類型的 True、False 和 Unknown。

> **▌Memo**
>
> 請注意！SQL Server 布林資料類型和其他資料類型不同，因為並不能是資料表欄位或 T-SQL 變數的資料類型。當 SET ANSI_NULLS 選項是 ON 時，如果有 NULL 運算元傳回 Unknown；當 SET ANSI_NULLS 選項是 OFF 時，比較運算子可以比較 NULL 值，例如：2 個運算元是 NULL 時，「=」等號是傳回 True。

在 WHERE 子句的搜尋條件可以是比較運算子建立的條件運算式，其運算元如果是欄位值，可以是文字、數值或日期/時間等。T-SQL 支援的比較運算子說明，如下表所示：

比較運算子	說明
=	相等
<>、!=	不相等

比較運算子	說明
>	大於
>=	大於等於
<	小於
<=	小於等於
!<	不小於
!>	不大於

上表「!=」、「!<」和「!>」是 T-SQL 語言擴充的比較運算子。

條件值為字串

WHERE 子句的條件運算式可以使用比較運算子來執行字串比較,請注意!欄位條件的字串需要使用單引號括起。

🖥 SQL 指令碼檔:Ch8_4_1.sql

請在【學生】資料表查詢學號為'S002'學生的詳細資料,如下所示:

```
SELECT * FROM 學生
WHERE 學號='S002'
```

上述 SELECT 指令可以找到 1 筆符合條件的記錄,如下圖所示:

	學號	姓名	性別	電話	生日
1	S002	江小魚	女	03-33333333	2004-02-02

條件值為數值

WHERE 子句的條件運算式如果條件值是數值,數值欄位不需使用單引號括起。

SQL 指令碼檔：Ch8_4_1a.sql

請查詢【員工】資料表的薪水欄位小於 50000 元的員工記錄，如下所示：

```
SELECT * FROM 員工
WHERE 薪水<50000
```

上述 SELECT 指令可以找到 3 筆符合條件的記錄，如下圖所示：

	身份證字號	姓名	城市	街道	電話	薪水	保險	扣稅
1	A221304680	郭富城	台北	忠孝東路	02-55555555	35000.00	1000.00	800.00
2	D444403333	劉得華	新北	板橋區...	04-55555555	25000.00	500.00	500.00
3	E444006666	小龍女	新北	板橋區...	04-55555555	25000.00	500.00	500.00

條件值為日期/時間

WHERE 子句的條件運算式如果是日期/時間的比較，如同字串，也需要使用單引號括起。

SQL 指令碼檔：Ch8_4_1b.sql

查詢【學生】資料表的學生生日是 2004-02-02 的學生記錄，如下所示：

```
SELECT * FROM 學生
WHERE 生日='2004-02-02'
```

上述 SELECT 指令可以找到 1 筆符合條件的記錄，如下圖所示：

	學號	姓名	性別	電話	生日
1	S002	江小魚	女	03-33333333	2004-02-02

8-4-2　邏輯運算子

邏輯運算子（Logical Operators）可以測試是否符合某些條件，或連接多個條件運算式來建立複雜條件。在 WHERE 子句的搜尋條件可以使用邏輯運算子，如同比較運算子，可以傳回 True、False 或 Unknown 值的布林資料類型。

T-SQL 常用的邏輯運算子說明，如下表所示：

邏輯運算子	說明
NOT	非，可以否定運算式的結果
AND	且，需要連接的 2 個運算子都會真，才是真
OR	或，只需其中一個運算子為真，即為真

述語（Predicates）的原意是句子的敘述內容，即動詞、修飾語、受詞和補語等，T-SQL 將述語視為是邏輯運算子，共支援三種述語，其說明如下表所示：

述語或邏輯運算子	說明
LIKE	包含，只需是子字串即符合條件
BETWEEN/AND	在一個範圍之內
IN	屬於清單的其中之一

LIKE 包含子字串述語

WHERE 子句的條件欄位可以使用 LIKE 述語進行比較，LIKE 述語是子字串查詢，只需是子字串就符合條件。我們還可以配合萬用字元來進行範本字串的比對，如下表所示：

萬用字元	說明
%	代表 0 或更多任易長度字元的任何字串
_	代表一個字元長度的任何字元
[ ]	符合括號內字元清單的任何一個字元，例如：[EO]
[-]	符合括號內「-」字元範圍的任何一個字元，例如：[A-J]
[^]	符合不在括號內字元清單的字元，例如：[^K-Y]

SQL 指令碼檔：Ch8_4_2.sql

請查詢【教授】資料表屬於資訊相關科系 CS 和 CIS 的教授記錄，如下所示：

```sql
SELECT * FROM 教授
WHERE 科系 LIKE '%S%'
```

上述 SELECT 指令的條件是使用 LIKE 述語查詢科系欄位擁有英文字母'S'科系的教授資料。換句話說，只需欄位值擁有子字串'S'就符合條件，共找到 3 筆記錄，如右圖所示：

	教授編號	職稱	科系	身份證字號
1	I001	教授	CS	A123456789
2	I002	教授	CS	A222222222
3	I003	副...	CIS	H098765432

 SQL 指令碼檔：Ch8_4_2a.sql

請查詢【班級】資料表上課教室是在二樓的課程資料，如下所示：

```sql
SELECT DISTINCT 課程編號, 上課時間, 教室
FROM 班級
WHERE 教室 LIKE '%2_-%'
```

上述 SELECT 指令的'_'萬用字元可以代表任何一個字元。【教室】欄位的第 2 個字元代表樓層編號'2'，第 3 個字元可以是任何字元，第 4 個字元的'-'是教室編號的格式符號，最後一個字元是教室配備，也可以是任何字元，共找到 5 筆記錄，如右圖所示：

	課程編號	上課時間	教室
1	CS111	1900-01-01 15:00:00.000	321-M
2	CS121	1900-01-01 08:00:00.000	221-S
3	CS203	1900-01-01 10:00:00.000	221-S
4	CS203	1900-01-01 14:00:00.000	327-S
5	CS213	1900-01-01 09:00:00.000	622-G

 SQL 指令碼檔：Ch8_4_2b.sql

請查詢【員工】資料表身份證字號是 A-D 範圍字母開頭的員工資料，如下所示：

```sql
SELECT * FROM 員工
WHERE 身份證字號 LIKE '[A-D]%'
```

上述 SELECT 指令的條件是字母範圍，只需是 A、B、C 或 D 開頭就符合條件，可以找到 5 筆記錄，如下圖所示：

	身份證字號	姓名	城市	街道	電話	薪水	保險	扣稅
1	A123456789	陳慶新	台北	信義路	02-11111111	80000.00	5000.00	2000.00
2	A221304680	郭富城	台北	忠孝東路	02-55555555	35000.00	1000.00	800.00
3	A222222222	楊金欉	桃園	中正路	03-11111111	80000.00	4500.00	2000.00
4	D333300333	王心零	桃園	經國路	NULL	50000.00	2500.00	1000.00
5	D444403333	劉得華	新北	板橋區文心路	04-55555555	25000.00	500.00	500.00

BETWEEN/AND 範圍述語

BETWEEN/AND 述語可以定義欄位值需要符合的範圍，其範圍值可以是文字、數值或和日期/時間資料。

SQL 指令碼檔：Ch8_4_2c.sql

請查詢【學生】資料表生日欄位的範圍是 2003 年 1 月 1 日到 2003 年 12 月 31 日出生的學生記錄，如下所示：

```
SELECT * FROM 學生
WHERE 生日 BETWEEN '2003-1-1' AND '2003-12-31'
```

上述 SELECT 指令為日期範圍，共找到 4 筆記錄，如右圖所示：

	學號	姓名	性別	電話	生日
1	S001	陳會安	男	02-22222222	2003-09-03
2	S006	周杰輪	男	02-33333333	2003-12-23
3	S007	蔡一零	女	03-66666666	2003-11-23
4	S008	劉得華	男	02-11111122	2003-02-23

SQL 指令碼檔：Ch8_4_2d.sql

因為學生修課學分數還差了 2~3 個學分，我們可以查詢【課程】資料表看看還有哪些課可以選修，如下所示：

```
SELECT * FROM 課程
WHERE 學分 BETWEEN 2 AND 3
```

上述 SELECT 指令的條件是學分欄位的數字範圍，包含 2 和 3，共找到 5 筆記錄，如右圖所示：

	課程編號	名稱	學分
1	CS203	程式語言	3
2	CS205	網頁程式設計	3
3	CS213	物件導向程式設計	2
4	CS222	資料庫管理系統	3
5	CS349	物件導向分析	3

IN 述語

IN 述語只需是清單其中之一即可，我們需要列出一串文字或數值清單作為條件，欄位值只需是其中之一，就符合條件。

SQL 指令碼檔：Ch8_4_2e.sql

學生已經選 CS101、CS222、CS100 和 CS213 四門課，我們準備查詢【課程】資料表關於這些課程的詳細資料，如下所示：

```
SELECT * FROM 課程
WHERE 課程編號 IN ('CS101', 'CS222', 'CS100', 'CS213')
```

上述 SELECT 指令只有課程編號欄位值屬於清單之中，才符合條件，共找到 3 筆記錄（因為沒有課程編號 CS100），如右圖所示：

	課程編號	名稱	學分
1	CS101	計算機概論	4
2	CS213	物件導向程式設計	2
3	CS222	資料庫管理系統	3

SQL 指令碼檔：Ch8_4_2f.sql

因為學生這學期選課的學分數還差 2 或 4 個學分，請使用 IN 述語查詢【課程】資料表看看還有哪些課可以修，如下所示：

```
SELECT * FROM 課程
WHERE 學分 IN (2, 4)
```

上述 SELECT 指令只有學分是 2 和 4 才符合條件，共找到 4 筆記錄，如右圖所示：

	課程編號	名稱	學分
1	CS101	計算機概論	4
2	CS111	線性代數	4
3	CS121	離散數學	4
4	CS213	物件導向...	2

NOT 運算子

NOT 運算子可以搭配述語或條件運算式，取得與條件相反的查詢結果，如下表所示：

運算子	說明
NOT LIKE	否定 LIKE 述語
NOT BETWEEN	否定 BETWEEN/AND 述語
NOT IN	否定 IN 述語

🖥️ (SQL 指令碼檔：Ch8_4_2g.sql)

因為學生已經選 CS101、CS222、CS100 和 CS213 四門課，所以準備查詢【課程】資料表，看看還有什麼課程可以修，如下所示：

```
SELECT * FROM 課程
WHERE 課程編號 NOT IN ('CS101', 'CS222', 'CS100', 'CS213')
```

上述 SELECT 指令只需課程編號不是 CS101、CS222、CS100 和 CS213 就符合條件，共找到 5 筆記錄，如右圖所示：

	課程編號	名稱	學分
1	CS111	線性代數	4
2	CS121	離散數學	4
3	CS203	程式語言	3
4	CS205	網頁程式設計	3
5	CS349	物件導向分析	3

AND 與 OR 運算子

AND 運算子連接的前後運算式都必須同時為真，整個 WHERE 子句的條件才為真。

🖥️ (SQL 指令碼檔：Ch8_4_2h.sql)

請查詢【課程】資料表的課程編號欄位包含'1'子字串，而且課程名稱欄位有'程式'子字串，如下所示：

```
SELECT * FROM 課程
WHERE 課程編號 LIKE '%1%' AND 名稱 LIKE '%程式%'
```

上述 SELECT 指令共找到 1 筆符合條件的記錄，如下圖所示：

	課程編號	名稱	學分
1	CS213	物件導向程式設計	2

OR 運算子在 WHERE 子句連接的前後條件，只需任何一個條件為真，即為真。

SQL 指令碼檔：Ch8_4_2i.sql

請查詢【課程】資料表的課程編號欄位包含'3'子字串，或課程名稱欄位有'程式'子字串，如下所示：

```
SELECT * FROM 課程
WHERE 課程編號 LIKE '%3%' OR 名稱 LIKE '%程式%'
```

上述 SELECT 指令共找到 4 筆符合條件的記錄，如右圖所示：

	課程編號	名稱	學分
1	CS203	程式語言	3
2	CS205	網頁程式設計	3
3	CS213	物件導向程式設計	2
4	CS349	物件導向分析	3

連接多個條件與括號

在 WHERE 子句的條件可以使用 AND 和 OR 連接多個不同條件。因為位在括號中的運算式會優先運算，我們可以使用括號來產生不同的查詢結果。

SQL 指令碼檔：Ch8_4_2j.sql

請查詢【課程】資料表的課程編號欄位包含'2'子字串，和課程名稱欄位有'程式'子字串，或學分大於等於 4，如下所示：

```
SELECT * FROM 課程
WHERE 課程編號 LIKE '%2%'
  AND 名稱 LIKE '%程式%'
  OR  學分>=4
```

上述 SELECT 指令共找到 6 筆符合條件的記錄，如右圖所示：

	課程編號	名稱	學分
1	CS101	計算機概論	4
2	CS111	線性代數	4
3	CS121	離散數學	4
4	CS203	程式語言	3
5	CS205	網頁程式設計	3
6	CS213	物件導向程式設計	2

SQL 指令碼檔：Ch8_4_2k.sql

請查詢【課程】資料表的課程編號欄位包含 '2' 子字串，和課程名稱欄位有' 程式'子字串，或學分大於等於 4，後 2 個條件使用括號括起，如下所示：

```
SELECT * FROM 課程
WHERE 課程編號 LIKE '%2%'
   AND (名稱 LIKE '%程式%'
   OR  學分>=4)
```

上述 SELECT 指令因為有括號，所以只找到 4 筆符合條件的記錄，如右圖所示：

	課程編號	名稱	學分
1	CS121	離散數學	4
2	CS203	程式語言	3
3	CS205	網頁程式設計	3
4	CS213	物件導向程式設計	2

8-4-3 算術運算子

WHERE 子句的運算式條件也可以使用算術運算子（Arithmetic Operators）的加、減、乘、除和餘數，即執行數學運算，所以，我們可以在 WHERE 子句的條件加上算術運算子的運算式。

SQL 指令碼檔：Ch8_4_3.sql

請查詢【員工】資料表的薪水在扣稅和保險金額後的薪水淨額小於 40000 元的員工記錄，如下所示：

```
SELECT 身份證字號, 姓名, 電話 FROM 員工
WHERE (薪水-扣稅-保險) < 40000
```

上述 SELECT 指令共找到 3 筆符合條件的記錄，如下圖所示：

	身份證字號	姓名	電話
1	A221304680	郭富城	02-55555555
2	D444403333	劉得華	04-55555555
3	E444006666	小龍女	04-55555555

8-5 聚合函數的摘要查詢

「聚合函數」（Aggregate Functions）也稱為「欄位函數」（Column Functions），可以進行選取記錄欄位值的筆數、平均、範圍和統計函數，以便提供進一步欄位資料的分析結果。

如果 SELECT 指令敘述擁有聚合函數，就稱為「摘要查詢」（Summary Query）。常用聚合函數的說明，如下表所示：

函數	說明
COUNT(運算式)	計算記錄筆數
AVG(運算式)	計算欄位平均值
MAX(運算式)	取得記錄欄位的最大值
MIN(運算式)	取得記錄欄位的最小值
SUM(運算式)	取得記錄欄位的總計

上表函數參數的運算式通常是欄位名稱，或由欄位名稱建立的運算式。如果需要刪除重複欄位值，我們一樣可以加上 DISTINCT 關鍵字，如下所示：

```
COUNT(DISTINCT 生日)
```

8-5-1　COUNT()函數

　　SQL 指令可以配合 COUNT()函數計算查詢的記錄數，「＊」參數可以統計資料表的所有記錄數，或指定欄位不是空值的記錄數。

💻 **SQL 指令碼檔：Ch8_5_1.sql**

　　請查詢【學生】資料表的學生總數，如下所示：

```sql
SELECT COUNT(*) AS 學生數 FROM 學生
```

	學生數
1	8

💻 **SQL 指令碼檔：Ch8_5_1a.sql**

　　請在【學生】資料表查詢有生日資料的學生總數，即生日欄位不是空值 NULL 的記錄數，如下所示：

```sql
SELECT COUNT(生日) AS 學生數 FROM 學生
```

　　上述 SELECT 指令因為【學生】資料表的生日欄位有空值，所以查詢結果的記錄數是 7，如右所示：

	學生數
1	7

💻 **SQL 指令碼檔：Ch8_5_1b.sql**

　　請查詢【員工】資料表的員工薪水高過 40000 元的員工總數，如下所示：

```sql
SELECT COUNT(*) AS 員工數 FROM 員工
WHERE 薪水 > 40000
```

	員工數
1	6

8-5-2　AVG()函數

SQL 指令只需配合 AVG()函數，就可以計算指定欄位的平均值。

SQL 指令碼檔：Ch8_5_2.sql

請在【員工】資料表查詢員工薪水的平均值，如下所示：

```
SELECT AVG(薪水) AS 平均薪水 FROM 員工
```

	平均薪水
1	50555.5555

SQL 指令碼檔：Ch8_5_2a.sql

請在【課程】資料表查詢課程編號包含'1'子字串的課程總數，和學分的平均值，如下所示：

```
SELECT COUNT(*) AS 課程總數,
       AVG(學分) AS 學分平均值
FROM 課程 WHERE 課程編號 LIKE '%1%'
```

	課程總數	學分平均值
1	4	3

8-5-3　MAX()函數

SQL 指令配合 MAX()函數，可以計算符合條件記錄的欄位最大值。

SQL 指令碼檔：Ch8_5_3.sql

請在【員工】資料表查詢保險金額第一名員工的金額，如下所示：

```
SELECT MAX(保險) AS 保險金額 FROM 員工
```

	保險金額
1	5000.00

🖥 **SQL 指令碼檔：Ch8_5_3a.sql**

請在【課程】資料表查詢課程編號包含'1'子字串的最大學分數，如下所示：

```
SELECT MAX(學分) AS 最大學分數 FROM 課程
WHERE 課程編號 LIKE '%1%'
```

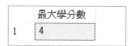

	最大學分數
1	4

8-5-4 MIN()函數

SQL 指令配合 MIN()函數，就可以計算出符合條件記錄的欄位最小值。

🖥 **SQL 指令碼檔：Ch8_5_4.sql**

請在【員工】資料表查詢保險金額最後一名員工的金額，如下所示：

```
SELECT MIN(保險) AS 保險金額 FROM 員工
```

	保險金額
1	500.00

🖥 **SQL 指令碼檔：Ch8_5_4a.sql**

請在【課程】資料表查詢課程編號包含'1'子字串的最少學分數，如下所示：

```
SELECT MIN(學分) AS 最少學分數 FROM 課程
WHERE 課程編號 LIKE '%1%'
```

	最少學分數
1	2

8-5-5　SUM()函數

SQL 指令只需配合 SUM()函數，可以計算出符合條件記錄的欄位總和。

📋 **SQL 指令碼檔：Ch8_5_5.sql**

請在【員工】資料表計算出員工的薪水總和與平均，如下所示：

```
SELECT SUM(薪水) AS 薪水總額,
       SUM(薪水)/COUNT(*) AS 薪水平均
FROM 員工
```

	薪水總額	薪水平均
1	455000.00	50555.5555

📋 **SQL 指令碼檔：Ch8_5_5a.sql**

請在【課程】資料表計算課程編號包含'1'子字串的學分數總和，如下所示：

```
SELECT SUM(學分) AS 學分總和 FROM 課程
WHERE 課程編號 LIKE '%1%'
```

	學分總和
1	14

8-6 群組查詢 GROUP BY 子句

SELECT 指令的 GROUP BY 子句可以建立群組查詢，不只如此，我們還可以進一步配合聚合函數來查詢所需的統計資料。

8-6-1　GROUP BY 子句

群組是以資料表的指定欄位來進行分類，分類方式是將欄位值中重複值結合起來歸成一類。例如：在【班級】資料表統計每一門課有多少位學生上課的學生

數，【課程編號】欄位是建立群組的欄位，可以將修此課程的學生結合起來，如下圖所示：

班級

教授編號	學號	課程編號	上課時間	教室
I001	S001	CS101	12:00pm	180-M
I002	S003	CS121	8:00am	221-S
I003	S001	CS203	10:00am	221-S
I003	S002	CS203	14:00pm	327-S
I002	S001	CS222	13:00pm	100-M
I002	S002	CS222	13:00pm	100-M
I002	S004	CS222	13:00pm	100-M
I001	S003	CS213	9:00am	622-G
I003	S001	CS213	12:00pm	500-K

課程編號	學生數
CS101	1
CS121	1
CS203	2
CS222	3
CS213	2

上述圖例可以看到【課程編號】欄位值中重複值已經進行分類，只需使用聚合函數統計各分類的記錄數，就可以知道每一門課有多少位學生上課。SQL 語言是使用 GROUP BY 子句指定群組欄位，其基本語法如下所示：

```
GROUP BY 欄位清單
```

上述語法的欄位清單就是建立群組的欄位，如果不只一個，請使用「,」逗號分隔。

SQL 指令碼檔：Ch8_6_1.sql

請在【班級】資料表查詢課程編號和計算每一門課程有多少位學生上課，如下所示：

```
SELECT 課程編號, COUNT(*) AS 學生數
FROM 班級 GROUP BY 課程編號
```

上述 SELECT 指令使用 GROUP BY 子句以【課程編號】建立群組後，使用 COUNT()聚合函數計算每一門課程的群組有多少位學生上課，如下圖所示：

	課程編號	學生數
1	CS101	3
2	CS111	3
3	CS121	2
4	CS203	4
5	CS213	4
6	CS222	3
7	CS349	2

　　SELECT 指令的 GROUP BY 子句可以在資料表進行指定欄位的分類，建立所需的群組。當使用 GROUP BY 進行查詢時，資料表需要滿足一些條件，如下所示：

- 資料表的欄位擁有重複值，可以結合成群組。

- 資料表擁有其他欄位可以配合聚合函數進行資料統計，如下表所示：

函數	進行的資料統計
AVG()函數	計算各群組的平均
SUM()函數	計算各群組的總和
COUNT()函數	計算各群組的記錄數

SQL 指令碼檔：Ch8_6_1a.sql

　　請在【學生】資料表使用群組查詢來統計男和女性別的學生數，如下所示：

```
SELECT 性別, COUNT(*) AS 學生數
FROM 學生 GROUP BY 性別
```

　　上述 SELECT 指令使用 GROUP BY 子句以【性別】欄位建立群組後，使用 COUNT()聚合函數計算學生數，如下圖所示：

	性別	學生數
1	女	3
2	男	5

8-6-2 HAVING 子句

GROUP BY 子句可以配合 HAVING 子句指定搜尋條件,以便進一步縮小查詢範圍,其基本語法如下所示:

```
HAVING 搜尋條件
```

HAVING 子句和 WHERE 子句的差異,如下所示:

- HAVING 子句可以使用聚合函數,但 WHERE 子句不可以。

- 在 HAVING 子句條件所參考的欄位一定屬於 SELECT 子句的欄位清單;WHERE 子句則可以參考 FROM 子句資料表來源的所有欄位。

SQL 指令碼檔:Ch8_6_2.sql

請在【班級】資料表找出學生 S002 上課的課程清單,如下所示:

```
SELECT 學號, 課程編號 FROM 班級
GROUP BY 課程編號, 學號
HAVING 學號 = 'S002'
```

上述 SELECT 指令使用 GROUP BY 子句以【課程編號】和【學號】欄位建立群組,HAVING 子句使用【學號】欄位為條件進一步搜尋 S002 上課的課程清單,如右圖所示:

	學號	課程編號
1	S002	CS111
2	S002	CS203
3	S002	CS222

SQL 指令碼檔:Ch8_6_2a.sql

請在【班級】資料表找出教授編號是'I003',其教授課程有超過 2 位學生上課的課程清單,如下所示:

```
SELECT 課程編號, COUNT(*) AS 學生數
FROM 班級
WHERE 教授編號 = 'I003'
GROUP BY 課程編號
HAVING COUNT(*) >= 2
```

上述 SELECT 指令先使用 WHERE 子句建立搜尋條件，然後使用 GROUP BY 子句以【課程編號】欄位建立群組，HAVING 子句使用聚合函數為條件，可以進一步搜尋有 2 位學生上課的課程清單，如右圖所示：

	課程編號	學生數
1	CS203	4
2	CS213	2

8-6-3　WITHROLLUP 和 WITH CUBE

在 GROUP BY 子句可以使用 ROLLUP 和 CUBE 顯示多層次統計資料的摘要資訊（Summary Information），也就是執行各欄位值加總運算的小計或總和。

WITH CUBE 是針對 GROUP BY 子句的各群組欄位執行小計與加總；WITH ROLLUP 則是針對第一個欄位執行加總運算。

SQL 指令碼檔：Ch8_6_3.sql

請在【班級】資料表找出教授 I001 和 I003 教授課程的學生數小計和加總，和各課程的學生總數，如下所示：

```
SELECT 教授編號, 課程編號, COUNT(學號) AS 總數
FROM 班級
WHERE 教授編號 IN ('I001', 'I003')
GROUP BY 教授編號, 課程編號 WITH CUBE
```

上述 SELECT 指令使用 WITH CUBE 執行加總和小計，如右圖所示：

圖例第 1~9 列是哪些教授所教各【課程編號】的學生數總計，一個課程可能有多位教授教，【教授編號】欄位如為 NULL 值，表示之後的總數是相同課程學生數的加總小計，第 10 列是全部的學生數總計，第 11~12 列是每位教授所教學生的總計。

	教授編號	課程編號	總數
1	I001	CS101	3
2	NULL	CS101	3
3	I003	CS203	4
4	NULL	CS203	4
5	I001	CS213	2
6	I003	CS213	2
7	NULL	CS213	4
8	I001	CS349	2
9	NULL	CS349	2
10	NULL	NULL	13
11	I001	NULL	7
12	I003	NULL	6

SQL 指令碼檔：Ch8_6_3a.sql

請在【班級】資料表找出教授 I001 和 I003 教授課程的學生數小計和加總，如下所示：

```
SELECT 教授編號, 課程編號, COUNT(學號) AS 總數
FROM 班級
WHERE 教授編號 IN ('I001', 'I003')
GROUP BY 教授編號, 課程編號 WITH ROLLUP
```

上述 SELECT 指令使用 WITH ROLLUP 執行加總和小計，如右圖所示：

圖例第 4 和 7 列是教授所教學生數的小計，第 8 列是學生數總計。

	教授編號	課程編號	總數
1	I001	CS101	3
2	I001	CS213	2
3	I001	CS349	2
4	I001	NULL	7
5	I003	CS203	4
6	I003	CS213	2
7	I003	NULL	6
8	NULL	NULL	13

8-6-4 GROUPING SETS 子句

SQL Server 的 GROUP BY 子句可以加上 GROUPING SETS 子句，讓使用者自行定義傳回的統計資料有哪些欄位。也就是說，GROUPING SETS 子句可以取代 ROLLUP 和 CUBE 的功能，產生相同結果的統計資料。

不同於 ROLLUP 和 CUBE 傳回的資訊是系統內定的結果，如果我們需要指定格式的統計資訊，以便產生所需的報表資料，就可以使用 GROUPING SETS 子句自行定義傳回哪些欄位的聚合統計資料。

SQL 指令碼檔：Ch8_6_4.sql

請在【班級】資料表找出教授 I001 和 I003 教授課程的學生數小計和加總，這個 SQL 指令改用 GROUPING SETS 子句產生和 WITH ROLLUP 相同的查詢結果，如下所示：

```
SELECT 教授編號, 課程編號, COUNT(學號) AS 總數
FROM 班級
WHERE 教授編號 IN ('I001', 'I003')
GROUP BY GROUPING SETS
(
    (教授編號, 課程編號),
    (教授編號),
    ()
)
```

上述 SELECT 指令改為使用 GROUPING SETS 子句，在括號中定義需加總哪些欄位的小計，即使用逗號分隔各括號所括起的欄位，共有三種統計資料，最後的空括號是總計，如下圖所示：

	教授編號	課程編號	總數
1	I001	CS101	3
2	I001	CS213	2
3	I001	CS349	2
4	I001	NULL	7
5	I003	CS203	4
6	I003	CS213	2
7	I003	NULL	6
8	NULL	NULL	13

上述圖例第 4 和 7 列是教授所教學生數的小計，第 8 列是學生數總計，此結果和上一節 WITH ROLLUP 的查詢結果完全相同。

8-7 | 排序 ORDER BY 子句

SELECT 指令可以使用 ORDER BY 子句依照欄位由小到大或由大到小進行排序，其基本語法如下所示：

```
ORDER BY 運算式 [ASC | DESC] [, 運算式 [ASC | DESC]]
```

上述語法的排序方式預設是由小到大排序的 ASC，如果希望由大至小，請使用 DESC 關鍵字。

SQL 指令碼檔：Ch8_7.sql

請在【員工】資料表查詢薪水大於 35000 元的員工記錄，並且使用薪水欄位進行由大至小排序，如下所示：

```
SELECT 姓名, 薪水, 電話 FROM 員工
WHERE 薪水 > 35000
ORDER BY 薪水 DESC
```

上述 SELECT 指令共找到 6 筆符合條件的記錄，使用【薪水】欄位由大到小進行排序，如右圖所示：

	姓名	薪水	電話
1	陳慶新	80000.00	02-11111111
2	楊金欉	80000.00	03-11111111
3	李鴻章	60000.00	02-33111111
4	王心零	50000.00	NULL
5	陳小安	50000.00	NULL
6	張無忌	50000.00	02-55555555

SQL 指令碼檔：Ch8_7a.sql

請在【員工】資料表查詢薪水大於 35000 元的員工記錄，並且使用薪水欄位進行由小至大排序，如下所示：

```
SELECT 姓名, 薪水, 電話 FROM 員工
WHERE 薪水 > 35000
ORDER BY 薪水 ASC
```

上述 SELECT 指令共找到 6 筆符合條件的記錄，使用【薪水】欄位由小到大進行排序，如右圖所示：

	姓名	薪水	電話
1	王心零	50000.00	NULL
2	陳小安	50000.00	NULL
3	張無忌	50000.00	02-55555555
4	李鴻章	60000.00	02-33111111
5	陳慶新	80000.00	02-11111111
6	楊金欉	80000.00	03-11111111

SELECT 敘述的 進階查詢

9-1 | SQL 的多資料表查詢

> **Memo**
>
> 在本章測試 SQL 查詢是使用【教務系統】資料庫,請重新啟動 SSMS 執行本書範例「Ch08\Ch8_School.sql」的 SQL 指令碼檔案建立測試所需的資料庫、資料表和記錄資料,如果在第 8 章已經執行過,就不需要再次執行。

基本上,第 8 章的 SELECT 指令是從單一資料表取得查詢結果,本章 SELECT 指令是從兩個或多個資料表取得查詢結果。SQL 多資料表查詢主要有三種:合併查詢、集合運算查詢和子查詢。

合併查詢(Join Query)

合併查詢是最常使用的多資料表查詢,其主要目的是將正規化分割的資料表,還原成使用者習慣閱讀的資訊。因為正規化的目的是避免資料重複,但是,擁有重複資料的資訊反而易於使用者閱讀和了解。

集合運算查詢（Set Operation Query）

SQL 可以使用集合運算：聯集、交集或差集來執行兩個資料表的集合運算查詢。聯集查詢可以取出兩個資料表的所有記錄，其中若有重複記錄，就只會顯示一筆；交集查詢是兩個資料表都存在的記錄；差集查詢是取出存在其中一個資料表，而不存在另一個資料表的記錄資料。

子查詢（Subquery）

子查詢也是一種多資料表查詢，子查詢是在 SELECT 指令（主查詢）中擁有其他 SELECT 指令（子查詢），也稱為巢狀查詢（Nested Query）。

一般來說，子查詢的目的是在建立主查詢的條件，因為條件值需要從另一個資料表取得，所以再使用 SELECT 指令來取得條件值。

9-2 | 合併查詢

T-SQL 語言的合併查詢指令有：INNER、LEFT、RIGHT、FULL 和 CROSS JOIN，可以分別建立內部、外部和交叉合併查詢。

資料表的欄位名稱

因為合併查詢的同一個 SQL 指令敘述會參考到不同資料表的欄位，為了避免混淆，我們需要使用完整資料庫物件名稱，其語法如下所示：

```
伺服器名稱.資料庫名稱.結構描述名稱.物件名稱
```

上述完整資料庫名稱的說明請參閱＜第 6-1-2 節：SQL 語言的基本語法＞。因為此名稱只參考至資料表物件，對於資料表的欄位，其語法也是使用「.」句號運算子來連接，其語法如下所示：

```
資料表名稱.欄位名稱
```

　　上述語法參考指定資料表的欄位，一般來說，因為都是查詢同一個資料庫，使用上述名稱就不會造成欄位名稱的混淆，例如：【學生】和【班級】資料表都有【學號】欄位，此時的欄位名稱如下所示：

```
學生.學號
班級.學號
```

9-2-1　合併查詢的種類

　　合併查詢是將儲存在多個資料表的欄位資料取出，使用合併條件合併成所需的查詢結果，例如：【班級】資料表只有學號和教授編號，我們需要透過合併查詢，才能進一步取得學生和教授的相關資訊。

　　合併查詢通常是使用資料表之間的關聯欄位來進行查詢，當然也可以不使用資料庫關聯性建立合併查詢，這種關係稱為 ad hoc 關聯性。在 SQL Server 的 T-SQL 語言支援多種合併查詢，包含：內部、外部和交叉合併查詢。

內部合併查詢（INNER JOIN）

　　內部合併查詢只會取回多個資料表符合合併條件的記錄資料，即都存在合併欄位的記錄資料，如下圖所示：

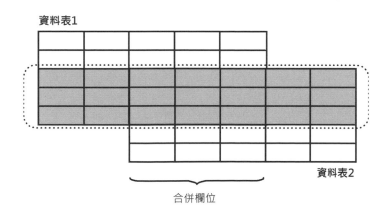

資料表1

資料表2

合併欄位

上述圖例的虛線框內是內部合併查詢的結果，重疊部分的欄位是兩個資料表合併條件的欄位，只顯示符合合併條件的記錄資料。

外部合併查詢（OUTER JOIN）

外部合併查詢可以取回指定資料表的所有記錄，和內部合併查詢的差異在於：查詢結果並不是兩個資料表都一定存在的記錄。OUTER JOIN 指令可以分成三種，如下所示：

- 左外部合併（LEFT JOIN）：取回左邊資料表內的所有記錄，如下圖所示：

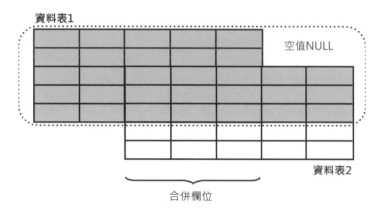

- 右外部合併（RIGHT JOIN）：取回右邊資料表內的所有記錄，如下圖所示：

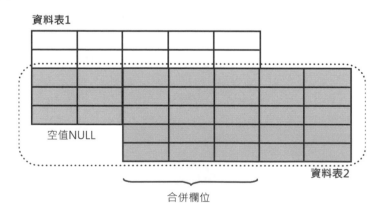

- 完全外部合併（FULL JOIN）：取回左、右邊資料表內的所有記錄，如下
  圖所示：

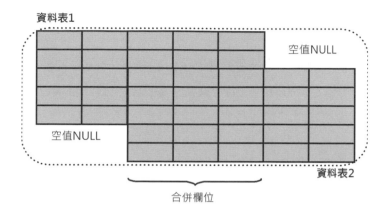

交叉合併查詢

交叉合併查詢是關聯式代數的卡笛生乘積運算（Cartesian Product），其查詢
結果的記錄數是兩個資料表記錄數的乘積。

交叉合併查詢是將一個資料表的每一筆記錄都和合併資料表的記錄合併成一
筆新記錄，如果兩個資料表的記錄數分別是 5 和 4 筆記錄，執行交叉合併查詢後的
記錄數就是 5 X 4 = 20 筆記錄。

9-2-2　內部合併查詢

內部合併（Inner Join）只取回合併資料表中符合合併條件的記錄資料，合併
條件通常是使用資料庫關聯性的外來鍵。我們可以使用明示語法或隱含語法來建
立內部合併查詢。

明示語法的內部合併查詢

在 T-SQL 語言建立明示語法的內部合併查詢是使用 INNER JOIN 指令，其基
本語法如下所示：

```
SELECT 欄位清單
FROM 資料表 1 [INNER] JOIN 資料表 2
                ON 合併條件 1
    [ [INNER] JOIN 資料表 3
                ON 合併條件 2]
```

上述內部合併查詢語法可以省略 INNER 關鍵字，JOIN 關鍵字前後是合併資料表，在 ON 子句指定合併條件，通常就是主鍵和外來鍵合併欄位的相等條件。如果需要，還可以繼續合併其他資料表。

🖥 **SQL 指令碼檔：Ch9_2_2.sql**

請使用內部合併查詢從【學生】資料表取出學號與姓名欄位，【班級】資料表取出課程編號與教授編號欄位來顯示學生上課資料，合併條件欄位是學號，如下所示：

```
SELECT 學生.學號, 學生.姓名, 班級.課程編號, 班級.教授編號
FROM 學生 INNER JOIN 班級
ON 學生.學號 = 班級.學號
```

上述 SELECT 指令顯示【學生】資料表使用 INNER JOIN 合併【班級】資料表的欄位資料，合併條件是 ON 指令後的學號欄位，如右圖所示：

	學號	姓名	課程編號	教授編號
1	S001	陳會安	CS101	I001
2	S005	孫燕之	CS101	I001
3	S006	周杰輪	CS101	I001
4	S003	張無忌	CS213	I001
5	S005	孫燕之	CS213	I001
6	S001	陳會安	CS349	I001
7	S003	張無忌	CS349	I001
8	S003	張無忌	CS121	I002
9	S008	劉得華	CS121	I002
10	S001	陳會安	CS222	I002
11	S002	江小魚	CS222	I002

\hueya (107) | 教務系統 | 00:00:00 | 21 資料列

上述查詢結果取出 2 個資料表都存在的 21 筆記錄，所以查詢結果並沒有學號 S007 和課程編號 CS205。

　　目前的合併查詢結果只能找出學生上課的課程編號清單，更進一步，我們可以將 INNER JOIN 合併查詢的結果視為暫存資料表，再次執行 INNER JOIN 內部合併查詢來查詢【課程】資料表。

SQL 指令碼檔：Ch9_2_2a.sql

　　我們可以擴充 Ch9_2_2.sql 的內部合併查詢，再次執行 INNER JOIN 合併查詢來取得【課程】資料表的詳細資料，如下所示：

```
SELECT 學生.學號, 學生.姓名, 課程.*, 班級.教授編號
FROM 課程 INNER JOIN
(學生 INNER JOIN 班級 ON 學生.學號 = 班級.學號)
ON 班級.課程編號 = 課程.課程編號
```

　　上述 SELECT 指令合併三個資料表，原來 FROM 子句後的 INNER JOIN 使用括號括起當成一個查詢結果的暫存資料表，然後合併【課程】資料表的所有欄位，此時的合併條件是課程編號欄位，如下圖所示：

	學號	姓名	課程編號	名稱	學分	教授編號
1	S001	陳會安	CS101	計算機概論	4	I001
2	S005	孫燕之	CS101	計算機概論	4	I001
3	S006	周杰輪	CS101	計算機概論	4	I001
4	S003	張無忌	CS213	物件導向程式設計	2	I001
5	S005	孫燕之	CS213	物件導向程式設計	2	I001
6	S001	陳會安	CS349	物件導向分析	3	I001
7	S003	張無忌	CS349	物件導向分析	3	I001

6.0 RTM) | DESKTOP-JOE\hueya (112) | 教務系統 | 00:00:00 | 21 資料列

　　目前的合併查詢已經找到學生上課的課程資料，不過，仍然只有教授編號，我們可以再執行一次合併查詢來取得教授資料。

SQL 指令碼檔：Ch9_2_2b.sql

　　我們可以再擴充 Ch9_2_2a.sql 的內部合併查詢，再次 INNER JOIN 合併查詢【教授】資料表，以便取得教授的詳細資料，如下所示：

```
SELECT 學生.學號, 學生.姓名, 課程.*, 教授.*
FROM 教授 INNER JOIN
(課程 INNER JOIN
(學生 INNER JOIN 班級 ON 學生.學號 = 班級.學號)
ON 班級.課程編號 = 課程.課程編號)
ON 班級.教授編號 = 教授.教授編號
```

上述 SELECT 指令合併四個資料表，將原來 INNER JOIN 括起當成暫存資料表後，合併【教授】資料表的所有欄位，此時的合併條件是教授編號欄位，如下圖所示：

	學號	姓名	課程編號	名稱	學分	教授編號	職稱	科系	身份證字號
1	S001	陳會安	CS101	計算機概論	4	I001	教授	CS	A123456789
2	S005	孫燕之	CS101	計算機概論	4	I001	教授	CS	A123456789
3	S006	周杰輪	CS101	計算機概論	4	I001	教授	CS	A123456789
4	S003	張無忌	CS213	物件導向程式設計	2	I001	教授	CS	A123456789
5	S005	孫燕之	CS213	物件導向程式設計	2	I001	教授	CS	A123456789
6	S001	陳會安	CS349	物件導向分析	3	I001	教授	CS	A123456789
7	S003	張無忌	CS349	物件導向分析	3	I001	教授	CS	A123456789
8	S003	張無忌	CS121	離散數學	4	I002	教授	CS	A222222222

✅ 已 | 🔒 DESKTOP-JOE (16.0 RTM) | DESKTOP-JOE\hueya (53) | 教務系統 | 00:00:00 | 21 資料列

現在的 SQL 合併查詢已經找到教授資料，不過並不完整，因為仍有部分資料是在【員工】資料表，我們可以再次執行合併查詢來取得員工資料，這部分就留在學習評量，讓讀者自行撰寫合併查詢的 SQL 指令。

隱含語法的內部合併查詢

隱含語法的內部合併查詢並不需要使用 INNER JOIN 指令，我們只需在 WHERE 子句指定合併條件，一樣可以建立內部合併查詢，也稱為自然合併查詢。

🖥️ SQL 指令碼檔：Ch9_2_2c.sql

請使用隱含語法的內部合併查詢從【學生】資料表取出學號與姓名欄位，和在【班級】資料表取出課程編號與教授編號欄位來顯示學生上課資料，合併條件是在 WHERE 子句指定，如下所示：

```
SELECT 學生.學號, 學生.姓名, 班級.課程編號, 班級.教授編號
FROM 學生, 班級
WHERE 學生.學號 = 班級.學號
```

上述 SELECT 指令顯示【學生】資料表合併【班級】資料表的欄位資料，合併條件是 WHERE 子句的搜尋條件，如右圖所示：

	學號	姓名	課程編號	教授編號	
1	S001	陳會安	CS101	I001	
2	S005	孫燕之	CS101	I001	
3	S006	周杰輪	CS101	I001	
4	S003	張無忌	CS213	I001	
5	S005	孫燕之	CS213	I001	
6	S001	陳會安	CS349	I001	
7	S003	張無忌	CS349	I001	
8	S003	張無忌	CS121	I002	

| E:\hueya (54) | 教務系統 | 00:00:00 | 21 資料列 |

上述查詢結果和 Ch9_2_2.sql 完全相同，這就是隱含語法執行的內部合併查詢。

相互關聯名稱

相互關聯名稱（Correlation Names）是在 FROM 子句指定資料表的暫時名稱，可以用來簡化複雜且容易混淆的欄位名稱。也稱為資料表別名（Table Alias）。

如同欄位別名，資料表別名可以更清楚建立多資料表的合併查詢，其基本語法如下所示：

```
SELECT 欄位清單
FROM 資料表1 [AS] 別名1
        [INNER] JOIN 資料表2 [AS] 別名2
        ON 別名1.欄位名稱 運算子 別名2.欄位名稱
        [[INNER] JOIN 資料表3 [AS] 別名3
        ON 別名2.欄位名稱 運算子 別名3.欄位名稱]
```

上述語法使用 AS 關鍵字指定資料表別名，此時 SELECT 子句的欄位清單和合併條件的欄位都需要使用別名來參考欄位名稱。

💻 **SQL 指令碼檔：Ch9_2_2d.sql**

請使用內部合併查詢從【學生】資料表取出學號與姓名欄位，和從【班級】資料表取出課程編號與教授編號欄位來顯示學生的上課資料，合併條件是學號欄位，並且指定【班級】資料表的別名【上課】，如下所示：

```
SELECT 學生.學號, 學生.姓名, 上課.課程編號, 上課.教授編號
FROM 學生 INNER JOIN 班級 AS 上課
ON 學生.學號 = 上課.學號
```

上述 SELECT 指令顯示【學生】資料表使用 INNER JOIN 合併【班級】資料表的欄位資料，因為有別名，所以【班級】資料表的欄位都是使用別名來參考，其查詢結果和 Ch9_2_2.sql 相同。

自身合併查詢

自身合併查詢（Self-join）屬於內部合併查詢的一種特殊情況，因為合併的資料表就是自己。而且，因為自身合併查詢是合併自己本身的資料表，所以需要使用前述相互關聯名稱來指定資料表別名。

請注意！自身合併查詢通常還需要使用 DISTINCT 關鍵字來刪除重複欄位值的記錄資料。

💻 **SQL 指令碼檔：Ch9_2_2e.sql**

請使用自身合併查詢從【員工】資料表找出同一個城市有其他員工存在的清單，如下所示：

```
SELECT DISTINCT 員工.姓名, 員工.城市, 員工.街道
FROM 員工 INNER JOIN 員工 AS 員工1
ON ( 員工.城市 = 員工1.城市 AND
     員工.身份證字號 <> 員工1.身份證字號 )
ORDER BY 員工.城市
```

上述 SELECT 指令的【員工】資料表是使用 INNER JOIN 合併自身【員工】資料表的欄位資料，合併條件是使用 AND 連接的兩個條件，如下圖所示：

	姓名	城市	街道
1	張無忌	台北	仁愛路
2	郭富城	台北	忠孝東路
3	陳慶新	台北	信義路
4	王心零	桃園	經國路
5	楊金欉	桃園	中正路
6	小龍女	新北	板橋區中正路
7	陳小安	新北	新店區四維路
8	劉得華	新北	板橋區文心路

上述查詢結果取出【員工】資料表中，同一個城市有兩位以上員工的員工資料，所以沒有基隆的員工資料。

9-2-3　外部合併查詢

T-SQL 語言的 OUTER JOIN 是外部合併查詢指令，可以取回指定資料表的所有記錄資料，其語法和 INNER JOIN 內部合併查詢相似，主要差異在：查詢結果不是兩個資料表都存在的記錄。

LEFT JOIN 左外部合併查詢

左外部合併查詢是在合併的兩個資料表中，取回左邊資料表內的所有記錄資料，而不論是否在右邊資料表有存在的合併欄位值。

🖥️ **SQL 指令碼檔：Ch9_2_3.sql**

請使用左外部合併查詢查詢【教授】和【員工】資料表，合併條件欄位是身份證字號，可以顯示【教授】資料表的所有記錄，如下所示：

```
SELECT 教授.教授編號, 員工.姓名, 教授.職稱, 員工.薪水
FROM 教授 LEFT JOIN 員工
ON 教授.身份證字號 = 員工.身份證字號
```

上述 SELECT 指令顯示【教授】和【員工】資料表的左外部合併查詢的結果，如下圖所示：

	教授編號	姓名	職稱	薪水
1	I001	陳慶新	教授	80000.00
2	I002	楊金欉	教授	80000.00
3	I003	李鴻章	副教授	60000.00
4	I004	陳小安	講師	50000.00

上述外部合併查詢 LEFT JOIN 結果取得【教授】資料表的所有記錄資料，所以查詢結果不包括不是教授或講師的其他員工資料。

RIGHT JOIN 右外部合併查詢

右外部合併查詢可以取回右邊資料表內的所有記錄，而不論是否在左邊資料表有存在合併欄位值。

SQL 指令碼檔：Ch9_2_3a.sql

請使用右外部合併查詢來查詢【教授】和【員工】資料表，合併條件的欄位是身份證字號，可以顯示【員工】資料表的所有記錄，如下所示：

```
SELECT 教授.教授編號, 員工.姓名, 教授.職稱, 員工.薪水
FROM 教授 RIGHT JOIN 員工
ON 教授.身份證字號 = 員工.身份證字號
```

上述 SELECT 指令顯示【教授】和【員工】資料表的右外部合併查詢的結果，如右圖所示：

	教授編號	姓名	職稱	薪水
1	I001	陳慶新	教授	80000.00
2	NULL	郭富城	NULL	35000.00
3	I002	楊金欉	教授	80000.00
4	NULL	王心零	NULL	50000.00
5	NULL	劉得華	NULL	25000.00
6	NULL	小龍女	NULL	25000.00
7	I004	陳小安	講師	50000.00
8	NULL	張無忌	NULL	50000.00
9	I003	李鴻章	副...	60000.00

　　上述外部合併查詢 RIGHT JOIN 結果取得【員工】資料表的所有記錄，所以【教授編號】和【職稱】欄位值有很多 NULL 空值。

　　T-SQL 合併查詢可以同時使用多種 JOIN 指令，不過，在內層只能使用 INNER JOIN，只有最外層可以是 OUTER JOIN 指令。

SQL 指令碼檔：Ch9_2_3b.sql

　　請使用多種 JOIN 指令來合併【學生】、【課程】和【班級】資料表，如下所示：

```
SELECT 學生.學號, 學生.姓名, 課程.*, 班級.教授編號
FROM 課程 RIGHT JOIN
(學生 INNER JOIN 班級 ON 學生.學號 = 班級.學號)
ON 班級.課程編號 = 課程.課程編號
```

　　上述 SELECT 指令顯示【課程】資料表與【學生】和【班級】資料表的 INNER JOIN 結果執行右外部合併查詢，如下圖所示：

	學號	姓名	課程編號	名稱	學分	教授編號
1	S001	陳會安	CS101	計算機概論	4	I001
2	S005	孫燕之	CS101	計算機概論	4	I001
3	S006	周杰輪	CS101	計算機概論	4	I001
4	S003	張無忌	CS213	物件導向程式設計	2	I001
5	S005	孫燕之	CS213	物件導向程式設計	2	I001
6	S001	陳會安	CS349	物件導向分析	3	I001
7	S003	張無忌	CS349	物件導向分析	3	I001
8	S003	張無忌	CS121	離散數學	4	I002
9	S008	劉得華	CS121	離散數學	4	I002

16.0 RTM) | DESKTOP-JOE\hueya (55) | 教務系統 | 00:00:00 | 21 資料列

　　上述查詢結果和 INNER JOIN 相同，因為在【班級】資料表並沒有任何學生不存在的上課資料。

　　如果在 OUTER JOIN 合併查詢指令使用 WHERE 子句，所有查詢結果都會成為 INNER JOIN，就算使用 LEFT/RIGHT JOIN 指令也不會有任何作用。

FULL JOIN 完全外部合併查詢

不同於 LEFT JOIN 左外部合併查詢和 RIGHT JOIN 右外部合併查詢，FULL JOIN 完全外部合併可以取回左、右邊資料表內的所有記錄。

🖥 **SQL 指令碼檔：Ch9_2_3c.sql**

請使用完全外部合併查詢來查詢【教授】和【員工】資料表，合併條件的欄位是身份證字號，可以顯示【教授】和【員工】資料表的所有記錄，如下所示：

```
SELECT 教授.教授編號, 員工.姓名, 教授.職稱, 員工.薪水
FROM 教授 FULL JOIN 員工
ON 教授.身份證字號 = 員工.身份證字號
```

上述 SELECT 指令顯示【教授】和【員工】資料表的完全外部合併查詢的結果，如右圖所示：

右述完全外部合併查詢 FULL JOIN 結果取得兩個資料表的所有記錄，所以【教授編號】和【職稱】欄位值有很多 NULL 空值。

	教授編號	姓名	職稱	薪水
1	I001	陳慶新	教授	80000.00
2	I002	楊金欉	教授	80000.00
3	I003	李鴻章	副教授	60000.00
4	I004	陳小安	講師	50000.00
5	NULL	郭富城	NULL	35000.00
6	NULL	王心零	NULL	50000.00
7	NULL	劉得華	NULL	25000.00
8	NULL	小龍女	NULL	25000.00
9	NULL	張無忌	NULL	50000.00

9-2-4　交叉合併查詢

交叉合併查詢的 CROSS JOIN 指令是關聯式代數的卡笛生乘積運算（Cartesian Product），其查詢結果的記錄數是兩個資料表記錄數的乘積。

🖥 **SQL 指令碼檔：Ch9_2_4.sql**

請使用交叉合併查詢從【學生】資料表取出學號與姓名欄位，和【班級】資料表的課程編號與教授編號欄位，如下所示：

```
SELECT 學生.學號, 學生.姓名, 班級.課程編號, 班級.教授編號
FROM 學生 CROSS JOIN 班級
```

上述【學生】資料表擁有 8 筆記錄，【班級】資料表有 21 筆記錄，交叉合併查詢可得到 8*21 = 168 筆記錄，如果沒有列出欄位清單，欄位數就是兩個資料表的欄位數總和，如右圖所示：

	學號	姓名	課程編號	教授編號
1	S001	陳會安	CS101	I001
2	S001	陳會安	CS101	I001
3	S001	陳會安	CS101	I001
4	S001	陳會安	CS213	I001
5	S001	陳會安	CS213	I001
6	S001	陳會安	CS349	I001
7	S001	陳會安	CS349	I001

ueya (120) | 教務系統 | 00:00:00 | 168 資料列

SQL 指令碼檔：Ch9_2_4a.sql

請使用交叉合併查詢配合 WHERE 子句，找出【學生】和【班級】資料表各位學生的上課記錄，條件是兩個資料表的學號相等，如下所示：

```
SELECT 學生.學號, 學生.姓名, 班級.課程編號, 班級.教授編號
FROM 學生 CROSS JOIN 班級
WHERE 學生.學號 = 班級.學號
```

在上述 SELECT 指令的 CROSS JOIN 交叉合併查詢加上 WHERE 篩選條件，其查詢結果和 Ch9_2_2.sql 相同，即【學生】資料表 INNER JOIN 內部合併【班級】資料表的查詢結果，如下圖所示：

	學號	姓名	課程編號	教授編號
1	S001	陳會安	CS101	I001
2	S005	孫燕之	CS101	I001
3	S006	周杰輪	CS101	I001
4	S003	張無忌	CS213	I001
5	S005	孫燕之	CS213	I001
6	S001	陳會安	CS349	I001
7	S003	張無忌	CS349	I001
8	S003	張無忌	CS121	I002
9	S008	劉得華	CS121	I002

\hueya (124) | 教務系統 | 00:00:00 | 21 資料列

上述查詢結果取出兩個資料表學號相等的記錄，因為學號 S007 沒有選課資料，所以查詢結果沒有學號 S007 的選課資料。

9-3 集合運算查詢

在執行多資料表查詢時，除了可以使用 INNER JOIN 和 OUTER JOIN 執行合併查詢外，我們也可以使用集合運算：聯集、交集或差集來執行兩個資料表的集合運算查詢。

在 T-SQL 執行集合運算查詢的限制條件說明，如下所示：

- 兩個資料表的欄位數需相同。

- 資料表欄位的資料類型需要是相容類型。

9-3-1 集合運算查詢的種類

在 T-SQL 語言的集合運算查詢分為三種，其說明如下所示：

- 聯集 UNION：將兩個資料表的記錄都全部結合在一起，如果有重複記錄，只顯示其中一筆，加上 ALL 關鍵字，就會顯示所有重複記錄，其基本語法如下所示：

```
SELECT 欄位清單 FROM 資料表 1
UNION [ALL]
SELECT 欄位清單 FROM 資料表 2
[UNION [ALL] SELECT 欄位清單 FROM 資料表 3 ]
[ORDER BY 欄位清單]
```

- 交集 INTERSECT：從兩個資料表取出同時存在的記錄，其基本語法如下所示：

```
SELECT 欄位清單 FROM 資料表 1
INTERSECT
SELECT 欄位清單 FROM 資料表 2
[ORDER BY 欄位清單]
```

- 差集 EXCEPT：只取出存在第 1 列 SELECT 指令的記錄，但是不存在第 2 列 SELECT 指令的記錄，其基本語法如下所示：

```
SELECT 欄位清單 FROM 資料表 1
EXCEPT
SELECT 欄位清單 FROM 資料表 2
[ORDER BY 欄位清單]
```

9-3-2 UNION 聯集查詢

UNION 聯集查詢指令可以將兩個資料表的記錄執行聯集運算，將所有記錄都顯示出來。

 SQL 指令碼檔：Ch9_3_2.sql

請將【學生】和【員工】兩個資料表的【姓名】欄位，使用聯集運算取出所有學生和員工姓名，如下所示：

```
SELECT 姓名 FROM 學生
UNION
SELECT 姓名 FROM 員工
```

上述 SELECT 指令可以看到查詢結果列出所有學生和員工姓名，如右圖所示：

	姓名
1	小龍女
2	王心零
3	江小魚
4	李鴻章
5	周杰輪
6	孫燕之
7	張無忌
8	郭富城
9	陳小安
10	陳會安
11	陳慶新
12	楊金欉
13	劉得華
14	禁一零

右述圖例因為有些學生也在學校打工，所以【學生】和【員工】資料表擁有同名的張無忌、陳小安和劉得華，不過，查詢結果只會顯示其中一筆。

9-3-3 INTERSECT 交集查詢

INTERSECT 交集查詢指令可以從兩個資料表取出同時存在的記錄資料。

🖥️ (SQL 指令碼檔：Ch9_3_3.sql)

請將【學生】和【員工】兩個資料表的【姓名】欄位使用交集運算取出存在兩個資料表的學生和員工姓名，如下所示：

```
SELECT 姓名 FROM 學生
INTERSECT
SELECT 姓名 FROM 員工
```

上述 SELECT 指令可以看到查詢結果列出同時存在的學生和員工姓名，如右圖所示：

	姓名
1	張無忌
2	陳小安
3	劉得華

9-3-4 EXCEPT 差集查詢

EXCEPT 差集查詢指令可以取出存在其中一個資料表，但不存在另一個資料表的記錄資料。

🖥️ (SQL 指令碼檔：Ch9_3_4.sql)

請將【學生】和【員工】兩個資料表的【姓名】欄位使用差集運算取出存在【學生】資料表，但不存在【員工】資料表的姓名資料，如下所示：

```
SELECT 姓名 FROM 學生
EXCEPT
SELECT 姓名 FROM 員工
```

上述 SELECT 指令可以看到查詢結果取出單純是學生，而沒有同是員工的學生姓名，如右圖所示：

	姓名
1	江小魚
2	周杰輪
3	孫燕之
4	陳會安
5	蔡一零

9-4 | 子查詢

子查詢（Subquery）也是一種多資料表查詢，子查詢是指在 SELECT 指令中擁有其他 SELECT 指令，也稱為巢狀查詢（Nested Query）。

在 SQL 指令的每一個子查詢就是一個 SELECT 指令。所以，同一個 SQL 指令敘述能夠針對不同資料表進行查詢，以便取得所需查詢結果或條件值。

9-4-1 子查詢的基礎

子查詢是附屬在 SQL 查詢指令，通常是位在主查詢 SELECT 指令的 WHERE 子句，以便透過子查詢取得所需的查詢條件。事實上，子查詢本身也是一個 SELECT 指令，如果在 SELECT 指令擁有子查詢，首先處理的是子查詢，然後才依子查詢取得的條件值來處理主查詢，就可以取得最後的查詢結果。

FROM 子句的子查詢

在 FROM 子句可以使用子查詢來取得暫存資料表，此時需要使用資料表別名來指定暫存資料表的名稱。

📺 SQL 指令碼檔：Ch9_4_1.sql

請使用【員工】資料表的子查詢來建立 FROM 子句名為【高薪員工】的暫存資料表，然後顯示【高薪員工】資料表的記錄資料，如下所示：

```
SELECT 高薪員工.姓名, 高薪員工.電話, 高薪員工.薪水
FROM (SELECT 身份證字號, 姓名, 電話, 薪水
     FROM 員工
     WHERE 薪水>50000) AS 高薪員工
```

上述 SELECT 指令取出高薪員工的資料,如下圖所示:

	姓名	電話	薪水
1	陳慶新	02-11111111	80000.00
2	楊金欉	03-11111111	80000.00
3	李鴻章	02-33111111	60000.00

WHERE 和 HAVING 子句的子查詢

子查詢最常使用在 SELECT 指令的 WHERE 子句或 HAVING 子句,即使用在搜尋條件的邏輯或比較運算子的運算式。子查詢的基本語法,如下所示:

```
SELECT 欄位清單
FROM 資料表 1
WHERE 欄位 = (SELECT 欄位 FROM 資料表 2
              WHERE 搜尋條件)
```

上述位在括號中的 SELECT 指令是子查詢。子查詢的注意事項,如下所示:

- 子查詢是位在 SQL 指令的括號中。

- 通常子查詢的 SELECT 指令只會取得單一欄位值,以便與主查詢的欄位進行比較運算。

- 如果需要排序,主查詢可以使用 ORDER BY 子句,但是,子查詢不能使用 ORDER BY 子句,只能使用 GROUP BY 子句來代替。

- 如果子查詢取得的是多筆記錄,在主查詢就是使用 IN 邏輯運算子。

- BETWEEN/AND 邏輯運算子並不能使用在主查詢,但是可以使用在子查詢。

9-4-2 比較運算子的子查詢

在主查詢 SELECT 指令的 WHERE 子句可以使用子查詢來進一步取得其他資料表記錄的欄位值,其主要目的是建立 WHERE 子句所需的條件運算式。

![SQL 指令碼檔：Ch9_4_2.sql]

請在【學生】資料表使用姓名欄位取得學號後，查詢【班級】資料表的學生陳會安共上幾門課，如下所示：

```
SELECT COUNT(*) AS 上課數 FROM 班級
WHERE 學號 =
(SELECT 學號 FROM 學生 WHERE 姓名='陳會安')
```

上述兩個 SELECT 指令分別查詢兩個資料表。在【學生】資料表取得姓名為陳會安的學號後，再從【班級】資料表計算上課數為 5 筆記錄，如右圖所示：

	選課數
1	5

![SQL 指令碼檔：Ch9_4_2a.sql]

請在【員工】資料表找出員工薪水高於平均薪水的員工資料，如下所示：

```
SELECT 身份證字號, 姓名, 電話, 薪水 FROM 員工
WHERE 薪水 >=
(SELECT AVG(薪水) FROM 員工)
```

上述兩個 SELECT 指令都是查詢同一個【員工】資料表，一個取得薪水平均值；一個找出高於薪水平均值的員工，查詢結果可以找到 3 筆符合條件的記錄資料，如下圖所示：

	身份證字號	姓名	電話	薪水
1	A123456789	陳慶新	02-11111111	80000.00
2	A222222222	楊金欉	03-11111111	80000.00
3	H098765432	李鴻章	02-33111111	60000.00

9-4-3　邏輯運算子的子查詢

T-SQL 語言的 ALL、ANY、SOME、EXISTS 和 IN 邏輯運算子都可以使用在子查詢。

EXISTS 運算子

在 SELECT 指令的 WHERE 子句使用 EXISTS 邏輯運算子檢查子查詢的結果是否有傳回資料。

SQL 指令碼檔：Ch9_4_3.sql

請在【學生】資料表顯示【班級】資料表有上 CS222 課程編號的學生資料，如下所示：

```
SELECT * FROM 學生
WHERE EXISTS
(SELECT * FROM 班級
WHERE 課程編號 = 'CS222' AND 學生.學號 = 班級.學號)
```

上述 SELECT 指令可以找到 3 筆記錄，共有學號 S001、S002 和 S004 三位學生有上 CS222 這門課，如下圖所示：

	學號	姓名	性別	電話	生日
1	S001	陳會安	男	02-22222222	2003-09-03
2	S002	江小魚	女	03-33333333	2004-02-02
3	S004	陳小安	男	05-55555555	2002-06-13

SQL 指令碼檔：Ch9_4_3a.sql

請從【班級】和【課程】資料表取出所有在 221-S 和 100-M 教室上課的課程資料，如下所示：

```
SELECT * FROM 課程
WHERE EXISTS
(SELECT * FROM 班級
WHERE (教室='221-S' OR 教室='100-M')
    AND 課程.課程編號=班級.課程編號)
```

　　上述 SELECT 指令可以找到 3 筆記錄，共有課程編號 CS121、CS203 和 CS222 是在 221-S 和 100-M 教室上課，如下圖所示：

	課程編號	名稱	學分
1	CS121	離散數學	4
2	CS203	程式語言	3
3	CS222	資料庫管理系統	3

SQL 指令碼檔：Ch9_4_3b.sql

　　請改用合併查詢取得與 Ch9_4_3a.sql 相同的查詢結果，如下所示：

```
SELECT DISTINCT 課程.* FROM 課程, 班級
WHERE (班級.教室='221-S' OR 班級.教室='100-M')
    AND 課程.課程編號=班級.課程編號
```

　　上述 SELECT 指令是使用合併查詢找到課程編號 CS203、CS121 和 CS222 在 221-S 和 100-M 兩間教室上課，DISTINCT 關鍵字刪除重複記錄，如下圖所示：

	課程編號	名稱	學分
1	CS121	離散數學	4
2	CS203	程式語言	3
3	CS222	資料庫管理系統	3

IN 運算子

　　在 SELECT 指令的 WHERE 子句可以使用 IN 邏輯運算子，檢查是否存在子查詢取得的記錄資料之中。

SQL 指令碼檔：Ch9_4_3c.sql

　　請從【課程】和【班級】資料表取出學號 S004 沒有上的課程清單，如下所示：

```
SELECT * FROM 課程
WHERE 課程編號 NOT IN
(SELECT 課程編號 FROM 班級 WHERE 學號='S004')
```

上述 SELECT 指令可以顯示【課程】資料表的
記錄，子查詢檢查【班級】資料表學號 S004 是否有
上這門課，因為 NOT 運算子否定運算結果，所以可
以取得沒有上的課程記錄，共找到 7 門課程，如右圖
所示：

	課程編號	名稱	學分
1	CS101	計算機概論	4
2	CS111	線性代數	4
3	CS121	離散數學	4
4	CS203	程式語言	3
5	CS205	網頁程式...	3
6	CS213	物件導向...	2
7	CS349	物件導向...	3

  SQL 指令碼檔：Ch9_4_3d.sql

請使用三層巢狀查詢從【學生】、【班級】和【教授】資料表，找出學生【江
小魚】上了哪些教授的哪些課程，如下所示：

```
SELECT * FROM 教授
WHERE 教授編號 IN
(SELECT 教授編號 FROM 班級
 WHERE 學號=(SELECT 學號 FROM 學生
             WHERE 姓名='江小魚'))
```

上述 SELECT 指令顯示【教授】資料表的記錄（不過只有教授編號），第二
層子查詢檢查【班級】資料表的學生是否有上這位教授開的課，第三層子查詢找
出學生江小魚的學號，可以找到 3 位教授，如下圖所示：

	教授編號	職稱	科系	身份證字號
1	I002	教授	CS	A222222222
2	I003	副教授	CIS	H098765432
3	I004	講師	MATH	F213456780

ALL 運算子

ALL 運算子是指父查詢的條件需要滿足子查詢的所有結果。

SQL 指令碼檔：Ch9_4_3e.sql

請使用子查詢取出【員工】資料表城市是台北的薪水資料，然後在父查詢查
詢所有薪水大於等於子查詢薪水的記錄資料，如下所示：

```
SELECT 姓名, 薪水 FROM 員工
WHERE 薪水 >= ALL
(SELECT 薪水 FROM 員工 WHERE 城市='台北')
```

上述 SELECT 指令的子查詢檢查【員工】資料表住在台北的薪水資料，可以找到 3 筆，其薪水分別為 80000、35000 和 50000，ALL 運算子需要滿足所有條件，即薪水需大於等於 80000，共可找到 2 筆員工，如下圖所示：

	姓名	薪水
1	陳慶新	80000.00
2	楊金欉	80000.00

ANY 和 SOME 運算子

ANY 和 SOME（此為 ANSI-SQL 標準運算子）運算子的父查詢只需要滿足子查詢的任一結果即可。

SQL 指令碼檔：Ch9_4_3f.sql

請使用子查詢取出【員工】資料表城市是台北的薪水資料，然後在父查詢查詢只需大於等於子查詢任一薪水的記錄資料，如下所示：

```
SELECT 姓名, 薪水 FROM 員工
WHERE 薪水 >= ANY
(SELECT 薪水 FROM 員工 WHERE 城市='台北')
```

上述 SELECT 指令的子查詢檢查【員工】資料表住在台北的薪水資料，可以找到 3 筆，其薪水分別為 80000、35000 和 50000，ANY 運算子只需滿足任一條件，即薪水只需大於等於 35000 即可，如右圖所示：

	姓名	薪水
1	陳慶新	80000.00
2	郭富城	35000.00
3	楊金欉	80000.00
4	王心零	50000.00
5	陳小安	50000.00
6	張無忌	50000.00
7	李鴻章	60000.00

9-5 | T-SQL 進階查詢技巧

T-SQL 語言擴充 ANSI-SQL 的功能，提供一些進階查詢技巧，在這一節筆者準備說明 OFFSET 和 FETCH NEXT 分頁查詢、空值處理和 CTE 一般資料表運算式。

9-5-1 OFFSET 和 FETCH NEXT 的分頁查詢

在 SELECT 指令的 ORDER BY 子句之後，可以加上 OFFSET 和 FETCH NEXT 子句來建立分頁查詢，取回指定位移後的幾筆記錄。

OFFSET 子句

OFFSET 子句可以指定位移幾筆記錄來開始傳回查詢結果，其基本語法如下所示：

```
OFFSET 整數常數或運算式 ROW | ROWS
```

上述語法的位移量可以是整數常數，例如：5 或 10 等，或一個傳回大於 0 整數值的運算式，最後的 ROW 或 ROWS 關鍵字是同義詞，請任選一個使用，其目的是為了和 ANSI 相容。

請先執行 Ch9_5_1.sql，可以顯示以身份證字號排序的全部員工資料，如右圖所示：

	身份證字號	姓名	薪水
1	A123456789	陳慶新	80000.00
2	A221304680	郭富城	35000.00
3	A222222222	楊金欉	80000.00
4	D333300333	王心零	50000.00
5	D444403333	劉得華	25000.00
6	E444006666	小龍女	25000.00
7	F213456780	陳小安	50000.00
8	F332213046	張無忌	50000.00
9	H098765432	李鴻章	60000.00

上述查詢結果是全部員工資料，共有 9 筆，現在，我們可以使用 OFFSET 子句位移 3 筆，傳回從第 4 筆開始的員工資料。

SQL 指令碼檔：Ch9_5_1a.sql

　　請查詢【員工】資料表的員工記錄，不過，我們並不是從第 1 筆開始查詢，而是位移 3 筆，傳回第 4 筆之後的員工資料，如下所示：

```
SELECT 身份證字號，姓名，薪水
FROM 員工
ORDER BY 身份證字號
OFFSET 3 ROWS
```

　　在上述 ORDER BY 子句之後加上 OFFSET 子句，使用整數常數 3 來位移 3 筆記錄，所以只傳回從王心零開始的 6 筆記錄，如右圖所示：

	身份證字號	姓名	薪水
1	D333300333	王心零	50000.00
2	D444403333	劉得華	25000.00
3	E444006666	小龍女	25000.00
4	F213456780	陳小安	50000.00
5	F332213046	張無忌	50000.00
6	H098765432	李鴻章	60000.00

FETCH NEXT 子句

　　FETCH NEXT 子句是位在 OFFSET 子句之後，可以指定傳回位移之後的幾筆記錄，其基本語法如下所示：

```
FETCH FIRST | NEXT 整數常數或運算式 ROW | ROWS ONLY
```

　　上述語法的 FIRST 和 NEXT 是同義詞，可以任選一個使用，傳回筆數是整數常數、運算式或子查詢，ROW 或 ROWS 關鍵字也是同義詞，請任選一個使用。

SQL 指令碼檔：Ch9_5_1b.sql

　　請查詢【員工】資料表的員工記錄，在位移 3 筆後，傳回第 4 筆開始的 5 筆員工資料，如下所示：

```
SELECT 身份證字號，姓名，薪水
FROM 員工
ORDER BY 身份證字號
OFFSET 3 ROWS
FETCH NEXT 5 ROWS ONLY
```

　　在上述 OFFSET 子句之後加上 FETCH NEXT 子句，使用整數常數 5 取回之後的 5 筆記錄，所以傳回從王心零開始的 5 筆記錄，沒有最後 1 筆李鴻章，如右圖所示：

	身份證字號	姓名	薪水
1	D333300333	王心零	50000.00
2	D444403333	劉得華	25000.00
3	E444006666	小龍女	25000.00
4	F213456780	陳小安	50000.00
5	F332213046	張無忌	50000.00

9-5-2　NULL 空值的處理

　　T-SQL 針對 NULL 空值處理可以使用 IS NULL 運算子或 ISNULL()函數。

IS NULL 運算子

　　在查詢的資料表如果需要確定欄位值是否為空值 NULL 時，我們可以使用 IS NULL 運算式和欄位值進行比較。

💻 (SQL 指令碼檔：Ch9_5_2.sql)

　　請查詢【學生】資料表沒有生日資料的學生記錄，也就是生日欄位是空值的記錄資料，如下所示：

```
SELECT * FROM 學生 WHERE 生日 IS NULL
```

　　上述 SELECT 指令可以找到一位學生的生日為空值，如下圖所示：

	學號	姓名	性別	電話	生日
1	S005	孫燕之	女	06-66666666	NULL

　　請注意！SQL 指令並不能直接將欄位值和空值 NULL 進行比較，如下所示：

```
SELECT * FROM 學生 WHERE 生日 = NULL
```

　　上述 SQL 指令的查詢結果沒有任何記錄。不過，這是因為沒有【生日】欄位值是字串'NULL'，並不是因為生日欄位沒有空值。

ISNULL()函數

在查詢資料表時，如果有欄位值是空值 NULL 時，我們可以使用 ISNULL()函數來輸出替代值，其基本語法如下所示：

```
ISNULL(檢查運算式, 替代值)
```

上述語法的檢查運算式可以檢查運算式是否為 NULL 空值，如果是，就以第 2 個參數的替代值輸出。請注意！函數的 2 個參數類型必需相同，如果不同，請使用 CAST(欄位名稱 AS 類型)函數進行轉換，也就是將欄位轉換成 AS 後的類型。

SQL 指令碼檔：Ch9_5_2a.sql

請查詢【員工】資料表的電話欄位，如果是空值就輸出成'無電話'，如下所示：

```
SELECT 身份證字號, 姓名,
    ISNULL(電話, '無電話') AS 電話
FROM 員工
```

上述 SELECT 指令找到的員工資料中，如果電話為空值 NULL，就顯示'無電話'，如下圖所示：

	身份證字號	姓名	電話
1	A123456789	陳慶新	02-11111111
2	A221304680	郭富城	02-55555555
3	A222222222	楊金欉	03-11111111
4	D333300333	王心零	無電話
5	D444403333	劉得華	04-55555555
6	E444006666	小龍女	04-55555555
7	F213456780	陳小安	無電話
8	F332213046	張無忌	02-55555555
9	H098765432	李鴻章	02-33111111

9-5-3　CTE 一般資料表運算式

CTE（Common Table Expression）一般資料表運算式可以預先建立一至多個暫存資料表，以便在之後的 SELECT 查詢使用，或建立遞迴查詢。

使用 CTE 執行查詢

一般資料表運算式 CTE 可以建立一至多個暫存資料表，其基本語法如下所示：

```
WITH 暫存資料表名稱 1 [(欄位名稱清單)]
AS (
SELECT 指令敘述
)
[, 暫存資料表名稱 2 [(欄位名稱清單)]
AS (SELECT 指令敘述)
] …
```

上述語法使用 WITH 子句建立一至多個 CTE 暫存資料表，如果不只一個，請使用「,」逗號分隔。

在暫存資料表名稱後的欄位名稱清單可以指定暫存資料表的別名，如果沒有指定，就是使用之後 SELECT 指令的欄位名稱，AS 關鍵字後是取得暫存資料表內容的 SELECT 指令。

🖥 **SQL 指令碼檔：Ch9_5_3.sql**

請使用 CTE 建立名為【教授_員工】的暫存資料表後，使用此暫存資料表執行內部合併查詢，可以顯示學生上課資料，如下所示：

```
WITH 教授_員工
AS (
SELECT 教授.*, 員工.姓名
FROM 教授 INNER JOIN 員工
ON 教授.身份證字號 = 員工.身份證字號
)
SELECT 學生.學號, 學生.姓名, 課程.*, 教授_員工.*
FROM 教授_員工 INNER JOIN
(課程 INNER JOIN
(學生 INNER JOIN 班級 ON 學生.學號 = 班級.學號)
ON 班級.課程編號 = 課程.課程編號)
ON 班級.教授編號 = 教授_員工.教授編號
```

上述 SELECT 指令合併四個資料表，其中【教授_員工】是使用 CTE 建立的暫存資料表（內容也是合併查詢的結果），其合併條件是教授編號欄位，如下圖所示：

	學號	姓名	課程編號	名稱	學分	教授編號	職稱	科系	身份證字號	姓名
1	S001	陳會安	CS101	計算機概論	4	I001	教授	CS	A123456789	陳慶新
2	S005	孫燕之	CS101	計算機概論	4	I001	教授	CS	A123456789	陳慶新
3	S006	周杰輪	CS101	計算機概論	4	I001	教授	CS	A123456789	陳慶新
4	S003	張無忌	CS213	物件導向程式設計	2	I001	教授	CS	A123456789	陳慶新
5	S005	孫燕之	CS213	物件導向程式設計	2	I001	教授	CS	A123456789	陳慶新
6	S001	陳會安	CS349	物件導向分析	3	I001	教授	CS	A123456789	陳慶新
7	S003	張無忌	CS349	物件導向分析	3	I001	教授	CS	A123456789	陳慶新
8	S003	張無忌	CS121	離散數學	4	I002	教授	CS	A222222222	楊金欉
9	S008	劉得華	CS121	離散數學	4	I002	教授	CS	A222222222	楊金欉

✅ 已成功... 🔒 DESKTOP-JOE (16.0 RTM) | DESKTOP-JOE\hueya (181) | 教務系統 | 00:00:00 | 21 資料列

上述合併查詢結果和 Ch9_2_2.sql 的執行結果類似，只差是使用 CTE 暫存資料表執行合併查詢來取得員工姓名，所以最後顯示的查詢結果多了一個姓名欄位。

使用 CTE 執行遞迴查詢

「遞迴查詢」（Recursive Query）是一種特殊的 SQL 查詢，可以重複查詢資料表傳回的查詢結果來取得最後的查詢結果，簡單的說，就是重複執行自己查詢自己。

因為 CTE 可以建立一至多個暫存資料表，我們可以活用 CTE 執行遞迴查詢，稱為「遞迴 CTE」（Recursive CTE），其基本語法如下所示：

```
WITH 暫存資料表名稱 [(欄位名稱清單)]
AS (
SELECT 指令敘述 1
UNION ALL
SELECT 指令敘述 2
)
```

　　上述遞迴 CTE 語法包含兩個使用 UNION ALL 運算子連接的 SELECT 指令敘述，第 1 個 SELECT 指令稱為「錨點成員」（Anchor Member），第 2 個 SELECT 指令稱為「遞迴成員」（Recursive Member）。

　　遞迴 CTE 是使用錨點成員產生初始的暫存資料表內容後，使用遞迴成員來執行自己查詢自己的遞迴查詢。例如：在【主管】資料表記錄員工所屬主管是哪一位，請執行 Ch9_5_3a.sql 建立此資料表和新增測試記錄，其內容如右圖所示：

DESKTOP-JOE.教務系統 - dbo.主管		
員工字號	姓名	主管字號
A123456789	陳慶新	*NULL*
A221304680	郭富城	F213456780
A222222222	楊金懌	A123456789
D333300333	王心零	A222222222
D444403333	劉得華	E444006666
E444006666	小龍女	A123456789
F213456780	陳小安	E444006666
F332213046	張無忌	D444403333
H098765432	李鴻章	A222222222
NULL	*NULL*	*NULL*

SQL 指令碼檔：Ch9_5_3b.sql

　　請使用遞迴 CTE 建立【主管】資料表的遞迴查詢，可以顯示每位員工其上層主管的階層數，如下所示：

```
WITH 主管_遞迴
AS (
SELECT 員工字號, 姓名, 1 AS 階層
FROM 主管 WHERE 主管字號 IS NULL
UNION ALL
SELECT 主管.員工字號, 主管.姓名, 階層 + 1
FROM 主管 JOIN 主管_遞迴
ON 主管.主管字號 = 主管_遞迴.員工字號
)
SELECT * FROM 主管_遞迴
ORDER BY 階層, 員工字號
```

　　上述 SELECT 指令使用 CTE 建立【主管_遞迴】的暫存資料表後，這是一個遞迴查詢，最後顯示【主管_遞迴】暫存資料表的內容，如右圖所示：

	員工字號	姓名	階層
1	A123456789	陳慶新	1
2	A222222222	楊金懌	2
3	E444006666	小龍女	2
4	D333300333	王心零	3
5	D444403333	劉得華	3
6	F213456780	陳小安	3
7	H098765432	李鴻章	3
8	A221304680	郭富城	4
9	F332213046	張無忌	4

9-6 使用 Management Studio 設計 SQL 查詢

SQL Server 的 Management Studio 提供視覺化查詢設計工具，可以幫助我們建立所需的 SQL 查詢。

9-6-1 使用查詢設計工具

在 Management Studio 啟動查詢設計工具，可以幫助我們建立所需的 SQL 查詢，請在「物件總管」視窗展開資料庫後，選【教務系統】資料庫，按上方工具列的【新增查詢】鈕新增查詢，如下圖所示：

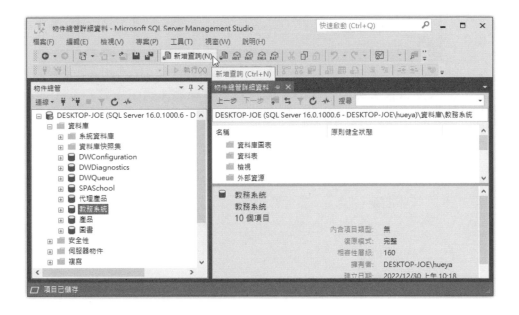

然後在右邊編輯視窗的空白部分，執行【右】鍵快顯功能表的【在編輯器中設計查詢】命令，如下圖所示：

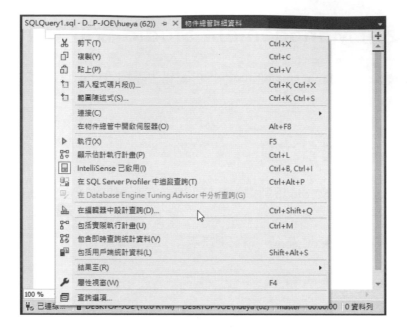

在「加入資料表」對話方塊的【資料表】標籤選【員工】資料表，如下圖
所示：

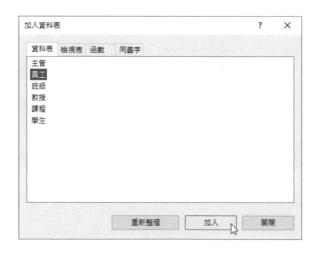

　　按【加入】鈕新增資料表後，再按【關閉】鈕，可以啟動 Management Studio
查詢設計工具，看到「查詢設計工具」對話方塊。

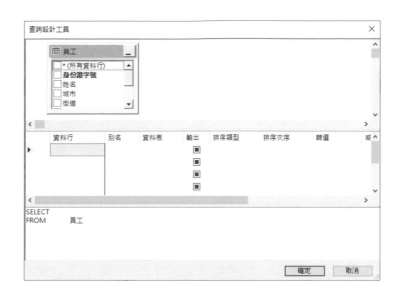

上述查詢設計工具由上而下依序是圖表窗格、準則窗格和 SQL 窗格。

圖表窗格

圖表窗格是使用資料庫圖表方式來顯示資料表，我們可以在此窗格加入資料表來建立多資料表查詢。例如：加入【教授】資料表，請在圖表窗格的空白部分，執行【右】鍵快顯功能表的【加入資料表】命令，如下圖所示：

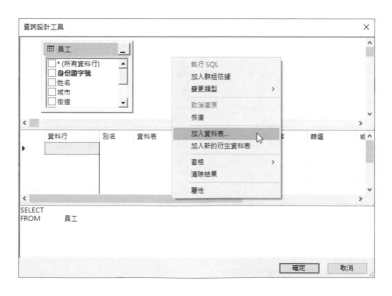

在「加入資料表」對話方塊的上方
標籤可以選擇來源是資料表、檢視表或
函數等，以此例是在【資料表】標籤選
【教授】資料表，如右圖所示：

按【加入】鈕加入資料表（如果需要，可以重複加入其他資料表），在完成
加入後，按【關閉】鈕，可以看到加入的資料表圖示。

上述圖表窗格顯示加入的資料表，因為有建立關聯性，所以預設建立合併查
詢，在下方 SQL 窗格可以看到建立的 INNER JOIN 合併查詢指令。

在資料表的 JOIN 合併連接線上，執行【右】鍵快顯功能表的【移除】命令，
可以刪除合併查詢，下方兩個指令可以建立 LEFT JOIN 或 RIGHT JOIN 外部合併
查詢。

準則窗格

在準則窗格可以選擇 SQL 查詢顯示的欄位、輸入別名、選擇排序欄位和輸入
搜尋條件，如下圖所示：

　　上述窗格的欄位依序可以選擇 SQL 查詢的欄位，指定欄位別名、勾選是否輸出和選擇排序欄位（遞增或遞減），最後的【篩選】欄位可以輸入 WHERE 子句的搜尋條件，如果有多個條件，請在之後【或】欄位加上其他條件。

SQL 窗格

　　SQL 窗格可以讓我們直接編輯 SQL 指令敘述，對於查詢設計工具不支援的 SQL 指令，就可以在此窗格直接輸入指令，如下圖所示：

```
SELECT     員工.身份證字號, 員工.姓名 AS 教授姓名, 教授.職稱, 教授.科系
FROM       員工 INNER JOIN
           教授 ON 員工.身份證字號 = 教授.身份證字號
ORDER BY   員工.身份證字號
```

建立 SQL 查詢指令

　　在完成 SQL 查詢的設計後，按【確定】鈕即可在編輯器建立 SQL 查詢指令，如下圖所示：

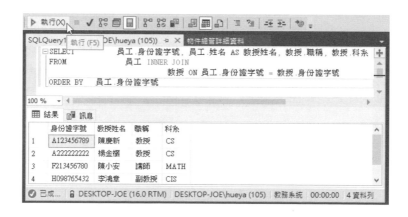

　　按上方工具列【執行】鈕執行 SQL 指令，可以在下方結果標籤顯示查詢結果。

建立群組查詢的欄位

　　在查詢設計工具也可以建立群組查詢，請在準則窗格指定群組欄位為【群組依據】，執行【右】鍵快顯功能表的【加入群組依據】命令來顯示【群組依據】欄位，如下圖所示：

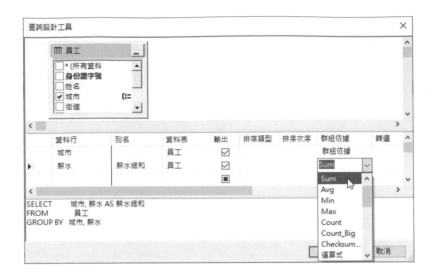

上述準則窗格指定【城市】欄位是群組欄位，即在【群組依據】欄位選【群組依據】，然後在【薪水】欄指定聚合函數【Sum】，表示統計群組的薪水總和。

指定 SQL 查詢的屬性

對於整個 SQL 指令敘述的屬性來說，我們可以指定 SQL 指令屬性，即 TOP 和 DISTINCT 關鍵字的功能。請在查詢設計工具執行【右】鍵快顯功能表的【屬性】命令，可以看到「屬性」對話方塊。

在上述對話方塊可以指定整個 SQL 註解、TOP、重複資料僅顯示一筆即 DISTINCT 和輸出全部的資料行「*」等屬性。

修改查詢設計

請選取 SQL 指令字串後，在之上執行【右】鍵快顯功能表的【在編輯器中設計查詢】命令，即可修改查詢設計，如下圖所示：

9-6-2　編寫資料表的指令碼

在 Management Studio 選資料表物件，就可以使用【編寫資料表的指令碼為】命令來建立 T-SQL 指令碼，支援產生 CREATE、DROP、SELECT、INSERT、UPDATE 和 DELETE 指令。

例如：在「物件總管」視窗產生【員工】資料表的 SELECT 指令碼，其步驟如下所示：

❶ 請啟動 Management Studio 建立連線後，在「物件總管」視窗展開資料庫清單後，在【dbo.員工】資料表上，執行【右】鍵快顯功能表的「編寫資料表的指令碼為>SELECT 至>新增查詢編輯器視窗」命令，如下圖所示：

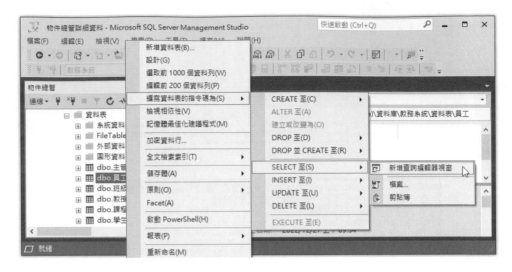

2 稍等一下，可以新增查詢視窗顯示產生的 SELECT 指令碼，如下圖所示：

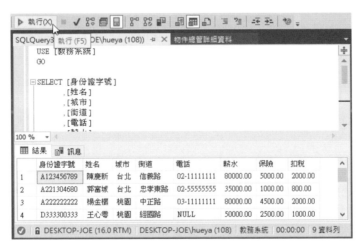

　　按上方工具列的【執行】鈕執行 SQL 指令，可以在下方結果標籤顯示查詢結果。

　　在【編寫資料表的指令碼為】命令的子選單可以產生多種 SQL 指令碼，例如：第 10 章說明的 INSERT、UPDATE 和 DELETE 指令，如果在下一層子選單選【檔案】或【剪貼簿】命令，就可以將產生的指令碼存成檔案或貼至剪貼簿。

10

新增、更新與
刪除資料

10-1 | 使用 Management Studio 編輯記錄資料

> **Memo**
>
> 在本章測試 SQL 指令是使用【教務系統】資料庫,請重新啟動 SSMS 執行本書範例「Ch08\Ch8_School.sql」的 SQL 指令碼檔案建立測試所需的資料庫、資料表和記錄資料,如果在第 8 章或第 9 章已經執行過,就不需要再次執行。

　　當我們在 SQL Server 建立【教務系統】資料庫和新增資料表後,就可以執行 DML 指令來插入、更新或刪除記錄,同樣可以使用 Management Studio 圖形化介面來編輯記錄資料。

　　以【教務系統】資料庫的【課程】資料表為例,請啟動 Management Studio 工具後,在「物件總管」視窗展開【教務系統】資料庫,選【課程】資料表,如下圖所示:

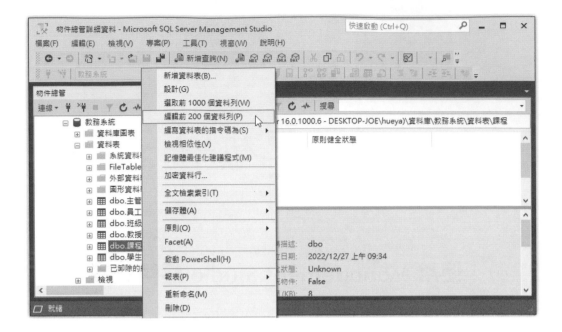

　　在資料表上執行【右】鍵快顯功能表的【編輯前 200 個資料列】命令,可以看到每一列為一筆記錄的編輯視窗,如下圖所示:

	課程編號	名稱	學分
▶	CS101	計算機概論	4
	CS111	線性代數	4
	CS121	離散數學	4
	CS203	程式語言	3
	CS205	網頁程式設計	3
	CS213	物件導向程式...	2
	CS222	資料庫管理系統	3
	CS349	物件導向分析	3
*	NULL	NULL	NULL

　　上述編輯視窗的下方是工具列,可以顯示目前資料表的記錄數和目前是第幾筆,使用工具列按鈕就可以移動和新增記錄。

新增記錄

在最後「*」號列的欄位直接輸入記錄的欄位值，或按下方工具列倒數第 2 個【移至新資料列】鈕，就可以新增資料表的記錄。一些新增記錄的注意事項，如下所示：

- 輸入欄位值如果是 NULL 或擁有預設值，我們並不用輸入欄位資料，在儲存後，就會自動填入 NULL 空值或預設值。

- 如果不想新增記錄，請按 ESC 鍵放棄新增記錄。

- 如果在預設值欄需要輸入 NULL 空值，此時不能保留空白，請按 CTRL + 0 鍵強制輸入 NULL 欄位值。

更新記錄

如果欄位值輸入錯誤，只需重新編輯欄位值就可以更新記錄。一些更新記錄的注意事項，如下所示：

- 如果需要輸入欄位值的部分內容，按 F2 鍵或使用滑鼠左鍵在欄位上按一下，就可以看到插入點的游標。

- 如果不想更新記錄，請按 ESC 鍵放棄更新記錄。

- 如果需要將欄位值改為 NULL 空值，此時不能保留空白，請按 CTRL + 0 鍵強制輸入 NULL 欄位值。

- 如果是其他資料表參考的欄位，我們並無法更新欄位值。

刪除記錄

請在編輯視窗最左邊的灰色按鈕按一下，可以選擇整筆記錄的資料列後，按 DEL 鍵刪除記錄，或執行【右】鍵快顯功能表的【刪除】命令。

如果需要同時刪除多筆記錄，請搭配滑鼠左鍵在灰色按鈕上拖曳來選取多筆記錄，可以看到選取的記錄列反白顯示，然後就可以同時刪除多筆記錄。

10-2 │ 新增記錄

SQL 資料操作語言（DML）可以新增、刪除和更新資料表的記錄。相關 SQL 資料操作指令，如下表所示：

SQL 指令	說明
INSERT	在資料表插入一筆新記錄
UPDATE	更新資料表的記錄，這些記錄是已經存在的記錄
DELETE	刪除資料表的記錄

MERGE 指令可以讓我們在同一個指令敘述執行多個 INSERT、UPDATE 或 DELETE 指令。

10-2-1　INSERT 指令

INSERT 指令可以新增一筆記錄到資料表，其基本語法如下所示：

```
INSERT [INTO] 資料表名稱 [(欄位清單)]
[DEFAULT] VALUES (欄位值清單)
```

上述語法是在【資料表名稱】的資料表新增一筆記錄，括號的欄位清單是使用「,」逗號分隔的欄位名稱，VALUES 子句是對應的欄位值清單，即插入記錄的欄位值清單。

INSERT 指令的使用與注意事項說明，如下所示：

- 不論是欄位或值的清單，都需要使用逗號分隔。

- INTO 關鍵字和欄位清單都可有可無，欄位清單不需要包含全部欄位，而且清單可以不包含識別（IDENTITY）、空值（NULL）和預設值（DEFAULT）欄位。

- 如果沒有欄位清單，在 VALUES 子句的欄位值需包含記錄的所有欄位，而且其順序需與資料表定義的欄位順序相同。

- 在 VALUES 子句的欄位值中，數值不用單引號包圍，字串與日期/時間需要使用單引號括起。如果欄位值是空值，請直接使用 NULL 關鍵值；如果是預設值，可以使用 DEFAULT 關鍵字。

- 欄位名稱清單並不需要和資料表定義的欄位數目或順序相同，只需列出需要插入值的欄位，不過括號內的欄位名稱順序要和 VALUES 子句欄位值的順序相同。

- 如果資料表的所有欄位都是識別（IDENTITY）、空值（NULL）和預設值（DEFAULT）欄位，可以在 VALUES 子句使用 VALUES (DEFAULT) 代表整筆記錄的欄位值。

SQL 指令碼檔：Ch10_2_1.sql

在【學生】資料表新增一筆學生記錄，沒有使用欄位清單，如下所示：

```
INSERT INTO 學生
VALUES ('S108','令弧沖','男','02-23111122','2002/05/03')
```

上述 INSERT 指令可以在【學生】資料表新增一筆記錄。在 Management Studio 執行此 SQL 指令碼檔，可以看到影響一筆記錄，如右圖所示：

SQL 指令碼檔：Ch10_2_1a.sql

請使用欄位清單在【課程】資料表新增一筆課程記錄，如下所示：

```
INSERT INTO 課程 (課程編號，名稱，學分)
VALUES ('CS410','平行程式設計',2)
```

上述 INSERT 指令可以在【課程】資料表新增一筆記錄。

請在【班級】資料表新增一筆上課記錄，此 INSERT 指令並沒有使用 INTO 關鍵字，如下所示：

```
INSERT 班級 (教授編號, 學號, 課程編號, 上課時間, 教室)
VALUES ('I003','S002','CS222','8:00am','300-K')
```

10-2-2 記錄建構子

記錄建構子（Row Constructors）可以在同一個 INSERT 指令的 VALUES 子句插入多筆記錄，這是使用逗號分隔括號的多筆記錄。

請在【員工】資料表使用記錄建構子同時新增 2 筆員工記錄，如下所示：

```
INSERT INTO 員工 (身份證字號, 姓名, 城市, 街道,
                電話, 薪水, 保險, 扣稅)
VALUES
('K221234566','白開心','嘉義','中正路',
     '06-55555555', 26000, 500, 560),
('K123456789','王火山','基隆','中山路',
     '02-34567890', 26000, 500, 560)
```

上述 INSERT 指令可以在【員工】資料表新增 2 筆記錄，VALUES 子句共有 2 筆記錄資料，可以看到影響 2 筆記錄，如下圖所示：

10-2-3　INSERT/SELECT 指令

INSERT/SELECT 指令可以將其他資料表查詢結果的記錄，新增至資料表，如果查詢結果不只一筆，就是同時新增多筆記錄，其基本語法如下所示：

```
INSERT [INTO] 資料表名稱 [(欄位清單)]
SELECT 指令敘述
```

上述語法是在名為【資料表名稱】的資料表新增從下方 SELECT 子查詢結果的記錄資料。INSERT/SELECT 指令的使用與注意事項說明，如下所示：

- INSERT/SELECT 指令是使用 SELECT 子查詢取代 VALUES 子句，將子查詢結果的記錄資料新增至 INSERT 子句的資料表。

- 因為 SELECT 子查詢是取代 VALUES 子句，所以取得的欄位值需對應插入記錄的欄位清單。

請先執行 Ch10_2_3.sql 建立【通訊錄】資料表，內含朋友聯絡資訊的 2 筆記錄。

🖥 (SQL 指令碼檔：Ch10_2_3a.sql)

請從【通訊錄】資料表取得記錄來新增至【學生】資料表，如下所示：

```
INSERT INTO 學生
SELECT 學號, 姓名, 性別, 電話, 生日
FROM 通訊錄
```

上述 INSERT/SELECT 指令可以將【通訊錄】資料表的所有記錄都新增至【學生】資料表，可以看到影響 2 筆記錄，如下圖所示：

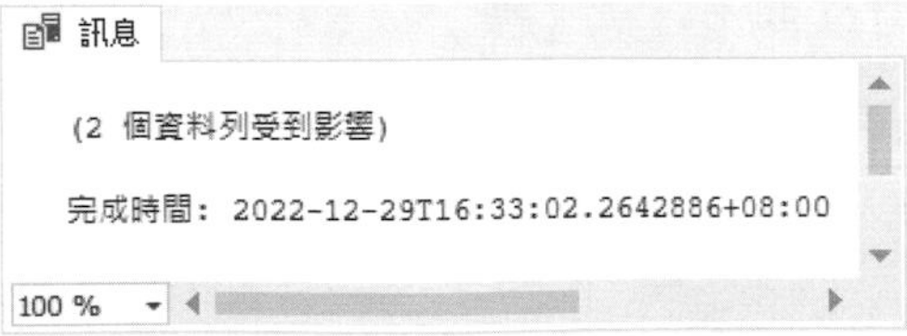

10-2-4　SELECT INTO 指令

　　SELECT INTO 指令是 T-SQL 語言的擴充指令，可以使用查詢結果來建立全新資料表，其基本語法如下所示：

```
SELECT 欄位清單
INTO 新資料表名稱
FROM 資料表來源
[WHERE 搜尋條件]
[GROUP BY 欄位清單]
[HAVING 搜尋條件]
[ORDER BY 欄位清單]
```

　　上述語法是在 INTO 子句指定新資料表名稱，其他部分是 SELECT 指令。SELECT INTO 指令的使用與注意事項說明，如下所示：

- 新資料表的欄位定義資料就是 SELECT 指令取得的記錄集合。

- 如果 SELECT 子句有計算值欄位，一定要指定別名，作為新資料表的欄位定義資料。

- SELECT INTO 指令只能複製欄位定義資料和欄位資料，並不包含資料表的主鍵、索引和預設值等定義資料。

SQL 指令碼檔：Ch10_2_4.sql

　　請建立【課程】資料表的完整備份，即新增名為【課程備份】資料表，如下所示：

```
SELECT * INTO 課程備份
FROM 課程
```

　　上述 SELECT INTO 指令建立【課程】資料表的完整備份，可以看到影響 9 筆記錄，如右圖所示：

```
訊息

 (9 個資料列受到影響)

 完成時間: 2022-12-29T16:33:55.1433189+08:00
```

100 %

SQL 指令碼檔：Ch10_2_4a.sql

請建立【課程】資料表的部分備份，即新增名為【課程備份 2】資料表，如下所示：

```
SELECT * INTO 課程備份 2
FROM 課程
WHERE 學分 = 3
```

上述 SELECT INTO 指令建立【課程】資料表的部分備份，因為有 WHERE 子句，可以看到只影響 4 筆記錄，如右圖所示：

```
訊息

(4 個資料列受到影響)

完成時間: 2022-12-29T16:34:45.9120379+08:00

100 %
```

10-3 | 更新記錄

T-SQL 語言的 UPDATE 指令可以更新存在的記錄，我們可以指定條件來更新資料表符合條件記錄的欄位資料。

10-3-1　UPDATE 指令

UPDATE 指令可以將資料表符合條件的記錄，更新指定欄位的內容，如果符合條件的記錄不只一筆，就是同時更新多筆記錄，其基本語法如下所示：

```
UPDATE 資料表名稱
SET 欄位名稱 1 = 新欄位 1
    [, 欄位名稱 2 = 新欄位 2]
[FROM 資料來源]
[WHERE 更新條件]
```

上述語法更新 UPDATE 子句的資料表，SET 子句是更新的欄位清單，在「=」等號後是新欄位值，如果更新欄位不只一個，請使用逗號分隔。

在 FROM 子句可以使用子查詢取得更新範圍或執行合併更新操作，WHERE 子句是更新條件。UPDATE 指令的使用與注意事項說明，如下所示：

- WHERE 子句雖然可有可無，但是如果沒有 WHERE 子句的條件，資料表的所有記錄欄位都會更新。

- SET 子句的更新欄位清單並不需要列出全部欄位，只需列出欲更新的欄位清單，換句話說，我們可以同時更新一至多個欄位值。

- 更新欄位值如果為數值不用單引號包圍，字串與日期/時間需要使用單引號包圍，也可以使用常數、NULL 和 DEFAULT 關鍵字。

SQL 指令碼檔：Ch10_3_1.sql

請在【課程】資料表更改課程編號 CS410 的名稱和學分數，如下所示：

```
UPDATE 課程
SET 名稱='資料庫系統（二）', 學分=4
WHERE 課程編號 = 'CS410'
```

SQL 指令碼檔：Ch10_3_1a.sql

請在【課程】資料表使用算術運算式更改課程編號 CS410 的學分數，如下所示：

```
UPDATE 課程
SET 學分 = 學分 + 1
WHERE 課程編號 = 'CS410'
```

上述 UPDATE 指令可以將課程編號 CS410 的學分數加一。

10-3-2 在 UPDATE 指令使用子查詢

如果需要，我們可以在 UPDATE 指令的 SET、FROM 和 WHERE 子句使用子查詢，其說明如下所示：

- SET 子句：使用子查詢取得更新欄位的欄位值。

- FROM 子句：使用子查詢取得更新範圍的記錄資料，然後在 SET 和 WHERE 子句參考子查詢建立的暫存資料表內容來更新記錄。

- WHERE 子句：使用子查詢取得一至多個欄位的查詢條件值。

SQL 指令碼檔：Ch10_3_2.sql

請在【學生】資料表更新姓名欄位，其更新欄位值是使用子查詢從【員工】資料表來取得值，如下所示：

```
UPDATE 學生
SET 姓名 = (SELECT 姓名 FROM 員工
            WHERE 身份證字號='H098765432')
WHERE 學號 = 'S108'
```

SQL 指令碼檔：Ch10_3_2a.sql

請使用 Ch10_2_4.sql 新增的【課程備份】資料表為例，將【班級】上課學生超過 3 位的課程學分改為 4 學分，如下所示：

```
UPDATE 課程備份
SET 學分 = 4
FROM (SELECT 課程編號, COUNT(*) AS 學生數
        FROM 班級 GROUP BY 課程編號) AS 上課
WHERE 課程備份.課程編號 = 上課.課程編號
    AND 上課.學生數 > 3
```

SQL 指令碼檔：Ch10_3_2b.sql

請使用 Ch10_2_4.sql 和 Ch10_2_4a.sql 新增的【課程備份】和【課程備份2】資料表為例，當課程編號存在【課程備份2】資料表時，將【課程備份】的課程學分改為 5 學分，如下所示：

```
UPDATE 課程備份
SET 學分 = 5
WHERE 課程編號 IN (
    SELECT 課程編號 FROM 課程備份2)
```

10-3-3 合併更新

　　如果 UPDATE 指令更新資料的欄位值或條件是位於其他不同資料表，我們可以在 FORM 子句使用合併查詢來取得條件或欄位值進行資料表記錄的更新。

　　請先執行 Ch10_2_1b.sql 新增上課記錄（如果尚未執行過），這是準備使用 JOIN 指令配合 UPDATE 和 DELETE 指令來更新和刪除的上課記錄。事實上，UPDATE 指令不只可以更新同一個資料表的記錄資料，加上 JOIN 指令就可以進行不同資料表的合併更新。

SQL 指令碼檔：Ch10_3_3.sql

　　請在【班級】資料表更新【科系】欄位為 CIS，和在教室 300-K 上課的時間，將時間改為 9:00am，如下所示：

```
UPDATE 班級 SET 班級.上課時間 = '9:00am'
FROM 班級 INNER JOIN 教授
ON 班級.教授編號 = 教授.教授編號
WHERE 教授.科系 = 'CIS' AND 班級.教室 = '300-K'
```

　　上述更新條件的科系和教室分別是在【教授】和【班級】資料表，我們需要使用合併查詢來建立 WHERE 子句的查詢條件，以便執行【上課時間】欄位的更新。

SQL 指令碼檔：Ch10_3_3a.sql

　　在完成 Ch10_3_3.sql 的合併更新後，請執行 SELECT 指令顯示【班級】資料表的所有記錄和欄位，如下所示：

```
SELECT 教授編號, 學號, 課程編號, 教室,
    DATEPART(Hour, 上課時間) AS 上課時間
FROM 班級
```

上述 SELECT 指令可以查詢所有班級資料，使用 DATEPART()函數顯示時間部分的欄位值，可以看到 300-K 教室的上課時間已經改為 9:00am，如右圖所示：

	教授編號	學號	課程編號	教室	上課時間
16	I003	S008	CS203	221-S	10
17	I003	S001	CS213	500-K	12
18	I003	S006	CS213	500-K	12
19	I003	S002	CS222	300-K	9
20	I004	S002	CS111	321-M	15
21	I004	S003	CS111	321-M	15
22	I004	S005	CS111	321-M	15

KTOP-JOE\hueya (120)　教務系統　00:00:00　22 資料列

10-4 │ 刪除記錄

T-SQL 可以使用 DELETE 或 TRUNCATE TABLE 指令來刪除資料表的記錄資料。

10-4-1 DELETE 指令

DELETE 指令可以將資料表符合條件的記錄刪除掉，其基本語法如下所示：

```
DELETE [FROM] 資料表名稱
[FROM 資料來源]
[WHERE 刪除條件]
```

上述語法是刪除 DELETE 或 DELETE FROM 子句資料表的一筆或多筆記錄，WHERE 子句是刪除條件，在 FROM 子句可以使用子查詢或合併查詢來幫助我們建立 WHERE 子句的刪除條件。DELETE 指令的使用與注意事項說明，如下所示：

- WHERE 子句雖然可有可無，但是如果沒有 WHERE 子句的條件，資料表所有記錄都會刪除。

- FORM 子句是 T-SQL 的擴充指令，可以新增刪除操作指令的額外準則，用來建立不是 DELETE 子句資料表欄位的刪除條件。

- WHERE 查詢條件就是 DELETE 指令的刪除條件，可以將符合條件的記錄都刪除掉。

SQL 指令碼檔：Ch10_4_1.sql

請在【學生】資料表刪除學號 S108 的學生記錄，如下所示：

```
DELETE FROM 學生
WHERE 學號 = 'S108'
```

上述 DELETE 指令可以在【學生】資料表刪除一筆記錄。

SQL 指令碼檔：Ch10_4_1a.sql

請刪除【課程備份 2】資料表的所有記錄，如下所示：

```
DELETE 課程備份 2
```

上述 DELETE 指令刪除資料表的所有記錄，可以看到共影響 4 筆記錄，如右圖所示：

在 Management Studio 開啟【課程備份 2】資料表，可以看到所有記錄已經刪除了，如右圖所示：

10-4-2　子查詢與合併刪除

在 DELETE 指令的 WHERE 子句是刪除條件，其條件值可以在 FROM 子句使用子查詢來取得其他資料表的欄位資料，或使用 JOIN 指令進行多資料表的合併刪除。

當然我們也可以直接在 WHERE 子句使用子查詢取得刪除條件的欄位值。

SQL 指令碼檔：Ch10_4_2.sql

請在 WHERE 子句使用子查詢取得【課程備份】資料表的課程編號後，在【課程】資料表刪除此筆課程記錄，如下所示：

```
DELETE FROM 課程
WHERE 課程編號 =
    ( SELECT 課程編號 FROM 課程備份
      WHERE 名稱 = '平行程式設計')
```

上述 DELETE 指令可以在【課程】資料表刪除一筆記錄。

SQL 指令碼檔：Ch10_4_2a.sql

請在【班級】資料表使用合併刪除來刪除【科系】為【CIS】，在教室 300-K 的上課記錄，如下所示：

```
DELETE 班級
FROM 班級 INNER JOIN 教授
ON 班級.教授編號 = 教授.教授編號
WHERE 教授.科系 = 'CIS' AND 班級.教室 = '300-K'
```

上述刪除條件的科系和教室分別在【教授】和【班級】資料表，所以需要使用合併查詢來執行刪除，執行結果可以刪除一筆記錄。

SQL 指令碼檔：Ch10_4_2b.sql

在完成 Ch10_4_2a.sql 的合併刪除後，請執行 SELECT 指令顯示【班級】資料表的所有記錄和欄位，如下所示：

```
SELECT 教授編號, 學號, 課程編號, 教室
FROM 班級
```

上述 SELECT 指令可以查詢所有班級資料，其中 300-K 教室的記錄已經不存在，如右圖所示：

	教授編號	學號	課程編號	教室	
1	I001	S001	CS101	180-M	
2	I001	S005	CS101	180-M	
3	I001	S006	CS101	180-M	
4	I001	S003	CS213	622-G	
5	I001	S005	CS213	622-G	
6	I001	S001	CS349	380-L	
7	I001	S003	CS349	380-L	

hueya (181)　教務系統　00:00:00　21 資料列

10-4-3　TRUNCATE TABLE 指令

如果想保留資料表的定義資料，只刪除整個資料表的記錄資料，我們可以使用 TRUNCATE TABLE 指令刪除資料表的內容，其基本語法如下所示：

```
TRUNCATE TABLE 資料表名稱
```

上述語法是從資料庫刪除指定的資料表內容。TRUNCATE TABLE 和 DELETE FROM 指令都可以刪除整個資料表的記錄資料，其差異在於 TRUNCATE TABLE 的速度比較快，一次可以刪除資料表的所有記錄，而且不會將刪除記錄的操作寫入交易記錄（Transaction Log）；DELETE FROM 指令就會寫入交易記錄。

🖥 SQL 指令碼檔：Ch10_4_3.sql

請刪除【課程備份】資料表內容，如下所示：

```
TRUNCATE TABLE 課程備份
```

當執行上述 TRUNCATE TABLE 指令後，在 Management Studio 開啟【課程備份】資料表，可以看到所有記錄已經刪除了，如下圖所示：

10-5 | MERGE 指令

　　MERGE 指令提供一種更有效率的方式來執行多個 DML 指令，能夠使用單一 DML 指令敘述來同時新增和更新資料表的記錄資料。

　　MERGE 指令的優點是只需存取一次資料表的記錄資料，就可以完成所需的資料操作，如果沒有 MERGE 指令，我們可能需要執行三次 DML 指令的 INSERT、UPDATE 和 DELETE 指令才能完成相同的操作。

　　簡單的說，MERGE 指令能夠使用同一條指令敘述來新增資料表的記錄，和更新或刪除同一個資料表存在的記錄資料，其基本語法如下所示：

```
MERGE  目標資料表名稱 [ AS 資料表別名 ]
USING   來源資料表名稱 [ AS 資料表別名 ]
ON 搜尋條件
[ WHEN MATCHED [ AND 搜尋條件 ] THEN
    { UPDATE | DELETE } ]
[ WHEN NOT MATCHED [BY TARGET] [ AND 搜尋條件 ] THEN
    { INSERT } ]
[ WHEN MATCHED BY SOURCE [ AND 搜尋條件 ] THEN
    { UPDATE | DELETE } ]
;
```

　　上述 MERGE 指令的語法首先指定目標資料表，USING 子句指定來源資料表，ON 子句指定目標和來源資料表的比較條件。請注意！MERGE 指令最後的分號「;」是必須的，不可以遺漏。

　　然後使用三種 WHEN 子句來決定執行哪幾種 DML 的 INSERT、UPDATE 或 DELETE 指令，其說明如下所示：

- WHEN MATCHED：此子句是當目標和來源資料表符合 ON 子句的條件（也可以使用 AND 運算子來新增額外條件）時，就執行此子句的內容，通常是針對目標資料表執行 UPDATE 和 DELETE 指令。

- WHEN NOT MATCHED [BY TARGET]：此子句的 BY TARGET 可有可無，這是指記錄存在來源資料表；但是不存在目標資料表，通常在此子句是針對目標資料表執行 INSERT 指令。

- WHEN NOT MATCHED BY SOURCE：此子句是指記錄存在目標資料表；但是不存在來源資料表，通常在此子句是針對目標資料表執行 UPDATE 和 DELETE 指令。

現在，我們可以使用 MERGE 指令同時執行 UPDATE 和 INSERT 指令，請執行 Ch10_5.sql 在【教務系統】資料庫建立【客戶】和【新客戶】資料表，我們準備使用 MERGE 指令來合併這兩個資料表的內容，如下圖所示：

	客戶編號	姓名	電話
1	C001	陳會安	02-22222222
2	C002	陳允傑	03-33333333

	客戶編號	姓名	電話
1	C002	陳允傑	04-44444444
2	C003	陳小傑	05-22222222

上述兩個資料表擁有 1 筆相同客戶編號的記錄和多筆不同客戶編號的記錄資料。

SQL 指令碼檔：Ch10_5a.sql

請使用【客戶】資料表作為目標資料表；【新客戶】資料表為來源資料表，然後使用 MERGE 指令將【新客戶】合併至【客戶】資料表，如果【客戶】資料表不存在就插入新記錄，如果存在就更新記錄資料，如下所示：

```
MERGE 客戶 AS c
USING 新客戶 AS nc
ON c.客戶編號 = nc.客戶編號
WHEN MATCHED THEN
    UPDATE SET
        姓名 = nc.姓名,
        電話 = nc.電話
WHEN NOT MATCHED BY TARGET THEN
```

```
INSERT (客戶編號, 姓名, 電話)
VALUES(nc.客戶編號, nc.姓名, nc.電話)
;
```

上述 MERGE 指令 ON 子句的條件是相同客戶編號，如果【客戶】資料表存在來源的【新客戶】資料表，就更新記錄；如果不存在，就新增記錄，可以看到影響 2 筆記錄，如右圖所示：

請使用 Management Studio 開啟【客戶】資料表，可以看到目前有 3 筆客戶記錄資料，C002 是更新；C003 是新增的記錄，如下圖所示：

DESKTOP-JOE.教務系統 - dbo.客戶		
客戶編號	姓名	電話
C001	陳會安	02-22222222
C002	陳允傑	04-44444444
C003	陳小傑	05-22222222
NULL	NULL	NULL

接著再來看一個 MERGE 指令的範例，請執行 Ch10_5b.sql 在【教務系統】資料庫建立【客戶業績】資料表，並且在【客戶】和【客戶業績】資料表新增一些測試記錄，如下圖所示：

	客戶編號	姓名	電話
1	C001	陳會安	02-22222222
2	C002	陳允傑	04-44444444
3	C003	陳小傑	05-22222222
4	C010	路人甲	07-22222222
5	C011	江小魚	04-33333333

	客戶編號	業績目標
1	C001	230.00
2	C002	255.00
3	C003	200.00

上述【客戶】資料表有 5 筆記錄；【客戶業績】資料表有 3 筆記錄的業績目標。

SQL 指令碼檔：Ch10_5c.sql

請使用【客戶業績】資料表作為目標資料表；【客戶】資料表為來源資料表，如果【客戶業績】資料表不存在就插入新記錄，並且將業績目標定為 100；如果存在就更新記錄資料，提高業績目標 25；如果業績目標超過 250，就刪除這筆記錄，如下所示：

```
MERGE 客戶業績 AS cs
USING 客戶 AS c
ON cs.客戶編號 = c.客戶編號
WHEN MATCHED AND cs.業績目標 > 250 THEN DELETE
WHEN MATCHED THEN
   UPDATE SET
      業績目標 = 業績目標 + 25
WHEN NOT MATCHED BY TARGET THEN
   INSERT (客戶編號, 業績目標)
   VALUES(c.客戶編號, 100)
;
```

上述 MERGE 指令的執行結果可以看到影響 5 筆記錄。請使用 Management Studio 開啟【客戶業績】資料表，可以看到目前有 4 筆客戶記錄資料，如下圖所示：

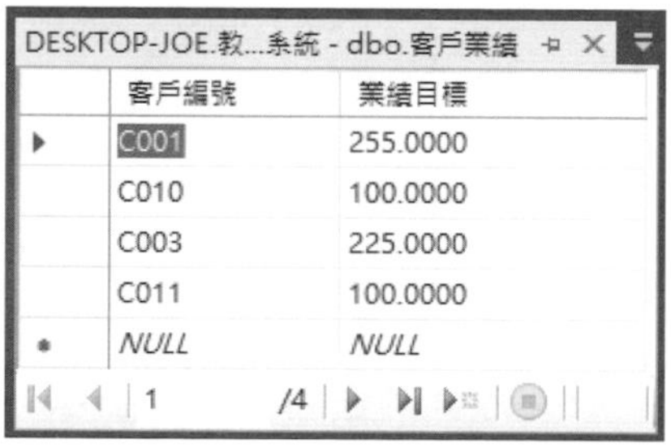

上述客戶編號 C002 不存在，因為業績目標超過 250，所以刪除此筆記錄，C001 和 C003 的業績目標增加 25，C010 和 C011 是新增的記錄，所以業績目標為 100。

10-6 DML 指令的 OUTPUT 子句

　　DML 指令的 OUTPUT 子句可以傳回 DML 指令影響記錄的進一步資訊，讓我們比較更新前後的值來找出可能的錯誤，這是使用 Inserted 和 Deleted 虛擬資料表來取得執行 DML 指令前後的記錄值。

　　當使用 DML 指令更新記錄時，新增或更新的記錄資料是新增至 Inserted 資料表，原始的記錄資料是新增至 Deleted 資料表。如果是刪除記錄，記錄也是新增至 Deleted 資料表。

SQL 指令碼檔：Ch10_6.sql

　　請在【客戶】資料表更新記錄，並且使用 OUTPUT 子句顯示更改前後的欄位值，如下所示：

```
UPDATE 客戶 SET
    電話 = '0938000123'
OUTPUT
    Inserted.客戶編號, Inserted.姓名,
    Inserted.電話 AS 更新後電話,
    Deleted.電話 AS 更新前電話
WHERE 客戶編號 = 'C001'
```

　　上述 UPDATE 指令使用 OUTPUT 子句傳回影響記錄的值，其位置是在 WHERE 子句之前，內容是使用逗號分隔的輸出欄位，Inserted 資料表是更新後；Deleted 資料表是更新前，如下圖所示：

	客戶編號	姓名	更新後電話	更新前電話
1	C001	陳會安	0938000123	02-22222222

　　更進一步，我們可以使用「可組成 DML」（Compostable DML），將擁有 OUTPUT 子句的 DML 指令，作為 INSERT 指令中 FORM 子句資料來源的子查詢。

請執行 Ch10_6a.sql 在【教務系統】資料庫建立【記錄業績目標】資料表，內含【原始目標】和【最新目標】欄位，我們準備使用可組成 DML 在更新【客戶業績】資料表的業績目標時，使用 OUTPUT 子句的輸出來新增資料表的記錄資料，可以記錄更新前後業績目標的改變。

SQL 指令碼檔：Ch10_6b.sql

當在【客戶業績】資料表更新業績目標 20%時，請使用可組成 DML 來新增記錄，以便記錄業績目標超過 200 時欄位值的前後變化，如下所示：

```
INSERT INTO 記錄業績目標 (客戶編號, 原始目標, 最新目標)
SELECT c.客戶編號, c.原始目標, c.最新目標
FROM
(
   UPDATE 客戶業績
   SET 業績目標 = 業績目標 + (業績目標 * 0.20)
   OUTPUT
     Inserted.客戶編號 AS 客戶編號,
     Deleted.業績目標 AS 原始目標,
     Inserted.業績目標 AS 最新目標
) c
WHERE c.最新目標 > 200
```

上述 INSERT INTO 指令的 FROM 子句是使用 UPDATE 指令的 OUTPUT 子句取得來源資料表，可以看到影響 2 筆記錄。請使用 Management Studio 開啟【記錄業績目標】資料表，可以看到客戶業績目標的前後變化，如下圖所示：

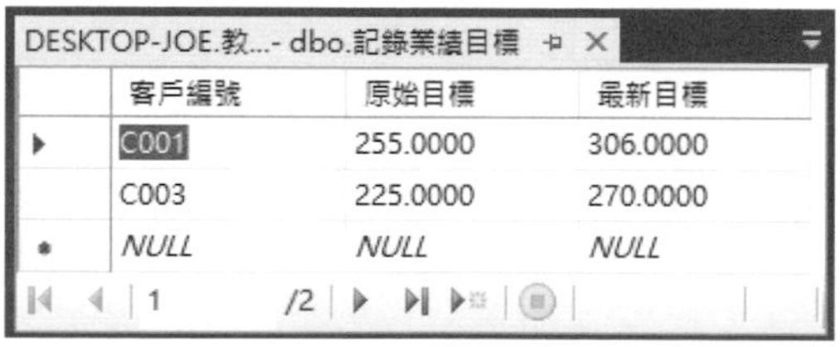

	客戶編號	原始目標	最新目標
▶	C001	255.0000	306.0000
	C003	225.0000	270.0000
*	NULL	NULL	NULL

檢視表的建立

11-1 檢視表的基礎

> **Memo**
>
> 本章 SQL 指令碼檔案執行的 SQL 查詢是使用【教務系統】資料庫,請重新啟動 SSMS
> 執行本書範例「Ch11\Ch11_School.sql」的 SQL 指令碼檔案,可以建立本章測試所
> 需的資料庫、資料表和記錄資料。

SQL Server「檢視表」(Views)就是關聯式資料庫理論的視界,這是一種定義在資料表或其他檢視表的虛擬資料表(Virtual Tables)。

11-1-1 SQL Server 檢視表

SQL Server 檢視表是一個虛擬資料表,因為本身並沒有儲存資料,只有定義資料,定義從哪些資料表或檢視表挑出哪些欄位或記錄。不過,我們一樣可以在檢視表新增、刪除和更新記錄,當然,這些操作都是作用在其定義的來源資料表。

基本上，檢視表顯示的資料是從基底資料表（Base Tables）取出，只是依照定義過濾掉不屬於檢視表的資料，如果檢視表的資料是從其他檢視表導出，也只是重複再過濾一次。所以檢視表如同是一個從不同資料表或檢視表抽出的資料積木，然後使用這些積木拼出所需的資料表，如下圖所示：

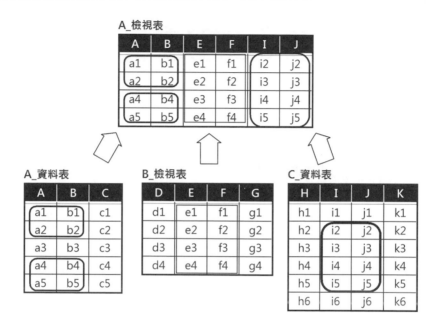

上述圖例的 A_檢視表是由 A_資料表、C_資料表和 B_檢視表的部分資料拼湊而成，因為 B_檢視表是另一個檢視表，所以是再從其他資料表或檢視表導出的虛擬資料表。

11-1-2 檢視表的種類

檢視表依其資料來源可以分成很多種，比較常用的檢視表有三種，如下所示：

- 列欄子集檢視表（Row-and-Column Subset Views）：資料來源是單一資料表或其他檢視表，只挑選資料表或其他檢視表中所需的欄位和記錄。換句話說，建立的檢視表是資料表或其他檢視表的子集。

- 合併檢視表（Join Views）：使用合併查詢從多個資料表或其他檢視表建立的檢視表，合併檢視表的欄位和記錄是來自多個資料表或其他檢視表。

- 統計摘要檢視表（Statistical Summary Views）：一種特殊的列欄子集檢視表或合併檢視表，可以使用聚合函數（Aggregate Function）產生指定欄位所需的統計資料。

11-1-3　檢視表的優缺點

檢視表如同是一個資料庫的窗口，可以讓使用者以不同角度、不同窗戶大小的範圍來檢視資料表的資料，其優缺點如下所示：

檢視表的優點

檢視表的優點簡單的說，就是在隱藏和過濾資料，並且簡化資料查詢，如下所示：

- 達成邏輯資料獨立：檢視表的定義相當於是外部與概念對映（External/Conceptual Mapping），當更改資料表的定義資料，我們也只需同時更改檢視表的外部與概念對映的定義資料，就可以讓使用者檢視相同觀點的資料，而不會影響外部綱要。

- 增加資料安全性：檢視表可以隱藏和過濾資料，只讓使用者看到它允許看到的資料，增加資料的安全性。例如：在【員工】資料表擁有【薪水】欄位，使用檢視表可以隱藏員工的薪水資料，只讓使用者看到其他部分的員工資料。

- 簡化資料查詢：將常用和複雜的查詢定義成檢視表，即可簡化資料查詢，因為我們不再需要每次重複執行複雜的 SQL 查詢指令，直接開啟現成的檢視表即可。

- 簡化使用者觀點：檢視表可以增加資料的可讀性，讓資料庫使用者專注於所需的資料，例如：替欄位更名成使用者觀點的欄位名稱。

檢視表的缺點

檢視表的缺點在於需要多一道建立過程，而且，因為沒有真正儲存資料，所以擁有更多的操作限制，如下所示：

- 執行效率差：檢視表沒有真正儲存資料，只是一個虛擬資料表，資料是在使用時才從資料表導出，因為經過一道轉換手續，其執行效率比不過直接存取資料表。

- 更多的操作限制：檢視表雖然也是一種資料表，不過在新增、更新和刪除資料時，為了避免違反資料庫的完整性限制條件，在操作上有更多的限制。

- 增加管理的複雜度：檢視表可以一層一層的從其他檢視表導出，例如：B_檢視表和 C_檢視表是從 D_檢視表導出，A_檢視表是從 B_檢視表導出，複雜的檢視表關聯會增加管理眾多資料表和檢視表的複雜度，因為不小心刪錯檢視表，可能會造成嚴重後果。例如：如果錯刪 D_檢視表，則 A_檢視表、B_檢視表和 C_檢視表也會同時失去作用，如下圖所示：

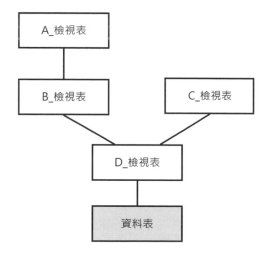

11-2 建立檢視表

在 SQL Server 可以使用 Management Studio 或 T-SQL 指令來建立檢視表。

11-2-1 使用 Management Studio 建立檢視表

Management Studio 提供檢視表設計窗格的圖形化介面，可以幫助我們建立檢視表。例如：建立名為【員工聯絡資料】的檢視表，其步驟如下所示：

❶ 請啟動 Management Studio 建立連線，在「物件總管」視窗展開【教務系統】資料庫，在【檢視】上執行【右】鍵快顯功能表的【新增檢視】命令。

❷ 在「加入資料表」對話方塊的【資料表】標籤選【員工】資料表。

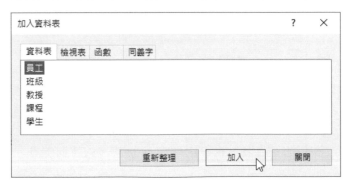

❸ 按【加入】鈕新增資料表後，按【關閉】鈕，可以看到第 9 章的查詢設計
工具。

❹ 在查詢設計工具建立檢視表定義的 SELECT 查詢，以此例只選身份證字號、
姓名、城市、街道和電話欄位，並且使用姓名的遞增排序。

❺ 按上方工具列【儲存】鈕儲存檢視表，可以看到「選擇名稱」對話方塊，請
輸入檢視表名稱後，按【確定】鈕。

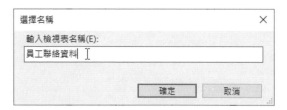

❻ 可以看到一個警告訊息，訊息警告建立的 SQL 指令敘述使用 ORDER BY
子句並不保證其排序結果，並不用理會此訊息，按【確定】鈕完成檢視表的
建立。

在 Management Studio 的「物件總管」視窗展開【教務系統】的【檢視】，可以看到新增的檢視表，如右圖所示：

在檢視表上，執行【右】鍵快顯功能表的【編輯前 200 個資料列】命令，就可以顯示檢視表的內容。

11-2-2　使用 T-SQL 指令建立檢視表

T-SQL 語言是使用 CREATE VIEW 指令來建立檢視表，其基本語法如下所示：

```
CREATE VIEW 檢視表名稱 [(欄位別名清單)]
[WITH ENCRYPTION ][ WITH SCHEMABINDING ]
AS
SELECT 指令敘述
```

上述語法建立名為【檢視表名稱】的檢視表，在檢視表預設的欄位名稱都是對應 AS 關鍵字後 SELECT 指令敘述查詢的欄位名稱，如果需要，我們可以在欄位別名清單替欄位重新命名，如果不只一個，請使用「,」逗號分隔。

WITH ENCRYPTION 子句是用來加密檢視表，這是加密檢視表的定義，並不是檢視表的內容。結構描述繫結的 **WITH SCHEMABINDING** 子句可以限制此檢

視表資料來源的資料表或檢視表，都不允許使用 ALTER 指令更改，或 DROP 指令刪除。

請注意！在 AS 關鍵字後的 SELECT 指令敘述不可以使用 ORDER BY、COMPUTE BY 和 INTO 等子句。

建立列欄子集檢視表

列欄子集檢視表是指檢視表的內容是資料表記錄或欄位的子集合，可以從資料表的欄位和記錄集合中，取出所需子集合的檢視表。列欄子集檢視表依選擇的範圍分為三種，如下所示：

- 欄子集檢視表（Column Subset Views）：指檢視表的欄位是資料表欄位集合的子集合。

- 列子集檢視表（Row Subset Views）：指檢視表的記錄是資料表記錄集合的子集合。

- 列欄子集檢視表（Row-and-Column Subset Views）：指檢視表的欄位和記錄都是資料表欄位和記錄集合的子集合。

SQL 指令碼檔：Ch11_2_2.sql

請在【學生】資料表建立學生電話聯絡資料的【學生聯絡_檢視】檢視表，檢視表有指定欄位別名，如下所示：

```
CREATE VIEW 學生聯絡_檢視 (學號, 學生姓名, 學生電話)
AS
SELECT 學號, 姓名, 電話 FROM 學生
GO
SELECT * FROM 學生聯絡_檢視
```

上述 CREATE VIEW 指令建立名為【學生聯絡_檢視】的檢視表且指定欄位別名，在檢視表只有學號、姓名和電話三個欄位，屬於【學生】資料表欄位的子集，稱為欄子集檢視表。

因為檢視表是一個虛擬資料表，我們一樣可以使用 SELECT 指令敘述來查詢檢視表，顯示【學生】資料表的所有記錄，但是只有 3 個欄位，如右圖所示：

	學號	學生姓名	學生電話
1	S001	陳會安	02-22222222
2	S002	江小魚	03-33333333
3	S003	張無忌	04-44444444
4	S004	陳小安	05-55555555
5	S005	孫燕之	06-66666666
6	S006	周杰輪	02-33333333
7	S007	蔡一零	03-66666666
8	S008	劉得華	02-11111122

SQL 指令碼檔：Ch11_2_2a.sql

請在【員工】資料表建立薪水超過 50000 員工資料的【高薪員工_檢視】加密檢視表，如下所示：

```
CREATE VIEW 高薪員工_檢視
WITH ENCRYPTION
AS
SELECT * FROM 員工
WHERE 薪水 > 50000
GO
SELECT * FROM 高薪員工_檢視
```

上述 CREATE VIEW 指令建立名為【高薪員工_檢視】的加密檢視表，檢視表擁有【員工】資料表的所有欄位，但只是部分記錄的子集，稱為列子集檢視表。接著請使用 SELECT 指令顯示【高薪員工_檢視】檢視表的所有欄位與記錄，可以看到只有 3 筆記錄，如下圖所示：

	身份證字號	姓名	城市	街道	電話	薪水	保險	扣稅
1	A123456789	陳慶新	台北	信義路	02-11111111	80000.00	5000.00	2000.00
2	A222222222	楊金欉	桃園	中正路	03-11111111	80000.00	4500.00	2000.00
3	H098765432	李鴻章	基隆	信四路	02-33111111	60000.00	4000.00	1500.00

SQL 指令碼檔:Ch11_2_2b.sql

請在【員工】資料表建立薪水超過 50000 員工資料,而且只有身份證字號、姓名和電話三個欄位的【高薪員工聯絡_檢視】檢視表,並且使用結構描述繫結選項,如下所示:

```
CREATE VIEW 高薪員工聯絡_檢視
WITH SCHEMABINDING
AS
SELECT 身份證字號, 姓名, 電話 FROM dbo.員工
WHERE 薪水 > 50000
GO
SELECT * FROM 高薪員工聯絡_檢視
```

上述 CREATE VIEW 指令因為使用 WITH SCHEMABINDING 子句,所以【員工】資料表需要加上結構描述 dbo。建立的【高薪員工聯絡_檢視】檢視表只有【員工】資料表的部分欄位,和部分記錄的子集,稱為列欄子集檢視表。

接著請使用 SELECT 指令顯示【高薪員工聯絡_檢視】檢視表的所有欄位與記錄,可以顯示【員工】資料表的 3 個欄位和 3 筆記錄,如下圖所示:

	身份證字號	姓名	電話
1	A123456789	陳慶新	02-11111111
2	A222222222	楊金欄	03-11111111
3	H098765432	李鴻章	02-33111111

因為建立【高薪員工聯絡_檢視】檢視表有使用結構描述繫結選項,所以我們不能修改【員工】資料表的欄位定義,或刪除【員工】資料表。

建立合併檢視表

合併檢視表(Join Views)是多個資料表執行合併查詢建立的檢視表。

SQL 指令碼檔：Ch11_2_2c.sql

　　請在【學生】、【課程】、【教授】和【班級】四個資料表建立合併檢視表的【學生_班級_檢視】檢視表，可以顯示學生上課資料，如下所示：

```
CREATE VIEW 學生_班級_檢視 AS
SELECT 學生.學號, 學生.姓名, 課程.*, 教授.*
FROM 教授 INNER JOIN
(課程 INNER JOIN
(學生 INNER JOIN 班級 ON 學生.學號 = 班級.學號)
ON 班級.課程編號 = 課程.課程編號)
ON 班級.教授編號 = 教授.教授編號
GO
SELECT * FROM 學生_班級_檢視
```

　　上述 CREATE VIEW 指令建立名為【學生_班級_檢視】的檢視表，在檢視表的 SELECT 指令敘述是使用合併查詢取得檢視表內容，稱為合併檢視表。接著請使用 SELECT 指令顯示【學生_班級_檢視】檢視表的所有欄位與記錄，如下圖所示：

	學號	姓名	課程編號	名稱	學分	教授編號	職稱	科系	身份證字號
1	S001	陳會安	CS101	計算機概論	4	I001	教授	CS	A123456789
2	S005	孫燕之	CS101	計算機概論	4	I001	教授	CS	A123456789
3	S006	周杰輪	CS101	計算機概論	4	I001	教授	CS	A123456789
4	S003	張無忌	CS213	物件導向...	2	I001	教授	CS	A123456789
5	S005	孫燕之	CS213	物件導向...	2	I001	教授	CS	A123456789
6	S001	陳會安	CS349	物件導向...	3	I001	教授	CS	A123456789
7	S003	張無忌	CS349	物件導向...	3	I001	教授	CS	A123456789
8	S003	張無忌	CS121	離散數學	4	I002	教授	CS	A222222222
9	S008	劉得華	CS121	離散數學	4	I002	教授	CS	A222222222

DESKTOP-JOE (16.0 RTM)　DESKTOP-JOE\hueya (125)　教務系統　00:00:00　21 資料列

建立統計摘要檢視表

　　統計摘要檢視表（Statistical Summary Views）是一種特殊的列欄子集檢視表或合併檢視表，使用聚合函數（Aggregate Function）產生指定欄位所需的統計資料。

🖥 SQL 指令碼檔：Ch11_2_2d.sql

請建立【學生】、【課程】和【班級】三個資料表的統計摘要檢視表【學分_檢視】，這是一個合併檢視表，使用 COUNT()和 SUM()聚合函數顯示每位學生的上課數和所修的總學分，如下所示：

```
CREATE VIEW 學分_檢視 AS
SELECT 學生.學號, COUNT(*) AS 修課數,
       SUM(課程.學分) AS 學分數
FROM 學生, 課程, 班級
WHERE 學生.學號 = 班級.學號
   AND 課程.課程編號 = 班級.課程編號
GROUP BY 學生.學號
GO
SELECT * FROM 學分_檢視
```

上述 CREATE VIEW 指令建立名為【學分_檢視】的檢視表，在檢視表的 SELECT 指令敘述使用合併查詢取得檢視表的內容，並且配合聚合函數（Aggregate Function）計算統計資料，稱為統計摘要檢視表。

接著請使用 SELECT 指令顯示【學分_檢視】檢視表的所有欄位與記錄，如右圖所示：

右述圖例顯示每位學生所修的課程數和總學分，不過，只顯示學號欄位，如果需要學生的進一步資訊，請使用此檢視表為基礎，再建立一個合併檢視表，詳細說明請參閱＜第 11-2-3 節：從其他檢視表建立檢視表＞。

	學號	修課數	學分數
1	S001	5	15
2	S002	3	10
3	S003	4	13
4	S004	1	3
5	S005	3	10
6	S006	3	9
7	S008	2	7

【學分_檢視】檢視表可以統計出學生所修的學分總數和課程總數，如果需要找出修指定學分數的學生，在建立檢視表時，我們還可以使用 HAVING 子句來進一步篩選資料。

SQL 指令碼檔：Ch11_2_2e.sql

　　請修改統計摘要【學分_檢視】檢視表，建立只顯示學生所修總學分大於等於 7 個學分的學生上課總數，和學分數的合併檢視表【高學分_檢視】，如下所示：

```
CREATE VIEW 高學分_檢視 AS
SELECT 學生.學號, COUNT(*) AS 修課數,
       SUM(課程.學分) AS 學分數
FROM 學生, 課程, 班級
WHERE 學生.學號 = 班級.學號
  AND 課程.課程編號 = 班級.課程編號
GROUP BY 學生.學號
HAVING SUM(課程.學分) >= 7
GO
SELECT * FROM 高學分_檢視
```

　　上述 CREATE VIEW 指令建立名為【高學分_檢視】的檢視表，在最後使用 HAVING 子句再次進行篩選。接著請使用 SELECT 指令顯示【高學分_檢視】檢視表的所有欄位與記錄，如右圖所示：

	學號	修課數	學分數
1	S001	5	15
2	S002	3	10
3	S003	4	13
4	S005	3	10
5	S006	3	9
6	S008	2	7

　　上述圖例只顯示學生修課總學分大於等於7的學號和修課數。

11-2-3　從其他檢視表建立檢視表

　　檢視表不只可以從資料表導出，如果有已經存在的檢視表，我們也可以從現有檢視表來建立新檢視表。

SQL 指令碼檔：Ch11_2_3.sql

　　在上一節的【學分_檢視】檢視表只有顯示學號，請再次使用此檢視表和【學生】資料表，建立合併檢視表【學生_學分_檢視】來顯示學生姓名和電話欄位的詳細資料，如下所示：

```
CREATE VIEW 學生_學分_檢視 AS
SELECT 學分_檢視.*, 學生.姓名, 學生.電話
FROM 學生, 學分_檢視
WHERE 學生.學號 = 學分_檢視.學號
GO
SELECT * FROM 學生_學分_檢視
```

　　上述 CREATE VIEW 指令建立名為【學生_學分_檢視】的檢視表，在 SELECT 指令敘述使用合併查詢取得檢視表的內容，合併的是【學生】資料表和【學分_檢視】檢視表，各檢視表與資料表之間的關係，如下圖所示：

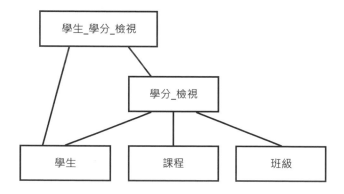

　　接著請使用 SELECT 指令顯示【學生_學分_檢視】檢視表的所有欄位與記錄，如下圖所示：

	學號	修課數	學分數	姓名	電話
1	S001	5	15	陳會安	02-22222222
2	S002	3	10	江小魚	03-33333333
3	S003	4	13	張無忌	04-44444444
4	S004	1	3	陳小安	05-55555555
5	S005	3	10	孫燕之	06-66666666
6	S006	3	9	周杰輪	02-33333333
7	S008	2	7	劉得華	02-11111122

11-3 | 修改與刪除檢視表

在 SQL Server 建立檢視表後，如果不符合需求，我們可以使用 Management Studio 或 T-SQL 指令來修改與刪除檢視表。

11-3-1 修改檢視表

在 SQL Server 可以使用 Management Studio 或 T-SQL 指令來修改檢視表。

使用 Management Studio 修改檢視表的設計

對於資料庫已經存在的檢視表，我們可以使用 Management Studio 修改檢視表的設計。請在 Management Studio 的「物件總管」視窗展開【教務系統】資料庫下的【檢視】項目，如下圖所示：

上述項目下是資料庫建立的檢視表清單,我們可以在指定檢視表上,執行【右】鍵快顯功能表的【編輯前 200 個資料列】命令來開啟和顯示檢視表的內容。如果是執行【設計】命令,可以開啟圖形介面的查詢設計工具,如下圖所示:

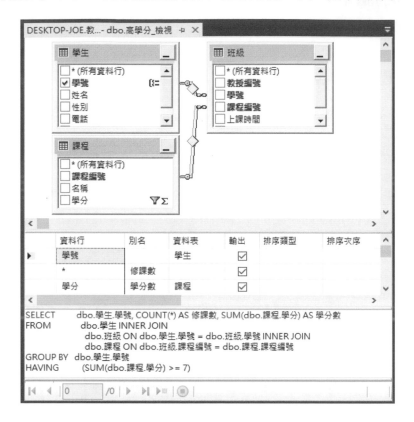

如果在上述查詢設計工具修改 SELECT 指令敘述,就可以修改檢視表設計,關於查詢設計工具的使用,請參閱<第 9-6 節:使用 Management Studio 設計 SQL 查詢>。

使用 Management Studio 更改檢視表名稱

在 Management Studio 更改檢視表名稱,請按二下檢視表名稱,或執行【右】鍵快顯功能表的【重新命名】命令,可以看到反白顯示的名稱和游標,請直接輸入檢視表的新名稱即可。

使用 T-SQL 指令修改檢視表

T-SQL 語言是使用 ALTER VIEW 指令來修改檢視表，其基本語法如下所示：

```
ALTER VIEW 檢視表名稱 [(欄位別名清單)]
[WITH ENCRYPTION ][ WITH SCHEMABINDING ]
AS
SELECT 指令敘述
```

上述語法使用 ALTER VIEW 指令修改已經存在的檢視表，其語法和 CREATE VIEW 指令完全相同，簡單的說，修改檢視表就是重新定義檢視表設計。

請注意！ALTER VIEW 指令並無法更改檢視表名稱，我們需要使用 sp_rename 系統預存程序來更改檢視表的名稱，詳細說明請參閱＜第 7-4-1 節：修改資料表名稱＞。

🖥️ (SQL 指令碼檔：Ch11_3_1.sql)

請修改【學生聯絡_檢視】檢視表，取消別名和新增性別欄位，如下所示：

```
ALTER VIEW 學生聯絡_檢視 AS
SELECT 學號, 姓名, 性別, 電話 FROM 學生
GO
SELECT * FROM 學生聯絡_檢視
```

上述 ALTER VIEW 指令修改【學生聯絡_檢視】檢視表後，使用 SELECT 指令敘述查詢檢視表，可以顯示【學生】資料表的所有記錄，但只顯示 4 個欄位，如右圖所示：

	學號	姓名	性別	電話
1	S001	陳會安	男	02-22222222
2	S002	江小魚	女	03-33333333
3	S003	張無忌	男	04-44444444
4	S004	陳小安	男	05-55555555
5	S005	孫燕之	女	06-66666666
6	S006	周杰輪	男	02-33333333
7	S007	蔡一零	女	03-66666666
8	S008	劉得華	男	02-11111122

11-3-2　刪除檢視表

對於資料表中不再需要的檢視表，我們可以在 Management Studio「物件總管」視窗的檢視表上，執行【右】鍵快顯功能表的【刪除】命令刪除檢視表。

T-SQL 語言是使用 DROP VIEW 指令來刪除檢視表，其基本語法如下所示：

```
DROP VIEW 檢視表名稱
```

上述語法可以刪除名為【檢視表名稱】的檢視表，如果不只一個，請使用「,」逗號分隔。

SQL 指令碼檔：Ch11_3_2.sql

請刪除 Ch11_2_2.sql 建立的【學生聯絡_檢視】檢視表，如下所示：

```
DROP VIEW 學生聯絡_檢視
```

上述 DROP VIEW 指令可以刪除名為【學生聯絡_檢視】的檢視表。

11-4 編輯檢視表的內容

檢視表雖然是一種虛擬資料表，但是如同資料表一般，我們一樣可以在檢視表執行新增、更新和刪除操作，不過，在編輯檢視表內容時需要滿足一些限制條件，如下所示：

- INSERT、UPDATE 和 DELETE 指令敘述對於檢視表的任何修改都只能參考單一基底資料表的記錄，不能同時影響多個資料表。

- 在 CREATE VIEW 指令的 SELECT 指令敘述不可包含聚合函數和任何計算欄位，如果有，檢視表就只能查詢，所以，統計摘要檢視表因為擁有聚合函數，所以只能查詢，並不能新增、更新和刪除記錄。

- SELECT 指令敘述如果包含 DISTINCT、GROUP BY 和 HAVING 子句，這些子句不能影響所修改的記錄資料。

- 因為檢視表的記錄資料是從基底資料表所導出，所以新增、更新和刪除操作仍然需要遵守來源資料表的完整性限制條件。

WITH CHECK OPTION 子句

CREATE VIEW 指令的 WITH CHECK OPTION 子句是一個選項，表示建立的檢視表在新增、更新和刪除記錄時，需要檢查 SELECT 指令敘述的完整性限制條件，即符合 WHERE 子句的條件，如果不符合，就會顯示錯誤訊息，其基本語法如下所示：

```
CREATE VIEW 檢視表名稱 AS
SELECT 指令敘述
WITH CHECK OPTION
```

上述語法在 CREATE VIEW 指令最後加上 WITH CHECK OPTION 子句的選項。請注意！WITH CHECK OPTION 子句是針對 SELECT 指令敘述的 WHERE 條件，在 SELECT 指令敘述需要有 WHERE 子句，如此 WITH CHECK OPTION 子句才會有作用。

SQL 指令碼檔：Ch11_4.sql

請建立學生生日資料的【生日_檢視_有 WCO】檢視表，在檢視表有加上 WITH CHECK OPTION 子句，如下所示：

```
CREATE VIEW 生日_檢視_有WCO AS
SELECT 學號, 姓名, 生日 FROM 學生
WHERE 生日 > '2003-03-01'
WITH CHECK OPTION
```

💻 SQL 指令碼檔：Ch11_4a.sql

請建立學生生日資料的【生日_檢視_沒有 WCO】檢視表，在檢視表沒有加上 WITH CHECK OPTION 子句，如下所示：

```
CREATE VIEW 生日_檢視_沒有WCO AS
SELECT 學號, 姓名, 生日 FROM 學生
WHERE 生日 > '2003-03-01'
```

在這一節筆者準備使用上述兩個檢視表為例，說明如何在檢視表新增、更新和刪除記錄。

11-4-1 在檢視表新增記錄

因為【生日_檢視_有 WCO】檢視表有加上 WITH CHECK OPTION 子句，所以新增的記錄必須符合 WHERE 子句的條件，即生日必須大於 '2003-03-01'。簡單的說，新增的記錄必須是【生日_檢視_有 WCO】檢視表可以查詢出的記錄資料。

💻 SQL 指令碼檔：Ch11_4_1.sql

請在【生日_檢視_有 WCO】檢視表新增一筆學生記錄，如下所示：

```
INSERT INTO 生日_檢視_有WCO
VALUES ('S016', '江峰', '2003-01-01' )
GO
SELECT * FROM 學生
```

上述 INSERT INTO 指令可以在【學生】資料表新增一筆記錄，不過因為生日不符合條件，所以顯示紅色的錯誤訊息文字，如下圖所示：

```
⊞ 結果  📄 訊息
   訊息 550，層級 16，狀態 1，行 3
   嘗試插入或更新已經失敗，因為目標檢視指定了 WITH CHECK OPTION 或跨越指定了 WITH CHECK OPTION 的檢視，
   陳述式已經結束。

   (8 個資料列受到影響)

   完成時間: 2023-01-21T14:28:16.4593071+08:00

100 %  ▾ ◀
```

SQL 指令碼檔：Ch11_4_1a.sql

請在【生日_檢視_沒有 CWO】檢視表新增一筆學生記錄，如下所示：

```
INSERT INTO 生日_檢視_沒有 WCO
VALUES ('S016', '江峰', '2003-01-01' )
GO
SELECT * FROM 學生
```

當執行上述 INSERT INTO 指令後，因為檢視表沒有加上 WITH CHECK
OPTION 子句，所以可以成功新增一筆記錄，如下圖所示：

	學號	姓名	性別	電話	生日
1	S001	陳會安	男	02-22222222	2003-09-03
2	S002	江小魚	女	03-33333333	2004-02-02
3	S003	張無忌	男	04-44444444	2002-05-03
4	S004	陳小安	男	05-55555555	2002-06-13
5	S005	孫燕之	女	06-66666666	NULL
6	S006	周杰輪	男	02-33333333	2003-12-23
7	S007	蔡一零	女	03-66666666	2003-11-23
8	S008	劉得華	男	02-11111122	2003-02-23
9	S016	江峰	NULL	NULL	2003-01-01

11-4-2　在檢視表更新記錄

因為在【生日_檢視_有 WCO】檢視表有加上 WITH CHECK OPTION 子句，
所以更新記錄必須符合 WHERE 子句的條件，即生日必須大於 '2003-03-01'。簡單
的說，更新後的記錄必須是【生日_檢視_有 WCO】檢視表可以查詢出的記錄資料。

SQL 指令碼檔：Ch11_4_2.sql

首先請在【生日_檢視_有 WCO】檢視表使用 INSERT 指令新增一筆符合生日
條件的學生，其學號是 S017，然後再使用 UPDATE 指令將學號 S017 學生的生日
改為 '2003-01-01'，如下所示：

```
INSERT INTO 生日_檢視_有 WCO
VALUES ('S017', '李峰', '2003-04-01' )
```

```
GO
UPDATE  生日_檢視_有 WCO
SET  生日 = '2003-01-01' WHERE  學號='S017'
GO
SELECT  *  FROM  學生
```

上述 UPDATE 指令可以更新【學生】資料表的一筆記錄，不過因為更新的生日並不符合條件，所以顯示紅色的錯誤訊息文字，如下圖所示：

SQL 指令碼檔：Ch11_4_2a.sql

因為學生江峰的生日'2003-01-01'並不符合【生日_檢視_沒有 WCO】檢視表的 WHERE 條件，所以第 1 個 UPDATE 指令先更改學生江峰的生日成為'2003-10-01' 來符合條件，如此在【生日_檢視_沒有 WCO】檢視表才有此位學生江峰，我們才能在第 2 個 UPDATE 指令更改學生江峰的生日成為'2002-10-01'，如下所示：

```
UPDATE  學生
SET  生日 = '2003-10-01' WHERE  姓名 = '江峰'
GO
UPDATE  生日_檢視_沒有 WCO
SET  生日 = '2002-10-01' WHERE  姓名 = '江峰'
GO
SELECT  *  FROM  學生  WHERE  姓名 = '江峰'
```

因為上述【生日_檢視_沒有 WCO】檢視表並沒有加上 WITH CHECK OPTION 子句，所以可以成功更新學生'江峰'的生日資料（更新的生日資料並不符合條件），如下圖所示：

	學號	姓名	性別	電話	生日
1	S016	江峰	NULL	NULL	2002-10-01

11-4-3 在檢視表刪除記錄

當在檢視表刪除記錄時，不論是否有加上 WITH CHECK OPTION 子句，都只能刪除符合 WHERE 條件的記錄資料，因為我們只能刪除檢視表中看得到的記錄資料。

SQL 指令碼檔：Ch11_4_3.sql

請在【生日_檢視_有 WCO】檢視表依序刪除學號 S016 的學生資料（生日'2002-10-01'並不符合條件），和刪除學號 S017 的學生資料（生日'2003-04-01'符合條件），如下所示：

```
DELETE FROM 生日_檢視_有WCO
WHERE 學號='S016'
GO
DELETE FROM 生日_檢視_有WCO
WHERE 學號='S017'
GO
```

上述 2 個 DELETE 指令可以在【學生】資料表刪除 2 筆記錄，不過執行結果並沒有刪除第 1 個學號 S016（因為不符合條件，並不在檢視表之中），只有刪除學號 S017 符合條件的資料，如下圖所示：

SQL 指令碼檔：Ch11_4_3a.sql

請先執行 Ch11_4_2.sql 新增學號 S017 的學生後，再執行此指令碼檔在【生日_檢視_沒有 WCO】檢視表依序刪除學號 S016 的學生資料（生日'2002-10-01'並不符合條件），和刪除學號 S017 的學生資料（生日'2003-04-01'符合條件），如下所示：

```
DELETE FROM 生日_檢視_沒有WCO
WHERE 學號='S016'
GO
DELETE FROM 生日_檢視_沒有WCO
WHERE 學號='S017'
GO
```

　　上述 2 個 DELETE 指令的執行結果一樣沒有刪除第 1 個學號 S016（並不在檢視表之中），只刪除學號 S017 符合條件的資料。

Chapter

12 規劃與建立索引

12-1 索引的基礎

Memo

本章測試的 SQL 指令是使用【教務系統】資料庫，請重新啟動 SSMS 執行本書範例「Ch12\Ch12_School.sql」的 SQL 指令碼檔案，可以建立本章測試所需的資料庫、資料表和記錄資料。

索引（Index）可以幫助資料庫引擎在磁碟中定位記錄資料，以便在資料表的龐大資料中加速找到資料。所以，建立資料表的索引可以提昇 SQL 查詢效率，讓我們更快取得查詢結果。

12-1-1 索引簡介

在資料表建立索引需要額外的參考資料，資料庫管理系統可以將資料表的部分欄位資料預先進行排序，此欄位稱為「索引欄位」（Index Columns），索引欄位值稱為鍵值（Key Value）。

一般來說，索引資料包含兩個欄位值：一為索引欄位；一為指標（Pointer）欄位，其值是指向對應到資料表記錄位置的值，如下圖所示：

上述成績索引資料是以【成績】欄位排序，索引資料擁有指標可以指向真正儲存的位置，當進行搜尋時，因為已經建立索引資料，所以搜尋範圍縮小到只有索引資料的【成績】欄位，而不是整個資料表，因為搜尋範圍縮小，可以加速搜尋。例如：找到成績是 62，就可以透過指標馬上找到所需的資料。

簡單的說，資料表的索引就是預先將資料系統化整理，以便縮小搜尋範圍來在大量資料中快速找到資料。例如：圖書附錄的索引資料，可以讓我們依照索引的主題和頁碼，馬上找到指定主題所在的頁。同理，在資料表選擇一些欄位建立索引資料，例如：【學生】資料表的【學號】欄位，透過學號的索引資料，就可以加速學生記錄的搜尋。

12-1-2　索引的種類

一般來說，在資料表建立的索引可以分為三種：主索引、唯一索引和一般索引。

主索引（Primary Index）

主索引是將資料表的主索引鍵建立成索引，一個資料表只能擁有一個主索引。在資料表建立主索引的索引欄位，欄位值一定不能重覆，即欄位值是唯一，而且不允許是空值（NULL）。

在主索引的索引欄位可以是一個或多個欄位的組合，如果是由多個資料表欄位所組成，稱為複合索引（Composite Index）或結合索引（Concatenated Index），在主索引的複合索引中，個別欄位允許重複值，但是整個組合值仍然需要是唯一值。

　　例如：由【序號】和【姓名】欄位組成的主索引，單獨的姓名欄位允許重複值，但是【序號＋姓名】就一定是唯一值。

唯一索引（Unique Index）

　　唯一索引的欄位值也是唯一的，不同於主索引只能有一個，同一個資料表可以擁有多個唯一索引，這也是與主索引最主要的差別。

一般索引（Regular Index）

　　一般索引的索引欄位值並不需要是唯一的，其主要目的是加速資料表的搜尋與排序。在同一個資料表可以擁有多個一般索引，我們可以在資料表選擇一些欄位來建立一般索引，其目的就是增進查詢效能。

12-1-3　M 路搜尋樹與 B 樹

　　在說明 SQL Server 索引結構前，我們需要先了解 B 樹結構。B 樹（B-Trees）是資料結構的一種樹狀搜尋結構，它是擴充自二元搜尋樹的一種平衡的 M 路搜尋樹。

M 路搜尋樹

　　M 路搜尋樹（M-way Search Trees）是指樹的每一個節點都擁有至多 M 個子樹和 M-1 個鍵值，鍵值是以遞增方式由小至大排序，其節點結構如下圖所示：

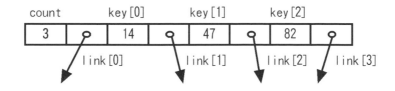

　　上述圖例是四路搜尋樹的節點結構，擁有 3 個鍵值和最多 4 個子節點，可以使用 4 個指標來指向子節點。節點的第 1 個欄位是鍵值數的成員 count，以 M 路搜尋樹來說，鍵值數為：count <= M - 1，即鍵值數最多是 M 個子節點減一，以此例是

4 個子節點和 3 個鍵值 key[0]、key[1] 和 key[2]，其排列方式是遞增排序：key[0] <
key[1] < key[2]。

例如：四路搜尋樹的每一個節點最多有 3 個鍵值和 4 個子樹，如下圖所示：

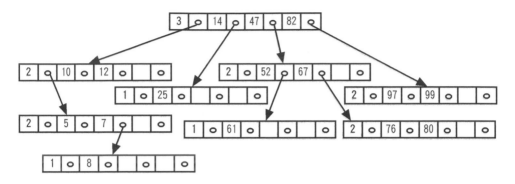

在四路搜尋樹搜尋資料，就是從根節點開始比較，其步驟如下所示：

- 與節點的鍵值比較，如果在 2 個鍵值之間，就表示位在 2 個鍵值中間的指
  標所指向的子樹，例如：搜尋 76，就是位在根節點 47 和 82 之間指標所指
  的子樹。

- 只需重複上述比較，就可以在 M 路搜尋樹搜尋指定鍵值。

B 樹

B 樹（B-Tree）屬於一種樹狀搜尋結構，這是擴充自二元搜尋樹的一種平衡的
M 路搜尋樹。M 為 B 樹的度數（Order），由 Bayer 和 McCreight 提出的一種平衡
的 M 路搜尋樹，其定義如下所示：

- B 樹的每一個節點最多擁有 M 個子樹。

- B 樹根節點和葉節點之外的中間節點，至少擁有 ceil(M/2) 個子節點，ceil()
  函數可以大於等於參數的最小整數，例如：ceil(4) = 4、ceil(4.33) = 5、
  ceil(1.89) = 2 和 ceil(5.01) = 6。

- B 樹的根節點可以少於 2 個子節點；葉節點至少擁有 ceil(M/2) - 1 個鍵值。

- B 樹的所有葉節點都位在樹最底層的同一階層（Level），從根節點開始走訪到各葉節點所經過的節點數都相同，這是一棵相當平衡的樹狀搜尋結構。

例如：一棵度數 5 的 B 樹，所有中間節點至少擁有 ceil(5/2) = 3 個子節點（即至少 2 個鍵值），最多 5 個子節點（4 個鍵值），葉節點至少擁有 2 個鍵值；最多 4 個鍵值，如下圖所示：

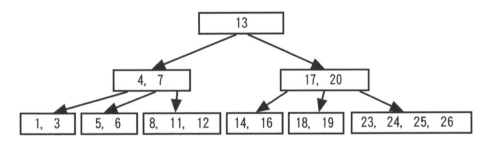

上述圖例的 B 樹搜尋類似 M 路搜尋樹，因為 B 樹的葉節點都位在同一階層，所以最多只需階層數的比較，就可以知道是否找到鍵值。

以資料庫的索引結構來說，大多是使用 B 樹的變異型，這是一些在細部結構上有少許差異的 B 樹。

12-1-4　SQL Server 的索引結構

SQL Server 索引結構（Index Organization）是組成索引分頁的方法，可以分為叢集索引和非叢集索引兩種。基本上，SQL Server 資料表只能擁有一個叢集索引，通常就是主索引，主索引的索引欄位可以是單一欄位，或多欄位的複合索引。

在同一個資料表可以擁有多個非叢集索引，這些非叢集索引可以是唯一索引或一般索引，當然也可以是多索引欄位的複合索引。

叢集索引

　　叢集索引（Clustered Indexes）是一種 B 樹結構，當 SQL Server 資料表建立叢集索引後，資料表的記錄資料會依叢集索引欄位的鍵值來排序，如下圖所示：

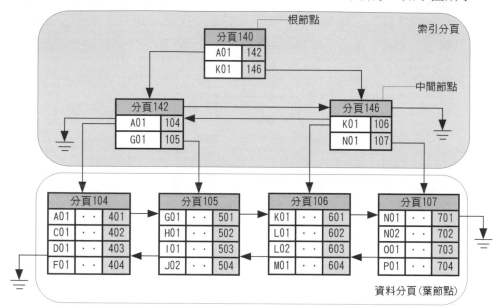

　　在上述圖例的上方是索引分頁建立的 B 樹，每一頁索引分頁是 B 樹的一個節點，最上方是根節點（Root Node），最下方的葉節點（Leaf Node），在葉節點和根節點之間是中間節點（Intermediate Nodes）。叢集索引的葉節點是資料分頁，也就是資料表儲存的記錄資料。

　　在索引分頁的內容是叢集索引鍵值和指向下一層的指標。SQL Server 是從根節點開始，由上而下借由指標來搜尋鍵值，直到在資料分頁找到和鍵值相同的記錄資料。

非叢集索引

　　非叢集索引（Nonclustered Indexes）是一種類似叢集索引的 B 樹結構，其差異在於資料表的記錄並不會依據非叢集索引的鍵值來排序，而且非叢集索引的葉節點是索引分頁，而不是資料分頁。

　　非叢集索引葉節點的索引分頁內容是非叢集索引鍵值，和指向資料表記錄的記錄定位（Row Locator）指標。在擁有叢集索引的資料表建立非叢集索引，因為資料表本身已經擁有叢集索引，所以在葉節點的索引分頁中，記錄定位值是對應的叢集索引鍵值，如下圖所示：

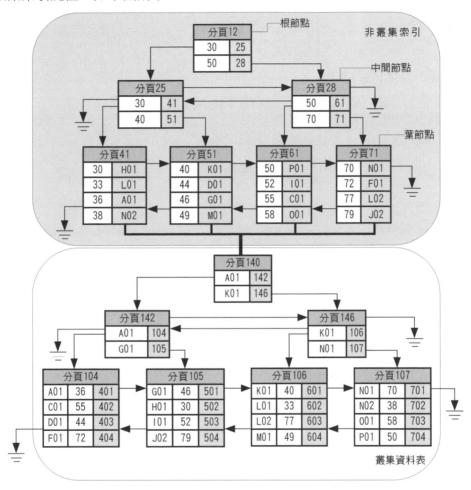

　　上述擁有叢集索引的資料表擁有非叢集索引，SQL Server 在非叢集索引找到鍵值時，取得的是對應的叢集索引鍵值，然後再從叢集索引進行搜尋，最後才能找到非叢集索引鍵值的記錄資料。

12-2 | 資料表的索引規劃

在 SQL Server 資料表是否需要建立索引，和應該選擇哪些欄位建立索引，這是在建立資料表時，就需要考量的問題。當我們建立資料表的索引前，需要先進行資料表的索引規劃，以便真正有效提昇整體的 SQL 查詢效率。

12-2-1 索引的優缺點

當我們考量是否需要替資料表建立索引時，可以判斷索引是否比資料表掃瞄（直接一筆記錄接著一筆記錄比較來進行搜尋）更有效率，如果有，即可考慮建立索引。在資料表建立索引的優缺點，如下所示：

- 索引的優點：索引可以加速資料存取，因為不用一筆一筆比較來搜尋記錄，資料庫引擎可以透過索引結構來快速找到指定記錄，能夠讓 SQL 語言的合併查詢、排序和群組操作更加有效率。

- 索引的缺點：在資料表建立索引需要額外的磁碟空間和維護成本，因為資料表在插入、更新和刪除記錄時，資料庫引擎都需要花費額外時間和資源來更新索引資料。

請注意！如果資料表的資料量太小，索引能夠改進資料存取的效率將十分有限，所以，替小資料表建立索引對資料存取效率並沒有什麼幫助。

12-2-2 建立索引的注意事項

在 SQL Server 建立索引前有一些注意事項需要了解，這是一些索引的限制條件。筆者準備同時說明建立複合索引的注意事項，事實上，複合索引並不是一種建議使用的資料表索引。

建立索引的限制條件

在 SQL Server 建立索引時有一些注意事項，其說明如下所示：

- 因為資料表的記錄資料是使用叢集索引的順序來排列，所以 SQL Server 資料庫的每一個資料表只能建立一個叢集索引，但是可以在資料表的多個欄位建立多個非叢集索引。

- 在一個資料表最多只能有一個叢集索引和 249 個非叢集索引。

- 複合索引欄位數最多只能有 16 個欄位。

- 單一索引欄位或複合索引欄位的總長度需在 900 位元組以內，而且不能替 ntext、text 和 image 資料類型的欄位建立索引。

如何建立複合索引

複合索引是指索引欄位超過一個的索引，我們可以選擇資料表的多個欄位集合來建立複合索引。一般來說，在資料表應該儘量避免建立複合索引，而是以多個單一欄位索引來取代，因為複合索引的索引欄位尺寸通常比較大，需要更多的磁碟讀取，反而影響整體的執行效能。

不只如此，SQL Server 複合索引在使用上有一些限制，只有當 SELECT 指令的 WHERE 子句使用第 1 個欄位進行查詢時，才會使用複合索引來增加查詢效率。例如：建立【城市】和【郵遞區號】欄位的複合索引【城市＋郵遞區號】，當 WHERE 子句的條件如下所示：

```
WHERE  城市='台北'
WHERE  郵遞區號= '100'
```

上述第 1 個 WHERE 條件是使用第 1 個欄位，所以會使用複合索引；第 2 個條件是使用第 2 個欄位，如此就無法使用複合索引。

如果資料表的主鍵或唯一值(UNIQUE)欄位是由多個欄位所組成，SQL Server 預設會建立成複合索引（建議修改資料庫設計來儘量避免此情況），此時複合索

引的欄位順序就十分重要，因為 SQL Server 只能使用複合索引最左邊的第 1 個欄位來增進查詢效能。

12-2-3　選擇索引欄位

基本上，SQL Server 資料表的所有欄位都可以選擇來建立索引（除前述限制條件外），或作為索引的組成欄位來建立複合索引。在資料表選擇索引欄位，就是判斷指定欄位是否應該建立索引來加速查詢。簡單的說，就是我們需要更快的使用此欄位來搜尋記錄。

應該作為索引的欄位

對於資料表中查詢頻繁的欄位，我們應該替這些欄位建立索引，例如：主鍵、外來鍵、經常需要合併查詢的欄位、排序欄位和需要查詢指定範圍的欄位。一般來說，資料表的主鍵建議建立叢集索引（SQL Server 預設會自動建立），其他欄位建立成非叢集索引。

換一個角度，我們也可以從常常需要執行的 SQL 指令來找出查詢頻繁的欄位，這些就是應該建立索引的欄位，如下所示：

```
SELECT 姓名, 電話
FROM 學生 WHERE 學號 = 'S001'
ORDER BY 姓名
```

上述 SELECT 指令欄位清單（不是使用「*」查詢所有欄位）的姓名和電話欄位、WHERE 子句條件的學號欄位和 ORDER BY 子句的排序欄位姓名，如果這是需要常常執行的 SQL 指令敘述，就表示姓名、電話、學號是查詢頻繁的欄位。

不應該作為索引的欄位

對於資料表查詢時很少參考到的欄位、大量重複值欄位（例如：欄位值只有男或女）或 bit 等資料類型的欄位，就不應該替這些欄位建立索引。

12-3│SQL Server **自動建立的索引**

當在 SQL Server 資料庫建立資料表時，對於資料表指定為 PRIMARY KEY 或 UNIQUE 的欄位，SQL Server 都會自動替這些欄位建立索引。

12-3-1 PRIMARY KEY 欄位的索引

在建立資料表時指定為 PRIMARY KEY 的欄位（即主索引鍵或稱為主鍵），SQL Server 預設自動建立成叢集索引，所以，資料表的記錄是使用主索引鍵欄位值來排列。例如：【學生】資料表指定【學號】欄位的主索引鍵，預設就會建立此欄位的叢集索引。

請在 Management Studio 的「物件總管」視窗展開【教務系統】資料庫的【學生】資料表，在其上執行【右】鍵快顯功能表的【設計】命令，然後在設計視窗上，執行【右】鍵快顯功能表的【屬性】命令來開啟「屬性」視窗，可以看到 SQL Server 預設建立的索引，如右圖：

在視窗上方欄位切換至【主索引鍵】，可以看到 SQL Server 預設建立的索引，其名稱格式為「PK__資料表名稱__????????」。SQL Server 索引物件的常用屬性說明，如下所示：

- 型別：建立的是哪一種索引，可以是主索引鍵、唯一索引鍵或索引（即一般索引）。

- 是唯一的：指定索引欄位值是否是唯一的。

- 資料行：建立索引的欄位名稱清單。

- 允許頁面鎖定和允許資料列鎖定：這是處理索引時的鎖定策略，如果屬性值都是否時，存取索引是鎖定整個資料表。

- 包含的資料行：索引包含的資料表欄位清單，如果不只一個，請使用「,」逗號分隔，指定此屬性的欄位可以善用非叢集索引，進一步說明請參閱＜第 12-4-1 節：使用 Management Studio 建立索引＞。

- 忽略重複的索引鍵：當索引欄位值是唯一時，在資料表新增一筆重複索引欄位值時的處理方式，屬性值【否】時，表示顯示錯誤且不執行；如為【是】，表示執行也沒有用，因為會自動取消這筆新增的記錄。

- 是全文檢索索引鍵：指定此索引是否是全文檢索索引，屬性值【是】表示是全文檢索索引，【否】為不是，關於 SQL Server 全文檢索的進一步說明，請參閱第 20 章。

- 為已停用：索引是否是停用狀態，不過，我們並不能指定此屬性，如果需要，請使用 ALTER INDEX DISABLE 指令來停用資料表的指定索引。

- 重新計算統計資料：是否重新計算 SQL Server 針對此索引所自動建立的統計資料，這是用來評估是否使用索引的統計資料，預設值是【是】。

- 填滿規格：展開屬性清單後，【索引頁預留空間】屬性可以指定非葉節點索引分頁的填滿比率；【填滿因數】屬性是指定葉節點索引分頁的填滿比率。

- 資料空間規格：展開的屬性清單主要可以指定索引所在的檔案群組。

12-3-2 UNIQUE 欄位的索引

在建立資料表時指定為 UNIQUE 的欄位,SQL Server 都會預設自動建立成非叢集索引,其型別是唯一索引鍵,表示欄位值需要唯一。

📺 **SQL 指令碼檔:Ch12_3_2.sql**

請在【教務系統】資料庫新增【熱銷產品】資料表,內含 UNIQUE 的【產品名稱】欄位,如下所示:

```
CREATE TABLE 熱銷產品 (
    產品編號    char(5)    NOT NULL PRIMARY KEY ,
    產品名稱    varchar(30) UNIQUE ,
    定價       money
)
```

上述 CREATE TABLE 指令的【產品名稱】欄位是 UNIQUE 欄位。SQL Server 在建立此資料表時,預設就會建立主索引鍵欄位【產品編號】的叢集索引,和【產品名稱】欄位的非叢集索引。在「屬性」視窗可以看到 SQL Server 預設建立的非叢集索引,如右圖所示:

在上述視窗上方欄位切換至【唯一鍵】,可以看到 SQL Server 預設建立的索引,其名稱格式為「UQ__資料表名稱__????????」。

12-4 建立資料表的索引

當我們完成資料表的索引規劃後，在 SQL Server 可以使用 Management Studio 或 T-SQL 指令在資料表建立索引。

12-4-1 使用 Management Studio 建立索引

Management Studio 提供圖形化介面來建立資料表的索引。例如：替【學生】資料表建立【姓名】欄位的非叢集索引，其步驟如下所示：

1 請啟動 Management Studio 建立連線，在「物件總管」視窗展開【教務系統】資料庫的【學生】資料表，在【索引】上執行【右】鍵快顯功能表的「新增索引>非叢集索引」命令。

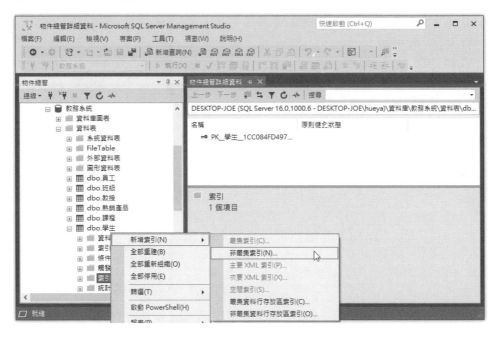

❷ 在「新增索引」對話方塊的【索引名稱】欄位輸入【姓名_索引】，勾選【唯
一】表示索引欄位值需唯一，按【加入】鈕新增索引欄位。

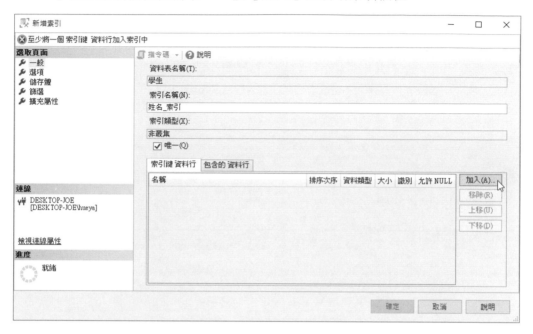

❸ 請勾選索引欄位，以此例只勾選【姓名】，如果是複合索引，請再勾選其他
欄位後，按【確定】鈕。

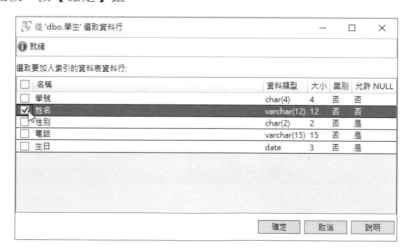

❹ 可以看到選取的索引欄位清單，在【排序次序】欄可以切換索引是遞增或遞
減排序，如果是複合索引，按右方【上移】和【下移】鈕可以調整索引欄位
的順序。

索引鍵 資料行	包含的 資料行						
名稱		排序次序	資料類型	大小	識別	允許 NULL	加入(A)...
姓名		遞增	varchar(12)	12	否	否	移除(R)
							上移(U)
							下移(D)

❺ 接著加入索引包含的欄位，請選上方【包含的資料行】標籤，按【加入】鈕
新增索引包含的欄位。

索引鍵 資料行	包含的 資料行				加入(A)...
名稱		資料類型	識別	允許 NULL	移除(R)
					上移(U)
					下移(D)

❻ 勾選【電話】和【生日】欄位，這是使用【姓名】索引欄位搜尋時（WHERE
子句的條件）最常查詢的欄位資料（即 SELECT 子句的欄位清單），按【確
定】鈕。

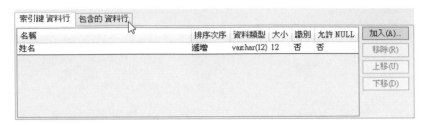

⑦ 可以看到選取的欄位清單，按【確定】鈕建立索引，稍等一下，就可以完成
索引的建立。

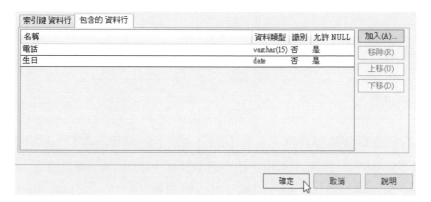

在 Management Studio 的「物件總管」視窗展開【學生】資料表的【索引】項
目，可以看到新增的索引，如下圖所示：

在資料表建立非叢集索引時，建議新增包含欄位，以便讓 SQL Server 資料庫
引擎能夠最佳化索引的使用。例如：查詢學生生日的 SELECT 指令，如下所示：

```
SELECT 生日
FROM 學生 WHERE 姓名 = '陳會安'
```

上述 SELECT 指令的執行可以使用【姓名_索引】的非叢集索引，因為我們有
在索引包含【生日】欄位。如果沒有包含【生日】欄位且沒有【生日】欄位的索
引，SQL Server 仍然會使用主索引的叢集索引來進行搜尋，而不會使用【姓名_索
引】的非叢集索引。

12-4-2　使用 T-SQL 指令建立索引

在 T-SQL 語言是使用 CREATE INDEX 指令建立資料表的索引，其語法如下：

```
CREATE [ UNIQUE ] [ CLUSTERED ] INDEX 索引名稱
  ON 資料表名稱 (欄位名稱[(長度)][ ASC | DESC ][,..n] )
[ INCLUDE (欄位清單) ]
[ WITH 索引選項 ]
[ ON 檔案群組名稱 ]
```

上述語法預設替資料表建立名為【索引名稱】的非叢集索引，UNIQUE 是唯一值；CLUSTERED 是建立叢集索引，在 ON 子句指定索引欄位清單，如果不只一個，請使用逗號分隔，各欄位的括號可以指定欄位長度，可以讓我們只使用部分欄位值來建立索引。

ASC 是指欄位由小到大排序，DESC 是由大到小，INCLUDE 子句是索引包含的欄位清單，在 WITH 子句可以指定索引選項，如果有多個，請使用「,」逗號分隔。常用的索引選項說明，如下表所示：

索引選項	說明
PAD_INDEX	索引頁預留空間
FILLFACTOR = x	填滿因數
IGNORE_DUP_KEY	忽略重複值
STATISTICS_NORECOMPUTE	不重新計算統計資料
DROP_EXISTING	重建存在的索引，即卸除目前的索引後，重新建立

最後的 ON 子句可以指定索引建立在哪一個檔案群組。

SQL 指令碼檔：Ch12_4_2.sql

請在【教務系統】資料庫的【員工】資料表新增【姓名】欄位的非叢集索引【員工姓名_索引】，索引包含【電話】和【薪水】欄位，如下所示：

```
CREATE INDEX 員工姓名_索引
ON 員工(姓名)
INCLUDE (電話, 薪水)
```

SQL 指令碼檔：Ch12_4_2a.sql

請在【教務系統】資料庫的【課程】資料表新增【名稱】和【學分】欄位的非叢集索引【名稱學分_索引】，這是一個唯一的複合索引，如下所示：

```
CREATE UNIQUE INDEX 名稱學分_索引
ON 課程(名稱, 學分)
```

12-5│修改、重建與刪除索引

對於資料表已經建立的索引，SQL Server 可以使用 Management Studio 或 T-SQL 指令來修改與刪除索引。

12-5-1　使用 Management Studio 修改與重建資料表的索引

對於資料庫已經存在的索引，我們可以使用 Management Studio 來修改與重建資料表的索引。所謂修改索引就是更改索引屬性，請在 Management Studio 的「物件總管」視窗展開【教務系統】資料庫的【員工】資料表，然後展開【索引】項目，如下圖所示：

在【員工姓名_索引】上，執行【右】鍵快顯功能表的【屬性】命令，可以看到「索引屬性」對話方塊。

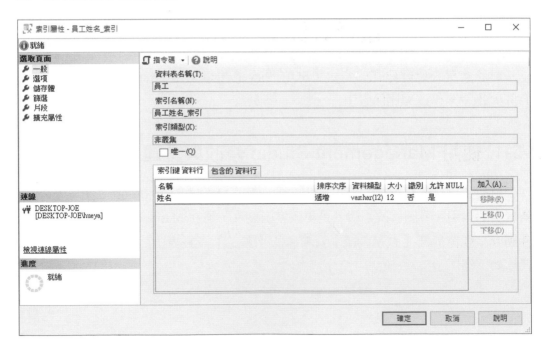

在左邊選取頁面,就可以在右邊欄位修改資料表索引的相關屬性,主要頁面的說明,如下所示:

- 一般:在此頁面可以修改是否唯一、索引欄位清單和包含的資料行。

- 選項:在此頁面可以修改索引選項屬性,即第 12-3-1 節說明的索引屬性。

- 儲存體:在此頁面可以修改索引所在的檔案群組。

Management Studio 除了可以使用上述方法來修改索引外,我們也可以在修改資料表欄位定義資料時,執行「資料表設計工具>索引/索引鍵」命令,開啟「索引/索引鍵」對話方塊來修改索引,如下圖所示:

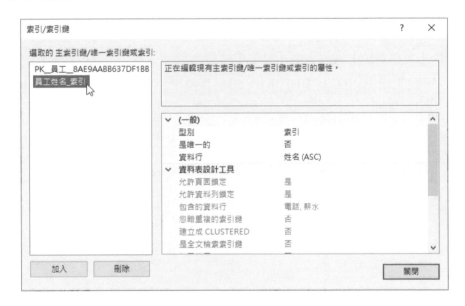

在左邊選取索引名稱後,就可以在右邊修改索引屬性,按下方【加入】鈕可以建立新索引;【刪除】鈕可以刪除選取的索引。

如果需要重建資料表的索引,請在 Management Studio「物件總管」視窗的索引上,執行【右】鍵快顯功能表的【重建】命令,就可以重建索引。

12-5-2　使用 T-SQL 指令修改與重建索引

　　T-SQL 語言修改索引仍然是使用 CREATE INDEX 指令，只是加上 DROP_EXISTING 選項。重建索引是使用 ALTER INDEX 指令。

修改索引

　　在 CREATE INDEX 指令建立索引時，如果加上 DROP_EXISTING 選項，表示我們準備建立新索引來取代同名的索引。請注意！當加上 DROP_EXISTING 選項時，一定需要存在同名的索引，如果索引不存在，執行時就會產生錯誤。

📇 (SQL 指令碼檔：Ch12_5_2.sql)

　　請在【教務系統】資料庫的【員工】資料表修改【員工姓名_索引】索引，改為唯一索引、加上 IGNORE_DUP_KEY 選項和新增包含【城市】欄位，如下所示：

```
CREATE UNIQUE INDEX 員工姓名_索引
ON 員工(姓名)
INCLUDE (電話, 薪水, 城市)
WITH IGNORE_DUP_KEY, DROP_EXISTING
```

　　上述 CREATE INDEX 指令可以建立一個新的非叢集索引來取代已經存在的索引。

重建索引

　　T-SQL 的 ALTER INDEX 指令可以停用、重建索引、重組索引或設定索引選項來修改存在的索引，其基本語法如下所示：

```
ALTER INDEX 索引名稱
[ALL] ON 資料表名稱
[ REBUILD [WITH (索引選項清單)]
  | REORGANIZE
  | DISABLE
  | SET (索引選項清單)]
```

上述語法是修改 ON 子句資料表名為【索引名稱】的索引，REBUILD 關鍵字是重建索引，如果需要，可以同時使用 WITH 子句來更改索引選項，加上 ALL 表示重建資料表建立的所有索引。

REORGANIZE 是重新組織索引來壓縮包含大型物件資料 LOB 的分頁，DISABLE 關鍵字可以停用索引，SET 子句是用來更改索引選項。

SQL 指令碼檔：Ch12_5_2a.sql

請重建【教務系統】資料庫【員工】資料表的所有索引，並且將填滿因數改為 80%，如下所示：

```
ALTER INDEX ALL ON 員工
REBUILD WITH (FILLFACTOR = 80)
```

SQL 指令碼檔：Ch12_5_2b.sql

請在【教務系統】資料庫停用【員工】資料表的【員工姓名_索引】索引，如下所示：

```
ALTER INDEX 員工姓名_索引
ON 員工
DISABLE
```

12-5-3 刪除資料表的索引

在 SQL Server 可以使用 Management Studio 或 T-SQL 指令來刪除資料表的索引。

使用 Management Studio 刪除資料表的索引

在 Management Studio 刪除資料表的索引，請在「物件總管」視窗的索引上，執行【右】鍵快顯功能表的【刪除】命令來刪除索引。

我們也可以在「索引/索引鍵」對話方塊刪除索引，請在左邊選取索引後，按下方【刪除】鈕來刪除資料表的索引。

使用 T-SQL 指令刪除資料表的索引

　　T-SQL 語言的 DROP INDEX 指令可以刪除資料表的索引，其基本語法如下：

```
DROP INDEX 資料表名稱 1.索引名稱 1
          [, 資料表名稱 2.索引名稱 2, …]
```

　　上述語法可以刪除【資料表名稱 1.索引名稱 1】的索引，如果同時刪除不只一個索引，請使用「,」逗號分隔。

　　📺　SQL 指令碼檔：Ch12_5_3.sql

　　請在【教務系統】資料庫刪除【員工】資料表的【員工姓名_索引】索引，如下所示：

```
DROP INDEX 員工.員工姓名_索引
```

12-6 | 檢視 SQL Server 的執行計劃

　　在 Management Studio 可以使用圖形化方式來顯示 SQL Server 執行計劃，執行計劃是 SQL Server 查詢最佳化模組選擇的資料擷取方法，我們可以透過檢視執行計劃來了解查詢特性，幫助我們進行查詢最佳化。

　　Management Studio 的估計執行計劃並不會真的執行 T-SQL 查詢或批次。不過，此估計執行計劃仍有可能是資料庫引擎最後使用的執行計劃。在 Management Studio 顯示估計執行計劃的步驟，如下所示：

1 啟動 Management Studio 開啟和執行 SQL 指令碼檔案 Ch12_6.sql，其 SELECT 指令如下所示：

```
SELECT 電話
FROM 學生
WHERE 姓名 = '陳會安'
```

2 然後執行「查詢>顯示估計執行計劃」命令，或按上方工具列的【顯示估計執行計劃】鈕，可以在下方選【執行計劃】標籤，看到圖形化顯示的估計執行計劃，如右圖所示：

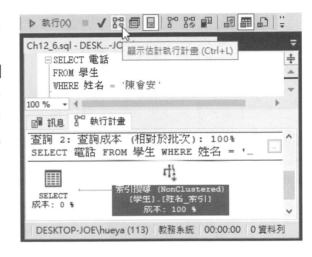

上述查詢 2 的執行計劃，因為【學生】資料表擁有索引，所以查詢最佳化模組使用【姓名_索引】索引搜尋來執行 SELECT 指令。如果開啟 SQL 指令碼檔案 Ch12_6a.sql 檢視估計執行計劃，如右圖：

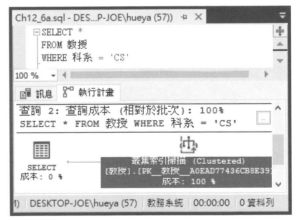

上述查詢 2 的執行計劃，因為【教授】資料表沒有科系欄位的索引，所以使用主索引的叢集索引掃描（Clustered Index Scan）執行 SELECT 指令。如果資料表連主索引都沒有，SQL Server 是使用資料表掃描（Table Scan）來執行 SELECT 指令，也就是一筆一筆掃描來比較是否有此欄位值，當資料表記錄資料十分龐大時，查詢效能就會顯著的下降。

12-7 建立檢視表與計算欄位的索引

SQL Server 不只可以在資料表的計算欄位建立索引,還支援檢視表建立索引來最佳化資料查詢。請注意!檢視表與計算欄位索引大都是針對特殊條件下的資料查詢,在一般情況下,我們並不會使用檢視表或計算欄位的索引。

12-7-1 建立計算欄位的索引

一般來說,在資料表新增計算欄位是為了建立計算欄位的索引,例如:查詢【估價單】資料表平均單價在 100 和 200 元之間的記錄資料,如下所示:

```
SELECT 產品編號 FROM 估價單
WHERE (總價 / 數量) BETWEEN 100.00 AND 200.00
```

上述 SELECT 指令的 WHERE 子句條件因為擁有運算式,當【估價單】資料表的記錄資料十分龐大時,就需要在資料表新增計算欄位【平均單價】(即 SQL指令碼:Ch7_2_3.sql),然後建立此計算欄位的索引來增進查詢效率。

建立計算欄位索引的需求條件

在資料表建立計算欄位索引有一些基本需求的條件,如下所示:

- 擁有權需求(Ownership Requirements):計算欄位與資料表必須是同一位擁有者,即計算欄位的運算式不能使用其他資料表的欄位。

- 決定性需求(Determinism Requirements):計算欄位的值是由運算式的欄位值決定,只需輸入的欄位值相同,就會輸出相同結果。

- 精確性需求(Precision Requirements):計算欄位的運算式結果需要是精確的(Precise),也就是沒有使用 float 或 real 資料類型的欄位。

- 資料類型需求(Data Type Requirements):計算欄位的運算式結果不可以是 text、ntext 和 image 資料類型,不過,運算式的組成欄位仍然可以使用這些類型。

- SQL 選項需求（SQL Option Requirements）：在建立計算欄位的索引時，
  我們需要使用 SET 指令指定　些 SQL 選項，如下表所示：

SQL 選項	設定值
NUMERIC_ROUNDABORT	OFF
ANSI_NULLS	ON
ANSI_PADDING	ON
ANSI_WARNINGS	ON
ARITHABORT	ON
CONCAT_NULL_YIELDS_NULL	ON
QUOTED_IDENTIFIER	ON

建立計算欄位的索引

當資料表滿足前述需求條件後，我們就可以在資料表建立計算欄位的索引，
在本節是直接以執行 Ch7_2_3.sql 建立的【估價單】資料表為例，內含【平均單
價】計算欄位。

🖥️ (SQL 指令碼檔：Ch12_7_1.sql)

請在【教務系統】資料庫的【估價單】資料表，建立計算欄位【平均單價】
的【平均單價_索引】索引，如下所示：

```
SET ANSI_NULLS, ANSI_PADDING,
    ANSI_WARNINGS, ARITHABORT,
    CONCAT_NULL_YIELDS_NULL,
    QUOTED_IDENTIFIER ON
SET NUMERIC_ROUNDABORT OFF
GO
CREATE NONCLUSTERED INDEX 平均單價_索引
ON 估價單(平均單價 ASC)
INCLUDE (產品編號)
```

　　上述 SQL 指令碼在使用 SET 指令指定 SQL 選項後，使用 CREATE INDEX 建立計算欄位的非叢集索引，並且加上索引包含的欄位清單。

　　請在 Management Studio 開啟 SQL 指令碼檔案 Ch12_7_1a.sql，這是使用計算欄位作為 WHERE 子句條件的 SELECT 查詢，可以檢視其估計執行計劃，如下圖所示：

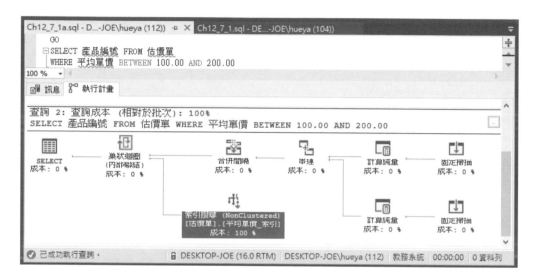

　　上述查詢 2 的執行計劃，因為【估價單】資料表有建立計算欄位索引，可以看到查詢最佳化模組使用【平均單價_索引】的索引搜尋來執行 SELECT 指令。

12-7-2　建立檢視表索引

　　檢視表索引（Indexed View）是指擁有唯一叢集索引的檢視表，在 SQL Server 不只可以替一般資料表建立索引，就連虛擬資料表的檢視表也可以建立索引，主要目的是為了增進檢視表的查詢效率，特別針對大量資料的合併和統計摘要檢視表，如下所示：

- 合併檢視表：多資料表執行大量資料的合併查詢。

- 統計摘要檢視表：使用群組和聚合函數建立大量資料的統計查詢。

在實務上，只有當檢視表內容是不常變動的靜態大量資料，而且是經常會使用到的檢視表，我們才需考量是否建立檢視表索引。

對於資料經常更動（常常執行 DML 新增、更新或刪除記錄操作）的資料表，檢視表索引不僅無法增進查詢效率，還可能降低整體效能，因為系統需要花費大量資源來維護索引檢視表。如同計算欄位的索引，在建立檢視表索引時，也有一些限制條件。

檢視表索引的限制條件

在使用 CREATE INDEX 指令建立檢視表索引的限制條件，如下所示：

- 需要是檢視表的擁有者，才有權限執行 CREATE INDEX 指令建立檢視表的索引。

- 檢視表索引欄位需要是精確的（Precise），也就是沒有使用 float 或 real 資料類型的欄位。

- 檢視表需要先建立唯一叢集索引後，才能建立其他非叢集索引。

- 如果建立檢視表的 SELECT 指令包含 GROUP BY 子句，在建立唯一叢集索引時，就只能選擇 GROUP BY 子句的欄位。

- 如同建立計算欄位索引，在建立檢視表索引前，我們需要設定 SQL 選項：ANSI_NULLS、ANSI_PADDING、ANSI_WARNINGS、ARITHABORT、CONCAT_NULL_YIELDS_NULL、QUOTED_IDENTIFIER 為 ON，SET NUMERIC_ROUNDABORT 選項為 OFF。

- 在建立唯一叢集索引後，對於基底資料表執行 INSERT、UPDATE 和 DELETE 指令或查詢時，都需要設定前述 7 個 SQL 選項。

基底資料表的限制條件

對於檢視表資料來源的基底資料表來說，在使用 CREATE TABLE 指令建立資料表時，SQL 選項 ANSI_NULLS 需設為 ON。

檢視表的限制條件

當建立準備建立索引的檢視表時，其限制條件如下所示：

- 在使用 CREATE VIEW 建立檢視表時，SQL 選項 ANSI_NULLS 和 QUOTED_IDENTIFIER 需為 ON。

- 建立檢視表時需要使用 WITH SCHEMABINDING 選項。

- 檢視表的資料來源只能是同一個資料庫的資料表，不能是其他檢視表，而且都是同一位擁有者。

- 在檢視表的所有欄位都需是決定性欄位，不能包含 text、ntext 和 image 資料類型。至於參考的資料表和自訂函數名稱都需使用二段式名稱，例如：dbo.員工，也就是包含結構描述。

- 建立檢視表 SELECT 指令的各子句不可使用的指令，如下所示：

  - SELECT 子句不可以使用「*」，一定需要指明欄位名稱，而且不能使用 TOP 和 DISTINCT 關鍵字。

  - FROM 子句不可使用子查詢的衍生資料表（Derived Tables）。也不能使用 OUTER JOIN 和 UNION。

  - GROUP BY 子句不可使用 HAVING 子句、CUBE 和 ROLLUP。

  - 不可以使用 ORDER BY 子句。

  - 只能使用 SUM()和 COUNT_BIG()聚合函數（與 COUNT()函數相同，只是傳回 bigint 資料類型），而且 SUM()函數的欄位不能是 NULL 空值。

  - 不能使用資料集函數，例如：OPENROWSET()，和不可以使用全文檢索搜尋的 CONTAINS 和 FREETEXT。

建立檢視表

現在我們就可以建立欲新增索引的檢視表，同樣是使用 CREATE VIEW 指令建立檢視表。

![SQL 指令碼檔：Ch12_7_2.sql]

請在【教務系統】資料庫建立名為【學生上課教室_檢視】的合併檢視表，可以顯示學生在各教室的上課數，如下所示：

```sql
SET ANSI_NULLS, ANSI_PADDING,
    ANSI_WARNINGS, ARITHABORT,
    CONCAT_NULL_YIELDS_NULL,
    QUOTED_IDENTIFIER ON
SET NUMERIC_ROUNDABORT OFF
GO
CREATE VIEW dbo.學生上課教室_檢視
WITH SCHEMABINDING
AS
SELECT 學生.學號, 班級.教室,COUNT_BIG(*) AS 上課數
FROM dbo.學生 INNER JOIN dbo.班級
ON 學生.學號 = 班級.學號
GROUP BY 學生.學號, 班級.教室
GO
SELECT * FROM 學生上課教室_檢視
```

上述 SQL 指令碼在使用 SET 指令指定 SQL 選項後，使用 CREATE VIEW 建立檢視表，最後顯示檢視表的內容，如右圖所示：

	學號	教室	上課數
1	S001	100-M	1
2	S002	100-M	1
3	S004	100-M	1
4	S001	180-M	1
5	S005	180-M	1
6	S006	180-M	1
7	S001	221-S	1
8	S003	221-S	1

教務系統 | 00:00:00 | 20 資料列

建立唯一叢集索引

接著就可以替【學生上課教室_檢視】檢視表建立唯一叢集索引。

![SQL 指令碼檔：Ch12_7_2a.sql]

請在【教務系統】資料庫替【學生上課教室_檢視】檢視表，建立名為【上課報表_索引】的唯一叢集索引，如下所示：

```sql
CREATE UNIQUE CLUSTERED INDEX 上課報表_索引
ON 學生上課教室_檢視(學號, 教室)
```

建立非叢集索引

在【學生上課教室_檢視】檢視表建立唯一叢集索引後，就可以替檢視表新增非叢集索引。

> **SQL 指令碼檔：Ch12_7_2b.sql**

請在【教務系統】資料庫替【學生上課教室_檢視】檢視表，建立名為【教室_索引】的非叢集索引，如下所示：

```
CREATE NONCLUSTERED INDEX 教室_索引
ON 學生上課教室_檢視(教室)
INCLUDE (學號, 上課數)
```

請在 Management Studio 分別開啟 SQL 指令碼檔案 Ch12_7_2c.sql 和 Ch12_7_2d.sql 後，當我們檢視估計執行計劃，即可看到查詢最佳化模組，使用檢視表索引來執行 SELECT 指令。

12-8 │ 篩選索引與資料行存放區索引

篩選索引可以只替資料表符合條件的記錄建立索引，資料行存放區索引則可以提昇資料倉儲 OLAP 的查詢效能。

12-8-1　篩選索引

篩選索引（Filtered Index）是一種擁有條件的索引，SQL Server 並不會將索引欄位的所有記錄都建立索引，而是只有哪些符合條件的記錄才會建立索引。

在 CREATE INDEX 指令是使用 WHERE 子句來指定建立篩選索引的篩選條件。實務上，篩選索引最常是使用在建立疏鬆欄位的索引。

SQL 指令碼檔：Ch12_8_1.sql

請在【教務系統】資料庫建立【廠商名單】資料表，內含疏鬆欄位【分公司數】，然後建立名為【分公司數_索引】的篩選索引，如下所示：

```
CREATE TABLE 廠商名單 (
    廠商編號　int　　NOT NULL IDENTITY PRIMARY KEY,
    廠商名稱　varchar(100),
    廠商類型　tinyint　NOT NULL,
    分公司數　int　　SPARSE
)
GO
CREATE NONCLUSTERED INDEX 分公司數_索引
ON 廠商名單(分公司數)
WHERE 廠商類型 = 3
```

上述 SQL 指令在建立【廠商名單】資料表後，CREATE INDEX 指令是使用 WHERE 子句的條件來建立篩選索引，只有當【廠商類型】是 3 的記錄才會將【分公司數】的索引欄位值建立成索引。

12-8-2　資料行存放區索引

「資料行存放區索引」（Columnstore Index，全名為非叢集資料行存放區索引）是針對大型資料倉儲新增以欄位為基礎（Column-based）的索引，基本上，資料行存放區索引不是使用紀錄為單位來儲存，而是改用欄位為單位來儲存，如下圖：

資料頁		
姓名	生日	電話
Chen	2003/9/3	02-22222222
Chiang	2005/2/2	04-44444444
Lee	2005/3/3	03-33333333
Wang	2004/4/4	05-55555555
Wu	1992/9/3	07-22222222

記錄基礎索引
(Row-based Index)

資料頁	資料頁	資料頁
姓名	生日	電話
Chen	1992/9/3	02-22222222
Chiang	2003/9/3	03-33333333
Lee	2004/4/4	04-44444444
Wang	2005/2/2	05-55555555
Wu	2003/3/3	07-22222222

欄位基礎索引
(Column-based Index)

上述圖例的右邊資料頁（Data Page）是使用欄位為單位來儲存索引資料，每一個資料頁只有一個欄位；對比左邊以記錄為單位儲存的索引（每一個資料頁是多欄位的多筆記錄）更利於壓縮和搜尋，這種資料結構可以同時減少 I/O 和搜尋時間，大幅提升資料查詢效率。

因為資料行存放區索引是使用 VertiPaq 壓縮技術，可以在記憶體中儲存龐大的壓縮資料來減少 I/O 和搜尋時間，因為只有少量欄位的資料頁需要載入記憶體。例如：以生日為條件的 SQL 查詢，如下所示：

```
SELECT 姓名, 電話
FROM 學生
WHERE 生日='2003-09-03'
```

上述 SELECT 指令的 WHERE 子句是使用生日為條件，此時資料行存放區索引只需載入生日欄位的資料頁即可，不用載入傳統紀錄基礎索引包含整筆記錄的資料頁，因為資料量大幅減少，可以大幅提升資料查詢效率。

建立資料行存放區索引的注意事項

基本上，在資料表建立資料行存放區索引的注意事項，如下所示：

- 一個 SQL Server 資料表只能有一個資料行存放區索引。

- 資料行存放區索引不能使用篩選條件，也不能使用 INCLUDE 關鍵字。

- 資料行存放區索引的索引欄位不可以是計算欄位。

- 建立資料行存放區索引的資料表將成為唯讀資料表。

- 資料行存放區索引的索引欄位不支援 binary、varbinary、ntext、text、image、varchar(max)、nvarchar(max)、uniqueidentifier、rowversion、timestamp、sql_variant、超過 18 位數的 decimal 和 numeric 資料類型。

使用 Management Studio 建立資料行存放區索引

在 Management Studio 建立資料行存放區索引，請先執行 Ch10_2_4.sql 建立【課程備份】資料表，然後在「物件總管」視窗展開此資料表，在【索引】上執行【右】鍵快顯功能表的「新增索引>非叢集資料行存放區索引」命令，可以看到「新增索引」對話方塊。

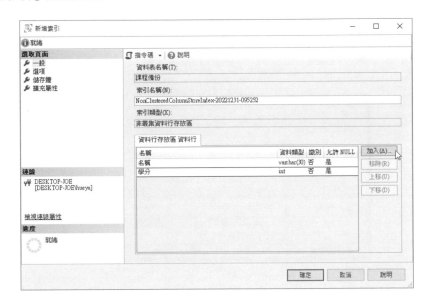

在輸入索引名稱後，請在下方【資料行存放區 資料行】標籤，按【加入】鈕新增索引欄位，以此例是名稱和學分，按【確定】鈕建立資料行存放區索引。

使用 T-SQL 指令建立資料行存放區索引

T-SQL 語言建立資料行存放區索引的語法和非叢集索引相似，只是改為 COLUMNSTORE 關鍵字，其基本語法如下所示：

```
CREATE COLUMNSTORE INDEX 索引名稱
  ON 資料表名稱 (欄位名稱1,欄位名稱2,… 欄位名稱N)
```

上述語法使用 COLUMNSTORE 關鍵字建立資料行存放區索引，在括號中是建立索引的欄位清單。首先請執行 Ch12_8_2.sql 建立【學生備份】資料表，筆者準備在此資料表建立資料行存放區索引。

> 🖥 **SQL 指令碼檔：Ch12_8_2a.sql**

請在【學生備份】資料表建立名為【學生資料行_索引】的資料行存放區索引，索引欄位有姓名、生日和電話，如下所示：

```
CREATE COLUMNSTORE INDEX 學生資料行_索引
ON 學生備份 (姓名, 生日, 電話)
```

在成功執行 SQL 指令後，我們就可以在 Management Studio 的「物件總管」視窗看到建立的資料行存放區索引，如下圖所示：

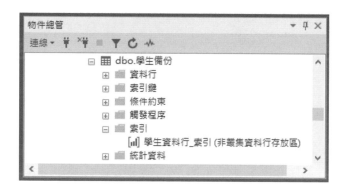

12-8-3　叢集資料行存放區索引

在第 12-8-2 節預設建立的是非叢集資料行存放區索引，這是使用在唯讀查詢，而且無法更新索引。SQL Server 也可以建立叢集資料行存放區索引，這是一種可以執行 DML 指令的資料行存放區索引，我們可以在沒有叢集索引、唯一、主鍵和外來鍵條件約束的資料表建立叢集資料行存放區索引。

使用 Management Studio 建立叢集資料行存放區索引

在 Management Studio 建立叢集資料行存放區索引，請先執行 Ch10_2_4a.sql 建立【課程備份 2】資料表，然後在「物件總管」視窗展開【課程備份 2】資料表，在【索引】上執行【右】鍵快顯功能表的「新增索引>叢集資料行存放區索引」命令，可以看到「新增索引」對話方塊。

在中間輸入索引名稱後，按【確定】鈕建立叢集資料行存放區索引。

使用 T-SQL 指令建立叢集資料行存放區索引

T-SQL 語言建立叢集資料行存放區索引的語法和叢集索引相似，只是加上 COLUMNSTORE 關鍵字，其基本語法如下所示：

```
CREATE CLUSTERED COLUMNSTORE INDEX 索引名稱
    ON 資料表名稱
```

上述語法在 COLUMNSTORE 關鍵字之前加上 CLUSTERED，就可以建立叢集資料行存放區索引，請注意！在資料表名稱後並不需要建立索引的欄位清單。

如果沒有加上 CLUSTERED，或使用 NONCLUSTERED，就是建立第 12-8-2 節的非叢集資料行存放區索引，其基本語法如下所示：

```
CREATE NONCLUSTERED COLUMNSTORE INDEX 索引名稱
    ON 資料表名稱 (欄位名稱1,欄位名稱2,… 欄位名稱N)
```

上述語法可以建立非叢集資料行存放區索引，和第 12-8-2 節只差加上 NONCLUSTERED。

請執行 Ch12_8_3.sql 建立【學生備份 2】資料表，筆者準備在此資料表使用 T-SQL 指令來建立叢集資料行存放區索引。

> 📄 SQL 指令碼檔：Ch12_8_3a.sql

　　請在【學生備份 2】資料表建立名為【學生資料行_叢集索引】的叢集資料行存放區索引，如下所示：

```
CREATE CLUSTERED COLUMNSTORE INDEX 學生資料行_叢集索引
ON  學生備份 2
```

　　在成功執行 SQL 指令後，我們可以在 Management Studio 的「物件總管」視窗看到建立的叢集資料行存放區索引，如下圖所示：

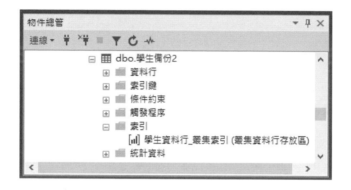

　　當在資料表建立叢集資料行存放區索引後，我們一樣可以在資料表新增、更新和刪除記錄資料，例如：執行 Ch12_8_3b.sql 在【學生備份 2】資料表新增一位學生資料，如下圖所示：

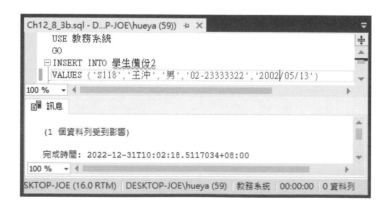

13

Transact-SQL
程式設計

13-1 | Transact-SQL **語言的基礎**

> **Memo**
>
> 本章測試的 SQL 指令是使用【教務系統】資料庫，請重新啟動 SSMS 執行本書範例
> 「Ch13\Ch13_School.sql」的 SQL 指令碼檔案，可以建立本章測試所需的資料庫、
> 資料表和記錄資料。

    Transact-SQL 是微軟 SQL Server 資料庫管理系統的資料庫語言，Transact-SQL
語言除了支援 ANSI-SQL 標準的 DDL、DML 和 DCL 指令外，還擁有基本程式設
計能力，可以讓我們建立功能強大的批次、預存、觸發程序與自訂函數。

13-1-1 Transact-SQL **資料庫語言**

    Transact-SQL（簡稱 T-SQL）是 Microsoft SQL Server 資料庫系統支援的資料
庫查詢語言，為了方便說明，在本書使用 T-SQL 取代全名 Transact-SQL。

    T-SQL 的語法是遵循 ANSI-SQL 92 標準所制定，最早是由 Sybase 公司所開
發，只是擴充語法增加程式設計功能。簡單的說，T-SQL 就是 ANSI-SQL 結構化
查詢語言可程式化的擴充版本。

因為 ANSI-SQL 指令本身主要是針對查詢和維護資料庫的資料，缺乏基本程式設計能力，所以，我們並無法使用 ANSI-SQL 指令宣告變數或建立流程控制。

T-SQL 擴充 ANSI-SQL 增加功能強大的程式設計相關指令，包含：變數宣告、初值、條件處理、錯誤處理、指標和眾多函數等，可以讓我們撰寫 SQL 程式碼檔案的批次、預存程序、自訂函數和觸發程序，其說明如下所示：

- 批次（Batches）：一組 T-SQL 指令敘述的集合，這是送至 SQL Server 資料庫引擎執行的執行單位，簡單的說，批次可以一次執行多個指令敘述。

- 預存程序（Stored Procedures）：將例行、常用和複雜的資料庫操作預先建立成 T-SQL 指令敘述的集合，這是在資料庫管理系統執行的指令敘述集合，可以簡化相關的資料庫操作。

- 自訂函數（User Defined Functions）：類似一般程式語言的函數，可以讓我們自行擴充 SQL Server 系統函數，建立 T-SQL 指令的自訂函數，以便使用在其他 SQL 指令敘述或運算式。

- 觸發程序（Triggers）：一種特殊用途的預存程序，不過，這是主動執行的程序，不像預存程序是由使用者執行，當資料表操作符合指定的條件時，就會自動執行觸發程序。

13-1-2 Transact-SQL 指令碼檔案

SQL Server 指令碼（Scripts）是儲存在檔案中的一系列 T-SQL 指令敘述，其副檔名是.sql，因為內容是一般文字檔案，所以，我們可以使用 Windows 記事本、WordPad 或其他程式碼編輯工具來建立和編輯 T-SQL 指令碼檔案。

在 SQL Server 的 Management Studio 和 SQLCMD 等工具程式都可以載入和執行儲存在檔案中的 T-SQL 指令敘述，例如：載入和執行本書範例各章節的 SQL 範例的指令碼檔案。不只如此，Management Studio 更提供功能強大的程式碼編輯功能，可以幫助我們建立和編輯 T-SQL 指令碼檔案。

基本上，T-SQL 指令碼是由一或多個批次（Batches）所組成，詳細的批次說明請參閱＜第 13-2 節：批次的使用＞，一般來說，T-SQL 指令碼主要的使用方式，如下所示：

- 將資料庫操作所執行的 T-SQL 指令碼永久保存至檔案，其功能如同資料庫備份機制。事實上，Management Studio 提供產生 SQL Server 指令碼精靈，可以幫助我們自動產生資料庫的 T-SQL 指令碼。

- 因為儲存成檔案，我們就可以在不同電腦或伺服器之間交換、傳送和執行 T-SQL 指令碼檔案。

- 為了方便訓練員工、除錯或升級所需，我們可以將 T-SQL 指令敘述儲存成檔案，以方便指令碼除錯、瞭解指令碼或修改指令碼內容。

13-2 批次的使用

批次（Batches）是應用程式將 T-SQL 指令敘述送至 SQL Server 資料庫引擎執行的基本單位。因為批次允許同時包裹一至多個 T-SQL 指令敘述，所以，我們能夠一次包裹執行多個 T-SQL 指令敘述。

13-2-1　批次的基礎

批次是一組 T-SQL 指令敘述的集合，我們可以在應用程式使用批次將多個 T-SQL 指令敘述包裹起來，一起送至 SQL Server 資料庫引擎來執行，

對於 SQL Server 資料庫引擎來說，在剖析、編譯和執行批次時，批次的多個 T-SQL 指令敘述會編譯成單一的執行單位，稱為「執行計劃」（Execution Plan），然後一次就執行完執行計劃中的所有指令敘述。

因為批次擁有多個 T-SQL 指令敘述,所以資料庫引擎在剖析、編譯和執行批次時,如果有錯誤產生,其處理方式如下所示:

- 編譯階段錯誤:如果批次的 T-SQL 指令語法有錯誤,就中止編譯,因為尚未編譯成執行計劃,所以批次的任何指令敘述都不會執行。例如:批次共有 5 個 T-SQL 指令敘述,若第 3 個指令敘述編譯錯誤,在批次的所有指令敘述都不會執行。

- 執行階段錯誤:如果批次完成編譯,在執行時發生錯誤,大部分情況是中止目前指令敘述和之後指令敘述的執行(例如:找不到資料表),不過,少數情況(例如:只有違反限制性條件時)就只會中止目前的指令敘述,仍然會執行剩下的指令敘述。

13-2-2 使用 GO 指令定義批次

在 SQL Server 的 Management Studio 和 SQLCMD 等工具程式是使用 GO 指令來定義批次的結束,GO 指令並不是 T-SQL 指令,只是一個代表結束點的符號,以便在 T-SQL 指令碼檔案分隔出一至多個批次。

如果 T-SQL 指令碼沒有使用 GO 指令,隱含表示此 T-SQL 指令碼就是一個批次,因為 SQL Server 會自動加上 GO 指令。

SQL 指令碼檔:Ch13_2_2.sql

請使用 GO 指令建立擁有多個批次的 T-SQL 指令敘述,如下所示:

```
USE 教務系統
GO
CREATE VIEW 課程_高學分
AS SELECT * FROM 課程
WHERE 學分 >= 4
GO
SELECT * FROM 課程_高學分
```

上述 T-SQL 指令敘述使用 GO 指令分成三個批次，依序轉換使用的資料庫、建立檢視表和顯示檢視表的查詢結果，如右圖所示：

	課程編號	名稱	學分
1	CS101	計算機概論	4
2	CS111	線性代數	4
3	CS121	離散數學	4

事實上，GO 指令是 SQL Server 的 Management Studio 和 SQLCMD 等工具程式定義批次的方式，其他工具或使用 ADO、ADO.NET、OLE DB 或 ODBC 撰寫的資料庫應用程式時，每一個 T-SQL 指令字串就是一個批次。

請注意！一些 T-SQL 指令一定需要獨立成一個批次，不能和其他 T-SQL 指令一起執行，包含：CREATE DEFAULT、CREATE FUNCTION、CREATE PROCEDURE、CREATE RULE、CREATE TRIGGER 或 CREATE VIEW 指令。所以，在這些指令後一定要記得加上 GO 指令。

13-3 | 註解與自訂訊息

註解是撰寫 T-SQL 指令碼十分重要的部分，因為良好的註解文字不但能夠讓程式設計者了解其目的，而且在程式維護上，也可以提供更多的資訊。

在執行 T-SQL 指令碼時，除了顯示執行結果外，也可以使用 PRINT 指令輸出自訂訊息文字，或使用 USE 指令切換使用的資料庫。

13-3-1 註解

T-SQL 語言的註解有兩種方式，第一種是使用「/*」和「*/」符號括起內容來標示為註解文字，如下所示：

```
/* 使用教務系統資料庫 */
USE 教務系統
GO
```

　　上述註解文字是位在「/*」和「*/」符號中的文字內容。T-SQL 的註解還可以跨過很多列，如下所示：

```
/* --------------------------
  使用教務系統資料庫
-------------------------- */
USE 教務系統
GO
```

　　上述註解文字跨過很多列，但是不能跨過批次。請注意！在註解文字中不可包含 GO 指令，否則註解文字就會跨過不同的批次，如下所示：

```
USE 教務系統
/* 使用教務系統資料庫建立
GO
  名為課程_高學分的視界 */
CREATE VIEW 課程_高學分
AS SELECT * FROM 課程
WHERE 學分 >= 4
```

　　上述 T-SQL 指令敘述的註解寫法是錯誤的，因為跨過兩個批次。第二種註解方式是使用「--」符號開始的列，或指令敘述列位在「--」符號之後的文字內容都是註解文字，如下所示：

```
-- 使用教務系統資料庫
USE 教務系統  -- 使用教務系統資料庫
```

13-3-2　PRINT 指令輸出自訂訊息

　　PRINT 輸出指令可以傳回使用者自訂訊息至用戶端應用程式，也就是輸出字串資料類型的字串、Unicode 字串常數、字串運算式或 T-SQL 變數值的訊息文字，其基本語法如下所示：

```
PRINT 字串運算式
```

　　上述語法可以輸出字串運算式的內容，例如：一些 PRINT 指令的範例，如下所示：

```
PRINT 'This is a test.'
PRINT N'This is a book.'
PRINT @msg
```

上述 PRINT 指令依序輸出字串常數、Unicode 字串常數和名為@msg 的 T-SQL
變數值，關於 T-SQL 變數的說明請參閱＜第 13-4 節：變數的宣告與使用＞。

13-3-3 USE 指令切換資料庫

T-SQL 的 USE 指令可以切換使用的資料庫，其基本語法如下所示：

```
USE 資料庫名稱
```

上述語法可以切換至名為【資料庫名稱】的資料庫，在同一個 SQL 指令碼檔
案，我們可以重複使用 USE 指令來切換成不同資料庫來執行 T-SQL 指令敘述，例
如：切換成【教務系統】資料庫，如下所示：

```
USE 教務系統
```

上述 USE 指令可以切換至【教務系統】資料庫，因為已經切換至此資料庫，
所以可以執行 T-SQL 指令敘述來查詢此資料庫下的資料表、檢視表，或存取此資
料庫的資料庫物件。

13-4 | 變數的宣告與使用

T-SQL 變數（Variables）是一種批次中的物件，可以用來儲存指定資料類型
在批次執行期間的暫存資料，其主要用途如下所示：

- 在不同 T-SQL 指令敘述之間傳遞資料。

- 迴圈結構的計數器（Counter）或測試條件。

- 預存程序或自訂函數的傳入參數或儲存傳回值。

- 作為 WHERE 子句的條件。

13-4-1 宣告變數與變數初值

在 T-SQL 宣告的變數可以分為使用「@」開頭的區域變數（Local Variables）和「@@」符號開始的系統函數（也是一種全域變數），詳細的說明請參閱＜第 13-4-4 節：SQL Server 的系統函數＞。

使用者在批次宣告的變數是一種 T-SQL 區域變數，在宣告變數後，同一個批次的指令敘述可以指定變數值，和在批次之後的指令敘述存取此變數值。在 T-SQL 語言是使用 DECLARE 指令宣告變數，其基本語法如下所示：

```
DECLARE @變數名稱1 資料類型 [ = 初值 ]
        [, @變數名稱2 資料類型[ = 初值 ]] …
```

上述語法宣告以「@」開頭命名的區域變數，其資料類型是 T-SQL 資料類型，詳細類型的說明請參閱＜第 7-1 節：資料類型＞）。在同一列 T-SQL 指令敘述可以同時宣告多個變數，只需使用「,」逗號分隔即可。

SQL Server 支援變數初值，可以在宣告時，使用「=」等號指定變數初值。例如：宣告名為@balance 的 int 整數類型的變數，如下所示：

```
DECLARE @balance int
```

上述 DECLARE 指令宣告一個名為@balance 的整數變數，可以儲存整數沒有小數點的變數值。我們也可以在宣告時，同時指定初值，例如：宣告名為@total 的 int 整數類型的變數，並且指定初值為 100，如下所示：

```
DECLARE @total int = 100
```

上述指令宣告變數且指定初值。不只如此，我們也可以在同一列 T-SQL 指令同時宣告多個變數和指定初值，而且可以是不同的資料類型，如下所示：

```
DECLARE @myName varchar(12),
        @amount int = 123,
        @mycounter int = 5
```

上述指令在同一列宣告@myName、@amount 和@mycounter 三個變數,同時指定@amount 和@mycounter 變數的初值。

📟 **SQL 指令碼檔:Ch13_4_1.sql**

請在批次宣告名為@balance 和@total 變數,同時指定變數@total 的初值後,使用 PRINT 指令顯示變數值,如下所示:

```
DECLARE @balance int
DECLARE @total int = 100
PRINT @balance
PRINT @total
```

上述批次在宣告變數後,因為沒有指定@balance 的初值,其預設值為 NULL,所以 PRINT 指令無法顯示此變數值,只能顯示變數@total 的值,如下圖所示:

13-4-2 指定變數值

T-SQL 變數在宣告後,其預設值為 NULL,如果沒有指定變數的初值,我們可以在批次使用 SET 或 SELECT 指令來指定變數值。

使用 SET 指令指定變數值

在批次宣告 T-SQL 變數後,就可以指定變數值,其基本語法如下:

```
SET @變數名稱 = 運算式
```

上述語法是使用「=」指定運算子指定 T-SQL 變數值,可以將變數指定成之後的運算式值、常數值、第 13-5 節的運算式和 SELECT 指令敘述的查詢結果。

請在批次宣告 T-SQL 變數@balance 且指定帳戶本金 1000 後，計算一年期本金加利息的帳戶餘額，如下所示：

```
DECLARE @balance int
SET @balance = 1000
SET @balance = @balance * 1.02
PRINT '總額:' + CAST(@balance AS char)
```

上述批次在宣告和指定變數值後，使用 PRINT 指令顯示計算結果的變數值，CAST 運算子可以將整數轉換成字元類型來顯示(進一步說明請參閱第 13-5-4 節)，如右圖所示：

請在批次宣告 T-SQL 變數@total 後，使用 SELECT 指令的查詢結果來指定變數值，這是查詢【課程】資料表的總學分數，如下所示：

```
DECLARE @total int
SET @total = (SELECT SUM(學分) FROM 課程)
PRINT '學分數:' + CAST(@total AS char)
```

上述批次在宣告和指定變數值後，使用 PRINT 指令顯示變數值，如右圖所示：

使用 SELECT 指令指定變數值

SELECT 指令也可以指定變數值，或配合 FROM 子句將查詢結果的欄位值填入變數，其基本語法如下所示：

```
SELECT @變數名稱 = 運算式或欄位名稱
```

上述語法指定 T-SQL 變數是「=」等號後的運算式值,或查詢資料表的記錄資料,也就是直接將欄位值指定成變數值。

SQL 指令碼檔:Ch13_4_2b.sql

請宣告 T-SQL 變數@myName 後,使用 SELECT 指令指定和顯示變數值,如下所示:

```
DECLARE @myName varchar(12)
SELECT @myName = '陳會安'
SELECT @myName AS 姓名
```

上述批次首先使用 SELECT 指令指定變數值,然後再使用 SELECT 指令來顯示變數值,如右圖所示:

SQL 指令碼檔:Ch13_4_2c.sql

請查詢【教務系統】資料庫的【員工】資料表,將姓名和城市欄位值填入 T-SQL 變數@myName 和@myCity,如下所示:

```
DECLARE @myName varchar(12)
DECLARE @myCity varchar(10)
SELECT @myName = 姓名, @myCity = 城市
FROM 員工 WHERE 薪水 >= 60000
SELECT @myName AS 姓名, @myCity AS 城市
```

上述批次查詢【員工】資料表的欄位值後,指定給變數 @myName 和@myCity,如果查詢結果不只一筆,就是將最後一筆記錄的欄位值存入 T-SQL 變數,如右圖:

SQL 指令碼檔:Ch13_4_2d.sql

T-SQL 變數也可以作為 WHERE 子句的條件來查詢【教務系統】資料庫的【課程】資料表,請在 WHERE 子句使用變數@c_no 值作為課程編號的條件值,如下:

```
DECLARE @c_no varchar(5)
SELECT @c_no = 'CS101'
SELECT 課程編號, 名稱, 學分
FROM 課程
WHERE 課程編號 = @c_no
```

上述批次的變數@c_no 是 SELECT 指令 WHERE
子句的條件值，可以看到查詢結果，如右圖所示：

	課程編號	名稱	學分
1	CS101	計算機概論	4

變數值的種類

T-SQL 變數的變數值有兩種，儲存單一值的純量變數，和整個資料表的資料
表變數，其說明如下所示：

- 純量變數（Scalar Variables）：一種儲存標準資料類型的單一值，在之前
  宣告的變數都是一種純量變數。

- 資料表變數（Table Variables）：一種儲存整個資料表內容的變數，我們
  可以在資料表變數使用 SELECT、INSERT、UPDATE 和 DELETE 指令，
  視為標準資料表來使用。

在批次宣告資料表變數也是使用 DECLARE 指令，其基本語法和 CREATE
TABLE 指令類似，如下所示：

```
DECLARE @資料表變數名稱 table
( 欄位名稱1 資料類型 [欄位屬性清單]
 [, 欄位名稱1 資料類型 [欄位屬性清單]] …
 [, 資料表屬性清單]
)
```

上述語法使用 table 資料類型來宣告資料表變數。

📃 (SQL 指令碼檔：Ch13_4_2e.sql)

請宣告資料表變數@students 後，使用 INSERT/SELECT 指令插入記錄資料，
最後使用 SELECT 指令查詢資料表變數的內容，如下所示：

```
DECLARE @students table
( std_no  char(4), name  varchar(12) )
INSERT @students
SELECT 學號, 姓名 FROM 學生
WHERE 性別 = '男'
SELECT * FROM @students
```

上述批次宣告的變數@students 是一個資料表變數，在從【學生】資料表取得和新增記錄後，使用 SELECT 指令顯示資料表變數的內容，如右圖所示：

	std_no	name
1	S001	陳會安
2	S003	張無忌
3	S004	陳小安
4	S006	周杰輪
5	S008	劉得華

13-4-3　變數的範圍

T-SQL 區域變數的範圍（Scopes）是在同一個批次或預存程序，而且，所有在批次中使用的區域變數，也一定需要在同一個批次中宣告。我們不能存取其他批次中宣告的變數（SQL 指令碼檔：Ch13_4_3.sql），如下所示：

```
DECLARE @myName varchar(12)
GO
SELECT @myName = '張無忌'
GO
```

上述 T-SQL 指令碼的變數@myName 是在第 1 個批次宣告，卻在第 2 個批次存取，因為變數已經超過範圍，所以產生錯誤，顯示沒有宣告變數@myName 的錯誤訊息，如下圖所示：

訊息

訊息 137，層級 15，狀態 1，行 5
必須宣告純量變數 "@myName"。

完成時間: 2022-12-31T11:03:02.3330953+08:00

100 %

13-4-4 SQL Server 的系統函數

SQL Server 系統函數（System Functions）在舊版稱為全域變數（Global Variables），可以傳回 SQL Server 系統資訊的值、物件或設定值。

在 T-SQL 運算式或 CREATE TABLE 指令的 DEFAULT 條件約束都可以使用這些系統函數。常用的系統函數說明，如下表所示：

系統函數	說明
@@IDENTIFY	傳回伺服器最後產生 IDENTITY 欄位自動編號的值，如果沒有產生傳回 NULL
@@ROWCOUNT	傳回最近執行 T-SQL 指令敘述所影響的記錄數
@@ERROR	傳回最近執行 T-SQL 指令敘述所產生的錯誤編號，如果沒有錯誤傳回 0
@@SERVERNAME	傳回伺服器名稱

SQL 指令碼檔：Ch13_4_4.sql

請在批次使用 SQL Server 系統函數來取得系統的相關資訊，如下所示：

```
DECLARE @MyRowCount int, @MyIdentity int
INSERT 課程備份 2
SELECT 課程編號, 名稱, 學分 FROM 課程
WHERE 學分 >= 4
SET @MyRowCount = @@ROWCOUNT
SET @MyIdentity = @@IDENTITY
SELECT @MyRowCount AS 影響的記錄數,
       @@SERVERNAME AS 伺服器名稱,
       @MyIdentity AS 自動編號,
       @@ERROR AS 錯誤編號
```

上述批次在【課程備份】資料表新增記錄後，使用系統函數取得影響的記錄數和相關資訊，如下圖所示：

	影響的記錄數	伺服器名稱	自動編號	錯誤編號
1	3	DESKTOP-JOE	NULL	0

13-5 運算式與運算子

運算式（Expressions）可以傳回單一值的運算結果，這是由一或多個常數、識別名稱、函數和變數組成，稱為運算元（Operands），在一或多個運算元之間是使用運算子（Operators）來連接。

T-SQL 運算式可以分為算術、條件、邏輯或字串等多種運算式。事實上，T-SQL 指令的子句或子查詢也都可以使用運算式，例如：WHERE 子句的條件運算式。

13-5-1 運算子的優先順序

T-SQL 語言的運算子分為很多種，在同一個運算式如果同時使用多種運算子，為了讓運算式能夠得到相同的運算結果，運算式是以運算子預設的優先順序來進行運算。T-SQL 常用運算子預設的優先順序（愈上面愈優先），如下表所示：

運算子	說明
~	位元運算子 NOT
*、/、%	算術運算子的乘、除法和餘數
+、-、^、&、|	單運算元運算子的正號、負號、算術運算子的加和減法、字串連接運算子（+）、位元運算子的 XOR、AND 和 OR
=、>、>=、<、<=、<>、!=、!>、!<	比較運算子的大於、大於等於、小於和小於等於、等於、不等於、不大於、不小於
NOT	邏輯運算子 NOT
AND	邏輯運算子 AND
ALL、ANY、BETWEEN、IN、LIKE、OR、SOME	ALL、ANY、BETWEEN、IN、LIKE、OR 和 SOME 邏輯運算子
=	指定運算子

如果運算式中的兩個運算子擁有相同的優先順序時，請依據在運算式中的位置，由左至右進行運算。如果需要，我們可以使用括號推翻上表的運算子優先順序，在括號中的運算式優先執行運算後，才和括號外的運算子進行運算。

13-5-2　T-SQL 的運算子

　　T-SQL 支援多種運算子，包含：算術、比較、邏輯、字串連接、位元和單運算元運算子。因為在第 8~9 章的 SELECT 指令已經說明過很多 T-SQL 運算子，所以本節只準備簡單說明各種 T-SQL 運算子。

算術運算子（Arithmetic Operators）

　　算術運算子就是加法（＋）、減法（-）、乘法（＊）、除法（／）和餘數（％），可以用來執行數值或日期/時間的運算，如下所示：

```
PRINT CAST('2023-06-30' AS datetime) - 1
PRINT CAST('2023-06-30' AS datetime) + 1
```

　　上述 T-SQL 指令敘述可以顯示前一天和後一天的日期資料。在＜第 8-2-3 節：計算值欄位＞已經說明過這些算術運算子。

比較運算子（Comparison Operators）

　　比較運算子可以比較數值、日期/時間或字串的大小，詳細的運算子說明請參閱＜第 8-4-1 節：比較運算子＞。

邏輯運算子（Logical Operators）

　　邏輯運算子可以連接條件運算式來建立複雜的搜尋條件，或在子查詢判斷 True 或 False。在＜第 8-4-2 節：邏輯運算子＞和＜第 9-4-3 節：邏輯運算子的子查詢＞已經說明過這些邏輯運算子。

字串連接運算子（String Concatenation Operators）

　　字串連接運算子「＋」號可以連接字串欄位值或字串常數，其資料類型只限 char、varchar 和 text 等，進一步說明請參閱＜第 8-2-3 節：計算值欄位＞。

位元運算子（Bitwise Operators）

位元運算子 AND、OR、XOR 和 NOT 可以執行位元的邏輯運算，其說明如下表所示：

運算子	範例	說明
&	op1 & op2	位元的 AND 運算子，2 個運算元的位元值同為 1 時為 1，如果有一個為 0，就是 0
|	op1 | op2	位元的 OR 運算子，2 個運算元的位元值只需有一個是 1，就是 1，否則為 0
^	op1 ^ op2	位元的 XOR 運算子，2 個運算元的位元值只需任一個為 1，結果為 1，如果同為 0 或 1 時結果為 0
~	~ op	位元的 NOT 運算了就是 1'補數運算，即位元值的相反值，1 成 0；0 成 1

單運算元運算子（Unary Operators）

單運算元運算子只能有一個運算元，而且只能使用在數值類型，T-SQL 支援三種單運算元運算子，如下表所示：

運算子	範例	說明
+	+ op	正號，表示數值為正
-	- op	負號，表示數值為負
~	~ op	位元的 NOT 運算子，在之前已經說明過

指定運算子（Assignment Operator）

指定運算子可以將數值、字串等資料指定給欄位或 T-SQL 變數，進一步說明請參閱＜第 13-4-2 節：指定變數值＞和下一節簡潔的 T-SQL 運算式。

13-5-3　簡潔的 T-SQL 運算式

　　T-SQL 的指定敘述支援類似 C 語言的縮寫方式，除了使用「＝」等號的指定運算子來建立指定敘述外，還可以配合其他運算子來簡化運算式的撰寫，建立更簡潔的 T-SQL 運算式，如下表所示：

運算子	範例	相當的運算式	說明
=	@x = @y	N/A	指定敘述
+=	@x += @y	@x = @x + @y	加法
-=	@x -= @y	@x = @x - @y	減法
*=	@x *= @y	@x = @x * @y	乘法
/=	@x /= @y	@x = @x / @y	除法
&=	@x &= @y	@x = @x & @y	位元的 AND 運算
|=	@x |= @y	@x = @x | @y	位元的 OR 運算
^=	@x ^= @y	@x = @x ^ @y	位元的 XOR 運算

📺　SQL 指令碼檔：Ch13_5_3.sql

　　請宣告 2 個變數後，使用類似 C 語言的縮寫方式來執行變數的乘法運算，如下所示：

```
DECLARE @x int = 4, @y int = 20
SET @x *= @y
SELECT @x, @y
```

　　上述批次的乘法運算是使用縮寫寫法，其執行結果如下圖所示：

	(沒有資料行名稱)	(沒有資料行名稱)
1	80	20

13-5-4 類型轉換運算子

「資料類型轉換」（Type Conversions）是因為運算式可能擁有多個不同資料類型的變數或常數值。例如：在運算式中擁有 int 和 smallint 類型的變數時，就需要執行類型轉換。

在 T-SQL 的類型轉換可以分為兩種，一種是 SQL Server 自動進行的轉換，例如：int 和 smallint 會自動將 smallint 轉換成 int，稱為「隱含類型轉換」（Implicit Conversion）。另一種情況是在運算式使用 CAST 運算子或 CONVERT()函數強迫轉換類型，稱為「強迫類型轉換」（Explicit Conversion）。

CAST 運算子

CAST 運算子是 ANSI-SQL 標準的類型轉換運算子，可以將資料從一種資料類型轉換成另一種資料類型，如下所示：

```
PRINT '學分總數:' + CAST(@total AS char)
PRINT CAST('2023-06-30' AS datetime) - 1
```

上述 T-SQL 指令敘述分別將整數@tatal 變數轉換成 AS 關鍵字後的 char 類型，和日期常數轉換成 datetime 類型。

CONVERT()函數

CONVERT()函數是 T-SQL 函數，一樣可以將資料從一種資料類型轉換成另一種資料類型，如下所示：

```
PRINT '學分總數:' + CONVERT(char, @total)
PRINT CONVERT(datetime, '2023-06-30') - 1
```

上述 T-SQL 指令敘述是和前述 CAST 運算子相同功能的 T-SQL 指令敘述，不過，CONVERT()函數的第 1 個參數是轉換類型。

13-6 流程控制結構

T-SQL 指令碼大部分是一列指令敘述接著一列指令敘述循序的執行，但是對於複雜的工作，為了達成預期的執行結果，我們需要使用「流程控制結構」（Control Structures）來控制執行的流程。

T-SQL 流程控制指令可以配合條件判斷來執行不同的指令敘述，或重複執行指令敘述。流程控制主要分為兩類，如下所示：

- 條件控制：條件控制是一個選擇題，可能為單一選擇或多選一，依照條件決定執行那一個指令敘述，或整個區塊的指令敘述。

- 迴圈控制：迴圈控制是重複執行指令敘述或整個區塊的指令敘述，在迴圈擁有結束條件來結束迴圈的執行。

13-6-1 BEGIN/END 指令區塊

BEGIN/END 指令可以將多個 T-SQL 指令群組成一個邏輯區塊，在 T-SQL 通常是搭配流程控制指令來使用。一般來說，BEGIN/END 指令的使用時機，如下：

- WHILE 迴圈指令需要包含一個邏輯區塊的 T-SQL 指令。

- IF 或 ELSE 條件指令需要包含一個邏輯區塊的 T-SQL 指令。

- CASE 函數需要包含一個邏輯區塊的 T-SQL 指令。

當流程控制指令需要執行兩個或以上的 T-SQL 指令時，我們就需要使用 BEGIN/END 指令來括起來（完整 SQL 指令碼檔：Ch13_6_1.sql），如下：

```
DECLARE @dbName varchar(10) = '教務系統'
IF @dbName = '教務系統'
BEGIN
    PRINT '資料庫: 教務系統'
    PRINT '資料表: 教授, 課程'
END
```

上述批次是 IF 條件指令的範例，如果條件成立，即 True，就顯示訊息，因為執行的指令有 2 個，所以使用 BEGIN 和 END 指令群組成一個邏輯區塊。

13-6-2 IF/ELSE 條件控制指令

IF 條件控制指令可以依條件決定是否執行 T-SQL 指令敘述，其語法如下所示：

```
IF 條件運算式
   { 指令敘述 | BEGIN … END }
[ELSE
   { 指令敘述 | BEGIN … END } ]
```

上述語法使用條件運算式判斷是否執行之後的指令敘述，或 BEGIN/END 區塊。如果 IF 條件成立（True），就執行之後的指令敘述或 BEGIN/END 區塊。

如果是二選一的條件，可以加上 ELSE 指令，此時 IF 條件成立（True），就執行 ELSE 前的指令敘述；不成立（False），就執行之後的指令敘述。

SQL 指令碼檔：Ch13_6_2.sql

請宣告變數@height 後，使用 IF 條件判斷身高是購買全票或半票，如下所示：

```
DECLARE @height int
SET @height = 125
IF @height <= 120
   PRINT '半票'
IF @height > 120
BEGIN
   PRINT '全票'
   PRINT 'height > 120'
END
```

上述 T-SQL 指令敘述在宣告和指定變數後，使用兩個 IF 條件判斷身高，因為第 2 個 IF 條件成立會執行 2 個 T-SQL 指令敘述，所以使用 BEGIN/END 指令括起，如右圖：

訊息
全票
height > 120

完成時間: 2022-12-31T11:05:31.3417679+08:00
100 %

SQL 指令碼檔：Ch13_6_2a.sql

請使用 IF 條件判斷【教授】資料表是否有記錄，如下所示：

```
IF (SELECT COUNT(*) FROM 教授) >= 1
    PRINT '教授資料表有存在記錄!'
ELSE
    PRINT '教授資料表沒有記錄!'
```

上述 T-SQL 指令敘述使用 IF 條件判斷【教授】資料表是否有記錄存在，如右圖所示：

T-SQL 語言提供 DB_ID()和 OBJECT_ID()內建函數來檢查資料庫，和資料庫物件是否存在，其說明如下表所示：

T-SQL 內建函數	說明
DB_ID(資料庫名稱)	檢查參數的資料庫名稱是否存在，如果不存在，傳回 NULL 值
OBJECT_ID(物件名稱)	檢查參數的資料表、檢視表、預存程序、自訂函數和觸發程序的物件是否存在，如果不存在，傳回 NULL 值

SQL 指令碼檔：Ch13_6_2b.sql

請使用 IF 條件判斷【教務系統】資料庫是否存在，接著判斷【課程】資料表是否存在，如下所示：

```
USE master
IF DB_ID('教務系統') IS NOT NULL
    PRINT '找到教務系統資料庫!'
ELSE
    PRINT '教務系統資料庫找不到!'
USE 教務系統
IF OBJECT_ID('課程') IS NOT NULL
    PRINT '找到課程資料表!'
ELSE
    PRINT '找不到課程資料表!'
```

上述 T-SQL 指令敘述使用 IF 條件判斷【教務系統】資料庫和【課程】資料表物件是否存在，如下圖所示：

13-6-3 RETURN 中斷查詢指令

RETURN 關鍵字可以中斷批次或預存程序的執行，也就是說，在此關鍵字之後的 T-SQL 指令敘述都不會執行，其基本語法如下所示：

```
RETURN [整數運算式]
```

上述語法的 RETURN 關鍵字如果使用在預存程序，可以傳回一個整數值，如果沒有指定，預設傳回 0。

SQL 指令碼檔：Ch13_6_3.sql

請宣告變數取得課程數，並且使用 IF 條件判斷【學生】資料表是否有記錄，如下所示：

```
DECLARE @total int
SET @total = (SELECT COUNT(*) FROM 課程)
IF (SELECT COUNT(*) FROM 學生) >= 1
BEGIN
    PRINT '學生資料表有記錄資料!'
    RETURN
END
ELSE
    PRINT '學生資料表沒有記錄資料!'
PRINT '課程數:' + CAST(@total AS char)
```

上述 T-SQL 指令敘述使用 IF 條件判斷【學生】資料表是否有記錄存在，因為使用 RETURN 關鍵字，所以不會顯示最後的課程數，如下圖所示：

13-6-4 CASE 多條件函數

CASE 多條件函數可以建立多條件判斷的指令敘述，不過，SQL Server 的 CASE 指令事實上是一個函數，所以不能改變執行流程，只能從多個運算式中，傳回符合條件的運算式值。

在 SQL Server 的 CASE 函數分為兩種：簡單 CASE 函數（Simple CASE Function）和搜尋 CASE 函數（Searched CASE Function）。

簡單 CASE 函數

簡單 CASE 函數是執行單一值相等的比較，其基本語法如下所示：

```
CASE 輸入運算式
    WHEN 比較運算式 THEN 結果運算式 [...n]
    [ ELSE 例外的結果運算式 ]
END
```

上述 CASE 函數的語法是比較輸入運算式是否等於 WHEN 子句的比較運算式（可以同時有多個 WHEN 子句），傳回第一個符合 WHEN 子句的結果運算式值。如果所有 WHEN 子句都不符合條件，就傳回 ELSE 子句運算式的值。

SQL 指令碼檔：Ch13_6_4.sql

請使用 CASE 函數將【學生】資料表的性別欄位改為 Male 和 Female 來顯示，如下所示：

```
SELECT 學號, 姓名,
   CASE 性別
      WHEN '男' THEN 'Male'
      WHEN '女' THEN 'Female'
      ELSE 'N/A'
   END AS 學生性別
FROM 學生
```

上述 T-SQL 指令敘述使用 CASE 函數更改欄位值，當 WHEN 子句的條件值與【性別】欄位值相等時，就傳回 THEN 之後更改的常數值，如右圖所示：

	學號	姓名	學生性別
1	S001	陳會安	Male
2	S002	江小魚	Female
3	S003	張無忌	Male
4	S004	陳小安	Male
5	S005	孫燕之	Female
6	S006	周杰輪	Male
7	S007	蔡一零	Female
8	S008	劉得華	Male

搜尋 CASE 函數

搜尋 CASE 函數是一種多條件的比較，並不需要輸入運算式，而是在每一個 WHEN 子句建立布林條件的運算式，其基本語法如下所示：

```
CASE
   WHEN 布林運算式 THEN 結果運算式 [...n]
   [ ELSE 例外的結果運算式]
END
```

上述 CASE 函數的語法是檢查每一個 WHEN 子句的布林運算式，傳回第一個 WHEN 子句為 True 的結果運算式值。如果所有 WHEN 子句都不符合條件，就傳回 ELSE 子句的運算式值。

SQL 指令碼檔：Ch13_6_4a.sql

請使用 CASE 函數依年齡變數@age 的條件來指定變數@type 的值，如下所示：

```
DECLARE @type varchar(12), @age int
SET @age = 25
SET @type =
   CASE
      WHEN @age < 15 THEN '小孩'
      WHEN @age < 60 THEN '成人'
      WHEN @age < 100 THEN '老人'
      ELSE 'Free'
   END
PRINT @type
```

上述 T-SQL 指令敘述的每一個
WHEN 指令後是條件運算式，當第 1 個
WHEN 指令後的條件運算式為 True 時，
傳回 THEN 指令後的值，如右圖所示：

13-6-5 WHILE 迴圈控制

T-SQL 的 WHILE 迴圈可以建立迴圈的控制結構，不只如此，對於 WHILE 迴圈，
我們還可以使用 BREAK 關鍵字跳出迴圈，或 CONTINUE 關鍵字繼續迴圈的執行。

WHILE 迴圈控制

WHILE 迴圈控制是在迴圈開頭檢查條件，判斷是否允許進入迴圈，只有當測
試條件成立時才允許進入迴圈；不成立就離開迴圈，其基本語法如下所示：

```
WHILE 條件運算式
   { 指令敘述 | BEGIN … END }
```

上述語法使用條件運算式判斷是否執行迴圈中的指令敘述或 BEGIN/END 區
塊。在區塊中可以包含 BREAK 關鍵字跳出迴圈，或 CONTINUE 關鍵字繼續迴圈
的執行。

SQL 指令碼檔：Ch13_6_5.sql

請使用 WHILE 迴圈計算從 1 加至 5 的總和，如下所示：

```
DECLARE @counter int, @total int
SET @counter = 1
SET @total = 0
WHILE @counter <= 5
BEGIN
   SET @total = @total + @counter
   PRINT '計數: ' + CAST(@counter AS char)
   SET @counter = @counter + 1
END
PRINT '1 加到 5 = ' + CAST(@total AS char)
```

上述 WHILE 迴圈計算從 1 加到 5 的總和，只需符合條件就執行迴圈區塊的指令敘述，迴圈的結束條件為 @counter > 5，如右圖所示：

巢狀迴圈

巢狀迴圈是指在 WHILE 迴圈中擁有其他 WHILE 迴圈，迴圈如同巢狀般一層一層的排列。

SQL 指令碼檔：Ch13_6_5a.sql

在建立 TextBooks 資料表後，請使用巢狀 WHILE 迴圈新增資料表的記錄資料，如下所示：

```
DECLARE @book_Id int, @category_Id int
CREATE TABLE TextBooks (book_Id int, category_Id int)
SET @book_Id = 0
SET @category_Id = 0
WHILE @book_Id < 2
BEGIN
   SET @book_Id = @book_Id + 1
   WHILE @category_Id < 3
```

```
    BEGIN
        SET @category_Id = @category_Id + 1
        INSERT INTO TextBooks
        VALUES(@book_Id, @category_Id)
    END
    SET @category_Id = 0
END
SELECT * FROM TextBooks
DROP TABLE TextBooks
```

上述 WHILE 巢狀迴圈共有兩層，第一層迴圈執行 2
次，第二層迴圈執行 3 次，兩層迴圈共執行 6 次，所以新
增 6 筆記錄，如右圖所示：

	book_Id	category_Id
1	1	1
2	1	2
3	1	3
4	2	1
5	2	2
6	2	3

BREAK 關鍵字跳出迴圈

WHILE 迴圈如果尚未到達結束條件，我們可以在 BEGIN/END 區塊使用
BREAK 關鍵字來強迫跳出迴圈，即中斷 WHILE 迴圈的執行。

SQL 指令碼檔：Ch13_6_5b.sql

請使用 WHILE 迴圈計算 1 加至 5 的總和，WHILE 迴圈是使用 BREAK 關鍵
字來中斷迴圈的執行，如下所示：

```
DECLARE @counter int, @total int
SET @total = 0
SET @counter = 1
WHILE @counter <= 15
BEGIN
    SET @total = @total + @counter
    PRINT '計數: ' + CAST(@counter AS char)
    SET @counter = @counter + 1
    IF @counter > 5 BREAK
END
PRINT '1 加到 5 = ' + CAST(@total AS char)
```

上述 WHILE 迴圈當 IF 條件為 True 時，就執行 BREAK 關鍵字跳出迴圈，雖然 WHILE 迴圈可以執行 15 次，但在第 5 次就使用 BREAK 關鍵字強迫跳出迴圈，其執行結果和 Ch13_6_5.sql 相同。

CONTINUE 關鍵字繼續迴圈

CONTINUE 關鍵字可以不執行完迴圈的所有指令敘述，就馬上執行下一次迴圈。

> 🖳 **SQL 指令碼檔：Ch13_6_5c.sql**

請使用 WHILE 迴圈配合 CONTINUE 關鍵字來計算 1 至 100 之間的奇數總和，如下所示：

```
DECLARE @counter int, @total int
SET @total = 0
SET @counter = 0
WHILE @counter <= 99
BEGIN
    SET @counter = @counter + 1
    IF @counter % 2 = 0 CONTINUE
    SET @total = @total + @counter
END
PRINT '總和: ' + CAST(@total AS char)
```

上述 WHILE 迴圈使用 IF 條件判斷是否執行 CONTINUE 關鍵字，如果@counter 是偶數，就馬上執行下一次迴圈，可以計算奇數的總和，如右圖：

13-6-6　GOTO 跳躍至指定標籤

T-SQL 的 GOTO 關鍵字可以變更執行流程至指定的標籤（Label），其基本語法如下所示：

```
GOTO 標籤名稱
```

上述語法可以跳躍至標籤名稱的下一個指令敘述來繼續執行。標籤的語法如下：

標籤名稱：

上述語法在標籤名稱後是「:」符號。GOTO 關鍵字最常使用在跳出巢狀迴圈，因為 BREAK 關鍵字只能跳出目前這一層 WHILE 迴圈，如果需要跳出整個巢狀迴圈，就需要使用 GOTO 關鍵字。

🖥️ (SQL 指令碼檔：Ch13_6_6.sql)

在建立 TextBooks 資料表後，請使用巢狀 WHILE 迴圈產生資料表的記錄資料，我們是使用 GOTO 關鍵字跳出整個巢狀迴圈，所以沒有執行完整個巢狀迴圈，如下所示：

```
DECLARE @book_Id int, @category_Id int
CREATE TABLE TextBooks (book_Id int, category_Id int)
SET @book_Id = 0
SET @category_Id = 0
WHILE @book_Id < 2
BEGIN
    SET @book_Id = @book_Id + 1
    WHILE @category_Id < 3
    BEGIN
        SET @category_Id = @category_Id + 1
        IF @book_id = 1 AND @category_id = 3
            GOTO BREAK_POINT
        INSERT INTO TextBooks
        VALUES(@book_Id, @category_Id)
    END
    SET @category_Id = 0
END
BREAK_POINT:
SELECT * FROM TextBooks
DROP TABLE TextBooks
```

上述 T-SQL 指令敘述使用 GOTO 關鍵字跳出兩層巢狀迴圈，當 IF 條件為 True 時，就跳至 BREAK_POINT:標籤的位置，所以只新增 2 筆記錄，如右圖所示：

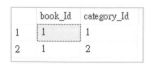

	book_Id	category_Id
1	1	1
2	1	2

13-6-7 WAITFOR 暫停執行

WAITFOR 關鍵字可以暫停批次、預存程序或交易的執行，其語法如下所示：

```
WAITFOR { DELAY | TIME } 時間
```

上述語法可以使用 DELAY 關鍵字指定延遲一段時間，例如：2 秒，或使用 TIME 關鍵字指定延遲至指定的時間，例如：下午 10 點。時間格式是 hh:mm:ss。

 SQL 指令碼檔：Ch13_6_7.sql

請延遲 3 秒才執行【學生】資料表的查詢，如下所示：

```
WAITFOR DELAY '00:00:03'
SELECT * FROM 學生
```

 SQL 指令碼檔：Ch13_6_7a.sql

請延遲至下午 23 點才執行【員工】資料表的查詢，如下所示：

```
WAITFOR TIME '23:00'
SELECT * FROM 員工
```

13-6-8 IIF 與 CHOOSE 函數

SQL Server 提供源自 Visual Basic 語言的 IIF()和 CHOOSE()邏輯函數，可以建立單行指令敘述的條件判斷來傳回單一值。

IIF()函數

IIF()函數可以依據參數的布林運算式值來決定傳回之後 2 個參數值之一，其基本語法如下所示：

```
IIF(布林運算式, 真值, 偽值)
```

上述函數有 3 個參數，以第 1 個參數的布林運算式值來決定傳回第 2 或第 3 個參數值，True 傳回第 2 個參數；False 傳回第 3 個參數。

　SQL 指令碼檔：Ch13_6_8.sql

在宣告數學和英文成績的@math 和@english 變數後，請使用 IIF()函數判斷哪一個成績比較高，可以傳回不同的訊息文字，如下所示：

```sql
DECLARE @math int = 65
DECLARE @english int = 70
DECLARE @result varchar(10)
SET @result = IIF ( @math > @english, '數學高', '英文高' )
PRINT @result
```

上述 T-SQL 指令敘述使用 IIF()函數判斷哪一門課的成績高，因為布林條件值為 False，所以傳回第 3 個參數，如右圖所示：

IIF()函數可以建立複雜條件的布林運算式，即使用 AND 或 OR 運算子來連接多個條件。

　SQL 指令碼檔：Ch13_6_8a.sql

在宣告變數@a 和@b 後，請使用 IIF()函數建立複雜條件的布林運算式來判斷傳回哪一個值，如下所示：

```sql
DECLARE @a int = 55
DECLARE @b int = 40
SELECT IIF ( @a > @b and @b > 35, 'TRUE', 'FALSE' ) AS 結果
```

上述 T-SQL 指令敘述使用 IIF()函數判斷傳回值，因為使用 AND 連接的布林條件值為 True，所以傳回第 2 個參數，如右圖所示：

	結果
1	TRUE

CHOOSE()函數

CHOOSE()函數可以使用第 1 個參數的索引值來指定傳回清單的哪一個值，其基本語法如下所示：

```sql
CHOOSE(索引值, 值 1, 值 2 [, 值_n ])
```

上述函數的第 1 個參數是索引值，從 1 開始，可以傳回之後參數的值清單（可以是任何資料類型）之一，1 是傳回第 2 個參數值；2 是傳回第 3 個參數值，以此類推。

SQL 指令碼檔：Ch13_6_8b.sql

在宣告變數@type 的索引值後，請使用 CHOOSE()函數傳回購買的門票種類，如下所示：

```
DECLARE @type int
SET @type = 2
DECLARE @result varchar(10)
SET @result = CHOOSE ( @type, '全票', '半票', '敬老票', '免票')
PRINT @result
```

上述 T-SQL 指令敘述使用 CHOOSE()函數判斷門票種類，因為索引值是 2，所以傳回第 3 個參數，如右圖所示：

13-7 | 錯誤處理

T-SQL 提供類似 C++、C#或 Java 等語言的 try/catch 錯誤處理指令敘述，可以讓我們在 T-SQL 建立結構化的錯誤處理機制。

13-7-1 錯誤處理結構

T-SQL 錯誤處理是使用 TRY/CATCH 指令建立的 TRY 區塊和 CATCH 區塊組成，這兩個區塊必須包含在同一個批次、預存或觸發程序中。

錯誤處理指令敘述

TRY/CATCH 錯誤處理指令敘述分為 TRY 和 CATCH 區塊，CATCH 區塊必須緊接在 TRY 區塊後，其基本語法如下所示：

```
BEGIN TRY
    T-SQL 指令敘述
END TRY
BEGIN CATCH
    T-SQL 指令敘述
END CATCH
```

上述語法的 TRY 區塊是可能產生錯誤的 T-SQL 指令敘述，當錯誤產生時，就是在 CATCH 區塊進行錯誤處理。

因為 SQL Server 錯誤嚴重性等級分為 1~25 級，TRY 區塊會忽略嚴重性等級 10 以下的錯誤，嚴重性等級 20~25 的錯誤屬於十分嚴重的錯誤，程式通常會立即停止，所以，TRY/CATCH 指令對於這種等級的錯誤也無法進行處理。

SQL 指令碼檔：Ch13_7_1.sql

請使用 TRY/CATCH 指令敘述建立除以零錯誤的錯誤處理，如下所示：

```
BEGIN TRY
    SELECT 1/0    -- 除以零的錯誤
END TRY
BEGIN CATCH
    -- 顯示錯誤資訊
    SELECT ERROR_NUMBER() AS ErrorNumber,
           ERROR_SEVERITY() AS ErrorSeverity,
           ERROR_STATE() AS ErrorState,
           ERROR_PROCEDURE() AS ErrorProcedure,
           ERROR_LINE() AS ErrorLine,
           ERROR_MESSAGE() AS ErrorMessage
END CATCH
```

上述 BEGIN TRY/END TRY 區塊是欲偵測錯誤的 T-SQL 指令敘述，如果 TRY 區塊沒有錯誤，就執行 END CATCH 指令後的指令。

如果 TRY 區塊有錯誤時，就是在 BEGIN CATCH/END CATCH 區塊處理錯誤，我們可以使用錯誤處理函數來取得進一步的錯誤資訊，如下圖所示：

	ErrorNumber	ErrorSeverity	ErrorState	ErrorProcedure	ErrorLine	ErrorMessage
1	8134	16	1	NULL	2	發現除以零的錯誤。

錯誤處理函數

在 CATCH 區塊可以使用錯誤處理函數取得 TRY 區塊產生的錯誤資訊,其相關函數的說明如下表所示:

錯誤處理函數	說明
ERROR_NUMBER()	傳回錯誤號碼
ERROR_MESSAGE()	傳回完整的錯誤訊息
ERROR_SEVERITY()	傳回錯誤嚴重性代碼
ERROR_STATE()	傳回錯誤的狀態碼
ERROR_LINE()	傳回造成錯誤的行列號
ERROR_PROCEDURE()	傳回發生錯誤的預存或觸發程序名稱

13-7-2 使用 RAISERROR()函數產生錯誤訊息

T-SQL 可以使用 RAISERROR() 函數自行產生錯誤訊息,以便使用 TRY/CATCH 錯誤處理指令敘述來進行錯誤處理。

新增錯誤訊息

RAISERROR()函數除了可以產生系統預設的錯誤訊息外,我們也可以自行新增所需的錯誤訊息,這是使用 sp_addmessage 系統預存程序新增的錯誤訊息,其基本語法如下所示:

```
EXEC sp_addmessage 訊息編號, 嚴重等級 ,'錯誤訊息文字',
                   @lang = '使用的語言'
```

　　上述系統預存程序的第 1 個參數是訊息編號，自訂訊息編號需大於 50000，第 2 個參數是嚴重等級，SQL Server 錯誤嚴重性等級分為 1~25 級，其中 19~25 等級只有系統管理者才有權限設定。

　　第 3 個參數是錯誤訊息，最後一個參數指定錯誤訊息的語言，【us_english】是英文版錯誤訊息；【繁體中文】是中文版。因為在 SQL Server 新增自訂錯誤訊息需先建立英文版本，才允許新增其他語言版本的自訂錯誤訊息。

> **SQL 指令碼檔：Ch13_7_2.sql**

　　請使用系統預存程序新增成績為負數的自訂錯誤訊息，如下所示：

```
EXEC sp_addmessage 55555, 5 ,'Error! grade < 0!',
      @lang = 'us_english'
GO
EXEC sp_addmessage 55555, 5 ,'成績為負數的錯誤!',
      @lang = '繁體中文'
```

　　上述系統預存程序依序新增英文版和中文版的自訂錯誤訊息。

產生錯誤訊息

　　RAISERROR()函數可以自行產生錯誤訊息，其基本語法如下所示：

```
RAISERROR ( { 錯誤編號 | 錯誤訊息 }, 嚴重等級, 錯誤狀態 )
```

　　上述函數的第 1 個參數是錯誤編號，即前述新增錯誤訊息的編號，或直接使用系統錯誤訊息編號。RAISERROR()函數產生的錯誤編號也會存入全域變數 @@ERROR。

　　第 2 個參數是 SQL Server 錯誤嚴重性等級分為 1~25 級，其中 19~25 等級只有系統管理者才有權限設定。最後 1 個參數是錯誤狀態，值可以是 1~127，其意義可由使用者自行定義。

SQL 指令碼檔：Ch13_7_2a.sql

　　請使用 TRY/CATCH 指令敘述建立錯誤處理，其中的錯誤是由 RAISERROR()
函數產生錯誤編號 55555 的自訂錯誤訊息，如下所示：

```
BEGIN TRY
    RAISERROR (55555, 17, 10)
END TRY
BEGIN CATCH
    SELECT ERROR_NUMBER() AS ErrorNumber,
           ERROR_SEVERITY() AS ErrorSeverity,
           ERROR_STATE() AS ErrorState,
           ERROR_PROCEDURE() AS ErrorProcedure,
           ERROR_LINE() AS ErrorLine,
           ERROR_MESSAGE() AS ErrorMessage
END CATCH
```

　　上述 BEGIN TRY/END TRY 區塊可以偵測 RAISERROR()函數產生的錯誤，
如下圖所示：

	ErrorNumber	ErrorSeverity	ErrorState	ErrorProcedure	ErrorLine	ErrorMessage
1	55555	17	10	NULL	2	成績為負數的錯誤!

　　上述圖例因為錯誤嚴重性等級超過 10 是 17，所以可以由 TRY/CATCH 指令敘述的錯誤處理來處理錯誤；如果小於 10，例如：改為 7，就只會顯示錯誤訊息，如右圖所示：

13-7-3 THROW 指令敘述

　　SQL Server 可以使用 THROW 指令敘述來丟出例外，用來取代 RAISERROR()
函數，其基本語法如下所示：

```
THROW [ 錯誤編號, 錯誤訊息, 狀態值 ][;]
```

　　上述語法的第 1 個參數是錯誤編號，就是上一節新增錯誤訊息的編號，其值為整數且大於等於 5000，第 2 個參數是錯誤訊息字串，最後 1 個是對應訊息文字的狀態值，範圍是 0~255。

　　如果 THROW 指令敘述沒有任何參數，就只能出現在 BEGIN CATCH/END CATCH 區塊。

SQL 指令碼檔：Ch13_7_3.sql

　　請使用 TRY/CATCH 指令敘述建立重複插入記錄的錯誤處理，在 CATCH 區塊是使用 THROW 指令敘述丟出例外（沒有參數），如下所示：

```
USE tempdb
GO
CREATE TABLE MyTEMPDB (ID INT PRIMARY KEY )
BEGIN TRY
    INSERT MyTEMPDB(ID) VALUES(1)
    INSERT MyTEMPDB(ID) VALUES(1)   -- 重複插入記錄
END TRY
BEGIN CATCH
    THROW
END CATCH
```

　　上述 BEGIN TRY/END TRY 區塊因為重複插入記錄產生錯誤，所以執行 BEGIN CATCH/END CATCH 區塊處理錯誤，我們是使用 THROW 指令敘述丟出例外，由 SQL Server 處理來顯示系統預設的錯誤訊息，如下圖所示：

```
訊息

(1 個資料列受到影響)

(0 個資料列受到影響)
訊息 2627，層級 14，狀態 1，行 6
違反 PRIMARY KEY 條件約束 'PK__MyTEMPDB__3214EC27067ED205'。無法在物件 'dbo.MyTEMPDB' 中插入重複的索引鍵。重複的索引鍵值是 (1)。

完成時間: 2022-12-31T12:35:25.7399347+08:00

100 %
```

　　THROW 指令敘述可以取代上一節 RAISERROR()函數來產生自訂錯誤訊息。

SQL 指令碼檔：Ch13_7_3a.sql

請使用 TRY/CATCH 指令敘述建立除以零錯誤的錯誤處理，在 CATCH 區塊是使用 THROW 指令敘述丟出自訂訊息的例外，如下所示：

```
BEGIN TRY
    SELECT 1/0    -- 除以零的錯誤
END TRY
BEGIN CATCH
    THROW 51000, '除以零的錯誤....', 1
END CATCH
```

上述 BEGIN TRY/END TRY 區塊因為除以零的錯誤，所以執行 BEGIN CATCH/END CATCH 區塊處理錯誤，使用 THROW 指令敘述丟出自訂錯誤訊息的例外，如下圖所示：

13-8 | 產生 SQL Server 指令碼

實務上，我們除了自行撰寫 T-SQL 指令碼外，也可以在 Management Studio 使用產生 SQL Server 指令碼精靈或直接在「物件總管」視窗產生所需的指令碼。

13-8-1 編寫資料庫的指令碼

在 Management Studio 的「物件總管」視窗可以建立整個資料庫的 T-SQL 指令碼，或以預設選項建立指定資料庫物件的指令碼。指令碼可以直接產生至「查詢編輯器」視窗、檔案或剪貼簿。

例如：在「物件總管」視窗產生【教務系統】資料庫物件的指令碼，其步驟如下所示：

1️⃣ 請啟動 Management Studio 建立連線後，在「物件總管」視窗展開該執行個體的資料庫清單，在【教務系統】資料庫上，執行【右】鍵快顯功能表的「編寫資料庫的指令碼為>CREATE 至>新增查詢編輯器視窗」命令。

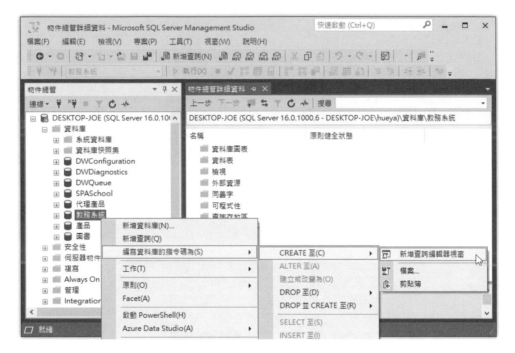

2️⃣ 稍等一下，就可以新增查詢視窗顯示產生的 CREATE DATABASE 指令碼，如下圖所示：

因為在「物件總管」視窗是選資料庫，所以是名為【編寫資料庫的指令碼為】命令，其子選單可以產生 CREATE 或 DROP 的指令碼，在子選單選【檔案】或【剪貼簿】命令，就可以將產生的指令碼存成檔案或貼至剪貼簿。

13-8-2 產生 SQL Server 指令碼精靈

在 SQL Server 的 Management Studio 提供資料庫物件的產生 SQL 指令碼精靈，可以自動產生指定物件的 SQL 指令碼檔案。精靈能夠逐步引導我們建立所需的指令碼，並且可以同時選取多個物件來產生指令碼。

例如：使用產生 SQL Server 指令碼精靈自動產生【教務系統】資料庫物件的指令碼，包含資料表與檢視表，其步驟如下所示：

❶ 請啟動 Management Studio 建立連線後，展開「物件總管」視窗的資料庫清單，在【教務系統】資料庫上，執行【右】鍵快顯功能表的「工作>產生指令碼」命令啟動產生 SQL Server 指令碼精靈，可以看到歡迎畫面。

❷ 按【下一步】鈕選擇物件，可以選擇需要產生指令碼的資料表和檢視表。

❸ 如果選第 1 個選項，可以產生資料庫所有物件的指令碼，請選第 2 個選項，
然後展開【資料表】，勾選欲產生的資料表。

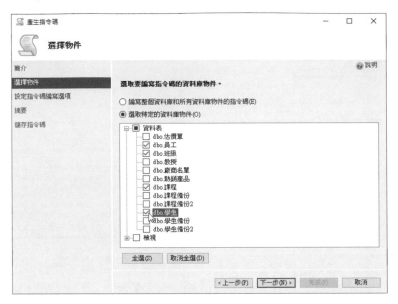

❹ 展開下方【檢視】勾選欲產生的檢視表後，按【下一步】鈕選擇輸出類型。

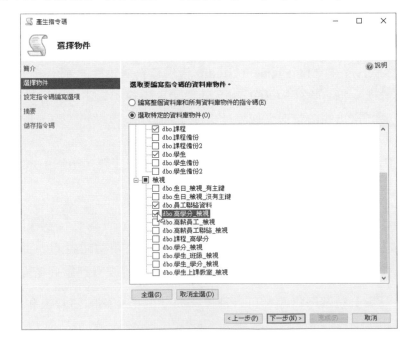

5 在下方選【在新的查詢視窗中開啟】，按【進階】鈕更改選項設定。

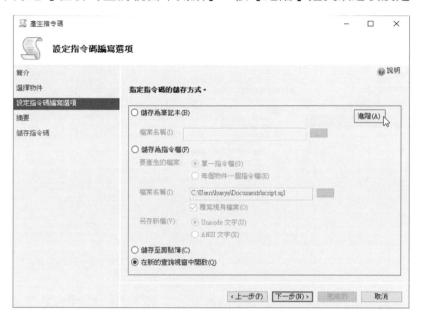

6 在【要編寫指令碼的資料類型】欄選【結構描述和資料】，除了產生定義的結構描述外，還會產生新增記錄的操作指令，按【確定】鈕，再按【下一步】鈕。

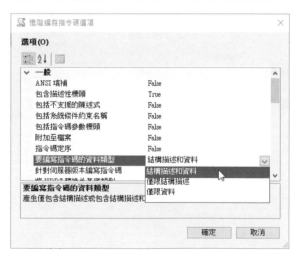

❼ 可以看到指令碼精靈的摘要資訊，按【下一步】鈕開始產生指令碼。

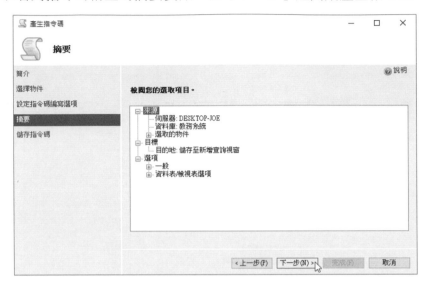

❽ 稍等一下，可以看到完成產生的精靈畫面，按【完成】鈕完成 T-SQL 指令碼的產生，可以建立一個新的查詢視窗顯示所產生的指令碼。

預存程序與順序物件

14-1 預存程序的基礎

預存程序(Stored Procedure)是將例行、常用和複雜的資料庫操作預先建立
成 T-SQL 指令敘述的集合,這是在資料庫管理系統執行的指令敘述集合,可以簡
化相關的資料庫操作來增進系統效能。

14-1-1 預存程序簡介

預存程序(Stored Procedures)是一組 T-SQL 指令敘述的集合,我們可以使用
T-SQL 流程控制指令來撰寫複雜的功能。不只如此,因為預存程序只需編譯一次,
就可以執行多次,所以,執行預存程序可以增進系統效能,因為執行時並不需重
新再編譯 T-SQL 指令敘述。

T-SQL 的預存程序分為兩種，如下所示：

- 使用者自訂預存程序（User-defined Stored Procedures）：使用者自行使用 T-SQL 指令敘述建立的預存程序。

- 系統預存程序（System Stored Procedures）：系統提供使用「sp」字首開頭的預存程序，這些是 SQL Server 已經預設寫好的預存程序，可以用來擴充 T-SQL 的功能，我們可以馬上使用這些系統預存程序來執行所需的操作。

　　一般來說，我們所稱的預存程序都是指使用者自訂預存程序，通常都是由例行、常用和複雜資料庫操作的 T-SQL 指令敘述所建立，事實上，幾乎任何的 T-SQL 指令敘述都可以建立成預存程序。例如：我們可以將常用的 SELECT 指令建立成預存程序，如下所示：

```
SELECT 學號, 姓名, 電話
FROM 學生
```

　　上述 SELECT 指令可以取出【學生】資料表的 3 個欄位。我們可以將此 SELECT 指令轉換成預存程序，如下所示：

```
CREATE PROCEDURE 學生資料查詢
AS
BEGIN
    SELECT 學號, 姓名, 電話
    FROM 學生
END
GO
```

　　在建立上述預存程序後，當執行此預存程序，就如同是執行【學生】資料表的查詢。

14-1-2　預存程序的優點

　　一般來說，我們建立的用戶端程式共有兩種方式來執行 T-SQL 指令敘述，如下所示：

- 在用戶端建立資料庫應用程式後，使用 ADO 或 ADO.NET 等元件送出 T-SQL 指令敘述至 SQL Scrvcr，就可以在 SQL Server 資料庫引擎執行 T-SQL 指令敘述。

- 在 SQL Server 先將欲執行的 T-SQL 指令敘述建立成預存程序，此時用戶端程式可以直接執行位在 SQL Server 的預存程序。

在用戶端執行預存程序而不直接送出 T-SQL 指令敘述的優點，如下所示：

- 增加執行效率：預存程序可以減少編譯花費的時間，當我們重複執行預存程序時，因為不需要重新編譯，所以能夠增進執行 T-SQL 指令敘述的效率。

- 節省網路頻寬：在用戶端只需送出一列指令敘述就可以執行位在 SQL Server 伺服器的預存程序，而不用傳送完整數列、數十至數百列的 T-SQL 指令敘述，可以減少網路傳送的資料量。

- 模組化程式設計：透過預存程序，T-SQL 語言也可以使用模組化程式設計，將常常執行的 T-SQL 指令敘述建立成多個預存程序的模組，讓使用者重複使用這些預存程序建立的函式庫。

- 提供安全性：預存程序是 SQL Server 資料庫物件，我們可以透過授與預存程序權限來存取使用者沒有擁有權限的物件。而且，擁有參數的預存程序還可以增加用戶端程式的安全性，降低駭客攻擊 SQL Server 伺服器的機會。

14-2 | 建立與執行預存程序

T-SQL 語言是使用 CREATE PROCEDURE（或 CREATE PROC）指令建立預存程序，其基本語法如下所示：

```
CREATE PROC[EDURE] 預存程序名稱
[ WITH {RECOMPILE | ENCRYPTION
       | RECOMPILE, ENCRYPTION}]
AS
T-SQL 指令敘述
```

上述語法使用 CREATE PROCEDURE 或 CREATE PROC 指令建立名為【預存程序名稱】的預存程序,預存程序的結構以 AS 關鍵字分成兩部分,之前是標頭(Header),可以宣告參數(以此例的語法沒有宣告參數)和指定選項;之後本體(Body)即程序執行的 T-SQL 指令敘述。

在預存程序後是參數和選項,以此例因為是建立沒有參數的預存程序,所以只有選項,WITH RECOMPILE 子句指定是否每次執行此預存程序都重新編譯。WITH ENCRYPTION 子句可以設定加密預存程序,如此使用者就無法使用系統檢視表來查詢預存程序的內容。

14-2-1 建立預存程序

在 SQL Server 可以使用 Management Studio 或新增查詢來建立和執行預存程序。雖然 Management Studio 可以建立預存程序,不過只是提供範本,事實上,仍然是執行 CREATE PROCEDURE 指令來建立預存程序。

使用 Management Studio 建立預存程序

在 Management Studio 建立預存程序十分容易。例如:在【教務系統】資料庫建立查詢【課程】資料表的預存程序,其步驟如下所示:

1 請 啟 動 Management Studio 建立連線後,在「物件總管」視窗展開【資料庫】下【教務系統】資料庫的【可程式性】項目,在【預存程序】上執行【右】鍵快顯功能表的【新增>預存程序】命令。

2 可以看到查詢編輯視窗的預存程序範本。

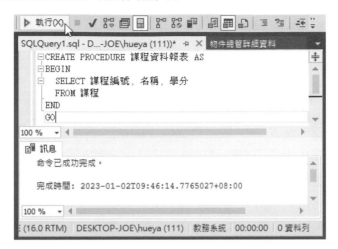

3 請在編輯視窗輸入預存程序的 T-SQL 指令敘述，如下所示：

```
CREATE PROCEDURE 課程資料報表 AS
BEGIN
   SELECT 課程編號，名稱，學分
   FROM 課程
END
GO
```

4 按上方【執行】鈕即可建立預存程序。

5 按【儲存】鈕儲存成 Ch14_2_1.sql。

　　在 Management Studio 的「物件總管」視窗，展開【教務系統】資料庫，可以看到新建立的【課程資料報表】預存程序，如右圖所示：

新增查詢來建立預存程序

因為 Management Studio 建立預存程序就是編輯和執行 SQL 指令碼檔案，我們可以直接按【新增查詢】鈕新增查詢編輯視窗後，自行輸入建立預存程序的 T-SQL 指令敘述，即 CREATE PROCEDURE 指令。

🖥️ (SQL 指令碼檔：Ch14_2_1a.sql)

請建立查詢學生上課資料的預存程序【學生上課報表】，這是使用內部合併查詢合併【學生】、【課程】、【教授】和【班級】資料表，如下所示：

```
USE 教務系統
GO
CREATE PROCEDURE 學生上課報表 AS
BEGIN
  SELECT 學生.學號, 學生.姓名, 課程.*, 教授.*
  FROM 教授 INNER JOIN
  (課程 INNER JOIN
  (學生 INNER JOIN 班級 ON 學生.學號 = 班級.學號)
  ON 班級.課程編號 = 課程.課程編號)
  ON 班級.教授編號 = 教授.教授編號
END
```

執行上述 T-SQL 指令碼檔後，就可以在下方看到成功建立預存程序的訊息文字。在左邊「物件總管」視窗的【預存程序】可以看到建立的預存程序。

14-2-2　執行預存程序

在資料庫建立預存程序後，就可以使用 Management Studio 來執行預存程序，或使用 T-SQL 語言的 EXECUTE 指令（或 EXEC）執行預存程序，不只如此，EXECUTE 指令還可以直接執行 T-SQL 指令字串。

使用 Management Studio 執行預存程序

　　請在 Management Studio 的「物件總管」視窗，展開【教務系統】資料庫的預存程序清單。在【課程資料報表】預存程序上，執行【右】鍵快顯功能表的【執行預存程序】命令後，可以看到「執行程序」對話方塊。按【確定】鈕，稍等一下，就可以看到執行結果，如右圖所示：

	課程編號	名稱	學分
1	CS349	物件導向分析	3
2	CS213	物件導向程式設計	2
3	CS101	計算機概論	4
4	CS203	程式語言	3
5	CS222	資料庫管理系統	3
6	CS205	網頁程式設計	3
7	CS111	線性代數	4
8	CS121	離散數學	4

	Return Value
1	0

EXECUTE 指令執行預存程序

　　T-SQL 語言是使用 EXECUTE 指令執行預存程序，其基本語法如下所示：

```
EXEC[UTE] 〔預存程序名稱 | @預存程序名稱變數〕
```

　　上述語法可以使用 EXECUTE 或 EXEC 指令，之後是預存程序名稱或擁有預存程序名稱的變數。

SQL 指令碼檔：Ch14_2_2.sql

　　請使用 EXEC 指令執行【課程資料報表】預存程序，如下所示：

```
EXEC 課程資料報表
```

　　上述 EXEC 指令執行預存程序，可以看到執行結果，如右圖所示：

	課程編號	名稱	學分
1	CS349	物件導向分析	3
2	CS213	物件導向程式設計	2
3	CS101	計算機概論	4
4	CS203	程式語言	3
5	CS222	資料庫管理系統	3
6	CS205	網頁程式設計	3
7	CS111	線性代數	4
8	CS121	離散數學	4

SQL 指令碼檔：Ch14_2_2a.sql

請使用 EXECUTE 指令以變數來執行【學生上課報表】預存程序，如下所示：

```
DECLARE @proc_name char(20)
SET @proc_name = '學生上課報表'
EXECUTE @proc_name
```

上述 T-SQL 指令敘述在宣告變數@proc_name 後，變數內容就是預存程序名稱，然後使用 EXECUTE 指令執行預存程序，如下圖所示：

	學號	姓名	課程編號	名稱	學分	教授編號	職稱	科系	身份證字號
1	S001	陳會安	CS101	計算機概論	4	I001	教授	CS	A123456789
2	S005	孫燕之	CS101	計算機概論	4	I001	教授	CS	A123456789
3	S006	周杰輪	CS101	計算機概論	4	I001	教授	CS	A123456789
4	S003	張無忌	CS213	物件導向程式設計	2	I001	教授	CS	A123456789
5	S005	孫燕之	CS213	物件導向程式設計	2	I001	教授	CS	A123456789
6	S001	陳會安	CS349	物件導向分析	3	I001	教授	CS	A123456789

✔ 已 | 🔒 DESKTOP-JOE (16.0 RTM) | DESKTOP-JOE\hueya (63) | 教務系統 | 00:00:00 | 21 資料列

EXECUTE 指令執行 T-SQL 指令字串

EXECUTE 指令除了可以執行預存程序外，也可以執行 T-SQL 指令敘述的字串，其基本語法如下所示：

```
EXEC[UTE] ('T-SQL 指令敘述字串')
```

上述語法使用 EXECUTE 或 EXEC 指令，之後是欲執行的 T-SQL 指令敘述字串。

SQL 指令碼檔：Ch14_2_2b.sql

請使用 EXEC 指令執行 SELECT 指令的 T-SQL 指令敘述字串，如下所示：

```
DECLARE @table_name char(20)
SET @table_name = '學生'
EXEC ('SELECT * FROM ' + @table_name)
```

上述 EXEC 指令可以執行字串中的 T-SQL 指令,即查詢【學生】資料表的內容,如下圖所示:

	學號	姓名	性別	電話	生日
1	S001	陳會安	男	02-22222222	2003-09-03
2	S002	江小魚	女	03-33333333	2004-02-02
3	S003	張無忌	男	04-44444444	2002-05-03
4	S004	陳小安	男	05-55555555	2002-06-13
5	S005	孫燕之	女	06-66666666	NULL
6	S006	周杰輪	男	02-33333333	2003-12-23
7	S007	蔡一零	女	03-66666666	2003-11-23
8	S008	劉得華	男	02-11111122	2003-02-23

14-2-3　建立暫存預存程序

「暫存預存程序」(Temporary Procedures)如同暫存資料表也是一種因需求而暫時建立的資料庫物件,只有在使用者的工作階段(Session)存在,即使用者在連線時存在,當使用者離線後,SQL Server 就自動刪除暫存預存程序。

SQL Server 暫存預存程序是儲存在 tempdb 系統資料庫,和暫存資料表相同也分為兩種:名稱使用「#」開頭的區域暫存預存程序,和「##」開頭全域暫存預存程序。

SQL 指令碼檔:Ch14_2_3.sql

請建立名為【#學生查詢】的預存程序,這是一個區域暫存預存程序,如下:

```
CREATE PROC #學生查詢 AS
BEGIN
  SELECT 學號, 姓名, 電話
  FROM 學生
END
GO
EXEC #學生查詢
```

14-3 | 預存程序的參數傳遞

　　「參數」（Parameters）是預存程序的引數，如果需要，我們可以在預存程序宣告一至多個參數，參數值是在呼叫預存程序時，才由使用者提供。

14-3-1　建立擁有參數的預存程序

　　預存程序如同其他程式語言的程序與函數一般，也可以傳遞參數，例如：擁有 WHERE 子句條件的 SQL 指令，如下所示：

```
SELECT 欄位名稱 1, 欄位名稱 2
FROM 資料表 WHERE 欄位名稱 1=欄位值
```

　　上述 SELECT 指令使用【欄位名稱 1】為條件取出資料表的 2 個欄位，當我們將此 SQL 指令轉換成預存程序時，就可以將【欄位值】指定成傳入的參數，建立擁有參數的預存程序。

　　預存程序的參數預設是一種輸入參數（Input Parameters），其值是使用者呼叫預存程序時傳入的值，在預存程序可以使用參數名稱來取得或更改參數值。

建立擁有參數的預存程序

　　CREATE PROCEDURE 指令建立擁有參數的預存程序的語法，如下所示：

```
CREATE PROC[EDURE] 預存程序名稱
@參數 1 資料類型,
@參數 2 資料類型 [, …]
AS
T-SQL 指令敘述
```

　　在上述語法的預存程序名稱後是傳入預存程序的參數，如果不只一個，請使用「,」逗號分隔。參數的宣告方式和 T-SQL 變數相同，參數名稱是使用「@」符號開頭的識別名稱，之後是資料類型，我們可以使用除了 table 類型之外的 T-SQL 資料類型。

SQL 指令碼檔：Ch14_3_1.sql

請建立名為【課程查詢】的預存程序，擁有 1 個課程編號參數 @c_no，可以查詢指定課程的資訊，如下所示：

```
CREATE PROCEDURE 課程查詢
   @c_no char(5)
AS
BEGIN
  SELECT 課程編號, 名稱, 學分
  FROM 課程
  WHERE 課程編號 = @c_no
END
```

上述預存程序可以執行 SELECT 指令，在 WHERE 子句的條件是使用傳入的參數值來建立。

SQL 指令碼檔：Ch14_3_1a.sql

請建立名為【員工查詢】的預存程序，擁有 2 個參數薪水 @salary 和 @tax 稅，可以顯示員工資料，如下所示：

```
CREATE PROCEDURE 員工查詢
   @salary money,
   @tax     money
AS
BEGIN
  IF @salary <= 0
     SET @salary = 30000
  IF @tax <= 0
     SET @tax = 300
  SELECT 身份證字號, 姓名,
     (薪水-扣稅) AS 所得額
  FROM 員工
  WHERE 薪水 >= @salary
     AND 扣稅 >= @tax
END
```

上述預存程序先使用 IF 條件檢查參數值後，執行 SELECT 指令，在 WHERE 子句的條件也是使用傳入的參數值來建立。

執行擁有參數的預存程序

預存程序如果擁有參數，在執行預存程序時，使用者需要加上傳入的參數值，其基本語法如下所示：

```
EXEC[UTE] 預存程序名稱 參數值 1, 參數值 2 [, …]
或
EXEC[UTE] 預存程序名稱 @參數名稱 1=參數值 1,
                        @參數名稱 2=參數值 2 [, …]
```

上述語法執行預存程序可以使用位置順序或名稱來傳入參數，如果使用順序，只需列出與建立預存程序時相同的參數名稱個數與順序，如果不只一個，請使用「,」逗號分隔。

如果使用參數名稱，在參數名稱後是使用「=」指定運算子來指定參數值，因為有指定名稱，所以順序不需要和建立預存程序時相同。

🖥 (SQL 指令碼檔：Ch14_3_1b.sql)

請使用名稱來呼叫【課程查詢】的預存程序，參數是課程編號 CS101，可以查詢指定課程的資訊，如下所示：

```
EXEC 課程查詢 @c_no = 'CS101'
```

上述 EXEC 指令使用名稱方式指定參數值來執行預存程序，可以看到執行結果，如下圖所示：

	課程編號	名稱	學分
1	CS101	計算機概論	4

🖥 (SQL 指令碼檔：Ch14_3_1c.sql)

請使用位置順序呼叫【員工查詢】預存程序，參數依序是薪水 @salary 和稅 @tax，如下所示：

```
EXEC 員工查詢 50000, 500
```

上述 EXEC 指令使用位置順序指定參數值來執行預存程序，可以看到執行結果，如右圖示：

	身份證字號	姓名	所得額
1	A123456789	陳廢新	78000.00
2	A222222222	楊金欉	78000.00
3	D333300333	王心零	49000.00
4	F213456780	陳小安	49000.00
5	F332213046	張無忌	49000.00
6	H098765432	李鴻章	58500.00

14-3-2 預設值參數

在預存程序的參數除了可以是輸入參數外，也可以指定參數的預設值，表示參數是一個選項參數（Optional Parameters），可有可無，其基本語法如下所示：

```
@參數 1 資料類型 [=預設值],
@參數 2 資料類型 [=預設值][, …]
```

上述語法使用「=」指定運算子指定參數的預設值，預設值也可以是 NULL 空值。我們可以使用名稱方式來執行擁有預設值參數的預存程序，沒有列出的參數就使用預設值；如果使用位置方式，請使用 DEFAULT 關鍵字表示此參數是使用預設值。

🖥 **(SQL 指令碼檔：Ch14_3_2.sql)**

請建立名為【地址查詢】的預存程序，其參數是預設值參數，有指定預設值，如下所示：

```
CREATE PROCEDURE 地址查詢
    @city char(5) = '台北',
    @street varchar(30) = '中正路'
AS
BEGIN
  SELECT 身份證字號, 姓名,
       (薪水-扣稅) AS 所得額,
       (城市+街道) AS 地址
  FROM 員工
  WHERE 城市 LIKE @city
     AND 街道 LIKE @street
END
```

上述預存程序的兩個參數都是預設值參數。

📺 **SQL 指令碼檔：Ch14_3_2a.sql**

請呼叫名為【地址查詢】預存程序，因為有預設值，所以使用名稱方式指定單一參數值，如下所示：

```
EXEC 地址查詢 @city = '桃園'
```

上述 EXEC 指令執行的預存程序有兩個參數，但是我們只傳入一個，另一個就是使用預設值，可以看到執行結果，如下圖所示：

	身份證字號	姓名	所得額	地址
1	A222222222	楊金欉	78000.00	桃園 中正路

如果使用位置方式呼叫預存程序，因為第 2 個參數是使用預設值，所以使用 DEFAULT 關鍵字取代（SQL 指令碼檔：Ch14_3_2b.sql），如下所示：

```
EXEC 地址查詢 '桃園' ,DEFAULT
```

14-3-3 巢狀呼叫

「巢狀呼叫」（Nesting）是指在預存程序中呼叫另一個預存程序，在 T-SQL 最多支援 32 層巢狀呼叫，超過就會中止執行。預存程序可以使用@@NESTLEVEL 系統函數來取得目前呼叫的層數。

📺 **SQL 指令碼檔：Ch14_3_3.sql**

請建立名為【呼叫程序】和【測試程序】的 2 個預存程序，如下所示：

```
CREATE PROCEDURE 呼叫程序
    @proc_name varchar(30)
AS
PRINT '開始層數: ' + CAST(@@NESTLEVEL AS char)
EXEC @proc_name
PRINT '結束層數: ' + CAST(@@NESTLEVEL AS char)
GO
CREATE PROCEDURE 測試程序
AS
PRINT '層數: ' + CAST(@@NESTLEVEL AS char)
```

> 📺 **SQL 指令碼檔:Ch14_3_3a.sql**

請呼叫名為【呼叫程序】的預存程序,因為是巢狀呼叫,所以會再呼叫名為【測試程序】的預存程序,如下所示:

```
EXEC 呼叫程序 '測試程序'
```

上述 EXEC 指令執行的預存程序傳入一個參數,這是欲巢狀呼叫的程序名稱,可以看到執行結果,如右圖所示:

```
🖪 訊息
  開始層數: 1
  層數: 2
  結束層數: 1

  完成時間: 2023-01-02T09:59:20.9069199+08:00
```

14-4 | 預存程序的傳回值

預存程序可以傳回一些資訊,我們可以使用 RETURN 關鍵字傳回整數值來表示執行狀態,或在宣告參數時使用 OUTPUT 關鍵字,表示將參數值傳回呼叫者。

14-4-1 使用 RETURN 關鍵字

在預存程序可以傳回預存程序的執行狀態,其基本語法如下:

```
RETURN [整數運算式]
```

上述語法是位在預存程序的程式區塊中,當預存程序執行到 RETURN 關鍵字,就馬上中止程序的執行,並且傳回選項的整數運算式,如果沒有指定傳回值,預設傳回值是 0。程序如果傳回非零值,就表示預存程序執行錯誤,傳回 0 表示執行成功,我們可以在預存程序使用@@ERROR 系統函數來取得 T-SQL 指令的錯誤碼。

因為預存程序會傳回值,所以在執行時需要宣告一個 T-SQL 變數來取得預存程序的傳回值,其基本語法如下所示:

```
EXEC[UTE] @傳回值變數 = 預存程序名稱 參數值 [, …]
```

上述語法使用「＝」指定運算子來取得預存程序的傳回值。

SQL 指令碼檔：Ch14_4_1.sql

請建立名為【新增課程】的預存程序來新增課程記錄，參數是欄位值，程序可以判斷是否新增記錄成功；失敗就傳回錯誤碼，如下所示：

```
CREATE PROCEDURE 新增課程
   @c_no char(5),
   @title  varchar(30),
   @credits int
AS
BEGIN
  DECLARE @errorNo int
  INSERT INTO 課程
  VALUES (@c_no, @title, @credits)
  SET @errorNo = @@ERROR
  IF @errorNo <> 0
  BEGIN
    IF @errorNo = 2627
       PRINT '錯誤! 重複索引鍵!'
    ELSE
       PRINT '錯誤! 未知錯誤發生!'
    RETURN @errorNO
  END
END
```

上述預存程序使用@@ERROR 系統函數檢查新增記錄是否執行成功。

SQL 指令碼檔：Ch14_4_1a.sql

請呼叫名為【新增課程】預存程序來新增一筆課程記錄，如下所示：

```
DECLARE @retVar int
EXEC @retVar = 新增課程 'CS222','資料庫程式設計',3
PRINT '傳回代碼:' + CONVERT(varchar, @retVar)
```

上述 T-SQL 指令敘述在宣告變數後，EXEC 指令可以取得執行預存程序的傳回值，因為課程編號重複，可以看到執行結果的錯誤訊息，如下圖所示：

訊息

```
訊息 2627，層級 14，狀態 1，程序 新增課程，行 8 [批次開始行 2]
違反 PRIMARY KEY 條件約束 'PK__課程__957DAD190F3749E6'。無法在物件 'dbo.課程' 中插入重複的索引鍵，重複的索引鍵值是 (CS222)。
陳述式已經結束。
錯誤! 重複索引鍵!
傳回代碼:2627

完成時間: 2023-01-02T14:09:31.7545919+08:00
```

100 %

14-4-2　使用 OUTPUT 關鍵字

　　預存程序可以使用輸出參數（Output Parameters）取得預存程序的傳回值，其基本語法如下所示：

```
@參數 1 資料類型 [=預設值] [OUTPUT],
@參數 2 資料類型 [=預設值] [OUTPUT] [, …]
```

　　上述語法的參數宣告只是在最後加上 OUTPUT 關鍵字，將參數宣告成輸出參數。輸出參數允許預存程序取得參數值，在修改後傳回至呼叫者的程式。

　　執行擁有輸出參數的預存程序需要宣告變數來取得傳回值，並且在執行時指定 OUTPUT 關鍵字，其基本語法如下所示：

```
EXEC[UTE] 預存程序名稱 @傳回值變數 = 參數值 OUTPUT [, …]
```

SQL 指令碼檔：Ch14_4_2.sql

　　請建立名為【薪水查詢】的預存程序來查詢員工薪水，參數是員工姓名，可以使用輸出參數傳回員工薪水，如下所示：

```
CREATE PROCEDURE 薪水查詢
   @name  varchar(12),
   @salary  money  OUTPUT
AS
BEGIN
  SELECT @salary = 薪水
  FROM 員工
  WHERE 姓名 = @name
END
```

　　上述預存程序的參數@salary 是輸出參數。

💻 （ SQL 指令碼檔：Ch14_4_2a.sql ）

請呼叫名為【薪水查詢】預存程序來取得指定員工的薪水，如下所示：

```
DECLARE @mySalary money
EXEC 薪水查詢 '張無忌', @salary = @mySalary OUTPUT
PRINT 'Joe's 薪水:' + CONVERT(varchar, @mySalary)
```

上述 T-SQL 指令敘述在宣告變數
後，變數可以取得執行預存程序的輸出參
數值，如右圖所示：

14-5 ｜ 修改與刪除預存程序

對於資料庫現成的預存程序，我們可以使用 Management Studio 或 T-SQL 指
令來修改內容與刪除預存程序。

14-5-1　修改預存程序

SQL Server 可以使用 Management Studio 或 T-SQL 指令來修改預存程序。對
於資料庫已經存在的預存程序，我們可以使用 Management Studio 修改預存程序的
內容，或替預存程序更名。

使用 Management Studio 修改預存程序的內容

在「物件總管」視窗的預存程序上，執行【右】鍵快顯功能表的【修改】命
令，即可重新編輯預存程序的 T-SQL 指令敘述。

使用 Management Studio 更改預存程序名稱

在「物件總管」視窗欲更改的預存程序名稱上，執行【右】鍵快顯功能表的
【重新命名】命令，可以看到反白顯示的名稱和游標，請直接輸入預存程序的新
名稱即可。

使用 T-SQL 指令修改預存程序

T-SQL 語言是使用 ALTER PROCEDURE 指令來修改預存程序，其基本語法和 CREATE PROCEDURE 相同。簡單的說，修改預存程序就是重新定義預存程序。

ALTER PROCEDURE 指令並無法更改預存程序名稱，我們可以使用 sp_rename 系統預存程序來更改預存程序名稱，詳細說明請參閱＜第 7-4-1 節：修改資料表名稱＞。

SQL 指令碼檔：Ch14_5_1.sql

請修改名為【課程資料報表】的預存程序，新增 WHERE 子句的條件，如下：

```
ALTER PROCEDURE 課程資料報表 AS
BEGIN
  SELECT 課程編號, 名稱, 學分
  FROM 課程
  WHERE 學分 > 3
END
GO
EXEC 課程資料報表
```

上述 ALTER PROCEDURE 指令修改預存程序後，使用 EXEC 指令執行預存程序，可以看到執行結果只顯示學分超過 3 的課程資料，如右圖所示：

	課程編號	名稱	學分
1	CS101	計算機概論	4
2	CS111	線性代數	4
3	CS121	離散數學	4

14-5-2　刪除預存程序

對於資料庫不再需要的預存程序，我們可以使用 Management Studio 或 T-SQL 指令來刪除預存程序。

使用 Management Studio 刪除預存程序

在 Management Studio 的「物件總管」視窗展開預存程序，在其上執行【右】鍵快顯功能表的【刪除】命令，再按【確定】鈕，即可刪除預存程序。

使用 T-SQL 指令刪除預存程序

T-SQL 語言是使用 DROP PROCEDURE 指令刪除預存程序，其語法如下所示：

```
DROP PROC[EDURE] 預存程序名稱
```

上述語法可以刪除名為【預存程序名稱】的預存程序，如果不只一個請使用「,」逗號分隔。

SQL 指令碼檔：Ch14_5_2.sql

請刪除名為【課程資料報表】的預存程序，如下所示：

```
DROP PROCEDURE 課程資料報表
```

上述 DROP PROCEDURE 指令可以刪除名為【課程資料報表】的預存程序。

14-6 │ 系統預存程序

系統預存程序（System Stored Procedures）與擴充預存程序（Extended Stored Procedures）是 SQL Server 系統已經預設寫好的預存程序，其主要目的是擴充 T-SQL 語言的功能，所以，我們可以馬上使用這些預存程序來執行所需的操作。

在 Management Studio 的「物件總管」視窗的【教務系統】資料庫，展開【預存程序】下的【系統預存程序】項目，可以看到上百個系統預存程序清單。事實上，在本章之前，我們已經使用過一些系統預存程序，即使用 sp_ 開頭的預存程序，例如：sp_rename 系統預存程序來修改資料庫物件的名稱，如下圖所示：

　　對於系統預存程序詳細的使用說明，請參閱 SQL Server 線上技術文件。一些常用的系統與擴充預存程序（以 xp_開頭），如下表所示：

系統與擴充預存程序	說明
sp_help [名稱]	傳回參數指定的資料庫物件、使用者自訂資料類型或 SQL Server 內建資料類型的資訊，如果沒有參數，就是傳回所有物件的資訊
sp_helptext 名稱	傳回參數預存程序、自訂函數、觸發程序或檢視表的內容
sp_helpdb [資料庫名稱]	傳回參數資料庫的資訊，如果沒有參數，就是傳回所有資料庫的摘要資訊
sp_columns 資料表名稱	傳回指定資料表或檢視表的欄位資訊
sp_who [登入帳戶]	提供 SQL Server 執行個體中關於目前使用者、工作階段和處理序的資訊
sp_droplogin 登入帳戶	刪除指定的登入帳戶
xp_cmdshell	執行 Windows 作業系統的命令
xp_msver	傳回 SQL Server 版本資訊
xp_logininfo	傳回 Windows 使用者和群組的資訊

SQL 指令碼檔：Ch14_6.sql

請顯示【課程查詢】預存程序的內容，如下所示：

```
EXEC sp_helptext 課程查詢
```

上述系統預存程序可以顯示參數預存程序的內容，如右圖所示：

	Text
1	CREATE PROCEDURE 課程查詢
2	@c_no char(5)
3	AS
4	BEGIN
5	SELECT 課程編號, 名稱, 學分
6	FROM 課程
7	WHERE 課程編號 = @c_no
8	END

SQL 指令碼檔：Ch14_6a.sql

請顯示【學生】資料表的欄位資訊，如下所示：

```
EXEC sp_columns 學生
```

上述系統預存程序可以顯示參數資料表的欄位資訊，如下圖所示：

	TABLE_QUALIFIER	TABLE_OWNER	TABLE_NAME	COLUMN_NAME	DATA_TYPE	TYPE_NAME	PRECISION	LENGTH	SCALE	RADIX	NULLABLE
1	教務系統	dbo	學生	學號	1	char	4	4	NULL	NULL	0
2	教務系統	dbo	學生	姓名	12	varchar	12	12	NULL	NULL	0
3	教務系統	dbo	學生	性別	1	char	2	2	NULL	NULL	1
4	教務系統	dbo	學生	電話	12	varchar	15	15	NULL	NULL	1
5	教務系統	dbo	學生	生日	-9	date	10	20	NULL	NULL	1

14-7 建立與使用順序物件

SQL Server 的順序物件（Sequence）是一個 SQL Server 資料庫物件，可以根據建立順序時指定的開始值、增量和結束值來產生數值序列，即流水號。

14-7-1 建立順序物件

基本上，順序物件的數值序列會以定義的間隔，依照遞增或遞減的順序來產生，當編號用完時，可以重新啟動，即循環產生下一個數值。順序物件和資料表識別欄位（自動編號）的主要差異，在於順序物件和資料表之間沒有任何關聯，這是一個獨立物件，我們是使用 T-SQL 指令來擷取順序物件的下一個值。

順序物件的優點就是不受限於單一資料表，只要資料表的欄位有需要，就可以共用同一個順序物件替不同資料表的不同欄位產生流水號。所以，順序物件與資料表之間的關聯性是由執行 T-SQL 指令的應用程式所控制，應用程式可以從順序物件取得下一個數值，並且協調多個資料表的不同欄位來使用這個產生的數值。

在 SQL Server 可以使用 Management Studio 或 T-SQL 指令來建立順序物件。

使用 Management Studio 建立順序物件

Management Studio 提供圖形介面來建立順序物件。例如：在【教務系統】資料庫建立【整數順序】的順序物件，開始值是 100；遞增量是 1，就是產生 100、101、102...的整數序列，其步驟如下：

1 請啟動 Management Studio 建立連線，在「物件總管」視窗展開【資料庫】下【教務系統】資料庫的【可程式性】項目，在【順序】上執行【右】鍵快顯功能表的【新增順序】命令。

❷ 請依序輸入順序名稱【整數順序】、資料類型【int】、開始值【100】、遞增量【1】,如果需要,還可以指定產生數值的最小值、最大值和是否循環,在完成設定後,按【確定】鈕建立順序物件。

在 Management Studio 的「物件總管」視窗,展開【教務系統】資料庫,就可以看到新建立【整數順序】的順序物件,如右圖所示:

使用 T-SQL 指令建立順序物件

　　T-SQL 語言是使用 CREATE SEQUENCE 指令建立順序物件,其語法如下:

```
CREATE SEQUENCE 順序名稱 [ AS 資料類型 ]
    [ START WITH 常數值 ]
    [ INCREMENT BY 常數值 ]
    [ MINVALUE [ 類數值 ] | NO MINVALUE ]
    [ MAXVALUE [ 常數值 ] | NO MAXVALUE ]
    [ CYCLE | NO CYCLE ]
    [ CACHE [ 常數值 ] } | { NO CACHE } ]
```

上述語法可以建立名為【順序名稱】的順序物件，AS 關鍵字後是使用的資料類型，可以使用 tinyint、smallint、int、bigint（預設值）、decimal 和 numeric（小數位數為 0）資料類型。

CREATE SEQUENCE 指令相關子句的說明，如下表所示：

子句	說明
START WITH	順序物件傳回的第 1 個值，就是遞增順序物件的最小值；遞減順序物件的最大值
INCREMENT BY	每次呼叫 NEXT VALUE FOR 時遞增的增量值，負數是遞減，增量不能為 0，預設值是 1
MINVALUE | NO MINVALUE	指定順序物件的最小值，沒有指定就是資料類型的最小值
MAXVALUE | NO MAXVALUE	指定順序物件的最大值，沒有指定就是資料類型的最大值
CYCLE | NO CYCLE	指定當超出範圍是否重新啟動，再循環產生下一個值。
CACHE | NO CACHE	指定快取尺寸來提升效能

🖥 **SQL 指令碼檔：Ch14_7_1.sql**

請建立名為【編號順序】的順序物件，起始值是 1；增量也是 1，最小值是 1，沒有最大值，如下所示：

```
CREATE SEQUENCE 編號順序 AS INT
    START WITH 1
    INCREMENT BY 1
    MINVALUE 1
    NO MAXVALUE
```

14-7-2　使用順序物件

在 SQL Server 資料庫建立順序物件後，我們就可以使用 NEXT VALUE FOR 指令取得順序物件的下一個值，其基本語法如下所示：

```
NEXT VALUE FOR 順序物件名稱
```

上述語法可以取得名為【順序物件名稱】順序物件的下一個數值。

💻 (SQL 指令碼檔：Ch14_7_2.sql)

請使用 SELECT 指令取得名為【整數順序】順序物件的下一個值，如下所示：

```
SELECT NEXT VALUE FOR 整數順序 AS 整數順序
```

上述 T-SQL 指令敘述可以取得下一個值，即初始值 100，如右圖所示：

	整數順序
1	100

資料表欄位也可以使用順序物件產生值，通常是使用在識別欄位，我們需要使用 IDENTITY_INSERT 選項允許將明確值插入資料表的識別欄位，其語法如下：

```
SET IDENTITY_INSERT 資料表名稱 ON | OFF
```

上述語法如為 ON，就是設定【資料表名稱】的資料表選項，允許將明確值插入資料表的識別欄位；OFF 是不允許。因為同一時間，SQL Server 只允許一個資料表為 ON，所以在插入記錄後，記得將它切換成 OFF。

請先執行 Ch14_7_2a.sql 建立【好客戶】和【好員工】兩個資料表，分別擁有【客戶編號】和【員工編號】的識別欄位，筆者準備使用順序物件產生的數值來插入這 2 個資料表的識別欄位。

💻 (SQL 指令碼檔：Ch14_7_2b.sql)

請使用【編號順序】順序物件產生的數值作為客戶編號和員工編號的值，我們準備分別在【好客戶】資料表插入一筆記錄；【好員工】資料表插入 2 筆記錄，

最後使用 SELECT 指令顯示 2 個資料表的記錄資料，如下所示：

```
SET IDENTITY_INSERT 好客戶 ON
GO
INSERT INTO 好客戶 (客戶編號，身份證字號，姓名)
VALUES (NEXT VALUE FOR 編號順序，'A333333333'，'王大安')
GO
SET IDENTITY_INSERT 好客戶 OFF
GO
SET IDENTITY_INSERT 好員工 ON
GO
INSERT INTO 好員工 (員工編號，姓名)
VALUES (NEXT VALUE FOR 編號順序，'王允傑')
GO
INSERT INTO 好員工 (員工編號，姓名)
VALUES (NEXT VALUE FOR 編號順序，'陳允傑')
GO
SET IDENTITY_INSERT 好員工 OFF
GO
SELECT * FROM 好客戶
GO
SELECT * FROM 好員工
```

上述 T-SQL 指令敘述先設定 IDENTITY_INSERT 選項為 ON，在【好客戶】資料表插入一筆記錄，客戶編號是使用 NEXT VALUE FOR 指令取得順序物件的下一個值，完成後，再設定 IDENTITY_INSERT 選項為 OFF。

同樣方式，在【好員工】資料表插入 2 筆記錄，如右圖所示。於圖例可以看到跨資料表產生的流水號 1、2 和 3，因為我們是使用順序物件產生欄位的識別值。

14-7-3 修改與刪除順序物件

T-SQL 語言可以使用 ALTER SEQUENCE 指令來修改順序物件；DROP SEQUENCE 指令刪除順序物件。

修改順序物件

T-SQL 語言是使用 ALTER SEQUENCE 指令修改順序物件，其語法如下所示：

```
ALTER SEQUENCE 順序名稱
    [ RESTART WITH 常數值 ]
    [ INCREMENT BY 常數值 ]
    [ MINVALUE [ 類數值 ] | NO MINVALUE ]
    [ MAXVALUE [ 常數值 ] | NO MAXVALUE ]
    [ CYCLE | NO CYCLE ]
    [ CACHE [ 常數值 ] } | { NO CACHE } ]
```

上述語法的子句和 CREATE SEQUENCE 相似，除了第 1 個是 RESTART WITH，可以指定順序物件傳回的下一個值。不過，ALTER SEQUENCE 指令不能變更資料類型，如需變更，請刪除後重新建立順序物件。

SQL 指令碼檔：Ch14_7_3.sql

請修改名為【編號順序】的順序物件，起始值改為 50；增量改為 2，如下：

```
ALTER SEQUENCE 編號順序
    RESTART WITH 50
    INCREMENT BY 2
```

刪除順序物件

T-SQL 語言是使用 DROP SEQUENCE 指令刪除順序物件，其語法如下所示：

```
DROP SEQUENCE 順序物件名稱
```

上述語法可以刪除名為【順序物件名稱】的順序物件，如果有多個，請使用「,」號分隔。

SQL 指令碼檔：Ch14_7_3a.sql

請刪除名為【編號順序】的順序物件，如下所示：

```
DROP SEQUENCE 編號順序
```

15-1 | 自訂函數的基礎

> **■ Memo**
>
> 本章測試的 SQL 指令是使用【教務系統】資料庫,請重新啟動 SSMS 執行本書範例
> 「Ch15\Ch15_School.sql」的 SQL 指令碼檔案,可以建立本章測試所需的資料庫、
> 資料表和記錄資料。

    T-SQL 的自訂函數(User-defined Functions;UDF)就是一般程式語言所謂的函數,這是類似預存程序的資料庫物件,內容也是 T-SQL 指令敘述的集合,不過,可以使用的指令要比預存程序少一些。

    自訂函數的使用方式如同 SQL Server 系統提供的內建函數(請參閱附錄 A 的說明),基本上,只要是內建函數可以使用的地方,都可以使用自訂函數。

    自訂函數可以在傳入參數執行操作或運算後,傳回單一的純量值,或整個資料表的內容。如果傳回值是單一純量值,自訂函數可以使用在任何 T-SQL 運算式;如果傳回值是資料表,我們可以使用在需要參考資料表或檢視表的 T-SQL 子句,例如:FROM 子句。

自訂函數與預存程序的差異

　　一般來說，預存程序大多是使用在資料庫管理所需的資料庫操作或相關設定，因此並不需要傳回值，最多只是傳回執行結果的狀態值；自訂函數主要是使用在運算式，特別適用在哪些複雜運算或取出特定資料的情況。

　　雖然自訂函數和預存程序十分相似，但是仍然有一些差異，其主要差異的說明，如下所示：

- 預存程序只能傳回整數的狀態值；自訂函數幾乎可以傳回任何 T-SQL 資料類型（不包含 text、ntext、image、timestamp、cursor 和 rowversion）的值。

- 預存程序除了傳回整數的狀態值外，可以使用 OUTPUT 參數傳回值；自訂函數的參數只能傳入，並不能用來傳回值。

- 預存程序只能使用 EXECUTE 指令來執行，而且不能使用在運算式；自訂函數可以使用在運算式，或一些參考資料表或檢視表的 T-SQL 子句。

- 預存程序可以新增、更新或刪除資料表的記錄資料，也可以更改資料庫相關的選項設定；自訂函數主要是使用在運算和取出資料，所以並不允許更改資料表內容和資料庫的選項設定。

自訂函數的名稱與種類

　　自訂函數的名稱是一個識別名稱，其長度不可超過 128 個字元，而且通常是使用「fn」字頭開始的名稱，自訂函數結構和預存程序一樣也是分為兩部分，標頭是參數宣告和選項；本體是函數的內容。

　　自訂函數依據傳回值的不同可以分為三種，其說明如下表所示：

函數種類	說明
純量值函數（Scalar-valued Function）	傳回任何單一值的 T-SQL 資料類型
嵌入資料表值函數（Inline Table-valued Function）	傳回由單一 SELECT 指令產生 table 類型的值

函數種類	說明
多重陳述式資料表值函數（Multi-statement Table-valued Function）	傳回由多重 T-SQL 指令敘述所產生 table 類型的值

15-2 建立自訂函數

我們可以使用 Management Studio 或直接新增查詢來建立自訂函數，請在「物件總管」視窗展開資料庫下的【可程式性】項目，在【函數】上執行【右】鍵快顯功能表的【新增】命令，可以新增三種自訂函數，和自動產生內含函數範本的查詢，如下圖所示：

因為新增自訂函數和預存程序的步驟類似，筆者並不準備重複說明。在這一節主要是使用 CREATE FUNCTION 指令建立三種自訂函數。

15-2-1　純量值函數

　　純量值函數是真正對比其他程式語言的函數，我們可以將純量值函數視為是一個黑盒子，呼叫函數傳入參數後，可以傳回單一值的運算結果。不只如此，自訂函數還支援遞迴（Recursion），可以讓我們建立遞迴的純量值函數。

　　純量值函數可以使用在任何 SQL Server 內建函數能夠使用的地方，其基本語法如下所示：

```
CREATE FUNCTION 函數名稱
   (@參數 1 資料類型 [=預設值],
    @參數 2 資料類型 [=預設值] [, …])
RETURNS 純量值類型
[ WITH {ENCRYPTION | SCHEMABINDING
        | ENCRYPTION, SCHEMABINDING}]
[AS]
BEGIN
    T-SQL 指令敘述
    RETURN 純量值運算式
END
```

　　上述語法使用 CREATE FUNCTION 指令建立名為【函數名稱】的純量值函數，在名稱後的括號是參數清單，參數可以選擇是否有預設值。在 RETURNS 子句指定傳回值的資料類型，例如：int、money、varchar、char 或 real 等。

　　WITH ENCRYPTION 子句可以設定加密自訂函數，如此使用者就無法使用系統檢視表來查詢自訂函數的內容。結構描述繫結的 WITH SCHEMABINDING 子句可以限制函數使用的資料表或檢視表，不允許使用 ALTER 指令更改，或 DROP 指令刪除。

　　在 AS 子句（AS 關鍵字可有可無）後是 BEGIN/END 區塊，這是函數內容的 T-SQL 指令敘述，最後使用 RETURN 關鍵字傳回自訂函數的傳回值。

📄 **SQL 指令碼檔:Ch15_2_1.sql**

請建立純量值函數 fnGetSalary(),可以傳回參數員工姓名的薪水淨額,如下所示:

```
CREATE FUNCTION fnGetSalary
    (@name varchar(10))
    RETURNS money
AS
BEGIN
  DECLARE @salary money
  SELECT @salary = (薪水-保險-扣稅)
  FROM 員工
  WHERE 姓名=@name
  IF @@ROWCOUNT - 0
    RETURN 0
  RETURN @salary
END
```

上述 CREATE FUNCTION 指令建立名為 fnGetSalary 的函數,擁有一個參數 @name,在 BEGIN/END 區塊宣告變數取得薪水淨額,IF 條件判斷是否找到記錄,如果沒有,使用 RETURN 關鍵字傳回 0,找到傳回薪水淨額。

📄 **SQL 指令碼檔:Ch15_2_1a.sql**

請使用 PRINT 指令呼叫純量值函數 fnGetSalary() 來顯示指定員工的薪水淨額,如下所示:

```
PRINT '薪水: ' + CONVERT(varchar, dbo.fnGetSalary('陳小安'))
```

上述 PRINT 指令呼叫純量值函數 fnGetSalary() 時,需指定結構描述 dbo,所以全名是 dbo.fnGetSalary('陳小安'),可以看到參數員工姓名的薪水淨額,如下圖所示:

> **SQL 指令碼檔：Ch15_2_1b.sql**

請建立遞迴的純量值函數 fnFactorial()，可以使用遞迴來計算階層函數 N!的值，如下所示：

```
CREATE FUNCTION fnFactorial
    (@number int)
    RETURNS int
AS
BEGIN
  DECLARE @level int
  IF @number <= 1
    SET @level = 1
  ELSE
    SET @level = @number * dbo.fnFactorial( @number - 1)
  RETURN @level
END
GO
PRINT '5!的值 = ' + CONVERT(varchar, dbo.fnFactorial(5))
```

上述 T-SQL 指令敘述在建立 fnFactorial() 遞迴函數後，使用 PRINT 指令呼叫純量值函數計算 5!的值，如右圖所示：

15-2-2　嵌入資料表值函數

嵌入資料表值函數是一種傳回單一 SELECT 指令敘述查詢結果的自訂函數。因為傳回整個資料表，所以可以使用在 FORM 子句或合併查詢來取代來源資料表。嵌入資料表值函數的基本語法，如下所示：

```
CREATE FUNCTION 函數名稱
  (@參數1 資料類型 [=預設值],
   @參數2 資料類型 [=預設值] [, …])
RETURNS TABLE
[ WITH {ENCRYPTION | SCHEMABINDING
       | ENCRYPTION, SCHEMABINDING}]
[AS]
RETURN [ ( ) SELECT 指令敘述 [ ) ]
```

上述 RETURNS 子句的傳回值類型一定是 TABLE 或 table 資料表，最後使用 RETURN 關鍵字傳回 SELECT 指令的查詢結果。

SQL 指令碼檔：Ch15_2_2.sql

請建立嵌入資料表值函數 fnProfessor()，函數是使用參數建立 WHERE 子句的【薪水】欄位條件，可以取得【教授】與【員工】資料表的合併查詢結果，如下所示：

```
CREATE FUNCTION fnProfessor
    (@salary money)
    RETURNS TABLE
RETURN (
  SELECT 教授.教授編號, 員工.姓名, 教授.科系,
         教授.職稱, 員工.薪水
  FROM 教授 INNER JOIN 員工
  ON 教授.身份證字號 = 員工.身份證字號
  WHERE 員工.薪水 >= @salary )
```

上述 fnProfessor()函數擁有一個參數@salary，使用 RETURN 關鍵字傳回 SELECT 指令的合併查詢結果。

SQL 指令碼檔：Ch15_2_2a.sql

請在 SELECT 指令的 FROM 子句使用嵌入資料表值函數 fnProfessor()來顯示教授的詳細資料，如下所示：

```
SELECT * FROM dbo.fnProfessor(50000)
```

上述 SELECT 指令可以查詢嵌入資料表值函數 fnProfessor()傳回的資料表內容，如下圖所示：

	教授編號	姓名	科系	職稱	薪水
1	I001	陳慶新	CS	教授	80000.00
2	I002	楊金欉	CS	教授	80000.00
3	I003	李鴻章	CIS	副教授	60000.00
4	I004	陳小安	MATH	講師	50000.00

> 💻 **SQL 指令碼檔：Ch15_2_2b.sql**

在合併查詢使用嵌入資料表值函數 fnProfessor()取得教授的詳細資訊，如下：

```
SELECT 學生.學號, 學生.姓名, 課程.*, 教授.*
FROM dbo.fnProfessor(500) AS 教授 INNER JOIN
(課程 INNER JOIN
(學生 INNER JOIN 班級 ON 學生.學號 = 班級.學號)
ON 班級.課程編號 = 課程.課程編號)
ON 班級.教授編號 = 教授.教授編號
```

上述 SELECT 合併查詢指令是使用嵌入資料表值函數 fnProfessor()的資料表內容來建立合併查詢，如下圖所示：

	學號	姓名	課程編號	名稱	學分	教授編號	姓名	科系	職稱	薪水
1	S001	陳會安	CS101	計算機概論	4	I001	陳慶新	CS	教授	80000.00
2	S005	孫燕之	CS101	計算機概論	4	I001	陳慶新	CS	教授	80000.00
3	S006	周杰輪	CS101	計算機概論	4	I001	陳慶新	CS	教授	80000.00
4	S003	張無忌	CS213	物件導向程式設計	2	I001	陳慶新	CS	教授	80000.00
5	S005	孫燕之	CS213	物件導向程式設計	2	I001	陳慶新	CS	教授	80000.00

✅ 已成... 🔒 DESKTOP-JOE (16.0 RTM) | DESKTOP-JOE\hueya (55) | 教務系統 | 00:00:00 | 21 資料列

15-2-3　多重陳述式資料表值函數

多重陳述式資料表值函數除了傳回值是一個資料表外，和預存程序十分相似，如果使用單一 SELECT 指令敘述的查詢結果無法滿足需求時，我們可以使用多重陳述式資料表值函數來進行更多的處理。

在多重陳述式資料表值函數需要定義傳回資料表的欄位資料，所以，傳回資料表並不是其他資料表的查詢結果，而是使用 T-SQL 指令敘述來重新建立資料表的內容，其基本語法如下所示：

```
CREATE FUNCTION 函數名稱
    (@參數1 資料類型 [=預設值],
     @參數2 資料類型 [=預設值] [, …])
RETURNS @傳回資料表 TABLE
    ( 欄位名稱1 資料類型 [欄位屬性]
```

```
       ,欄位名稱 2  資料類型 [欄位屬性] [,…])
[ WITH {ENCRYPTION | SCHEMABINDING
       | ENCRYPTION, SCHEMABINDING}]
[AS]
BEGIN
  T-SQL 指令敘述
  RETURN
END
```

　　上述語法在 RETURNS 子句宣告傳回資料表的變數名稱，和傳回值資料表的欄位定義資料，在 BEGIN/END 區塊的 T-SQL 指令敘述可以建立此傳回資料表，最後使用 RETURN 關鍵字傳回建立的資料表。

SQL 指令碼檔：Ch15_2_3.sql

　　請建立多重陳述式資料表值函數 fnEmployee()，函數可以傳回重新建立的【員工】資料表，和取出第 m 筆至第 n 筆之間的記錄資料，如下所示：

```
CREATE FUNCTION fnEmployee
    (@m int, @n int)
  RETURNS @outTable TABLE
  ( 編號 int IDENTITY(1,1),
     身份證字號 char(10), 姓名 varchar(12),
     地址 varchar(30), 電話 char(12),
     薪水淨額 money )
BEGIN
  INSERT @outTable
     SELECT 身份證字號, 姓名, 城市+街道,
            電話, 薪水-保險-扣稅
     FROM 員工
  DELETE @outTable
  WHERE 編號 < @m OR 編號 > @n
  RETURN
END
```

　　上述 fnEmployee()函數可以傳入筆數範圍的 2 個參數，在 RETURNS 子句宣告資料表變數@outTable，並且定義此資料表的欄位清單。

在 BEGIN/END 區塊使用 INSERT/SELECT 指令新增記錄後,使用 DELETE 指令刪除編號範圍外的記錄資料,最後使用 RETURN 關鍵字傳回@outTable 資料表變數的內容。

SQL 指令碼檔:Ch15_2_3a.sql

請在 SELECT 指令的 FROM 子句使用多重陳述式資料表值函數 fnEmployee() 顯示指定筆數範圍的員工資料,如下所示:

```
SELECT * FROM dbo.fnEmployee(2, 5)
```

上述 SELECT 指令可以查詢第 2 到第 5 筆記錄的員工資料,如下圖所示:

	編號	身份證字號	姓名	地址	電話	薪水淨額
1	2	A221304680	郭富城	台北 忠孝東路	02-55555555	33200.00
2	3	A222222222	楊金樺	桃園 中正路	03-11111111	73500.00
3	4	D333300333	王心零	桃園 經國路	NULL	46500.00
4	5	D444403333	劉得華	新北 板橋區文心路	04-55555555	24000.00

15-3 自訂函數的使用

「工欲善其事,必先利其器」,在本節筆者準備說明一些最常使用自訂函數的地方,讀者不只能夠建立自訂函數,還可以活用自訂函數來增強 T-SQL 的功能。

15-3-1 使用在條件約束或欄位屬性

純量值函數可以使用在 CREATE TABLE 指令的 CHECK 條件約束來檢查欄位值,或指定 DEFAULT 欄位屬性的預設值。

CHECK 條件約束

在 CHECK 子句的條件約束可以使用純量值函數建立檢查條件，我們可以建立複雜和多重條件判斷的欄位檢查。

SQL 指令碼檔：Ch15_3_1.sql

請建立純量值函數 fnValidCode()檢查產品編號的格式後，建立【代銷產品】資料表，和在 CHECK 子句使用自訂函數建立條件約束，如下所示：

```
CREATE FUNCTION fnValidCode
  (@p_no char(5))
  RETURNS bit
BEGIN
  DECLARE @valid bit, @number int
  SET @valid = 0
  IF @p_no LIKE '[A-Z][0-9][0-9][0-9][0-9]'
  BEGIN
    SET @number = CONVERT(int, RIGHT(@p_no, 2))
    IF @number % 7 = 2
      SET @valid = 1
  END
  RETURN @valid
END
GO
CREATE TABLE 代銷產品 (
   產品編號 char(5) NOT NULL PRIMARY KEY,
   名稱     varchar(20),
   定價     money,
   CHECK (dbo.fnValidCode(產品編號) = 1)
)
```

上述 fnValidCode()函數的 IF 條件是使用 LIKE 運算子檢查產品編號的格式，格式是取出編號的最後 2 位數，如果除以 7 的餘數是 2，才是合法的產品編號。

最後在 CREATE TABLE 指令建立資料表時，新增 CHECK 子句使用 fnValidCode()函數檢查欄位值。

DEFAULT 欄位屬性

一般來說，對於資料表 datetime 類型的欄位，我們常常使用 GETDATE()內建函數指定日期/時間資料的預設值，如果沒有輸入資料，就填入今天的日期/時間。

同樣方式，在定義資料表欄位的 DEFAULT 欄位屬性時，我們也可以使用純量值函數來指定預設值，不過，作為預設值純量值函數的參數，只能是常數或內建函數。

💻 SQL 指令碼檔：Ch15_3_1a.sql

請建立純量值函數 fnPrice()傳回以月份區分的促銷價格後，建立【促銷產品】資料表，和在【定價】欄位使用自訂函數指定預設值，如下所示：

```
CREATE FUNCTION fnPrice
  (@today datetime)
  RETURNS money
BEGIN
  DECLARE @price money,
          @month int
  SET @month = MONTH(@today)
  IF @month > 6
    SET @price = 500
  ELSE
    SET @price = 200
  RETURN @price
END
GO
CREATE TABLE 促銷產品 (
   產品編號 char(5) NOT NULL PRIMARY KEY,
   名稱     varchar(20),
   定價     money
   DEFAULT (dbo.fnPrice(GETDATE()))
)
```

上述 fnPrice()函數在取得參數今天日期的月份後，使用 IF 條件判斷是上半年或下半年，以便傳回不同預設值的促銷價。在下方【定價】欄位的 DEFAULT 屬性使用 fnPrice()函數指定預設值。

15-3-2 建立計算欄位

純量值函數也可以使用在資料表的計算欄位，此時純量值函數的參數只能是資料表欄位、常數或內建函數。

SQL 指令碼檔：Ch15_3_2.sql

請建立純量值函數 fnVolume()計算容器的容量後，建立【包裝容器】資料表，和使用此自訂函數來定義計算欄位，如下所示：

```
CREATE FUNCTION fnVolume
  (@length decimal(5,2),
   @width decimal(5,2),
   @height decimal(5,2))
  RETURNS decimal(15, 4)
BEGIN
 RETURN (@height * @length * @width)
END
GO
CREATE TABLE 包裝容器 (
    容器編號 char(5) NOT NULL PRIMARY KEY,
    名稱      varchar(20),
    長度      decimal(5,2),
    寬度      decimal(5,2),
    高度      decimal(5,2),
    容量 AS dbo.fnVolume(長度, 寬度, 高度)
)
```

15-3-3 使用在流程控制與運算式

純量值函數可以使用在指定敘述來指定變數值，或在 T-SQL 流程控制建立條件運算式。

SQL 指令碼檔：Ch15_3_3.sql

請使用本節前建立的 fnFactorial()函數計算 6!的值後指定給變數@result，然後使用 fnValidCode()函數執行 IF 條件判斷，如下所示：

```
DECLARE @result int
SET @result = dbo.fnFactorial(6)
PRINT '6!的值 = ' + CONVERT(varchar, @result)
IF dbo.fnValidCode('D2222') = 1
  PRINT 'YES'
ELSE
  PRINT 'NO'
```

上 述 T-SQL 指 令 敘 述 呼 叫
fnFactorial()遞迴函數計算 6!的值後，
使用 PRINT 指令顯示計算結果，接著
使用 fnValidCode()函數建立 IF 條件指
令，如右圖所示：

15-3-4　取代檢視表和暫存資料表

嵌入資料表值函數和多重陳述式資料表值函數的傳回值是資料表，所以可以
使用它來取代唯讀檢視表。事實上，自訂函數是一種比檢視表功能更強大的解決
方案，因為檢視表不能使用參數指定查詢條件，但自訂函數可以使用參數來指定
查詢條件，同一個自訂函數就可以取得不同的查詢結果，取代多個不同的檢視表。

同樣的，自訂函數也可以取代 SQL Server 暫存資料表，例如：我們可依需
求建立多個自訂函數來取得所需的記錄資料，其功能如同建立 SQL Server 暫存
資料表。

15-4 ｜ 修改與刪除自訂函數

對於資料庫現成的自訂函數，我們可以使用 Management Studio 或 T-SQL 指
令來修改內容或刪除自訂函數。

15-4-1 修改自訂函數

SQL Server 可以使用 Management Studio 或 T-SQL 指令來修改自訂函數。對於資料庫已經存在的自訂函數，我們可以使用 Management Studio 修改自訂函數的內容，或替自訂函數更名。

使用 Management Studio 修改自訂函數的內容

在「物件總管」視窗的自訂函數上，執行【右】鍵快顯功能表的【修改】命令，即可重新編輯自訂函數的 T-SQL 指令敘述。

使用 Management Studio 更改自訂函數名稱

在「物件總管」視窗欲更改的自訂函數名稱上，執行【右】鍵快顯功能表的【重新命名】命令，可以看到反白顯示的名稱和游標，請直接輸入自訂函數的新名稱即可。

使用 T-SQL 指令修改自訂函數

T-SQL 語言是使用 ALTER FUNCTION 指令來修改自訂函數，其基本語法和 CREATE FUNCTION 相同，也分為三種。簡單的說，修改自訂函數就是在重新定義自訂函數。

因為 ALTER FUNCTION 指令並無法更改自訂函數名稱，我們需要使用 sp_rename 系統預存程序來更改自訂函數的名稱，詳細說明請參閱＜第 7-4-1 節：修改資料表名稱＞。

> **SQL 指令碼檔：Ch15_4_1.sql**

請修改嵌入資料表值函數 fnProfessor()，改用【扣稅】欄位的條件來取得【教授】資料表與【員工】資料表的合併查詢結果，如下所示：

```
ALTER FUNCTION fnProfessor
    (@tax money)
    RETURNS TABLE
```

```
RETURN (
  SELECT 教授.教授編號, 員工.姓名, 教授.科系,
         教授.職稱, 員工.薪水
  FROM 教授 INNER JOIN 員工
  ON 教授.身份證字號 = 員工.身份證字號
  WHERE 員工.扣稅 >= @tax )
```

15-4-2　刪除自訂函數

對於資料庫不再需要的自訂函數，我們可以使用 Management Studio 或 T-SQL 指令來刪除自訂函數。

使用 Management Studio 刪除自訂函數

在 Management Studio 的「物件總管」視窗展開自訂函數，在其上執行【右】鍵快顯功能表的【刪除】命令，再按【確定】鈕，即可刪除自訂函數。

使用 T-SQL 指令刪除自訂函數

T-SQL 語言是使用 DROP FUNCTION 指令來刪除自訂函數，其基本語法如下所示：

```
DROP FUNCTION 自訂函數名稱
```

上述語法可以刪除名為【自訂函數名稱】的自訂函數，如果不只一個，請使用「,」逗號分隔。

 SQL 指令碼檔：Ch15_4_2.sql

請刪除名為【fnProfessor】的自訂函數，如下所示：

```
DROP FUNCTION fnProfessor
```

15-5 使用資料指標

　　T-SQL 資料指標（T-SQL Cursor）可以使用在預存程序或觸發程序來處理結果集（Result Set）中的每一筆記錄，結果集就是 SELECT 指令查詢結果的記錄集合（Recordset）。

15-5-1 資料指標的基礎

　　T-SQL 指令敘述預設是處理整個結果集的所有記錄資料，如果需要每一次處理結果集中的一筆記錄，我們需要使用資料指標（Cursors）。簡單的說，我們可以將資料指標視為是一個資料列標籤（Row Marker），記錄在結果集中存取的是哪一筆記錄，如下圖所示：

資料指標 ➡ 1	S001	陳會安	新台市五股區	2002-10-15	22
2	S002	江小魚	新北市中和區	2003-01-02	18
3	S003	周傑倫	台北市松山區	2000-05-01	15
4	S004	蔡一玲	台北市大安區	2000-07-22	15
5	S005	張會妹	台北市信義區	2001-03-01	19
6	S006	張無忌	台北市內湖區	2001-03-01	19

　　上述圖例是 SELECT 指令查詢結果的結果集，資料指標指向結果集的第 1 筆記錄，如果使用資料指標取得記錄，就是取出灰底的哪一筆記錄。在結果集中我們可以往前、往後移動資料指標讀取記錄，如果循序往後移動，就可以一筆一筆讀取結果集的記錄。

資料指標的種類

　　SQL Server 可以使用兩種方式來實作資料指標，如下所示：

- 用戶端資料指標（Client Cursors）：使用資料庫函式庫（Database API）來實作資料指標，例如：ADO、ADO.NET 或 ODBC 等。

- T-SQL 資料指標（T-SQL Cursors）：使用 T-SQL 實作的資料指標，這是源於 ANSI-SQL 92 的 T-SQL 擴充語法。

本節主要說明 T-SQL 資料指標的使用，關於用戶端資料指標的說明，請參閱＜第 18 章：SQL Server 用戶端程式開發 - 使用 C#和 Python 語言＞。

T-SQL 資料指標的相關指令

在 T-SQL 使用資料指標需要使用多個 T-SQL 指令來完成資料指標的處理，其說明如下表所示：

T-SQL 指令	說明
DECLARE	宣告與定義一個新的資料指標
OPEN	執行資料指標定義的 SELECT 指令來開啟與建立資料指標
FETCH	從資料指標取出一筆記錄資料
CLOSE	關閉資料指標
DEALLOCATE	刪除資料指標定義和釋放佔用的系統資源

15-5-2　使用資料指標的步驟

一般來說，T-SQL 資料指標可以使用在預存程序、自訂函數和觸發程序，使用資料指標的基本步驟（完整 SQL 指令碼檔：Ch15_5_2.sql），如下所示：

步驟一：宣告資料指標

T-SQL 語言是使用 DECLARE 指令來宣告與定義一個新的資料指標，其基本語法如下所示：

```
DECLARE 資料指標名稱 CURSOR
[ LOCAL | GLOBAL ]
[ FORWARD_ONLY | SCROLL ]
[ FAST_FORWARD | STATIC | KEYSET | DYNAMIC ]
[ READ_ONLY | SCROLL_LOCKS | OPTIMISTIC ]
FOR SELECT 指令敘述
```

上述語法建立名為【資料指標名稱】的資料指標。LOCAL | GLOBAL 可以指定資料指標的範圍（Scope），其說明如下表所示：

範圍	說明
LOCAL	區域資料指標只能在宣告的批次或程序中使用
GLOBAL	全域資料指標可以在目前連線的任何指令碼檔或程序中使用

FORWARD_ONLY | SCROLL 是設定資料指標是否支援捲動（SCROLL）方式的記錄讀取（即可前可後的雙向讀取），其說明如下表所示：

讀取方式	說明
FORWARD_ONLY	只能從前往後單方向一筆一筆的循序讀取，不能回頭捲動，此為預設值。
SCROLL	可以前後、以相對或絕對方式來捲動讀取記錄，當指定 STATIC、KETSET 或 DYNAMIC 資料指標種類時，此時的預設值是 SCROLL

FAST_FORWARD | STATIC | KEYSET | DYNAMIC 可以指定資料指標的種類，其說明如下表所示：

資料指標種類	說明
FAST_FORWARD	一種單向唯讀的資料指標，不支援捲動，這是 SQL Server 最快的資料指標
STATIC	使用暫存資料表儲存記錄資料，因為沒有動態讀取來源資料，所以內容並不會更新，支援捲動
KEYSET	只有將唯一鍵值欄存入暫存資料表，其他是從來源資料表取得，更新或刪除操作可以動態更新，但是插入不行，也支援捲動
DYNAMIC	直接動態從來源資料表取得記錄資料，所以資料能夠動態更新且支援捲動

READ_ONLY | SCROLL_LOCKS | OPTIMISTIC 是並行控制選項，詳細說明請參閱＜第 15-5-4 節：使用資料指標來更新與刪除資料＞。FOR 子句是取得資料指標結果集的 SELECT 指令敘述。例如：宣告名為【學生_資料指標】的資料指標，如下所示：

```
DECLARE 學生_資料指標 CURSOR
STATIC
FOR SELECT 學號, 姓名, 電話 FROM 學生
    WHERE 性別 = '男'
```

上述 DECLARE 指令建立名為【學生_資料指標】的資料指標，資料集是查詢【學生】資料表的所有男同學。

步驟二：開啟資料指標

在宣告資料指標後，就可以使用 OPEN 指令開啟資料指標，其語法如下所示：

```
OPEN 資料指標名稱
```

上述語法可以開啟名為【資料指標名稱】的資料指標，例如：開啟【學生_資料指標】資料指標，如下所示：

```
OPEN 學生_資料指標
```

步驟三：讀取資料指標的記錄

在開啟資料指標後，讀取記錄是使用 FETCH 指令，可以從資料指標位置讀取記錄資料，其基本語法如下所示：

```
FETCH [ NEXT | PRIOR | FIRST | LAST | ABSOLUTE n | RELATIVE n ]
FROM [GLOBAL] 資料指標名稱
[ INTO @變數名稱1 [, @變數名稱2...] ]
```

上述語法將目前【資料指標名稱】位置的記錄存入 INTO 子句的 T-SQL 變數清單，如果不只一個，請使用「,」逗號分隔，這就是對應 FOR 子句 SELECT 指令的欄位清單。

在 FETCH 指令可以指定資料指標的移動方式，也就是決定如何讀取結果集的記錄資料，其說明如下表所示：

移動方式	說明
NEXT	預設移動方式，如果是第一次執行，就是讀取第 1 筆記錄，如果是 FORWARD_ONLY 資料指標，就只能使用 NEXT
PRIOR	取得上一筆記錄
FIRST	將資料指標移到第 1 筆，可以讀取第 1 筆記錄
LAST	將資料指標移到最後 1 筆，可以讀取最後 1 筆記錄

移動方式	說明
ABSOLUTE n	讀取從頭起算的第 n 筆記錄，n 值是從 1 至記錄數
RELATIVE n	讀取從目前資料指標位置起算的第 n 筆記錄，如果小於 0 是前幾筆，0 是再讀一次目前這筆記錄

簡單的說，每執行一次 FETCH 指令可以從資料指標讀取一筆記錄，只需配合 WHILE 迴圈，就可以取得資料集的每一筆記錄。例如：使用 FETCH 指令配合 WHILE 迴圈，讀取【學生_資料指標】資料指標的記錄，並且將記錄一一顯示出來，如下所示：

```
DECLARE @id char(5)
DECLARE @name varchar(10)
DECLARE @tel varchar(15)
FETCH NEXT FROM 學生_資料指標
INTO @id, @name, @tel
WHILE @@FETCH_STATUS = 0
BEGIN
    PRINT @id + ' - ' + @name + ' - ' + @tel
    FETCH NEXT FROM 學生_資料指標
    INTO @id, @name, @tel
END
```

在上述 WHILE 迴圈前已經先使用 FETCH 指令讀取第 1 筆記錄，在迴圈中每執行一次 FETCH 指令，可以從資料指標讀取一筆記錄，NEXT 是移至下一筆，直到@@FETCH_STATUS 系統函數傳回-1 值，表示到達最後一筆記錄為止，關於資料指標的系統函數說明，請參閱＜第 15-5-3 節：資料指標的系統函數＞。

步驟四：關閉資料指標

當不再需要資料指標時，請使用 CLOSE 指令關閉資料指標，其語法如下所示：

```
CLOSE 資料指標名稱
```

上述語法可以關閉名為【資料指標名稱】的資料指標，例如：關閉【學生_資料指標】資料指標，如下所示：

```
CLOSE 學生_資料指標
```

步驟五：移除資料指標

最後請使用 DEALLOCATE 指令釋放資料指標佔用的系統資源，其基本語法如下所示：

```
DEALLOCATE 資料指標名稱
```

上述語法可以移除名為【資料指標名稱】的資料指標，例如：移除【學生_資料指標】資料指標，如下所示：

```
DEALLOCATE 學生_資料指標
```

SQL 指令碼檔 Ch15_5_2.sql 的執行結果，如右圖所示：

15-5-3　資料指標的系統函數

在 T-SQL 資料指標常用的系統函數有：@@FETCH_STATUS 和 @@CURSOR_ROWS。

@@FETCH_STATUS 系統函數

@@FETCH_STATUS 系統函數可以傳回最近一次執行 FETCH 指令的狀態值，狀態值共有三種，如下表所示：

狀態值	說明
0	成功執行 FETCH 指令
-1	執行 FETCH 指令失敗，因為已經到達結果集的最後一筆記錄
-2	執行 FETCH 指令失敗，因為讀取的記錄已經刪除

除了 KEYSET 資料指標外，@@FETCH_STATUS 系統函數只會傳回 0 或 -1 的值，可以配合 WHILE 迴圈讀取資料指標的記錄資料。

在第 15-5-2 節是從前往後依序讀取記錄，如果反過來從後往前的 WHILE 迴圈，如下所示：

```
FETCH LAST FROM 學生_資料指標
INTO @id, @name, @tel
WHILE @@FETCH_STATUS = 0
BEGIN
    PRINT @id + ' - ' + @name + ' - ' + @tel
    FETCH PRIOR FROM 學生_資料指標
    INTO @id, @name, @tel
END
```

上述 FETCH 指令是使用 LAST 讀取最後一筆，然後使用 PRIOR 讀取前一筆。

SQL 指令碼檔：Ch15_5_3.sql

請宣告且開啟 KEYSET 資料指標【學生_資料指標_KEYSET】後，使用 WHILE 迴圈讀取記錄資料，如下所示：

```
DECLARE 學生_資料指標_KEYSET CURSOR
KEYSET
FOR SELECT 學號, 姓名, 電話 FROM 學生
    WHERE 性別 = '男'
OPEN 學生_資料指標_KEYSET
DECLARE @id char(5)
DECLARE @name varchar(10)
DECLARE @tel varchar(15)
FETCH FIRST FROM 學生_資料指標_KEYSET
INTO @id, @name, @tel
WHILE @@FETCH_STATUS <> -1
BEGIN
    IF @@FETCH_STATUS = -2
        PRINT 'Missing Record.'
    PRINT @id + ' - ' + @name + ' - ' + @tel
    FETCH NEXT FROM 學生_資料指標_KEYSET
    INTO @id, @name, @tel
END
CLOSE 學生_資料指標_KEYSET
DEALLOCATE 學生_資料指標_KEYSET
```

上述 KEYSET 資料指標因為傳回值有可能是-2，所以 WHILE 迴圈額外使用 IF 條件檢查@@FETCH_STATUS 系統函數是否為-2，其執行結果如下圖所示：

```
訊息
    S001  -  陳會安  -  02-22222222
    S003  -  張無忌  -  04-44444444
    S004  -  陳小安  -  05-55555555
    S006  -  周杰輪  -  02-33333333
    S008  -  劉得華  -  02-11111122

    完成時間: 2023-01-03T09:35:45.2517656+08:00
100 %
```

@@CURSOR_ROWS 系統函數

@@CURSOR_ROWS 系統函數可以傳回資料指標結果集的記錄數，其傳回值說明，如下表所示：

傳回值	說明
n	傳回最近開啟資料指標結果集的記錄數
0	沒有任何開啟的資料指標，或結果集沒有記錄
-1	因為是動態資料指標 DYNAMIC，所以記錄數也會變動

SQL 指令碼檔：Ch15_5_3a.sql

請建立【員工_資料指標】的資料指標後，使用 WHILE 迴圈讀取和顯示結果集中 1/3 的員工姓名，如下所示：

```
DECLARE 員工_資料指標 CURSOR
STATIC
FOR SELECT 姓名 FROM 員工
OPEN 員工_資料指標
DECLARE @name varchar(10), @inc int
IF @@CURSOR_ROWS > 0
BEGIN
   SET @inc = @@CURSOR_ROWS / 3
   FETCH NEXT FROM 員工_資料指標 INTO @name
   WHILE @@FETCH_STATUS = 0
   BEGIN
     PRINT @name
     FETCH RELATIVE @inc FROM 員工_資料指標
```

```
      INTO @name
    END
  END
CLOSE 員工_資料指標
DEALLOCATE 員工_資料指標
```

　　上述 IF 條件檢查@CURSOR_ROWS 系統函數是否有記錄數，在計算 1/3 員
工的讀取增量後，使用 WHILE 迴圈讀
取員工姓名，FETCH 指令是使用
RELATIVE 取得下一筆增量位置的記錄
資料，其執行結果如右圖所示：

15-5-4　使用資料指標更新與刪除資料

　　對於多人使用的資料庫系統來說，因為可能同時有多位使用者在處理相同的
資料，稱為「並行」（Concurrency）。如果使用者都是讀取資料還沒有問題，如
果有使用者是更改資料，就會產生衝突。所以，在使用資料指標更新與刪除資料
時，我們需要考量資料指標的並行控制。

　　T-SQL 資料指標在宣告時，可以指定並行控制選項，這是使用鎖定方式來處
理並行，其說明如下表所示：

並行控制選項	說明
READ_ONLY	唯讀的資料指標，所以沒有鎖定問題，我們並不能透過此資料指標來更新或刪除記錄
SCROLL_LOCKS	當資料指標讀取該筆記錄時，就鎖定這筆記錄，此時，其他使用者不允許更改這筆記錄，直到讀取其他記錄時，才會解除鎖定
OPTIMISTIC	並不會鎖定記錄資料，資料指標在更新或刪除記錄時，如果資料同時有人更改，系統就會產生 16934 的錯誤，以便使用者自行處理此錯誤

　　上表 SCROLL_LOCKS 或 OPTIMISTIC 可以使用資料指標更新或刪除資
料。在宣告資料指標的 DECLARE 語法時，如果限制允許更新的欄位，我們需要
在 FOR 子句後加上 FOR UPDATE 子句，其基本語法如下所示：

```
[ FOR UPDATE ]  [OF 欄位清單]
```

　　上述語法在 OF 關鍵字後是允許更新的欄位清單，如果不只一個，請使用「,」逗號分隔。在 UPDATE 和 DELETE 指令是使用 WHERE CURRENT OF 子句來取代 WHERE 子句，其基本語法如下所示：

```
WHERE CURRENT OF 資料指標名稱
```

　　上述語法表示使用【資料指標名稱】的資料指標來更新或刪除記錄資料。

🖥 SQL 指令碼檔：Ch15_5_4.sql

　　請建立【員工_資料指標】的資料指標後，使用資料指標更新【薪水】欄位，將薪水少於等於 50000 的員工調薪百分之五，如下所示：

```
DECLARE 員工_資料指標 CURSOR
LOCAL SCROLL_LOCKS
FOR SELECT 薪水 FROM 員工
    WHERE 員工.姓名
    NOT IN (SELECT 姓名 FROM 學生)
FOR UPDATE OF 薪水
OPEN 員工_資料指標
DECLARE @salary money
FETCH NEXT FROM 員工_資料指標 INTO @salary
WHILE @@FETCH_STATUS = 0
BEGIN
   IF @salary <= 50000
   BEGIN
      SET @salary = @salary * 1.05
      UPDATE 員工
      SET 薪水 = @salary
      WHERE CURRENT OF 員工_資料指標
   END
   FETCH NEXT FROM 員工_資料指標 INTO @salary
END
CLOSE 員工_資料指標
DEALLOCATE 員工_資料指標
```

在宣告 SCROLL_LOCKS 區域資料指標，並且限制只能更新【薪水】欄位後，在 WHILE 迴圈使用 IF 條件檢查薪水是否少於等於 50000 元，如果是，加薪百分之五，在 UPDATE 指令使用 WHERE CURRENT OF 子句來更新薪水欄位。

15-5-5 資料指標變數與參數

T-SQL 的資料指標也是一種資料類型，我們不只可以建立資料指標變數，還可以在預存程序使用資料指標參數。

資料指標變數

T-SQL 可以在宣告資料指標變數後，指定變數內容為資料指標，其基本語法如下所示：

```
DECLARE @資料指標變數名稱 { cursor | CURSOR }
```

📺 (**SQL 指令碼檔：Ch15_5_5.sql**)

請宣告和建立資料指標變數【@課程指標】後，開啟資料指標顯示第一筆記錄的內容，如下所示：

```
DECLARE @課程指標 cursor
SET @課程指標= CURSOR
   LOCAL STATIC
   FOR SELECT * FROM 課程
OPEN @課程指標
FETCH FROM @課程指標
```

上述 T-SQL 指令敘述建立資料指標變數後，使用此變數來宣告和開啟資料指標，FETCH 指令可以取出第 1 筆記錄，如下圖所示：

	課程編號	名稱	學分
1	CS349	物件導向分析	3

資料指標參數

在預存程序的參數可以使用資料指標參數來傳回資料指標,其參數宣告語法如下所示:

```
@資料指標參數名稱 { cursor | CURSOR } VARYING OUTPUT
```

上述語法是替預存程序宣告一個可傳回的資料指標參數,VARYING 關鍵字表示傳回值可以更改。

SQL 指令碼檔:Ch15_5_5a.sql

請建立預存程序【傳回課程指標】傳回【課程】資料表的資料指標,然後宣告資料指標變數,在執行預存程序取得資料指標後,取出第一筆記錄的內容,如下所示:

```
CREATE PROCEDURE 傳回課程指標
  @課程指標 cursor VARYING OUTPUT
AS
SET @課程指標= CURSOR
   LOCAL STATIC
   FOR SELECT * FROM 課程
OPEN @課程指標
GO
DECLARE @course_cur cursor
EXEC 傳回課程指標 @course_cur OUTPUT
FETCH FROM @course_cur
```

上述 CREATE PROCEDURE 指令在建立預存程序傳回資料指標後,使用 EXEC 指令執行預存程序取得資料指標變數,最後使用 FETCH 指令取出第 1 筆記錄,其執行結果和前一個範例相同。

16-1 觸發程序的基礎

> **Memo**
>
> 本章測試的 SQL 指令是使用【教務系統】資料庫,請重新啟動 SSMS 執行本書範例
> 「Ch16\Ch16_School.sql」的 SQL 指令碼檔案,可以建立本章測試所需的資料庫、
> 資料表和記錄資料。

　　觸發程序(Triggers)是一種特殊用途的預存程序,我們並不能單獨執行觸發程序,因為這是在執行 T-SQL 語言的 DDL 指令或 DML 指令產生事件時,系統主動執行的程序,所以,不能像預存程序或自訂函數一般,由使用者自行執行觸發程序。

　　如同預存程序與自訂函數,觸發程序也是一組 T-SQL 指令敘述的集合(但是觸發程序沒有參數,也不能有傳回值),我們可以使用觸發程序執行一些自動化操作,例如:自動更改或刪除相關聯的記錄資料、加強欄位的商業規則驗證、比較資料更改前後的資料表狀態和建立不同資料庫的參考完整性。

　　因為條件約束的執行效能比觸發程序佳,所以觸發程序不是用來取代資料表的條件約束,而是用來處理條件約束無法驗證的商業規則(Business Rules),例如:訂購商品前需要檢查庫存是否足夠等,或執行更複雜的資料驗證程序。

觸發程序的種類

SQL Server 支援的觸發程序有三種，其說明如下所示：

- DML 觸發程序（DML Triggers）：當執行資料表操作指令 INSERT、UPDATE 和 DELETE 時，自動執行的觸發程序，可以用來驗證商業規則，或執行更複雜的資料驗證程序。

- DDL 觸發程序（DDL Triggers）：一種特殊類型的觸發程序，可以回應 DDL 指令（主要是指 CREATE、ALTER 和 DROP 開頭的指令）來執行資料庫的管理工作，例如：稽核與管理資料庫作業。

- 登入觸發程序（LOGON Triggers）：可以回應 LOGON 事件來幫助我們追蹤登入活動、限制登入 SQL Server 或特定登入的工作階段數，登入觸發程序可以防止非法使用者成功連線資料庫引擎，因為屬於資料庫系統管理的範疇，所以本章並沒有說明登入觸發程序。

觸發程序的用途

觸發程序的用途十分廣泛，一般來說，在SQL Server使用觸發程序的時機，如下所示：

- 觸發程序可以驗證商業規則，或執行更複雜的資料驗證程序，例如：檢查使用者是否調整價格超過百分之五、庫存是否足夠和客戶是否擁有足夠的採購額度等。

- 觸發程序可以維持多資料表之間的資料完整性，我們可以透過觸發程序來更改相關聯的記錄資料。例如：在【訂單】資料表刪除一筆記錄後，即可使用觸發程序在【訂單明細】資料表刪除此訂單相關的所有項目資料；或當出貨一項商品，就自動將庫存量減一。

- 觸發程序能夠檢查資料更改是否是允許的操作，如果不允許就回復資料更改，我們也可以使用觸發程序直接更改或取消原來的資料操作，並且使用電子郵件發出預警的通知郵件。

- 觸發程序可以分析操作來執行其他的後續處理，因為觸發程序可以比較資料更改前後的資料表狀態，所以，我們可以針對比較結果來執行進一步的處理。

- 觸發程序可以取代系統預設產生的錯誤訊息，讓我們建立自訂錯誤訊息來回應用戶端資料庫應用程式。

16-2 | DML 觸發程序

DML 觸發程序是當執行 INSERT、UPDATE 和 DELETE 資料表操作指令時，一種自動執行的觸發程序，可以讓我們建立強制執行的商業規則、擴充條件約束、預設值和規則等維持資料完整性的條件。

SQL Server 的 DML 觸發程序依觸發時機可以分為兩種，如下所示：

- AFTER 觸發程序：當執行 INSERT、UPDATE 和 DELETE 指令且資料已經改變後，所觸發和執行的觸發程序，主要是用來執行一些檢查或善後處理，如果有錯誤，更改的資料可以回復至更改前的值。

- INSTEAD OF 觸發程序：這是在資料改變前觸發和執行的觸發程序，可以驗證資料或取代原本需要執行的操作。

16-2-1 建立 DML 觸發程序

如同預存程序，我們一樣可以使用 Management Studio 或直接新增查詢來建立 DML 觸發程序。請在「物件總管」視窗展開資料庫下欲建立觸發程序的【員工】資料表後，在【資料庫觸發程序】上執行【右】鍵快顯功能表的【新增資料庫觸發程序】命令，可以自動產生內含觸發程序範本指令碼的查詢，如下圖所示：

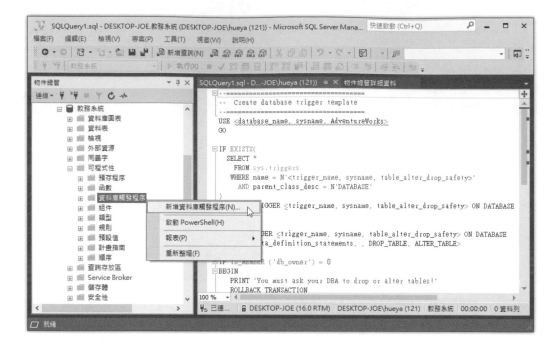

因為在 Management Studio 新增觸發程序和預存程序的步驟類似，筆者就不再重複詳細說明其建立的步驟。

使用 CREATE TRIGGER 指令建立觸發程序

在 T-SQL 是使用 CREATE TRIGGER 指令建立觸發程序，其基本語法如下：

```
CREATE TRIGGER 觸發程序名稱
ON { 資料表名稱 | 檢視表名稱 }
[ WITH ENCRYPTION ]
{ FOR | AFTER | INSTEAD OF }
{ [ INSERT ] [,] [ UPDATE ] [,] [DELETE] }
AS
T-SQL 指令敘述
```

上述語法建立名為【觸發程序名稱】的 DML 觸發程序，ON 子句指定觸發程序結合的資料表或檢視表名稱。WITH ENCRYPTION 子句設定是否建立加密的 DML 觸發程序，如此使用者就無法使用系統檢視表來查詢 DML 觸發程序的內容。

FOR 和 AFTER 關鍵字相同都是建立 AFTER 觸發程序；INSTEAD OF 關鍵字建立 INSTEAD OF 觸發程序，接著指定觸發此事件的 DML 指令是 INSERT、UPDATE 或 DELETE，如果不只一個，請使用逗號分隔。

在最後 AS 關鍵字後是執行的 T-SQL 指令，這部分不可使用的 T-SQL 指令敘述，如下表所示：

CREATE DATABASE	ALTER DATABASE	DROP DATABASE
LOAD DATABASE	LOAD LOG	RECONFIGURE
RESTORE DATABASE	RESTORELOG	

一般來說，除非為了測試用途，應該避免在觸發程序執行 SELECT 指令敘述來取得多筆查詢結果的記錄資料，因為這些資料也會一併送至用戶端資料庫應用程式，不只浪費網路頻寬，也有可能因為用戶端應用程式沒有處理這些資料而導至錯誤產生。

Deleted 與 Inserted 邏輯資料表

在 DML 觸發程序可以查詢系統自動產生的 Deleted 與 Inserted 邏輯資料表（Logical Tables），這兩個虛擬資料表是用來保留更改前後的記錄資料，其欄位資料完全對應 ON 子句資料表的欄位定義，我們一樣可以使用 SELECT 指令查詢 Deleted 與 Inserted 資料表，如下所示：

```
SELECT * FROM Inserted
SELECT * FROM Deleted
```

上述 Deleted 資料表儲存更改或刪除前的舊資料；Inserted 資料表是插入或更新後的新資料。資料表內容依不同 DML 指令的差異，如下表所示：

DML 指令	Deleted 資料表	Inserted 資料表
INSERT	空資料表	所有插入的記錄資料
UPDATE	更新前的舊記錄資料	更新後的新資料
DELETE	所有刪除的記錄資料	空資料表

上述 UPDATE 指令相當於是先執行刪除 DELETE 指令後，再執行 INSERT 指令。

如果觸發程序是建立在檢視表，Deleted 與 Inserted 資料表的欄位是對應定義檢視表 SELECT 指令敘述的欄位清單。

📖 SQL 指令碼檔：Ch16_2_1.sql

請在【教務系統】資料庫的【課程】資料表建立名為【新增記錄】的 DML 觸發程序，這是針對 INSERT 指令的事件，如下所示：

```
CREATE TRIGGER 新增記錄
ON 課程
FOR INSERT
AS
BEGIN
  DECLARE @name varchar(30)
  SELECT @name = 名稱 FROM Inserted
  PRINT '新增課程: ' + @name
END
```

上述 T-SQL 指令敘述建立名為【新增記錄】的 DML 觸發程序，ON 子句指定作用在【課程】資料表，FOR 子句是 INSERT 事件。當在資料表新增記錄時，新增記錄會暫時儲存在 Inserted 資料表，可以查詢新增記錄的課程名稱，如下所示：

```
SELECT @name = 名稱 FROM Inserted
```

上述 SELECT 指令將查詢結果的【名稱】欄位填入變數@name 後，顯示課程名稱。

SQL 指令碼檔：Ch16_2_1a.sql

當在【課程】資料表新增一筆記錄，就會觸發執行【新增記錄】觸發程序，顯示新增記錄的課程名稱，如下所示：

```
INSERT INTO 課程
VALUES ('CS301','作業系統概論',4)
```

上述 INSERT 指令可以插入一新記錄，因為有觸發程序，所以除了系統訊息外，還會多顯示課程名稱，如右圖所示：

16-2-2 DML 觸發程序與條件約束

DML 觸發程序在功能上類似資料表的條件約束，但是觸發程序的功能更加強大，不過，觸發程序需要花費更多的系統資源，所以大量使用觸發程序反而會降低資料庫系統的整體效能。

事實上，觸發程序與條件約束是相輔相成的，在可以使用條件約束的地方，應該優先採用條件約束，只有條件約束無法處理的商業規則和欄位驗證功能，才改用觸發程序來建立。

AFTER 觸發程序與條件約束

AFTER 觸發程序的執行流程是當使用者執行 INSERT、UPDATE 和 DELETE 的 DML 操作指令後，依序檢查條件約束、建立 Deleted 與 Inserted 資料表，並且在實際更新資料表的記錄資料後，執行 AFTER 觸發程序，當操作有違反資料表的條件約束，壓根兒就不會執行到 AFTER 觸發程序。

　　所以，**AFTER** 觸發程序並沒有辦法事先作一些處理，來避免違反資料表的條件約束，而只能增加額外的欄位檢查條件和處理來進一步維護資料完整性。例如：客戶需要擁有足夠的採購額度，才允許客戶下訂單採購。

INSTEAD OF 觸發程序與條件約束

　　INSTEAD OF 觸發程序是在 Deleted 與 Inserted 資料表建立後就執行，所以，INSTEAD OF 觸發程序是在執行條件約束前執行，我們可以在 INSTEAD OF 觸發程序預先處理來避免違反資料表的條件約束。

　　事實上，INSTEAD OF 觸發程序主要是用來攔截和取代指定的操作，我們可以在 INSTEAD OF 觸發程序自行撰寫指令來更改或取消原來的資料操作，不過，在 INSTEAD OF 觸發程序執行的操作還是需要經過條件約束的檢查。

16-2-3　建立 AFTER 觸發程序

　　AFTER 觸發程序是當執行 INSERT、UPDATE 和 DELETE 指令且資料已經改變後，所觸發和執行的觸發程序，可以執行一些檢查或善後處理，如果有錯誤，更改資料可以回復至更改前的值。SQL Server 資料表可以建立多個 AFTER 觸發程序，但只能有一個 INSTEAD OF 觸發程序，而且，AFTER 觸發程序不能使用在檢視表，只有 INSTEAD OF 觸發程序可以使用在檢視表。

　　AFTER 和 INSTEAD OF 觸發程序依執行的 DML 指令不同，可以再分為：INSERT 觸發程序、UPDATE 觸發程序和 DELETE 觸發程序三種。

AFTER INSERT 觸發程序

　　AFTER INSERT 觸發程序是當使用者在資料表插入一筆記錄時觸發，因為是新增記錄，所以新增的記錄同時也會新增至 Inserted 資料表，但是不會使用到 Deleted 資料表。

SQL 指令碼檔：Ch16_2_3.sql

請在【教務系統】資料庫的【班級】資料表，針對 INSERT 指令建立名為【檢查上課數】的 AFTER 觸發程序，限制每一位學生最多只能上三門課程，如下所示：

```
CREATE TRIGGER 檢查上課數
ON 班級
AFTER INSERT
AS
BEGIN
  IF ( SELECT COUNT(學號) FROM 班級
     WHERE 學號 = (
       SELECT 學號 FROM Inserted)
   ) > 3
  BEGIN
    RAISERROR('已經修太多課程!',1,1)
    ROLLBACK
  END
END
```

上述 T-SQL 指令敘述可以建立名為【檢查上課數】的 AFTER 觸發程序，IF 條件檢查學生所上課的記錄是否超過 3 門，如果是，產生錯誤訊息，並且執行 ROLLBACK（或 ROLLBACK TRAN）指令回復交易，不允更改，詳細 ROLLBACK 指令的說明請參閱＜第 17 章：交易處理與鎖定＞。

SQL 指令碼檔：Ch16_2_3a.sql

當在【班級】資料表新增記錄就觸發執行【檢查上課數】觸發程序，如果學生上課數太多，就會顯示錯誤訊息且回復資料不允許新增此筆記錄，如下所示：

```
INSERT INTO 班級
VALUES ('I004', 'S001', 'CS111','03:00:00', '321-M')
```

上述 INSERT 指令可以插入一筆新記錄，因為有觸發程序，在檢查學生 S001 的上課數後，因為超過 3，所以顯示錯誤訊息且回復資料，如右圖所示：

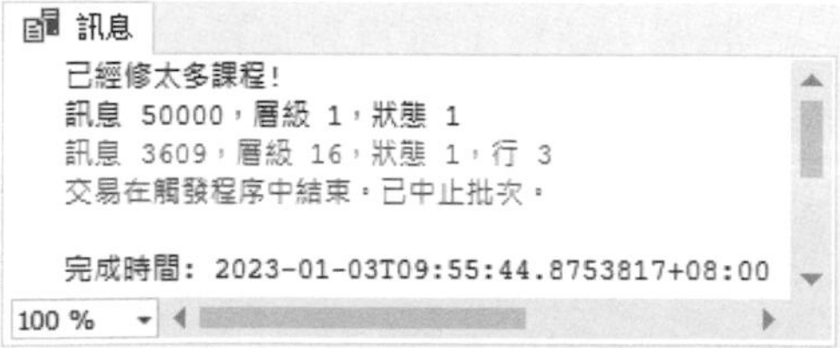

📧 訊息

已經修太多課程!
訊息 50000，層級 1，狀態 1
訊息 3609，層級 16，狀態 1，行 3
交易在觸發程序中結束，已中止批次。

完成時間：2023-01-03T09:55:44.8753817+08:00

100 %

AFTER UPDATE 觸發程序

AFTER UPDATE 觸發程序是當使用者在資料表更新記錄時觸發，因為是更新記錄，所以更新資料是新增至 Inserted 資料表；原始資料是新增至 Deleted 資料表。

🖥 (SQL 指令碼檔：Ch16_2_3b.sql)

請在【教務系統】資料庫的【課程】資料表建立名為【檢查學分數】的觸發程序，限制更新的學分數只能增加，不能減少，如下所示：

```
CREATE TRIGGER 檢查學分數
ON 課程
AFTER UPDATE
AS
BEGIN
  DECLARE @new int, @old int
  SELECT @new = 學分 FROM Inserted
  SELECT @old = 學分 FROM Deleted
  IF @old > @new
  BEGIN
     PRINT '不允許更新學分欄位!'
     ROLLBACK TRAN
  END
END
```

上述 T-SQL 指令敘述可以建立名為【檢查學分數】的 AFTER 觸發程序，在取得更新前後的學分數後，IF 條件檢查學分數是否是增加，如果是減少，就顯示錯誤訊息，並且回復資料。

🖥 (SQL 指令碼檔：Ch16_2_3c.sql)

當在【課程】資料表更新記錄就會觸發執行【檢查學分數】觸發程序，檢查更改的學分數是否是增加，如下所示：

```
UPDATE 課程
SET 學分 = 3
WHERE 課程編號 = 'CS301'
```

上述 UPDATE 指令是更新學分數，因為學分數是減少，所以顯示錯誤訊息且回復資料，如下圖所示：

AFTER DELETE 觸發程序

AFTER DELETE 觸發程序是當使用者在資料表刪除一筆記錄時觸發，因為是刪除記錄，所以刪除的記錄同時也會新增至 Deleted 資料表，但是不會使用到 Inserted 資料表。

SQL 指令碼檔：Ch16_2_3d.sql

請在【教務系統】資料庫的【員工】資料表，同時針對 DELETE 和 UPDATE 指令建立名為【員工管理】的 AFTER 觸發程序，可以檢查刪除或更改的姓名是否存在【學生】資料表，如果存在，就拒絕刪除與更新，如下所示：

```
CREATE TRIGGER 員工管理
ON 員工
AFTER DELETE, UPDATE
AS
IF EXISTS (SELECT * FROM 學生
            WHERE 姓名 = (
          SELECT 姓名 FROM Deleted))
BEGIN
  RAISERROR('不合法姓名!',1,1)
  ROLLBACK TRAN
END
```

上述 T-SQL 指令敘述可以建立名為【員工管理】的 AFTER 觸發程序，IF 條件檢查【學生】資料表是否存在同名的記錄，如果存在，就產生錯誤訊息且回復資料。

💻 SQL 指令碼檔：Ch16_2_3e.sql

　　當在【員工】資料表刪除記錄就會觸發【員工管理】觸發程序，如果員工姓名存在【學生】資料表，就顯示錯誤訊息，且回復資料拒絕刪除這筆記錄，如下：

```
DELETE 員工
WHERE 身份證字號 = 'F332213046'
```

　　上述 DELETE 指令可以刪除一筆記錄，因為觸發程序檢查姓名已經存在【學生】資料表，所以顯示錯誤訊息且回復資料，如右圖所示：

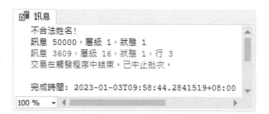

💻 SQL 指令碼檔：Ch16_2_3f.sql

　　當在【員工】資料表更新記錄就會觸發執行【員工管理】的觸發程序，如果更新的員工姓名存在【學生】資料表，就顯示錯誤訊息，且回復資料拒絕更新記錄，如下所示：

```
UPDATE 員工
SET 薪水 = 55000
WHERE 身份證字號 = 'F332213046'
```

　　上述 UPDATE 指令可以更新一筆記錄，因為觸發程序檢查姓名已經存在【學生】資料表，所以顯示錯誤訊息且回復資料，如下圖所示：

16-2-4 建立 INSTEAD OF 觸發程序

INSTEAD OF 觸發程序可以攔截和取代指定操作，因為觸發的操作指令並不會執行，所以 INSTEAD OF 觸發程序需要代替執行這些操作。

不同於 AFTER 觸發程序，INSTEAD OF 觸發程序可以使用在檢視表，讓檢視表成為可編輯的檢視表。不過，INSTEAD OF 觸發程序不支援遞迴呼叫，而且同一個資料表或檢視表只能定義每一個 INSERT、UPDATE 或 DELETE 指令各一個 INSTEAD OF 觸發程序。

當然，我們可以定義多個檢視表，讓每個檢視表都有自己的 INSTEAD OF 觸發程序。此外，如果資料表有定義外來鍵條件約束，和指定 CASCADE UPDATE 或 CASCADE DELETE 選項，就不能在資料表建立 UPDATE 或 DELETE 事件的 INSTEAD OF 觸發程序。

在資料表建立 INSTEAD OF 觸發程序

INSTEAD OF 觸發程序一樣分為 INSERT、UPDATE 和 DELETE 三種，因其架構和 AFTER 觸發程序類似，所以筆者只準備使用 INSERT 事件來說明如何在資料表建立 INSTEAD OF 觸發程序。

📃 **SQL 指令碼檔：Ch16_2_4.sql**

請在【教務系統】資料庫的【課程】資料表，針對 INSERT 指令建立名為【新增課程記錄】的 INSTEAD OF 觸發程序，如果新增記錄的課程編號存在，就改為更新課程記錄，如下所示：

```
CREATE TRIGGER 新增課程記錄
ON 課程
INSTEAD OF INSERT
AS
BEGIN
IF EXISTS (SELECT * FROM 課程
          WHERE 課程編號 = (
          SELECT 課程編號 FROM Inserted))
```

```
BEGIN
  UPDATE 課程
  SET 課程.名稱 = Inserted.名稱,
      課程.學分 = Inserted.學分
  FROM 課程 JOIN Inserted
  ON 課程.課程編號 = Inserted.課程編號
  PRINT '更新一筆記錄!'
END
ELSE
  BEGIN
    INSERT 課程
    SELECT * FROM Inserted
    PRINT '新增一筆記錄!'
  END
END
```

上述 T-SQL 指令敘述可以建立名為【新增課程記錄】的 INSTEAD OF 觸發程序，IF 條件檢查課程編號是否已經存在，存在，就更新記錄；否則插入課程記錄。

 **SQL 指令碼檔：Ch16_2_4a.sql**

當在【課程】資料表新增記錄就會觸發 INSTEAD OF 觸發程序【新增課程記錄】，以此例是存在的課程編號，如下所示：

```
INSERT INTO 課程
VALUES ('CS213', '物件導向程式設計', 4)
```

上述 INSERT 指令插入一筆新記錄，因為課程編號已經存在，所以是更新現存的記錄，如右圖所示：

 **SQL 指令碼檔：Ch16_2_4b.sql**

當在【課程】資料表新增記錄就會觸發 INSTEAD OF 觸發程序【新增課程記錄】，以此例是新增全新的課程編號，如下所示：

```
INSERT INTO 課程
VALUES ('CS333', '物件導向程式設計(2)', 3)
```

上述 INSERT 指令可以插入一筆新記錄,因為課程編號不存在,所以是新增一筆課程記錄,如下圖所示:

上述圖例除了顯示新增一筆記錄外,還顯示課程名稱,這是因為在 INSTEAD OF 觸發程序執行 INSERT 指令時,也會觸發 AFTER 觸發程序【新增記錄】,稱為巢狀觸發(Nested Trigger),在 T-SQL 的巢狀觸發最多可以有 32 層。

同理,在 Ch16_2_4a.sql 指令碼是更新記錄,因為更改的學分數是增加,所以不會巢狀觸發【檢查學分數】的 AFTER 觸發程序;如果是減少,就會巢狀觸發【檢查學分數】的 AFTER 觸發程序。

在檢視表建立 INSTEAD OF 觸發程序

INSTEAD OF 觸發程序也可以使用在檢視表(AFTER 觸發程序不能使用在檢視表),可以讓原來不可編輯的檢視表變成可編輯的檢視表。如果是合併查詢的檢視表,就可以同時插入、更新或刪除多個資料表的記錄資料。

例如:建立同時是學生和員工的【學生員工_檢視】檢視表後,就可以新增此檢視表的 INSTEAD OF 觸發程序,當在檢視表新增記錄,即可同時在【學生】和【員工】資料表各新增一筆記錄。

SQL 指令碼檔:Ch16_2_4c.sql

請建立【學生】與【員工】資料表的合併查詢檢視表【學生員工_檢視】,可以同時顯示是學生且為員工的記錄資料,如下所示:

```
CREATE VIEW 學生員工_檢視 AS
SELECT 學生.學號,學生.姓名,學生.性別,
       學生.電話,學生.生日,
       員工.身份證字號,員工.城市,員工.街道,
       員工.薪水,員工.保險,員工.扣稅
FROM 學生 INNER JOIN 員工
ON 學生.姓名 = 員工.姓名
GO
SELECT * FROM 學生員工_檢視
```

上述 CREATE VIEW 指令建立合併查詢檢視表後，使用 SELECT 指令顯示檢視表內容，如下圖所示：

	學號	姓名	性別	電話	生日	身份證字號	城市	街道	薪水	保險	扣稅
1	S008	劉得華	男	02-11111122	2003-02-23	D444403333	新北	板橋區文心路	25000.00	500.00	500.00
2	S004	陳小安	男	05-55555555	2002-06-13	F213456780	新北	新店區四維路	50000.00	3000.00	1000.00
3	S003	張無忌	男	04-44444444	2002-05-03	F332213046	台北	仁愛路	50000.00	1500.00	1000.00

SQL 指令碼檔：Ch16_2_4d.sql

請在【教務系統】資料庫的【學生員工_檢視】檢視表，針對 INSERT 指令建立名為【新增學生員工記錄】的 INSTEAD OF 觸發程序，可以同時新增【員工】和【學生】資料表的記錄資料，如下所示：

```
CREATE TRIGGER 新增學生員工記錄
ON 學生員工_檢視
INSTEAD OF INSERT
AS
DECLARE @rowCount int
SELECt @rowCount = COUNT(*) FROM Inserted
IF @rowCount = 1
  BEGIN
    INSERT 學生
    SELECT 學號, 姓名, 性別,
           電話, 生日
    FROM Inserted
    INSERT 員工
    SELECT 身份證字號, 姓名, 城市, 街道,
           電話, 薪水, 保險, 扣稅
    FROM Inserted
    PRINT '新增兩筆記錄!'
```

```
    END
ELSE
    RAISERROR('錯誤: 只允許能新增一筆記錄.',1,1)
```

上述 T-SQL 指令敘述可以建立名為【新增學生員工記錄】的 INSTEAD OF 觸發程序，IF 條件檢查是否只有新增一筆記錄，如果是，改為新增【員工】和【學生】資料表共 2 筆記錄資料。

> 💻 **SQL 指令碼檔：Ch16_2_4e.sql**

當在【學生員工_檢視】檢視表新增記錄就會觸發 INSTEAD OF 觸發程序【新增學生員工記錄】，可以同時新增【員工】和【學生】資料表的記錄資料，如下：

```
INSERT INTO 學生員工_檢視
VALUES ('S500', '陳允傑', '男','05-55522222','1970/12/25'
    'F123450789','台北','仁愛路', 50000, 2000, 900)
```

上述 INSERT 指令可以在檢視表插入一筆新記錄，事實上，它會分別在【員工】和【學生】資料表各新增 1 筆記錄資料，如右圖所示：

16-2-5　使用 UPDATE()函數

UPDATE()函數可以檢查指定欄位是否有更新，這是一個建立觸發程序非常好用的函數，其基本語法如下所示：

```
IF UPDATE(欄位名稱 1) [AND | OR UPDATE(欄位名稱 2)]
```

上述語法的 IF 指令使用 UPDATE()函數檢查參數的欄位是否有更新，如果有，傳回 True；否則為 False。

SQL 指令碼檔：Ch16_2_5.sql

　　請在【教務系統】資料庫的【教授】資料表建立名為【更新檢查】的觸發程序，可以使用 UPDATE()函數檢查更新哪些欄位，和更新的欄位數，如下所示：

```
CREATE TRIGGER 更新檢查
ON 教授
AFTER UPDATE
AS
DECLARE @count int
SET @count = 0
IF UPDATE(職稱)
BEGIN
   PRINT '更新職稱欄位!'
   SET @count = @count + 1
END
IF UPDATE(科系)
BEGIN
   PRINT '更新科系欄位!'
   SET @count = @count + 1
END
IF @count > 0
BEGIN
  PRINT '更新 [' + CONVERT(varchar, @count) +
        '] 個欄位!'
  ROLLBACK TRAN
END
```

　　上述 T-SQL 指令敘述可以建立名為【更新檢查】的 AFTER 觸發程序，使用 UPDATE()函數檢查是否更新職稱與科系欄位，如果有更新就回復資料。

SQL 指令碼檔：Ch16_2_5a.sql

　　當在【教授】資料表更新記錄就會觸發執行【更新檢查】觸發程序，顯示更新哪些欄位，和更新的欄位數，如下所示：

```
UPDATE 教授
SET 職稱 = '教授'
WHERE 教授編號 = 'I003'
```

上述 UPDATE 指令可以更新職稱欄
位，顯示更新哪些欄位和更新的欄位數，
如右圖所示：

16-3 | 修改、停用與刪除 DML 觸發程序

對於現存的觸發程序，我們可以使用 Management Studio 或 T-SQL 指令來修
改內容、停用與刪除觸發程序。

16-3-1　修改觸發程序

SQL Server 可以使用 Management Studio 或 T-SQL 指令來修改觸發程序。

使用 Management Studio 修改觸發程序

對於已經存在的觸發程序，我們可以使用 Management Studio 來修改觸發程序
的內容。

請在「物件總管」視窗指定資料表或檢視表的觸發程序上，執行【右】鍵快
顯功能表的【修改】命令，即可重新編輯觸發程序的 T-SQL 指令敘述。

使用 T-SQL 指令修改觸發程序

T-SQL 語言是使用 ALTER TRIGGER 指令來修改觸發程序，其基本語法和
CREATE TRIGGER 相同。簡單的說，修改觸發程序就是重新定義觸發程序。

💻　**SQL 指令碼檔：Ch16_3_1.sql**

　　請在【教務系統】資料庫的【教授】資料表修改名為【更新檢查】的觸發程序，額外多顯示更新後的欄位值，如下所示：

```
ALTER TRIGGER 更新檢查
ON 教授
AFTER UPDATE
AS
DECLARE @count int,
        @rank varchar(10),
        @dep varchar(5)
SET @count = 0
IF UPDATE(職稱)
BEGIN
   SELECT @rank = 職稱 FROM Inserted
   PRINT '更新職稱: ' + @rank
   SET @count = @count + 1
END
IF UPDATE(科系)
BEGIN
   SELECT @dep = 科系 FROM Inserted
   PRINT '更新科系: ' + @dep
   SET @count = @count + 1
END
IF @count > 0
BEGIN
  PRINT '更新 [' + CONVERT(varchar, @count) +
        '] 個欄位!'
  ROLLBACK TRAN
END
```

💻　**SQL 指令碼檔：Ch16_3_1a.sql**

　　當在【教授】資料表更新記錄就會觸發執行【更新檢查】觸發程序，顯示更新哪些欄位、欄位值和更新的欄位數，如下所示：

```
UPDATE 教授
SET 職稱 = '講師'
WHERE 教授編號 = 'I003'
```

上述 UPDATE 指令可以更新職稱欄位，顯示更新欄位、欄位值和更新的欄位數，如右圖所示：

16-3-2　停用觸發程序

當 SQL Server 資料表執行大量資料轉移時，如果每次都觸發執行觸發程序，將會嚴重影響執行資料轉移的效能，此時，我們可以暫時停用資料表的觸發程序，來加速大量資料的轉移。

使用 Management Studio 停用觸發程序

在 Management Studio 的「物件總管」視窗，請在指定資料表或檢視表的觸發程序上，執行【右】鍵快顯功能表的【停用】命令，即可停用觸發程序。

使用 T-SQL 指令停用觸發程序

T-SQL 語言是使用 ALTER TABLE 指令來停用與資料表結合的觸發程序，其基本語法如下所示：

```
ALTER TABLE 資料表名稱
{ ENABLE | DISABLE } TRIGGER { ALL | 觸發程序名稱 }
```

上述語法可以啟用或停用資料表指定或全部的觸發程序，ENABLE 是啟用；DISABLE 是停用；ALL 是全部的觸發程序，或指定的觸發程序名稱，如果不只一個請使用「,」逗號分隔。

📇 **SQL 指令碼檔：Ch16_3_2.sql**

請停用【教授】資料表名為【更新檢查】的觸發程序，如下所示：

```
ALTER TABLE 教授
DISABLE TRIGGER 更新檢查
```

16-3-3 刪除觸發程序

對於不再需要的觸發程序,我們可以使用 Management Studio 或 T-SQL 指令來刪除觸發程序。

使用 Management Studio 刪除觸發程序

在 Manament Studio 的「物件總管」視窗展開資料表或檢視表的觸發程序,在其上執行【右】鍵快顯功能表的【刪除】命令,再按【確定】鈕,即可刪除觸發程序。

使用 T-SQL 指令刪除觸發程序

T-SQL 語言是使用 DROP TRIGGER 指令來刪除觸發程序,其基本語法如下:

```
DROP TRIGGER 觸發程序名稱
```

上述語法可以刪除名為【觸發程序名稱】的觸發程序,如果不只一個請使用「,」逗號分隔。

> 📺 **SQL 指令碼檔:Ch16_3_3.sql**

請刪除【教授】資料表名為【更新檢查】的觸發程序,如下所示:

```
DROP TRIGGER 更新檢查
```

16-4 | DDL 觸發程序

DDL 觸發程序(DDL Trigger)是一種特殊類型的觸發程序,可以回應 DDL 指令(主要是指 CREATE、ALTER、DROP、GRANT、DENY、REVOKE 或 UPDATE STATISTICS 開頭的指令)來執行資料庫的管理工作,例如:稽核與管理資料庫作業。

　　DDL 觸發程序是在執行 DDL 指令後觸發執行，所以不能建立類似 DML 觸發程序的 INSTEAD OF 觸發程序。一般來說，在 SQL Server 使用 DDL 觸發程序的時機，如下所示：

- 保護資料庫綱要不會改變。

- 希望在更改資料庫綱要時，有一些回應來進行額外處理。

- 記錄資料庫綱要的改變或相關事件。

　　在 T-SQL 一樣是使用 CREATE TRIGGER 指令來建立 DDL 觸發程序，其基本語法如下所示：

```
CREATE TRIGGER 觸發程序名稱
ON { ALL SERVER | DATABASE }
{ FOR | AFTER } 事件種類
AS
T-SQL 指令敘述
```

　　上述語法建立名為【觸發程序名稱】的 DDL 觸發程序，ON 子句的值 DATABASE 是套用在目前資料庫；ALL SERVER 是套用在整個 SQL Server 伺服器。

　　事件種類是指執行 DROP TABLE 或 ALTER TABLE 等指令時，其寫法是用底線連接，即 DROP_TABLE 或 ALTER_TABLE，如果不只一個請使用「,」逗號分隔。

SQL 指令碼檔：Ch16_4.sql

　　請建立名為【唯讀資料表】的 DDL 觸發程序，當在資料庫執行 DROP TABLE 或 ALTER TABLE 指令時，取消其操作，簡單的說，就是拒絕刪除或更改資料表設計，如下所示：

```
CREATE TRIGGER 唯讀資料表
ON DATABASE
FOR DROP_TABLE, ALTER_TABLE AS
```

```
BEGIN
  BEGIN TRAN
  PRINT '資料表綱要是唯讀的！'
  ROLLBACK TRAN
END
```

上述 T-SQL 指令敘述可以建立名為【唯讀資料表】的 DDL 觸發程序，ON 子句指定作用在資料庫，FOR 子句是 DROP_TABLE 和 ALTER_TABLE 事件，即 DROP TABLE 和 ALTER TABLE 指令。

SQL 指令碼檔：Ch16_4a.sql

請刪除【熱銷產品】資料表來測試【唯讀資料表】的 DDL 觸發程序，如下：

```
DROP TABLE 熱銷產品
```

上述 DROP TABLE 指令刪除【熱銷產品】資料表，因為有【唯讀資料表】的 DDL 觸發程序，刪除或更改資料庫的資料表設計，都會顯示訊息且執行回復交易，也就是拒絕資料表的刪除，如下圖所示：

17-1 │ 交易的基礎

Memo

本章測試的 SQL 指令是使用【教務系統】資料庫,請重新啟動 SSMS 執行本書範例
「Ch17\Ch17_School.sql」的 SQL 指令碼檔案,可以建立本章測試所需的資料庫、
資料表和記錄資料。

在資料庫系統如果有多個存取操作需要執行,而且這些操作是無法分割的單位,則整個操作過程,對於資料庫系統來說是一個「交易」(Transaction)。

17-1-1 交易簡介

交易是一組資料庫單元操作的集合,這個集合是一個不可分割的邏輯單位(Logical Unit),不是全部執行完,就是通通不執行。事實上,組成交易的資料庫單元操作(Atomic Database Actions)只有兩種,如下所示:

- 讀取(Read):從資料庫讀取資料。

- 寫入(Write):將資料寫入資料庫。

事實上，交易就是一系列資料庫讀取和寫入操作，只不過我們將這一系列操作視為一個無法分割的邏輯單位。例如：在【教務系統】資料庫新增教授資料，需要同時在【員工】和【教授】資料表新增一筆記錄（完整 SQL 指令碼檔：Ch17_1_1.sql），如下所示：

```
BEGIN TRAN
INSERT INTO 員工
VALUES ('Y123456789','王安石','台北','長春路',
        '02-11122111', 60000, 4000, 1000)
IF @@ERROR = 0
  BEGIN
    INSERT INTO 教授
    VALUES ('I014','講師','EE', 'Y123456789')
    IF @@ERROR = 0
       COMMIT TRAN
    ELSE
       ROLLBACK TRAN
  END
ELSE
  ROLLBACK TRAN
```

上述交易是由兩個 INSERT 指令組成，也就是兩個資料庫寫入操作，在 T-SQL 語言的交易是由 BEGIN TRAN 指令敘述開始，一直執行到 COMMIT TRAN 認可交易或 ROLLBACK TRAN 回復交易為止，IF 條件使用@@ERROR 系統函數檢查資料庫單元操作是否執行成功。

所以，交易的執行結果只有兩種情況，不是認可交易，就是回復交易，不過，一旦認可交易，就不能再回復交易，其說明如下所示：

- 認可交易（Commit）：表示交易中的所有資料庫單元操作，真正將更改寫入資料庫，成為資料庫的長存資料，而且不會再取消更改。

- 回復交易（Rollback）：如果交易尚未認可，我們可以取消交易，也就是取消所有已執行的資料庫單元操作，回復到執行交易前的狀態。

17-1-2 交易狀態

　　交易是將多個資料庫單元操作視為同一個不可分割的邏輯單元，這些資料庫單元的操作，只有兩種結果：一種是全部執行完成；另一種就是通通不執行，而且不可能有執行一半的情形發生。

交易狀態的種類

　　資料庫管理系統執行整個交易的過程可以分成數種「交易狀態」（Transaction State），如下圖所示：

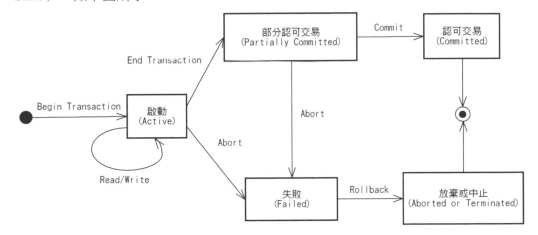

　　上述圖例的五個交易狀態說明，如下所示：

- 啟動狀態（Active State）：當交易開始執行時，就是進入啟動狀態的初始狀態，依序執行交易的讀取或寫入等資料庫單元操作。

- 部分認可交易狀態（Partially Committed State）：當交易的最後一個資料庫單元操作執行完後，也就是交易結束，就進入部分認可交易狀態。

- 認可交易狀態（Committed State）：在成功完成交易進入部分認可交易狀態後，還需要確認系統沒有錯誤，可以真正將資料寫入資料庫。在確認沒有錯誤後，就可以進入認可交易狀態，表示交易造成的資料庫更改，將真正寫入資料庫，而且不會再取消更改。

- 失敗狀態（Failed State）：當發現交易不能繼續執行下去時，交易就進入失敗狀態，準備執行回復交易。

- 放棄或中止狀態（Aborted or Terminated State）：交易需要回復到交易前的狀態，在取消所有寫入資料庫單元操作影響的資料後，就進入此狀態。簡單的說，資料庫管理系統如同根本沒有執行過此交易。

17-1-3　交易停止執行的原因

在資料庫管理系統執行交易的過程中，共有三種情況會停止交易的執行，如下所示：

交易成功

交易成功就是正常結束交易的執行，所有交易的資料庫單元操作全部執行完成。以交易狀態來說，如果交易從啟動狀態開始，可以到達認可交易狀態，就表示交易成功。

交易失敗

交易失敗是送出放棄指令（Abort 或 Rollback）來結束交易的執行。以交易狀態來說，就是到達放棄或中止狀態。交易失敗分為兩種，如下所示：

- 放棄交易：交易本身因為條件錯誤、輸入錯誤資料或使用者操作而送出放棄指令（Abort 或 Rollback）來放棄交易的執行，正確的說，此時的交易是進入放棄狀態。

- 中止交易：因為系統負載問題或死結（Deadlock）情況，由資料庫管理系統送出放棄指令，讓交易進入中止狀態。

對於到達放棄或中止狀態的交易失敗來說，其解決方式有兩種方法：重新啟動交易或刪除交易。

交易未完成

　　交易有可能因為系統錯誤、硬體錯誤或當機而停止交易的執行，因為沒有送出放棄指令，此時交易是尚未完成的中斷狀態，即只執行到一半就被迫中斷執行。

　　因為資料庫管理系統並不允許此情況發生，所以在重新啟動後，其回復處理（Recovery）機制會從中斷點開始，重新執行交易至成功或失敗來結束交易的執行。

17-1-4　交易的四大特性

　　資料庫系統的交易需要滿足四項基本特性，以英文字頭的縮寫稱為 ACID 交易，如下所示：

- 單元性（Atomicity）：將交易過程的所有資料庫單元操作視為同一項工作，不是全部執行完，就是通通不執行，視為是一個不能分割的邏輯單位。

- 一致性（Consistency）：當交易更改或更新資料庫的資料後，在交易之前和之後，資料庫的資料仍然需要滿足完整性限制條件，維持資料的一致性。

- 隔離性（Isolation）：當執行多個交易時，雖然交易是並行執行，不過，各交易之間應該滿足獨立性。也就是說，一個交易不會影響到其他交易的執行結果，或被其他交易所干擾。

- 永久性（Durability）：當交易完成執行認可交易（Commit）後，其執行操作所更動的資料已經永久改變，資料庫管理系統不只需要將資料從資料庫緩衝區實際寫入儲存裝置，而且不會因任何錯誤，而導致資料的流失。

17-2 | 交易處理

SQL Server 交易處理是以連線為單位，在每一個連線都可以建立交易，SQL Server 預設將每一個單獨的 T-SQL 指令敘述都視為是一個交易，當然，我們也可以自行組合多個 T-SQL 指令敘述來建立交易。

17-2-1 SQL Server 的交易模式

SQL Server 預設的交易模式是自動認可交易（Autocommit Transactions），也就是將每一個 T-SQL 指令敘述都視為是一個交易。在 SQL Server 共提供有三種交易模式（Transactions Mode）：

自動認可交易模式（Autocommit Transactions Mode）

自動認可交易模式是 SQL Server 預設的交易模式，每一個單獨的 T-SQL 指令敘述自動都視為是一個交易，如果敘述有錯誤，就自動回復交易，否則自動認可交易。

如果單一 T-SQL 指令敘述會更改到多筆記錄，只需有一筆無法更改，就會自動執行回復交易，回復到執行此指令前的資料庫狀態。

因為並不是所有 T-SQL 指令敘述都會執行寫入的資料庫單元操作，所以自動認可交易支援的 T-SQL 指令，如下表所示：

ALTER TABLE	CREATE	DELETE	DROP
FETCH	GRANT	INSERT	OPEN
REVOKE	SELECT	TRUNCATE TABLE	UPDATE

明顯交易模式（Explicit Transactions Mode）

明顯交易模式就是自行使用 BEGIN TRAN、COMMIT TRAN 和 ROLLBACK TRAIN 指令組合多個 T-SQL 指令敘述來建立交易，在第 17-2-2 節有進一步的說明。我們不可以使用在明顯交易模式的 T-SQL 指令，如下表所示：

ALTER DATABASE	BACKUP LOG	CREATE DATABASE
DISK INIT	DROP DATABASE	DUMP TRANSACTION
LOAD DATABASE	LOAD TRANSACTION	RECONFIGURE
RESTORE DATABASE	RESTORE LOG	UPDATE STATISTICS

隱含交易模式（Implicit Transactions Mode）

隱含交易模式的起動需要指定 IMPLICIT_TRANSACTIONS 選項，如下所示：

```
SET IMPLICIT_TRANSACTIONS ON
```

上述指令設定 SQL Server 進入隱含交易模式，表示交易開始執行，直到執行 COMMIT TRAN 或 ROLLBACK TRAN 為止，就會自動進入下一個交易。結束隱含交易模式就是將選項設為 OFF，如下所示：

```
SET IMPLICIT_TRANSACTIONS OFF
```

17-2-2 T-SQL 語言的交易處理

以 SQL Server 明顯交易模式來說，我們需要自行組合多個 T-SQL 指令敘述來建立交易，在 T-SQL 語言提供多個指令來進行交易處理，可以讓我們組織 T-SQL 指令敘述集合成為一個交易，並且控制交易的執行結果是認可交易，還是回復交易。

當我們在執行 T-SQL 指令時，需要使用明顯交易模式的情況，如下所示：

- 如果 T-SQL 指令敘述集合中有任一個 T-SQL 指令敘述執行失敗，將會影響資料完整性的情況。

- 如果執行多個 T-SQL 操作指令 INSERT、UPDATE 和 DELETE 時，這些指令更新的資料是有關聯的，例如：新增訂單資料和訂單明細的項目。

- 如果執行 T-SQL 操作指令 INSERT、UPDATE 和 DELETE 後，馬上執行 SELECT 查詢指令，而且查詢結果的欄位資料，就是操作指令更新後的資料時。

- 當我們將記錄從一個資料表搬移至另一個資料庫時，或當更新外來鍵參考時。

T-SQL 交易處理的主要指令有三個，其說明如下表所示：

交易指令	說明
BEGIN TRAN[SACTION]	標示開始執行一個交易，即交易的起點
COMMIT [TRAN[SACTION]]	標示交易的終點，將交易更改的資料都實際寫入資料庫，以便執行下一個交易
ROLLBACK [TRAN[SACTION]]	放棄交易且將資料庫回復到交易前的狀態

SQL 指令碼檔：Ch17_2_2.sql

在建立【班級備份】資料表後，使用交易刪除【學生備份】和【班級備份】資料表學生 S001 的記錄資料，包含學生所有上課記錄，如下所示：

```
SELECT * INTO 班級備份
FROM 班級
GO
SELECT * INTO 班級備份
FROM 學號
GO
BEGIN TRAN
DELETE 班級備份
WHERE 學號 = 'S001'
IF @@ROWCOUNT > 5
  BEGIN
    ROLLBACK TRAN
    PRINT '回復刪除操作!'
  END
ELSE
  BEGIN
    DELETE 學生備份
    WHERE 學號 = 'S001'
```

```
    COMMIT TRAN
    PRINT '認可刪除操作!'
END
```

上述 T-SQL 指令敘述在建立資料表備份後，開始進行交易，首先刪除【班級備份】資料表的學生上課資料，如果刪除筆數大於 5，就回復交易，否則，再刪除【學生備份】資料表的學生資料後認可交易，如右圖所示：

17-2-3　巢狀交易

巢狀交易（Nested Transactions）如同 WHILE 指令的巢狀迴圈，這是在 BEGIN TRAN 建立的交易中，擁有其他 BEGIN TRAN 建立的交易。巢狀交易的主要目的是針對預存和觸發程序，因為有巢狀交易才可以在程序中建立交易，和在上一層交易中呼叫預存和觸發程序，此時在預存和觸發程序的交易就成為內層交易。

在 SQL Server 提供 @@TRANCOUNT 系統函數取得目前是位在巢狀交易的哪一層，因為每執行一次 BEGIN TRAN 建立一層巢狀交易，就會將 @@TRANCOUNT 系統函數加一。

COMMIT TRAN 和 ROLLBACK TRAN 指令在巢狀交易中的作用，會因 @@TRANCOUNT 系統函數的值而有所不同，其說明如下所示：

- COMMIT TRAN：只有當 @@TRANCOUNT 系統函數值為 1 時，執行 COMMIT TRAN 才會真的認可交易，將所有巢狀交易的資料變更寫入資料庫。而當 @@TRANCOUNT 系統函數值大於 1 時，因為屬於內層交易，執行 COMMIT TRAN 只是將 @@TRANCOUNT 系統函數減一。

- ROLLBACK TRAN：不論是在哪一層執行 ROLLBACK TRAN 回復交易，都是回復整個巢狀交易，@@TRANCOUNT 系統函數值也會歸 0。

SQL 指令碼檔：Ch17_2_3.sql

請使用巢狀交易刪除【學生備份】和【班級備份】資料表，如下所示：

```
BEGIN TRAN
PRINT 'Outer Transaction = ' +
      CONVERT(varchar, @@TRANCOUNT)
DELETE 班級備份
  BEGIN TRAN
  PRINT 'Inner Transaction = ' +
  CONVERT(varchar, @@TRANCOUNT)
  DELETE 學生備份
  COMMIT TRAN
  PRINT 'Commited Transaction = ' +
  CONVERT(varchar, @@TRANCOUNT)
ROLLBACK TRAN
PRINT 'Rolled Back Transaction = ' +
      CONVERT(varchar, @@TRANCOUNT)
```

上述巢狀交易的外層交易刪除【班級備份】資料表，內層交易刪除【學生備份】資料表，因為最後是 ROLLBACK TRAN，所以，並沒有真正刪除【學生備份】和【班級備份】資料表，訊息可以顯示 @@TRANCOUNT 系統函數的值，如右圖所示：

17-2-4 交易儲存點

交易儲存點（Save Points）的觀念類似 GOTO 指令，我們可以在交易中指定交易儲存點的標籤，而在 ROLLBACK TRAN 回復交易時，就可以指定回復到哪一個交易儲存點，也就是只回復部分交易的內容。

在交易建立交易儲存點是使用 SAVE TRAN 指令，其基本語法如下所示：

```
SAVE TRAN[SACTION] 交易儲存點名稱
```

上述語法可以在交易中建立交易儲存點,此時的 ROLLBACK TRAN 指令可以指定是回復至哪一個交易儲存點,其基本語法如下所示:

```
ROLLBACK TRAN[SACTION] 交易儲存點名稱
```

上述 ROLLBACK TRAN 指令的語法是回復至指定的交易儲存點名稱,如果沒有指定交易儲存點名稱,不論在交易中建立了多少個交易儲存點,都是回復整個交易。

SQL 指令碼檔:Ch17_2_4.sql

請在交易中建立兩個交易儲存點,以便借著刪除【學生備份】資料表的記錄資料來測試如何只回復部分交易的內容,如下所示:

```
BEGIN TRAN
  DECLARE @count int
  DELETE 學生備份 WHERE 學號 = 'S001'
  SAVE TRAN 交易儲存點1
    DELETE 學生備份 WHERE 學號 = 'S002'
    SAVE TRAN 交易儲存點2
      DELETE 學生備份 WHERE 學號 = 'S003'
      SELECT @count = COUNT(*) FROM 學生備份
      PRINT 'Records: ' + CONVERT(varchar, @count)
    ROLLBACK TRAN 交易儲存點2
    SELECT @count = COUNT(*) FROM 學生備份
    PRINT 'Records: ' + CONVERT(varchar, @count)
  ROLLBACK TRAN 交易儲存點1
  SELECT @count = COUNT(*) FROM 學生備份
  PRINT 'Records: ' + CONVERT(varchar, @count)
COMMIT TRAN
```

上述交易共建立【交易儲存點 1】和【交易儲存點 2】兩個交易儲存點,ROLLBACK TRAN 指令分別回復至這兩個交易儲存點,並且在回復前都顯示【學生備份】資料表的記錄數,如右圖所示:

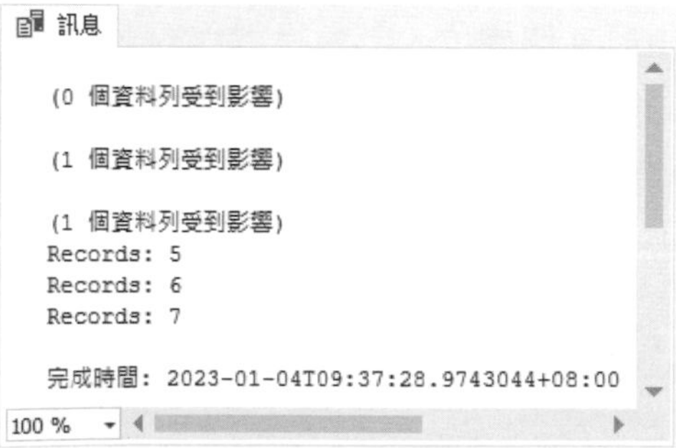

```
訊息

(0 個資料列受到影響)

(1 個資料列受到影響)

(1 個資料列受到影響)
Records: 5
Records: 6
Records: 7

完成時間: 2023-01-04T09:37:28.9743044+08:00
100 %
```

17-3 | 並行控制

「並行控制」（Concurrency Control）可以讓多位使用者同時存取資料庫，也就是並行執行（Concurrent Executions）多個交易，而在各交易間彼此並不會影響，也就是不會發生一個存，一個取的存取衝突問題。

雖然資料庫的多位使用者是並行的執行交易，但是，每位使用者都會認為自己是在使用其專屬的資料庫，其優點如下所示：

- 有效提高 CPU 和磁碟讀寫效率：因為多個交易是並行執行，當一個交易使用 CPU 執行運算時，其他交易就可以使用磁碟 I/O 進行資料讀寫，提高系統資源的使用率。

- 減少平均的回應時間：因為多個交易是並行執行，交易不用等待其他長時間交易結束後才能執行，減少每一個交易的平均回應時間。

17-3-1 並行控制的三種問題

資料庫管理系統並行控制的任務是在解決同時執行多個交易時，可能產生的三種資料干擾問題。

遺失更新問題

遺失更新（Lost Update）問題是指交易已經更新的資料被另一個交易所覆寫，所以，整個交易等於白忙一場。例如：交易 A 和 B 同時存取飛機訂位資料庫航班編號 CI101 的機位數，目前機位數尚餘 50 個，交易 A 希望預訂 5 個機位，交易 B 預訂 4 個機位，其執行過程的 N 是目前尚餘的機位數，交易 A 和 B 分別在 t_1 和 t_2 時間點讀取 N=50，在時間點 t_3 交易 A 減掉訂位數 5 後寫回資料庫，此時的機位數尚餘 50 - 5 = 45 個，接著時間點 t_4 交易 B 在減掉訂位數 4 後，寫回資料庫，機位數尚餘 50 - 4 = 46 個，最後分別在 t_5 和 t_6 時間點認可交易，如下圖所示：

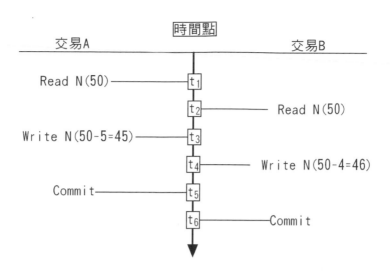

最後飛機訂位資料庫的機位數是 46 個，交易 A 等於沒有執行，因為交易 A 更新的機位數已經被交易 B 覆寫。

未認可交易相依問題

未認可交易相依（Uncommitted Dependency）問題是指存取已經被另一個交易更新，但尚未認可交易的中間結果資料。例如：交易 A 和 B 存取同一筆學生的記錄資料，交易 A 因為成績登記錯誤，需要從 70 分改為 80 分，交易 B 因為題目出錯，整班每位學生的成績都加 5 分，其執行過程如下圖所示：

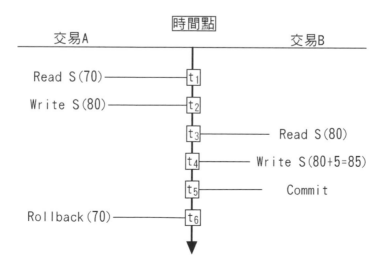

上述交易 A 在 t_1 和 t_2 時間點讀取 S = 70 後改為 S = 80，但是在交易 A 尚未認可交易前，時間點 t_3 到 t_5 交易 B 讀取記錄 S = 80，加 5 分後寫入和認可交易，接著時間點 t_6 交易 A 發生錯誤所以回復交易，成績改回 70 分。

因為交易 B 讀取的是尚未認可交易的中間結果資料，雖然交易 B 認為已完成交易，但實際是最後學生的成績不但沒有加 5 分，而且還原到最原始的 70 分。

不一致分析問題

不一致分析（Inconsistent Analysis）問題也稱為「不一致取回」（Inconsistent Retrievals）問題，這是因為並行執行多個交易，造成其中一個交易讀取到資料庫中不一致的資料。

例如：交易 A 和 B 存取同一位客戶在銀行的 X 和 Y 兩個帳戶，交易前兩個帳戶餘額分別為 500 和 300 元，交易 A 可以計算兩個帳戶的存款總額，交易 B 從帳戶 X 轉帳 150 元至帳戶 Y，其執行過程如下圖所示：

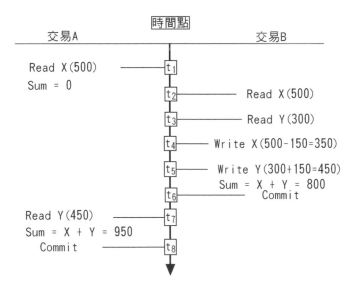

上述交易 A 在 t_1 時間點取得 X 帳戶的餘額 500 元，然後交易 A 在尚未認可交易前，交易 B 在 t_2 和 t_3 時間點讀取 X 和 Y 帳戶餘額 500 和 300 元，在時間點 t_4 到 t_5 執行轉帳 150 元，時間點 t_6 交易 B 認可交易，目前 X 和 Y 帳戶的餘額分別是 350 和 450 元。

接著 t_7 時間點交易 A 取得 Y 帳戶的餘額 450 元，然後計算帳戶存款總額為 950 元，最後交易 A 在時間點 t_8 認可交易。

因為交易 A 讀取的資料有部份是來自交易 B 更新前的帳戶餘額（帳戶 X=500），這些是資料庫中不一致資料，所以造成計算結果的存款總額成為 950 元，而不是 800 元。

17-3-2 並行控制機制

一般來說，對於使用者人數少的小型資料庫系統來說，並行控制並不是十分重要的問題，但是對於多人使用和多交易的大型系統來說，並行控制就是一種十分重要的課題。

基本上，在並行控制理論主要分為兩種並行控制機制，其說明如下所示：

悲觀並行控制（Pessimistic Concurrency Control）

悲觀並行控制是使用鎖定（Locking）來同步交易的執行，鎖定是將交易欲處理的資料暫時設定成專屬資料，只有目前的交易允許存取，可以防止其他交易存取相同的資料，避免產生存取衝突問題。

悲觀並行控制是假設並行執行的多個交易會存取相同資料，發生存取衝突問題，所以當並行執行多個交易時，整個交易過程都會持續鎖定資料，在鎖定期間的其他交易並不能存取此資料，也就是確保資料不會被其他交易更改，直到交易解除鎖定為止。

樂觀並行控制（Optimistic Concurrency Control）

樂觀並行控制是假設資料衝突問題並不常發生，所以從鎖定改為偵測和解決存取衝突問題。多個並行交易在讀取資料並不會鎖定，只有在更改資料時，系統才會檢查是否有其他交易讀取或更改資料，如果有，就產生錯誤，當交易檢查發生錯誤，就在回復交易後，重新啟動交易來解決存取衝突問題。

17-3-3　交易的隔離性等級

SQL Server 支援多種並行控制機制，我們可以指定交易的隔離性等級（Isolation Level）來選擇交易使用的並行控制種類。

隔離性等級可以決定有多少個交易能夠同時執行，也就是說，可以決定一個交易與其他交易之間的隔離性（Isolation）有多高，在 SQL Server 可以使用更多鎖定行為來進行交易之間的並行控制，以避免產生並行控制的問題。

在 T-SQL 語言是使用 SET TRANSACT ISOLATION LEVEL 指令來指定交易的隔離性等級，其基本語法如下所示：

```
SET TRANSACT ISOLATION LEVEL 隔離性等級名稱
```

上述語法指定交易為【隔離性等級名稱】的隔離性等級。SQL Server 支援的隔離性等級說明，如下表所示：

隔離性等級名稱	說明
READ UNCOMMITTED	隔離性最低的等級，交易就算尚未執行認可交易，也允許其他交易讀取，所以，讀取的資料並不一定正確，而且有可能讀取到尚未認可交易的中間結果資料
SNAPSHOT	交易就算尚未執行認可交易，也允許其他交易讀取，不過讀取的是交易前的舊資料，雖然不是最新的資料，但不會造成資料庫資料的不一致
READ COMMITTED	交易一定要在執行認可交易後，才允許其他交易讀取，可以避免讀取到尚未認可交易的中間結果資料
REPEATABLE READ	交易在尚未認可交易前，不論讀取幾次的結果都相同。例如：交易 A 讀取資料 x = 100 後，交易 B 讀取變更相同資料 x = 200 後認可交易，此時如果交易 A 再次讀取 x，x 的值仍然是 100，而不是交易 B 更改後的 200
SERIALIZABLE	隔離性最高的等級，將交易使用的所有資料都進行鎖定，交易執行順序需要等到前一個交易認可交易後，才能執行下一個交易

上表的隔離性是從最低至最高，SQL Server 的預設值是 READ COMMITTED。

🖥️ **SQL 指令碼檔：Ch17_3_3.sql**

　　請指定【教務系統】資料庫的隔離性等級為 REPEATABLE READ，表示交易中讀取的資料，不允許其他交易來更改，然後建立交易來更新員工和教授資料，如下所示：

```
USE 教務系統
GO
SET TRANSACTION ISOLATION LEVEL REPEATABLE READ
BEGIN TRAN
UPDATE 員工
SET 薪水 = 65000,
    保險 = 3000
WHERE 身份證字號 = 'Y123456789'
IF @@ERROR = 0
  BEGN
    UPDATE 教授
    SET 職稱 = '副教授'
    WHERE 教授編號 = 'I014'
    IF @@ERROR = 0
      COMMIT TRAN
    ELSE
      ROLLBACK TRAN
  END
ELSE
  ROLLBACK TRAN
```

　　上述 T-SQL 指令敘述在指定隔離性等級後，更新員工和教授資料，可以看到影響 2 筆記錄，如下圖所示：

17-4 資料鎖定

SQL Server 可以使用鎖定（Locking）方法來處理多交易執行的並行控制，支援多種資料鎖定模式和鎖定層級來控制交易的進行。

資料鎖定是當交易 A 執行資料讀取（Read）或寫入（Write）的資料庫單元操作前，需要先將資料鎖定（Lock）。若同時有交易 B 存取相同的資料，因為資料已經被鎖定，所以交易 B 需要等待，直到交易 A 解除資料鎖定（Unlock）。

17-4-1 鎖定層級

鎖定層級（Lock Level）也稱為「鎖定顆粒度」（Lock Granularity），這是指鎖定時，鎖定資源的範圍大小。在 SQL Server 可以一筆一筆記錄的鎖定、多筆記錄分頁或範圍的鎖定，到整個資料表或完整資料庫的鎖定，其說明如下表所示：

資源	說明
資料庫（Database）	鎖定整個資料庫
資料表（Table）	鎖定整個資料表，包含索引
範圍（Extend）	鎖定連續的 8 頁分頁，即範圍
分頁（Page）	鎖定分頁的資料，一分頁有 8KB
鍵（Key）	鎖定建立索引的欄位或複合欄位
記錄識別碼（RID）	記錄識別碼，可以鎖定資料表中的單筆記錄

上述鎖定層級由上而下是從粗糙（Coarse）至精緻（Fine），也就是從大範圍鎖定至小範圍鎖定。鎖定層級會影響交易的並行性，愈精緻的鎖定愈可提高並行性，因為其鎖定的範圍愈小，例如：單筆記錄，其他沒有鎖定的記錄就可以讓其他使用者存取，提高交易的並行性。

反之，如果鎖定層級粗糙，雖然可以加速資源的鎖定，例如：鎖定整個資料表，但是並行性就大幅下降，因為鎖定期間，其他使用者都不能存取此資料表。

17-4-2　鎖定模式

鎖定（Locking）是一種多交易的並行控制方法，SQL Server 在進行交易處理時，會自動選擇最佳的鎖定模式（Lock Mode）來進行資料鎖定，以防止資料衝突或死結問題。

鎖定模式的種類

SQL Server 資料庫引擎支援多種鎖定模式來執行資源鎖定，鎖定模式主要分為六種，如下表所示：

鎖定模式	說明
共用鎖定（Shared Lock）	使用在不變更或更新資料的讀取作業，例如：SELECT 指令。共用鎖定的資料依然允許其他交易的共用鎖定，但不允許獨佔鎖定
更新鎖定（Update Lock）	使用在可更新的資源上，可以防止當多個交易在讀取、鎖定和後來可能更新資源時發生死結問題，更新鎖定和共用鎖定可以並存，但並不允許其他交易的更新或獨佔鎖定
獨佔鎖定（Exclusive Lock）	使用在資料修改動作，例如：INSERT、UPDATE 或 DELETE 操作指令。可以確保不對相同資源同時進行多重更新操作，獨佔鎖定的資料並不允許其他交易的任何鎖定
意圖共用鎖定（Intent Shared Lock）	準備使用共用鎖定來讀取資源中的部分內容
意圖獨佔鎖定（Intent Exclusive Lock）	準備使用獨佔鎖定來更新資源中的部分內容
共用與意圖獨佔鎖定（Shared with Intent Exclusive Lock）	準備使用共用鎖定來鎖定資源的全部內容，而且使用獨佔鎖定來更新資源中的部分內容

鎖定模式的使用

讀取資料是使用共用鎖定；更新資料操作是使用獨佔鎖定。更新鎖定比較特殊，這是在更新操作第 1 部分的讀取階段來鎖定資源，等到第二階段更新時，更新鎖定會鎖定提昇（Lock Promotion）至獨佔鎖定，來避免產生死結問題。

意圖鎖定（Intent Lock）是 SQL Server 準備請求共用或獨佔鎖定前使用的鎖定。例如：使用意圖共用鎖定（Intent Shared Lock）來鎖定資料表，表示準備使用共用鎖定來鎖定資料表的分頁或記錄，如此可以防止其他交易請求此資料表的獨佔鎖定。

意圖鎖定最主要的目的是提昇獨佔鎖定的效能，因為一旦資源已經被意圖鎖定，其他交易就不可能請求此資源的獨佔鎖定，此時，SQL Server 只需檢查高鎖定階層的鎖定，而不用檢查低鎖定階層的鎖定。例如：當交易已經意圖鎖定資料表，當其他交易需請求此資料表的獨佔鎖定時，SQL Server 就不需一一檢查資料表的分頁或記錄是否有鎖定，因為已經有意圖鎖定，所以可以馬上判斷且拒絕獨佔鎖定。

17-4-3　鎖定模式相容性

鎖定模式相容性是指對於同一個資源有哪幾種鎖定模式是可以並存的。也就是說，當一個資源已經被交易所鎖定，此時其他交易針對此資源提出的鎖定請求，哪一種請求可同意；哪一種會拒絕，都需視鎖定模式相容性而定。

例如：如果交易已經使用共用鎖定來鎖定資源，此時其他交易可以請求意圖共用、共用或更新鎖定，但不可請求獨佔鎖定。SQL Server 鎖定模式的相容性，如下表所示：

目前存在的鎖定模式	請求的鎖定模式					
	IS	S	U	IX	SIX	X
意圖共用鎖定(IS)	可	可	可	可	可	不可
共用鎖定(S)	可	可	可	不可	不可	不可
更新鎖定(U)	可	可	不可	不可	不可	不可
意圖獨佔鎖定(IX)	可	不可	不可	可	不可	不可
共用與意圖獨佔鎖定(SIX)	可	不可	不可	不可	不可	不可
獨佔鎖定(X)	不可	不可	不可	不可	不可	不可

17-5 | 死結問題

　　SQL Server 資料庫管理系統是使用鎖定方式來處理並行控制，此時，並行執行的多個交易可能產生「死結」（Deadlock）問題。

17-5-1　死結的基礎

　　死結是因為多個交易相互鎖定對方需要的資料，以至交易被卡死，進而導致多個交易都無法繼續執行的情況。例如：並行控制的更新遺失問題就一定會產生死結，如下圖所示：

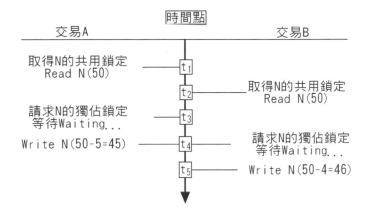

　　上述交易 A 和 B 在 t_1 和 t_2 同時取得共用鎖定，因為兩個共用鎖定是相容的，所以分別讀取 N＝50。現在交易 B 已經取得 N 的共用鎖定，交易 A 產生讀寫衝突（即不相容），在 t_3 無法取得獨佔鎖定，進入等待狀態。同樣的，交易 A 已經取得 N 的共用鎖定，所以交易 B 在 t_4 無法取得獨佔鎖定，也進入等待狀態。兩個交易 A 和 B 都進入等待狀態而無法繼續執行，這種情況稱為死結（Deadlock）。

17-5-2　指定死結的優先順序

　　當死結問題發生時，SQL Server 會自動偵測死結，並且允許其中一個交易認可交易，但另一個交易則是強迫回復交易，和產生錯誤碼 1205。

基本上，對於產生死結的兩個交易來說，系統強迫回復哪一個交易並不一定，不過，我們可以替交易設定 DEADLOCK_PRIORITY 選項來指定死結的優先順序，其基本語法如下所示：

```
SET DEADLOCK_PRIORITY LOW | NORMAL | HIGH
```

　　上述語法如果將 DEADLOCK_PRIORITY 選項指定成 LOW，表示當死結問題發生時，SQL Server 優先強迫回復目前連線的交易，NORMAL 是正常；HIGH 是高優先順序。

17-5-3　預防死結的程式技巧

　　雖然 SQL Server 能夠自動偵測死結和處理死結，但是在建立交易時，我們仍然可以使用一些程式技巧來預防死結的發生。

使用較低的隔離性等級

　　較低的隔離性等級可以讓更多交易能夠並行執行，減少資源被相互鎖定的可能性。一般來說，預設的 READ COMMITTED 隔離性等級已經可以滿足大部分需求，請保留交易時間短的交易來使用更高的隔離性等級。

不要讓交易時間太長

　　交易時間愈短的交易，表示鎖定資源的時間也愈短，如此可以降低相互鎖定資源而發生死結的可能性。在建立交易時，請儘可能將 SELECT 指令置於交易外，而且在交易過程中，不要輸出多餘訊息和要求使用者輸入資料。

使用相同順序來更新資料

　　如果需要建立多個交易來更新相同資源的多個資料表，請注意！每一個交易的資料表存取順序需要相同，如此可以避免交易相互鎖定資源進而產生死結。

取得獨佔鎖定來執行大量資料變更

　　如果需要更新資料表中的大量記錄（例如：超過百萬筆記錄），請不要在尖峰時段執行此操作，或讓擁有資料庫獨佔權限的使用者來執行變更。

18

SQL Server 用戶端程式開發 – 使用 C# 和 Python 語言

18-1 | 資料庫程式設計的基礎

> **Memo**
>
> 本章測試的 SQL 指令是使用【教務系統】資料庫,請重新啟動 SSMS 執行本書範例「Ch18\Ch18_School.sql」的 SQL 指令碼檔案,可以建立本章測試所需的資料庫、資料表和記錄資料。

　　資料庫程式設計(Database Programming)就是在建立資料庫系統的應用程式,以主從架構的資料庫系統來說,這是指用戶端程式。

18-1-1 資料庫程式設計的程式語言

　　基本上,SQL Server 的 T-SQL 語言是一種宣告式的高階語言,單純 T-SQL 語言不足以建立應用程式,因為 T-SQL 語言缺乏一般通用用途程式語言的功能,例如:建立使用介面和處理複雜的商業邏輯。

　　資料庫程式設計建立的資料庫應用程式需要同時使用 T-SQL 語言和通用用途的程式語言,其分工說明,如下所示:

- T-SQL 語言：負責資料庫查詢和操作的資料存取。簡單的說，其主要工作是和資料庫管理系統進行溝通來取得所需的記錄資料。

- 通用用途的程式語言：負責處理其他操作的商業邏輯和使用介面，常用的通用用途程式語言有：C#、C/C++、VB、Python 和 Java 語言等。

例如：本章是使用 C# 和 Python 語言建立用戶端應用程式，在程式送出 T-SQL 指令存取 SQL Server 資料庫的資料。

18-1-2　資料庫程式設計的實作

在資料庫程式設計的實作上，通用用途的程式語言主要是建立使用介面和商業邏輯，當用戶端程式需要存取資料庫時，其最常使用的方式是透過「資料庫函式庫」（Database API）送出 T-SQL 指令來存取資料庫，API 的全名是（Application Programming Interface）。

資料庫函式庫提供函數可以使用參數方式來傳入 T-SQL 指令字串。目前來說，資料庫函式庫主要分為兩種，如下所示：

原生資料庫函式庫（Native Database API）

原生資料庫函式庫就是資料庫管理系統提供的資料庫函式庫，例如：SQL Server 的 DB-Library、Oracle 的 OCI 和 MySQL 的 Connector/C++等。

原生資料庫函式庫的優點是速度快，和提供多種專屬功能。不過，因為程式撰寫困難，而且開發的應用程式只能適用在特定廠商的資料庫管理系統，目前資料庫程式設計，已經很少採用原生資料庫函式庫。

中介層資料庫函式庫（Middle Layer Database API）

中介層資料庫函式庫是中介軟體（Middleware）提供的資料庫函式庫，例如：微軟 ODBC、OLE DB 和昇陽 JDBC 等。

中介層資料庫函式庫的優點是使用與資料庫管理系統無關的函式庫,可以讓應用程式擁有更佳的「移植性」(Portability),這也是目前資料庫程式設計的主流。

18-2 中介軟體與 ADO.NET 元件

「中介軟體」(Middleware)是一種整合不同應用程式的軟體,以便讓應用程式可以使用標準方式來進行連線和資料交換。在資料庫系統的中介軟體就是用來建立用戶端程式和伺服端各種資料庫管理系統的溝通橋樑。

ADO.NET 元件是微軟萬用資料存取(Universal Data Access,UDA)技術,可以幫助我們在.NET Framework 平台存取資料庫的記錄資料,建立主從架構的用戶端程式。

18-2-1　微軟的中介軟體

中介軟體對於資料庫程式設計來說,其主要目的是簡化資料庫應用程式開發,因為我們可以透過中介軟體建立一套跨不同資料庫管理系統的應用程式,而不用考量在中介軟體後,到底使用哪一種資料庫管理系統,如右圖所示:

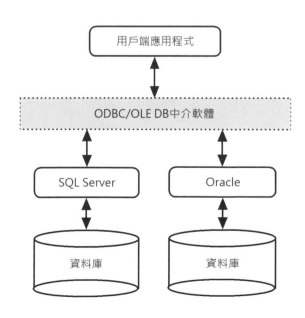

　　上述圖例是使用中介軟體來隱藏背後實際執行的資料庫管理系統，因為用戶端程式是透過中介軟體存取資料庫，並不是直接下達指令至資料庫管理系統，所以伺服端使用的資料庫管理系統到底是哪一種？就不是資料庫程式設計所需考量的問題。

　　目前微軟公司主導的資料庫中介軟體主要有兩種，其說明如下所示：

- ODBC（Open Database Connectivity）：提供標準方式存取關聯式資料庫伺服器的資料，用戶端程式是使用「ODBC API」（ODBC Application Program Interface）函式庫呼叫來建立所需的應用程式。

- OLE DB：OLE DB 是將資料封裝成標準存取介面，因為 OLE DB 屬於 COM 規格的元件，所以程式開發者需要精通 C++語言，才能直接使用 OLE DB 建立應用程式。對於非 C++語言的開發者來說，取而代之的是使用微軟提供的 ADO 或 ADO.NET 元件。

　　OLE DB 和 ODBC 的主要差異在於 OLE DB 資料來源並不限於關聯式資料庫，一樣可以使用在非關聯式資料庫、試算表或文字檔案等其他資料來源。

　　微軟 SQL Native Client 資料存取技術是結合 OLE DB 和 ODBC 技術成為單一函式庫，可以讓用戶端程式使用 OLE DB 或 ODBC 執行 SQL Server 原生資料庫的存取。

18-2-2 ADO.NET 的基礎

　　ADO.NET（ActiveX Data Objects.NET）是一種微軟資料存取技術，可以使用一致的物件模型以.NET 資料提供者來存取資料來源的資料，也就是提供一致的資料處理方式，至於資料來源不限資料庫，幾乎任何資料來源都可以。

ADO.NET 的命名空間

　　在 ADO.NET 元件的眾多類別是使用命名空間（Namespace）的類別結構來組織，屬於一種階層結構。ADO.NET 主要命名空間的說明，如下表所示：

命名空間	說明
System.Data	提供 DataSet、DataTable、DataRow、DataView、DataColumn 和 DataRelation 類別，可以將資料庫的記錄資料儲存到記憶體
System.Data.OleDb	OLE DB 的 .NET 資料提供者，提供 OleDbCommand、OleDbConnection、OleDbDataReader 類別來處理 OLE DB 資料來源的資料庫，例如：Access
System.Data.SqlClient	SQL 的 .NET 資料提供者，提供 SqlCommand、SqlConnection、SqlDataReader 類別來處理微軟 Microsoft SQL Server 7.0 以上版本的資料庫

上表 System.Data.OleDb 和 System.Data.SqlClient 命名空間的類別名稱相同，只有字頭不同，分為 OleDb 和 Sql。微軟之所以分成兩組類別，主要目的是提供一組最佳化 SQL Server 資料庫存取的類別。

ADO.NET 物件模型

ADO.NET 物件模型的類別架構分成兩大部分：一為不需資料庫連線的 DataSet 物件，ADO.NET 可以使用 DataSet 類別建立儲存在記憶體的資料庫，而不需要維持資料庫連線；二是支援 XML，可以使用 XML 格式來儲存資料，並且提供功能強大和高擴充性的資料存取物件。

基本上，ADO.NET 元件是由多種類別組成，其主要類別物件有：Connection、Command、DataReader 和 DataSet 物件。ADO.NET 物件模型如下圖所示：

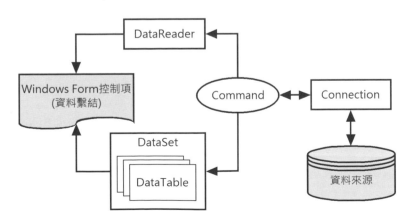

上述圖例的 ADO.NET 元件是使用 Connection 物件建立與資料來源的資料連線，然後使用 Command 物件執行指令來取得資料來源的資料，以 SQL Server 資料庫來說就是執行 T-SQL 指令。

在取得資料來源的資料後，可以使用 DataReader 物件讀取或填入 DataSet 物件，最後使用資料繫結技術，在 Windows Form 控制項顯示記錄資料。ADO.NET 主要物件的說明，如下表所示：

物件	說明
Connection	建立與資料來源之間的連線
Command	對資料來源執行指令，以資料庫來說，就是執行 SQL 指令敘述
DataReader	從資料來源使用 Command 物件執行指令，可以取得唯讀（Read-Only）和只能向前（Forward-Only）的串流資料，每一次只能從資料來源讀取一列資料（即一筆）儲存到記憶體，所以執行效率高
DataSet	DataSet 物件是由 DataTable 物件組成的集合物件，DataSet 物件代表儲存在記憶體的資料庫，而且可以設定資料表之間的關聯性（Relationship）
DataTable	在記憶體儲存一個資料表的記錄資料
DataAdapter	DataSet 和 Connection 物件資料連線之間的橋樑，可以將資料表填入 DataSet 物件

18-3 | 使用 C#語言建立用戶端程式

我們可以使用 C#語言建立資料庫的用戶端程式，這是使用 ADO.NET 元件的 DataReader 和 DataSet 物件來存取資料庫的記錄資料。

在這一節筆者準備說明如何在 Visual Studio Community 版使用資料繫結技術開發用戶端程式，以便在 DataGridView 控制項顯示 SQL Server 資料庫的查詢結果，和資料庫操作指令的交易處理。

18-3-1　DataSet 物件與資料繫結

資料繫結（Databinding）技術可以將外部資料整合到 Windows Form 控制項，這是一種高擴充性、可重複使用和容易維護的技術。.NET Framework 的資料繫結技術能夠將控制項屬性連線到任何可用「資料」（Data），例如：物件屬性，控制項名稱的集合物件等，.NET Framework 可以將這些資料視為類別的屬性來存取。

我們可以使用 DataAdapter 物件將資料表填入 DataSet 物件後，使用資料繫結技術在 DataGridView 控制項顯示 DataSet 物件的 SQL 查詢結果。在 C#程式碼建立資料繫結的步驟，如下所示：

步驟一：建立 Connection 物件

建立資料繫結的第一步是使用 Connection 物件建立和開啟資料庫連線，以此例筆者是使用 using 程式區塊來建立，如下所示：

```
using (SqlConnection objCon = new SqlConnection(strDbCon))
{
    objCon.Open();  // 開啟資料庫連線
    …
}
```

上述程式碼建立 objCon 的資料庫連線物件後，使用 Open()方法來開啟資料庫連線。strDbCon 是連線字串，如下所示：

```
strDbCon = "Data Source=(local);Initial Catalog=教務系統" +
           ";Integrated Security=SSPI";
```

上述連線字串的 Data Source 屬性值(local)是預設執行個體，Initial Catalog 屬性是資料庫名稱，Integrated Security 屬性是使用目前 Windows 帳戶進行驗證。

步驟二：建立 DataAdapter 物件

DataAdapter 物件是 DataSet 和 Connection 物件資料庫連線之間的橋樑，可以將資料表的記錄資料填入 DataSet 物件，如下所示：

```
SqlDataAdapter objAdapter;
objAdapter = new SqlDataAdapter(strSQL, objCon);
```

上述程式碼建構子的第 1 個參數是 SQL 指令字串，第 2 個參數是 Connection 物件，

步驟三：填入 DataSet 物件

在執行 DataAdapter 物件的 SQL 查詢指令後，可以使用 Fill() 方法將記錄資料填入 DataSet 物件，如下所示：

```
DataSet objDataSet = new DataSet();
objAdapter.Fill(objDataSet, "Temp");
```

上述 Fill() 方法的第 1 個參數是 DataSet 物件，第 2 個參數是 DataTable 物件名稱。

步驟四：建立資料繫結

現在，我們只需將 DataGridView 控制項的 DataSource 屬性，指定成 DataSet 物件名為 Temp 的 DataTable 物件，就可以建立資料繫結來顯示記錄資料，如下所示：

```
dgvOutput.DataSource = BindDatabase(tlstSQL.Text).Tables["Temp"];
```

上述程式碼取得名為 Temp 的 DataTable 物件，即步驟三建立的 DataTable 物件名稱。

Visual C# 專案：Ch18_3_1

在 Windows 應用程式使用 DataSet 物件建立 SQL 查詢工具，以資料繫結技術在 DataGridView 控制項顯示 SQL 指令的查詢結果，其建立步驟如下所示：

❶ 請啟動 Visual Studio Community 建立名為【Ch18_3_1】的 Windows 應用程式專案，在「方案總管」視窗，雙擊 Form1.cs 開啟表單設計視窗。

② 首先新增名為 tlsSQLTool 的工具列控制項，內含標籤、tlstSQL 文字方塊輸入 SQL 查詢指令和 ToolStripButton1 按鈕控制項執行 SQL 查詢。

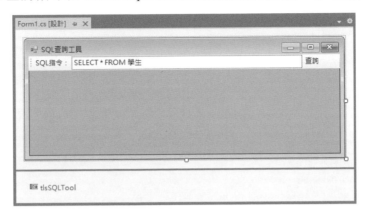

③ 在「工具箱」視窗的【資料】區段選 DataGridView，即新增名為 dgvOutput 的 DataGridView 唯讀控制項和填滿可用視窗，請設定 ReadOnly 屬性為 True，Dock 屬性為 Fill。

④ 請執行「檢視>程式碼」命令或按 鍵，開啟程式碼編輯視窗，在上方 using 程式碼的最後加上匯入 ADO.NET 命名空間的程式碼，如下所示：

```
using System.Data.SqlClient;
```

⑤ 雙擊工具列的 ToolStripButton1 按鈕控制項，可以建立 ToolStripButton1_Click()事件處理程序，和新增 BindDatabase()函數。

🔊 **程式內容：BindDatabase() 和 ToolStripButton1_Click()**

```
01: public DataSet BindDatabase(string strSQL)
02: {
03:     string strDbCon;
04:     SqlDataAdapter objAdapter;
05:     DataSet objDataSet = new DataSet();
06:     strDbCon = "Data Source=(local);Initial Catalog=教務系統" +
                ";Integrated Security=SSPI";
07:     try
08:     {
09:         using (SqlConnection objCon =
                        new SqlConnection(strDbCon))
10:         {
11:             objCon.Open();  // 開啟資料庫連線
```

```
12:                    objAdapter = new SqlDataAdapter(strSQL, objCon);
13:                    objAdapter.Fill(objDataSet, "Temp");
14:                    return objDataSet;
15:             }
16:        }
17:        catch (Exception ex)
18:        {
19:             MessageBox.Show("錯誤: " + strSQL);
20:        }
21:        return null;
22: }
23:
24: private void ToolStripButton1_Click(object sender, EventArgs e)
25: {
26:        // 建立資料繫結
27:        dgvOutput.DataSource =
                BindDatabase(tlstSQL.Text).Tables["Temp"];
28: }
```

◀)) 程式說明

第 1~22 列：BindDatabase()函數在取得資料庫的記錄資料後，傳回 DataSet 物件，在第 9~15 列的 using 程式區塊，依序建立 Connection、DataAdapter 物件和執行 SQL 指令後，第 13 列使用 Fill()方法填入 DataSet 物件。

第 27 列：　呼叫 BindDatabase()函數取得 DataSet 物件後，指定 DataGridView 控制項的 DataSource 屬性為 Temp 的 DataTable 物件。

◀)) 執行結果

❻ 在儲存專案後，請執行「偵錯>開始偵錯」命令，或按 F5 鍵，可以看到執行結果的 Windows 應用程式視窗。

SQL查詢工具				
SQL指令： SELECT * FROM 學生				查詢
S001	陳會安	男	02-22222222	2003/9/3
S002	江小魚	女	03-33333333	2004/2/2
S003	張無忌	男	04-44444444	2002/5/3
S004	陳小安	男	05-55555555	2002/6/13
S005	孫燕之	女	06-66666666	
S006	周杰輪	男	02-33333333	2003/12/23
S007	蔡一零	女	03-66666666	2003/11/23

在上方工具列輸入 SQL 指令字串後，按【查詢】鈕，可以在下方顯示【學生】資料表的查詢結果。同樣方式，我們也可以查詢其他資料表，例如：查詢【課程】資料表，如下圖所示：

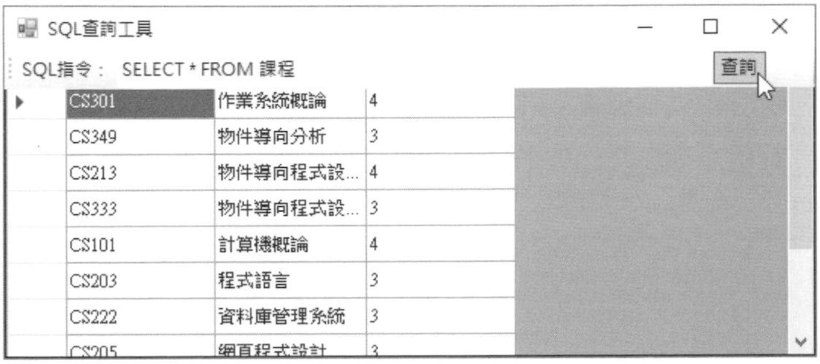

18-3-2 交易處理

在 C#應用程式可以使用 ADO.NET 物件進行交易處理，也就是將多個 SQL 新增、更新和刪除記錄指令建立成交易。

執行 SQL 資料庫操作指令

在開啟資料庫連線和建立 Command 物件後，就可以使用 Command 物件的 ExecuteNonQuery()方法執行 SQL 操作指令 INSERT、UPDATE 和 DELETE，如下：

```
int intRowsAffected;
intRowsAffected = objCmd.ExecuteNonQuery();
```

上述程式碼變數 intRowsAffected 傳回資料表影響的記錄數，因為是使用 ExecuteNonQuery()方法執行 SQL 指令，所以不會傳回 DataReader 物件的記錄資料。

交易處理

ADO.NET 的交易處理是執行 Connection 物件的 BeginTransaction()方法開始，在指定 Command 物件的 Transaction 屬性為 SqlTransaction 物件後，就可以執行 SQL 操作指令，如下所示：

```
using (SqlConnection objCon = new SqlConnection(strDbCon))
{
    objCon.Open();
    objTran = objCon.BeginTransaction();
    objCmd = objCon.CreateCommand();
    objCmd.Transaction = objTran;
    try
    {
        objCmd.CommandText = strSQL1;
        objCmd.ExecuteNonQuery();
        if (((strSQL2.Trim()).Length) != 0)
        {
            objCmd.CommandText = strSQL2;
            objCmd.ExecuteNonQuery();
        }
        objTran.Commit();
    }
    catch (Exception ex)
    {
        MessageBox.Show("T-SQL 指令執行失敗!");
        objTran.Rollback();
    }
}
```

上述程式碼在執行 SQL 操作指令後，使用 SqlTransaction 物件的 Commit()方法來認可交易，如有錯誤，就執行 Rollback()方法回復交易。

Visual C#專案：Ch18_3_2

在 Windows 應用程式建立學生資料管理程式，當查詢指定學號的學生記錄資料後，就使用 SQL 操作指令來刪除和更新記錄資料，其建立步驟如下所示：

❶ 請啟動 Visual Studio Community 建立名為【Ch18_3_2】的 Windows 應用程式專案後，在「方案總管」視窗，雙擊 Form1.cs 開啟表單設計視窗。

② 在表單左邊新增 txtSid、txtTel、txtName 和 txtBirthday 文字方塊控制項，右邊新增 Button1~3 按鈕控制項。

③ 執行「檢視>程式碼」命令或按 [F7] 鍵，開啟程式碼編輯視窗，在上方 using 程式碼的最後加上匯入 ArrayList 和 ADO.NET 命名空間的程式碼，如下：

```
using System.Collections;
using System.Data.SqlClient;
```

④ 然後新增 ExecuteSQL()和 GetStudentData()函數。

◀》 程式內容：ExecuteSQL()和 GetStudentData()函數

```
01: // 程序：使用交易執行一個或兩個 SQL 操作指令
02: public void ExecuteSQL(string strSQL1, string strSQL2)
03: {
04:     SqlCommand objCmd;
05:     SqlTransaction objTran;
06:     string strDbCon;
07:     strDbCon = "Data Source=(local);Initial Catalog=教務系統" +
                   ";Integrated Security=SSPI";
08:     using (SqlConnection objCon = new SqlConnection(strDbCon))
09:     {
10:         objCon.Open();  // 開啟資料庫連線
11:                         // 開始交易
12:         objTran = objCon.BeginTransaction();
13:         objCmd = objCon.CreateCommand();
14:         objCmd.Transaction = objTran;  // 指定屬性
15:         try
16:         {
17:             objCmd.CommandText = strSQL1;
18:             // 執行第一個 SQL 指令
19:             objCmd.ExecuteNonQuery();
20:             if (((strSQL2.Trim()).Length) != 0)
21:             {
22:                 objCmd.CommandText = strSQL2;
```

```
23:                     // 執行第二個 SQL 指令
24:                     objCmd.ExecuteNonQuery();
25:                 }
26:                 objTran.Commit();      // 認可交易
27:             }
28:             catch (Exception ex)
29:             {
30:                 MessageBox.Show("T-SQL 指令執行失敗!");
31:                 objTran.Rollback();   // 回復交易
32:             }
33:         }
34: }
35:
36: // 函數：取得學生資料的 ArrayList 物件
37: public ArrayList GetStudentData(string stdno)
38: {
39:     SqlCommand objCmd;
40:     SqlDataReader objDataReader;
41:     string strDbCon, strSQL;
42:     ArrayList student = new ArrayList();
43:     strDbCon = "Data Source=(local);Initial Catalog=教務系統" +
                   ";Integrated Security=SSPI";
44:     using (SqlConnection objCon = new SqlConnection(strDbCon))
45:     {
46:         objCon.Open();   // 開啟資料庫連線
47:         strSQL = "SELECT * FROM 學生 ";
48:         strSQL += "WHERE 學號 = '" + stdno + "'";
49:         objCmd = new SqlCommand(strSQL, objCon);
50:         objDataReader = objCmd.ExecuteReader();
51:         // 取得資料表的記錄資料
52:         if (objDataReader.Read())
53:         {
54:             student.Add(objDataReader["姓名"]);
55:             student.Add(objDataReader["電話"]);
56:             student.Add(objDataReader["生日"]);
57:         }
58:         else
59:         {
60:             student.Add("N/A");
61:             student.Add("N/A");
62:             student.Add("N/A");
63:         }
64:         objDataReader.Close();
65:     }
66:     return student;   // 傳回學生資料的 ArrayList
67: }
```

◀))) **程式說明**

第 2~34 列：　ExecuteSQL()程序是使用交易處理來執行參數的兩個 SQL 指令，在
　　　　　　　建立 Connection 和 Command 物件後，第 14 列開始交易，第 19 和
　　　　　　　24 列呼叫 ExecuteNonQuery()方法依序執行兩個 SQL 操作指令。

第 37~67 列：　GetStudentData()函數是使用 DataReader 物件來取得學生資料，在
　　　　　　　第 47~48 列建立查詢的 SQL 指令，第 54~56 列取得且新增資料至
　　　　　　　ArrayList 物件後，傳回 ArrayList 物件。

5　請依序雙擊 Button1~3 按鈕來建立 Button1~3_Click()事件處理程序。

◀))) **程式內容：Button1~3_Click()事件處理程序**

```
01: private void Button1_Click(object sender, EventArgs e)
02: {
03:     // 查詢學生資料
04:     ArrayList student = GetStudentData(txtSid.Text);
05:     // 顯示學生資料
06:     txtName.Text = student[0].ToString();
07:     txtTel.Text = student[1].ToString();
08:     txtBirthday.Text = student[2].ToString();
09: }
10:
11: private void Button2_Click(object sender, EventArgs e)
12: {
13:     string strSQL;
14:     DialogResult result;
15:     result = MessageBox.Show("確定刪除學號的記錄:" +
             txtSid.Text, "確認操作", MessageBoxButtons.YesNo);
16:     if  (result == DialogResult.Yes)
17:     {
18:         // 建立 SQL 刪除記錄資料
19:         strSQL = "DELETE FROM 學生 WHERE 學號 = '";
20:         strSQL += txtSid.Text + "'";
21:         ExecuteSQL(strSQL, "");    // 執行 SQL
22:     }
23: }
24:
25: private void Button3_Click(object sender, EventArgs e)
26: {
27:     string strSQL1, strSQL2;
28:     // 建立 SQL 敘述更新資料庫記錄
29:     DateTime birthday = DateTime.Parse(txtBirthday.Text);
```

```
30:     strSQL1 = "UPDATE 學生 SET ";
31:     strSQL1 += "電話='" + txtTel.Text + "'";
32:     strSQL1 += " WHERE 學號 ='" + txtSid.Text + "'";
33:     strSQL2 = "UPDATE 學生 SET ";
34:     strSQL2 += "生日='" + birthday.ToShortDateString() + "'";
35:     strSQL2 += " WHERE 學號 ='" + txtSid.Text + "'";
36:     ExecuteSQL(strSQL1, strSQL2);    // 執行 SQL
37:     MessageBox.Show("已經更新學號的記錄!");
38: }
```

◀) 程式說明

第 1~9 列：　Button1 的 Click 事件處理程序，在第 4 列呼叫 GetStudentData()函數取得指定學號學生資料的 ArrayList 物件後，在 TextBox 控制項顯示學生資料。

第 11~23 列：Button2 的 Click 事件處理程序，在第 19~20 列建立刪除的 SQL 指令字串後，呼叫 ExecuteSQL()程序執行 SQL 操作指令。

第 25~38 列：Button3 的 Click 事件處理程序，在第 29 列將生日建立成 DataTime 物件，第 30~35 列建立兩個更新的 SQL 指令字串，在第 34 列只取出 DateTime 物件的生日字串後，呼叫 ExecuteSQL()程序使用交易來執行 2 個 SQL 更新操作指令。

◀) 執行結果

⑥ 儲存專案後，執行「偵錯>開始偵錯」命令，或按 F5 鍵，可以看到執行結果的 Windows 應用程式視窗。

在【學號】欄位輸入學號後，按【搜尋學號的記錄】鈕可以顯示學生的詳細資料，只需更改欄位資料，即可按【更新學號的記錄】鈕來更新記錄，按【刪除學號的記錄】鈕可以刪除記錄。

18-4 安裝與使用 Python 執行環境

Python 是一種擁有優雅語法和高可讀性程式碼的通用用途程式語言，可以用來開發 GUI 視窗程式、Web 應用程式、資料庫應用程式，系統管理工作、財務分析、大數據分析和人工智慧等各種應用程式。

安裝與使用 Python 執行環境

Python 語言分為兩大版本，即 Python 2 和 Python 3，在本書是使用 Python 3 語言。Python 執行環境可在官方網站：https://www.python.org/免費下載，因為在第 19 章的 SQL Server 機器學習服務支援的 Python 版本是 3.10 版，所以本章是安裝 Python 3.10.9 版，其下載 URL 網址，如下所示：

- https://www.python.org/downloads/release/python-3109/

❶ 請雙擊下載【python-3.10.9-amd64.exe】檔案後，選【Customize installation】自訂安裝。

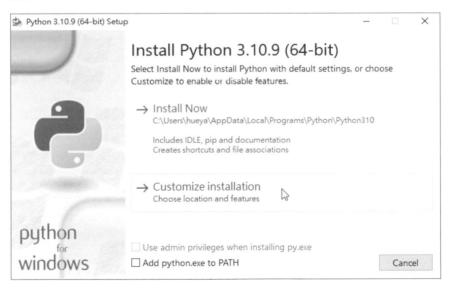

❷ 不用更改此步驟的設定，按【Next】鈕。

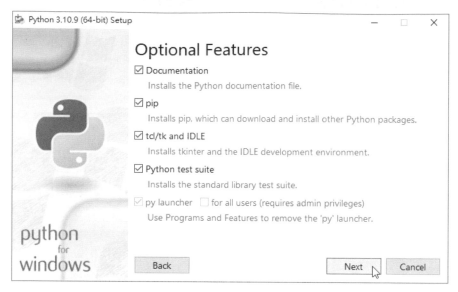

❸ 勾選【Install Python 3.10 for all users】，按【Install】鈕，再按【是】鈕開始安裝，可以看到目前的安裝進度。

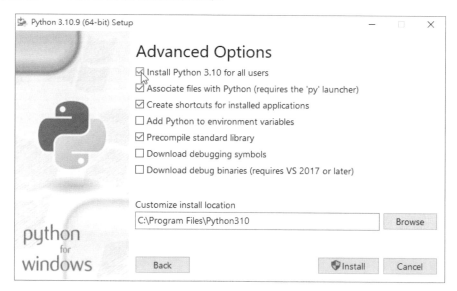

④ 稍等一下，等到成功安裝後，按【Close】鈕完成安裝。

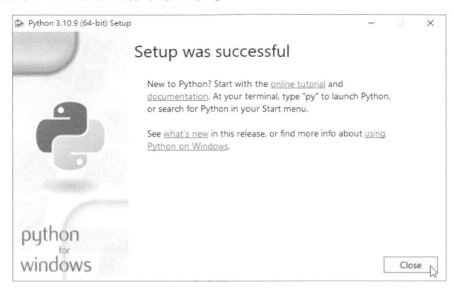

使用 pip 安裝 Python 套件

Python 程式如果需要使用到尚未安裝的 Python 套件時，我們需要自行先安裝套件。請在 Windows 作業系統右下方搜尋欄輸入 CMD 後，按 [ENTER] 鍵，然後在搜尋結果的【命令提示字元】上，執行【右】鍵功能表的【以系統管理員身份執行】命令，按【是】鈕，可以看到視窗標題列顯示系統管理員，如下圖所示：

請在上述視窗的提示字元「>」後，首先切換至 Python 執行環境的路徑，即可輸入 pip 指令安裝 Python 套件。例如：在 Python 執行環境安裝 pymssql 套件的命令列指令，如下所示：

```
cd "C:\Program Files\Python310\" [ENTER]
python.exe -m pip install pymssql [ENTER]
```

18-5 | 使用 Python 語言建立用戶端程式

在本節的 Python 程式是使用 pymssql 套件存取 SQL Server 資料庫來建立用戶端程式，當成功安裝 pymssql 後，Python 程式可以匯入模組，如下所示：

```
import pymssql
```

請注意！本節 Python 程式的資料庫連線是使用【SQL Server 驗證】，在執行本節 Python 程式前，請參閱第 5-6-1 節的步驟四，新增 MyDB 使用者來連線【教務系統】資料庫，其權限是 db_owner。

📺 查詢 SQL Server 資料庫取回記錄資料：ch18_5.py

Python 程式在匯入 pymssql 模組後，就可以建立資料庫連線來連線 SQL Server 伺服器的指定資料庫，如下所示：

```
import pymssql

db = pymssql.connect(server='localhost',
                     user='MyDB',
                     password='Aa123456',
                     database='教務系統')
cursor = db.cursor()
```

上述 pymssql.connect()方法可以建立資料庫連線，其參數依序是 SQL Server 伺服器名稱、使用者名稱、使用者密碼和資料庫名稱，在成功建立資料庫連線後，呼叫 db.cursor()方法建立 Cursor 物件，這是用來儲存查詢結果的資料表記錄資料。

然後，在下方建立 SQL 指令字串變數 sql，在字串中的%s 是生日值的參數，可以在呼叫 cursor.execute()方法執行參數 SQL 指令字串時，在第 2 個參數指定生日值，如下所示：

```
sql = "SELECT * FROM 學生 WHERE 生日 <=%s"
cursor.execute(sql, "2003/6/1")
```

上述程式碼建立的完整 SQL 指令字串，如下所示：

```
SELECT * FROM 學生 WHERE 生日 <= "2003/6/1
```

上述 SQL 指令可以取回【學生】資料表【生日】欄位小於等於 2003/6/1 的學生記錄和欄位來填入 Cursor 物件，如下所示：

```
row = cursor.fetchone()
print(row[0], row[1].encode('latin1').decode('big5'))
print("------------------------")
```

上述程式碼呼叫 Cursor 物件的 fetchone()方法取回第 1 筆記錄，現在記錄指標移至第 2 筆，然後顯示這筆記錄的前 2 個欄位 row[0]和 row[1]（即學號和姓名欄位），因為姓名是中文，所以呼叫 encode()和 decode()方法加碼和解碼成 Big5，以便正確的顯示中文內容。

在下方呼叫 fetchall()方法取出 Cursor 物件的所有記錄，因為目前的記錄指標是在第 2 筆，可以取回第 2 筆之後的所有記錄，如下所示：

```
data = cursor.fetchall()
for row in data:
    print(row[0], row[1].encode('latin1').decode('big5'))
db.close()
```

上述 for 迴圈取出每一筆記錄來顯示前 2 個欄位 row[0]和 row[1]，最後呼叫 close()方法關閉資料庫連線，其執行結果如下所示：

```
S003 張無忌
------------------------
S004 陳小安
S008 劉得華
S500 陳允傑
```

💻 將 CSV 資料存入 SQL Server 資料庫：ch18_5a.py

當我們取得 CSV 字串的資料後，Python 程式可以將 CSV 資料存入 SQL Server 資料庫，首先將 CSV 字串 student 使用 split()方法，以參數「,」逗號分割成串列 f，如下所示：

```
import pymssql

student = "S600,陳允如,女,03-44444444,2003-07-01"
f = student.split(",")

db = pymssql.connect(server='localhost',
                     user='MyDB',
                     password='Aa123456',
                     database='教務系統')
cursor = db.cursor()
```

上述程式碼建立資料庫連線和取得 Cursor 物件後，在下方使用 format()方法建立 INSERT 指令字串，5 個參數值'{0}','{1}','{2}','{3}','{4}'是依序對應串列的 5 個項目，如下所示：

```
sql = """INSERT INTO 學生 (學號,姓名,性別,電話,生日)
         VALUES ('{0}','{1}','{2}','{3}','{4}')"""
sql = sql.format(f[0], f[1], f[2], f[3], f[4])
print(sql)
```

上述程式碼建立 SQL 指令字串後，使用下方 try/except 例外處理來執行 SQL 指令新增一筆記錄，如下所示：

```
try:
    cursor.execute(sql)
    db.commit()
    print("新增一筆記錄...")
except:
    db.rollback()
    print("新增記錄失敗...")
db.close()
```

上述 cursor.execute()方法執行參數 SQL 指令字串，接著執行 db.commit()方法確認交易來變更資料庫內容，如果執行失敗，執行 db.rollback()方法回復交易，即回復到沒有執行 SQL 指令前的資料庫內容，其執行結果可以在【學生】資料表新增一筆記錄，如下所示：

```
INSERT INTO 學生 (學號,姓名,性別,電話,生日)
       VALUES ('S600','陳允如','女','03-44444444','2003-07-01')
新增一筆記錄...
```

在 SSMS 可以看到這筆新增的學生記錄，如下圖所示：

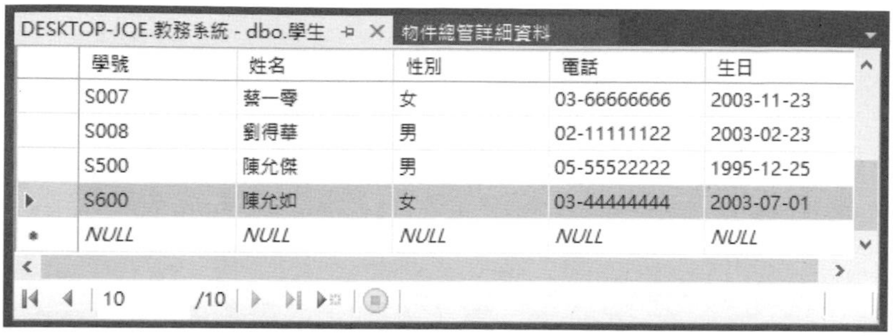

學號	姓名	性別	電話	生日
S007	蔡一零	女	03-66666666	2003-11-23
S008	劉得華	男	02-11111122	2003-02-23
S500	陳允傑	男	05-55522222	1995-12-25
S600	陳允如	女	03-44444444	2003-07-01
NULL	*NULL*	*NULL*	*NULL*	*NULL*

將 JSON 資料存入 SQL Sever 資料庫：ch18_5b.py

同理，Python 程式也可以將取得的 JSON 資料存入 SQL Server 資料庫，目前的 JSON 資料已經轉換成 Python 字典 d，如下所示：

```python
import pymssql

d = {
    "id": "S700",
    "name": "陳允東",
    "gender": "男",
    "tel": "03-55555555",
    "birthday": "2003-02-01"
}

db = pymssql.connect(server='localhost',
                     user='MyDB',
                     password='Aa123456',
                     database='教務系統')
cursor = db.cursor()
```

上述程式碼建立資料庫連線和取得 Cursor 物件後，在下方使用 format() 方法建立 INSERT 指令字串，如下所示：

```python
sql = """INSERT INTO 學生 (學號,姓名,性別,電話,生日)
        VALUES ('{0}','{1}','{2}','{3}','{4}')"""
sql = sql.format(d['id'],d['name'],d['gender'],d['tel'],d['birthday'])
print(sql)
```

上述程式碼建立 SQL 指令字串後，使用下方 try/except 例外處理來執行 SQL
指令新增一筆記錄，如下所示：

```
try:
    cursor.execute(sql)
    db.commit()
    print("新增一筆記錄...")
except:
    db.rollback()
    print("新增記錄失敗...")
db.close()
```

上述 cursor.execute()方法執行參數 SQL 指令字串，接著執行 db.commit()方法
確認交易來變更資料庫內容，如果執行失敗，執行 db.rollback()方法回復交易，其
執行結果可以在【學生】資料表新增一筆記錄，如下所示：

```
INSERT INTO 學生 (學號,姓名,性別,電話,生日)
        VALUES ('S700','陳允東','男','03-55555555','2003-02-01')
新增一筆記錄...
```

在 SSMS 可以看到這筆新增的學生記錄，如下圖所示：

📺 使用交易處理更新多筆記錄資料：ch18_5c.py

Python 程式可以使用 UPDATE 指令批次更新 S600 和 S700 兩筆學生記錄的電
話和生日資料，如下所示：

```
import pymssql

db = pymssql.connect(server='localhost',
                     user='MyDB',
```

```
                        password='Aa123456',
                        database='教務系統')
cursor = db.cursor()
sql = """UPDATE 學生 SET 電話='02-44444444',
        生日='2003-08-01'
        WHERE 學號='S600' """
sql2 = """UPDATE 學生 SET 電話='02-55555555',
        生日='2003-03-01'
        WHERE 學號='S700' """
print(sql)
print(sql2)
try:
    cursor.execute(sql)
    cursor.execute(sql2)
    db.commit()
    print("更新 2 筆記錄...")
except:
    db.rollback()
    print("更新記錄失敗...")
db.close()
```

　　上述程式碼建立 2 個 UPDATE 更新記錄的 SQL 指令字串後，呼叫 2 次 cursor.execute()方法來更新兩筆記錄資料，其執行結果可以更新【學生】資料表的 2 筆記錄，如下所示：

```
UPDATE 學生 SET 電話='02-44444444',
        生日='2003-08-01'
        WHERE 學號='S600'
UPDATE 學生 SET 電話='02-55555555',
        生日='2003-03-01'
        WHERE 學號='S700'
更新 2 筆記錄...
```

　　在 SSMS 可以看到 2 筆學生記錄的電話和生日資料都已經更新，如下圖所示：

學號	姓名	性別	電話	生日
S008	劉得華	男	02-11111122	2003-02-23
S500	陳允傑	男	05-55522222	1995-12-25
S600	陳允如	女	02-44444444	2003-08-01
S700	陳允東	男	02-55555555	2003-03-01
NULL	NULL	NULL	NULL	NULL

使用交易處理刪除多筆記錄資料：ch18_5d.py

同理，Python 程式可以批次刪除 2 筆記錄資料，其程式結構和 ch18_5c.py 相同，只是改用 SQL 指令 DELETE，如下所示：

```
sql = "DELETE FROM 學生 WHERE 學號='S600'"
sql2 = "DELETE FROM 學生 WHERE 學號='S700'"
```

使用 GUI 介面顯示學生資料表的記錄資料：ch18_5e.py

Python 程式可以使用 Tkinter 內建視窗模組的 Treeview 元件，以表格方式顯示學生資料表的記錄資料（只顯示前 3 個欄位），首先匯入相關模組，display_data() 函數是 Button 元件的事件處理函數，如下所示：

```
from tkinter import ttk
import tkinter as tk
import pymssql

def display_data():
    db = pymssql.connect(server='localhost',
                         user='MyDB',
                         password='Aa123456',
                         database='教務系統')
    cursor = db.cursor()
    sql = "SELECT * FROM 學生"
    cursor.execute(sql)
    rows = cursor.fetchall()
    for row in rows:
        row_tuple = (row[0],
                     row[1].encode('latin1').decode('big5'),
                     row[2].encode('latin1').decode('big5'))
        tree.insert("", tk.END, values=row_tuple)

    db.close()
```

上述程式碼在查詢取得學生資料表的記錄資料後，取出前 3 個欄位建立成元組，然後呼叫 tree.insert() 方法插入 Treeview 元件的最後。在下方建立 GUI 視窗和

指定標題文字後，新增顯示標題列的 Treeview 元件，column 參數有三個欄位，其標題依序是"學號"、"姓名"和"性別"，如下所示：

```
win = tk.Tk()
win.title("學生資料")
tree = ttk.Treeview(win, column=("C1","C2","C3"), show='headings')
tree.column("#1", anchor=tk.CENTER)
tree.heading("#1", text="學號")
tree.column("#2", anchor=tk.CENTER)
tree.heading("#2", text="姓名")
tree.column("#3", anchor=tk.CENTER)
tree.heading("#3", text="性別")
tree.pack()

button1 = tk.Button(text="顯示資料", command=display_data)
button1.pack(pady=10)
win.mainloop()
```

上述程式碼新增 Button 元件，和指定 command 參數的事件處理是 display_data()函數，其執行結果請按下方【顯示資料】鈕，就可以在上方顯示學生資料表的記錄資料，如下圖所示：

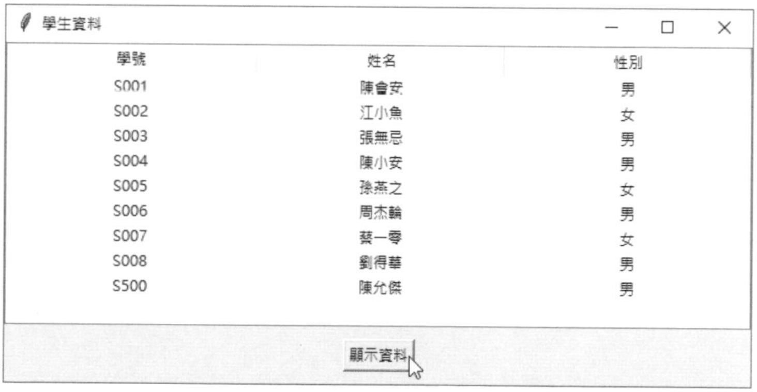

Chapter 19
SQL Server
機器學習服務

19-1 │ 認識 SQL Server 機器學習服務

微軟 SQL Server 機器學習服務可以讓 SQL Server 支援資料科學（Data Science）所需的工作，直接讓我們在 SQL Server 訓練和儲存預測模型，在本章是使用 Python 語言來說明 SQL Server 機器學習服務。

> **Memo**
>
> 本章測試的 SQL 指令是使用【教務系統】資料庫，請重新啟動 SSMS 執行本書範例「Ch19\Ch19_School.sql」的 SQL 指令碼檔案，可以建立本章測試所需的資料庫、資料表和記錄資料。

認識機器學習服務

SQL Server 從 2017 版開始內建 Python 執行環境，可以讓 SQL Server 執行 Python 程式碼，所以，我們可以將相關資料科學運算直接在 SQL Server 中執行來增進執行效能，而不必將資料從資料庫拉出來，這就是 SQL Server 機器學習服務（SQL Server Machine Learning Services），如下圖所示：

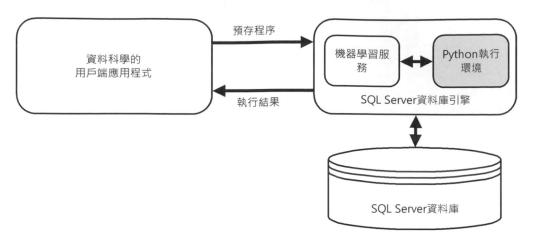

上述 SQL Server 機器學習服務是 SQL Server 內建功能，提供一個 Python 執行環境（即 Anaconda），能夠使用資料表的關聯式資料來執行 Python 程式（透過預存程序），我們可以使用此服務來載入和清理資料、進行探索式資料分析和資料視覺化，然後直接在資料庫訓練機器學習的模型，和儲存訓練結果的預測模型。

微軟除了將常用 Python 套件安裝至 SQL Server 機器學習服務外，更提供微軟專屬的 Python 套件，如下表所示：

套件名稱	說明
revoscalepy	提供可攜式、可擴展和分散式 Python 函數，可以用來匯入、轉換和進行資料分析，使用在敘述統計學、廣義線性模型（Generalized Linear Model，GLM）、Logistic 迴歸、分類、迴歸樹（Regression Trees）和決策森林（Decision Forests）
microsoftml	微軟新增的機器學習演算法，可以建立模型來進行特徵擷取、文字、影像和情感分析

機器學習服務能作什麼

在 SQL Server 機器學習服務內建眾多機器學習和深度學習模型，我們可以直接在 SQL Server 使用關聯式資料來進行訓練和將模型儲存在資料庫，或將現有模型部署到機器學習服務後，直接使用關聯式資料庫的記錄資料來進行資料預測。

SQL Server 機器學習服務可以進行的預測類型，如下表所示：

預測類型	說明
分類	將資料進行分類，例如：將客戶意見分為正面與負面；將圖片自動進行分類
迴歸分析	依據連續資料的迴歸分析進行預測，例如：根據地點和面積來預測房屋價格；年分和哩程數預測二手車車價
異常偵測	預測資料中的異常值，例如：偵測銀行詐騙交易
提供建議	預測資料中的關聯性，例如：根據顧客先前的購買記錄，建議在下一次消費時想要購買的產品

19-2 安裝與啟用 SQL Server 機器學習服務

在 SQL Server 使用機器學習服務之前，我們需要先安裝與啟用 SQL Server 機器學習服務的語言延伸模組。

安裝與註冊 SQL Server 機器學習服務的語言延伸模組

在第 4 章安裝 SQL Server 時是勾選全部功能，預設已經安裝 SQL Server 機器學習服務。對於語言延伸模組來說，SQL Server 2019 版是在安裝程式勾選【機器學習服務和語言延伸模組】下的【Python】，就可以安裝 Python 執行環境，如下圖所示：

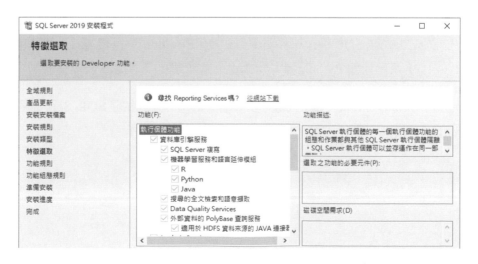

從 SQL Server 2022 版開始，我們需要自行安裝 Python 執行環境和 revoscalepy 套件，首先請參閱第 18-4 節安裝 Python 執行環境 3.10 版，然後下載和安裝 revoscalepy 套件，請使用【右】鍵快顯功能表，以系統管理員身份來啟動「命令提示字元」視窗，然後輸入下列指令，如下所示：

```
cd "C:\Program Files\Python310\" ENTER
python.exe -m pip install
https://aka.ms/sqlml/python3.10/windows/revoscalepy-10.0.1-py3-none-any.whl ENTER
```

接著在 SQL Server 註冊安裝的 Python 執行環境，如下所示：

```
cd "C:\Program Files\Python310\Lib\site-packages\revoscalepy\rxLibs" ENTER
.\RegisterRext.exe /configure /pythonhome:"C:\Program Files\Python310"
/instance:"MSSQLSERVER" ENTER
```

啟用 SQL Server 機器學習服務執行 Python 程式

在確認成功安裝 SQL Server 機器學習服務和 Python 執行環境後，我們需要啟用 SQL Server 執行外部 Python 腳本程式碼，其步驟如下所示：

1 請啟動 Management Studio 連線安裝有機器學習服務的 SQL Server 資料庫引擎後，開啟和執行 Ch19_2.sql 指令碼檔案，如下所示：

```
EXEC sp_configure 'external scripts enabled', 1
RECONFIGURE WITH OVERRIDE
```

2 然後啟動設定管理員在 SQL Server 上執行【右】鍵快顯功能表的【重新啟動】命令，重新啟動 SQL Server 服務，如下圖所示：

3 在 Management Studio 開啟和執行 Ch19_2a.sql 指令碼檔案，可以看到 config_value 值已經改為 1，如下所示：

```
EXEC sp_configure 'external scripts enabled'
```

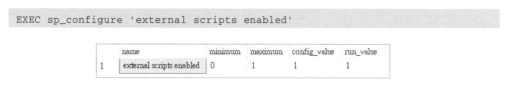

4 最後，在設定管理員的 SQL Server Launchpad 上，執行【右】鍵快顯功能表的【重新啟動】命令來重新啟動服務，如下圖所示：

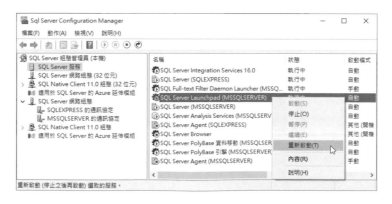

💻 **在 SQL Server 執行 Python 程式碼：Ch19_2b.sql**

在成功安裝 Python 執行環境和啟用 SQL Server 機器學習服務後，就可以建立 SQL 指令來執行 Python 程式碼，如下所示：

```
EXEC sp_execute_external_script
@language = N'Python',
@script = N'print("Welcome to Python in SQL Server")'
GO
```

上述 sp_execute_external_script 系統預存程序可以執行 Python 程式碼字串，這是呼叫 print()函數來輸出一段文字內容，其執行結果可以顯示參數的訊息文字，如下圖所示：

19-3 | 在 SQL Server 執行 Python 程式碼

SQL Server 機器學習服務提供二種方式來執行 Python 程式碼，如下所示：

- 使用 sp_execute_external_script 系統預存程序來執行 Python 程式碼。

- 我們也可以使用 Python 開發工具撰寫 Python 程式，然後送至 SQL Server 機器學習服務來執行。

在本章主要說明如何使用 sp_execute_external_script 系統預存程序來執行 Python 程式碼，此預存程序的詳細語法說明請參閱第 19-4-1 節。

Python 變數與運算式：Ch19_3.py

SQL Server 機器學習服務可以執行合法的 Python 程式碼字串，首先是 Python 變數與運算式，如下所示：

```
EXEC sp_execute_external_script
@language = N'Python',
@script = N'
cels = 25
fahr = cels * 9 /5 + 32
print(cels, " = ", fahr)
'
```

上述系統預存程序 sp_execute_external_script 可以執行 Python 程式碼字串，其參數說明如下所示：

- @language 參數：指定外部腳本程式是使用 Python 語言。

- @script 參數：定義送至機器學習服務的腳本程式碼字串，使用的是 Unicode 字串 N''，其字串內容就是合法的 Python 程式碼。

上述 Python 程式碼計算出攝氏 25 度轉換成的華氏溫度後，使用 print()函數輸出執行結果，如右圖所示：

 Python 條件判斷：Ch19_3a.py

Python 條件判斷的程式區塊需要在程式碼字串中縮排，例如：判斷成績變數 grade 值是否大於等於 60 分，如下所示：

```
EXEC sp_execute_external_script
@language = N'Python',
@script = N'
grade = 78
if grade >= 60:
    print("成績及格!", grade)
```

```
else:
    print("成績不及格!", grade)
'
```

上述 Python 程式碼使用 if/else 條件
判斷 grade 變數的成績，可以看到 2 個縮
排的程式區塊，其執行結果顯示成績及格
和分數，如右圖所示：

Python 迴圈結構：Ch19_3b.py

在 Python 程式碼使用迴圈計算 1 加到 10 的總和，如下所示：

```
EXEC sp_execute_external_script
@language = N'Python',
@script = N'
sum = 0
for i in range(11):
    sum = sum + i
print("總和 = " + str(sum))
'
```

上述 Python 程式碼使用 for/in 迴圈來
計算 1 加到 10 的總和，其執行結果顯示
總和是 55，如右圖所示：

Python 函數：Ch19_3c.py

在 Python 程式碼改用 convert_to_f() 函數來轉換攝氏成為華氏溫度，如下所示：

```
EXEC sp_execute_external_script
@language = N'Python',
@script = N'
def convert_to_f(c):
    f = (9.0 * c) / 5.0 + 32.0
    return f

cels = 25
fahr = convert_to_f(cels)
```

```
print(cels, " = ", fahr)
'
```

上述 Python 程式碼建立 convert_to_f() 函數後，呼叫函數將攝氏 25 度轉換成華氏溫度後，顯示溫度的轉換結果，其執行結果如右圖所示：

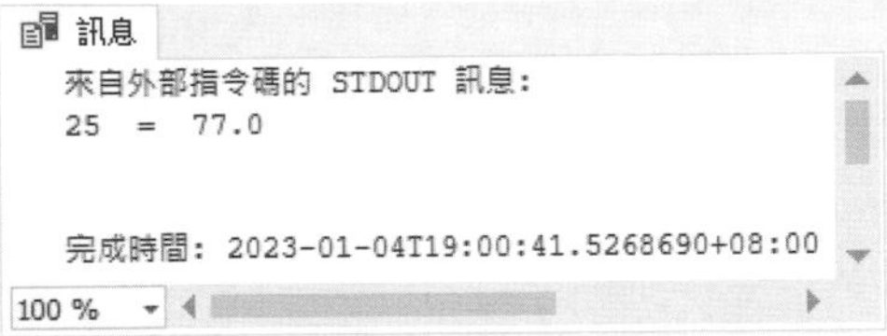

> 🖳 **檢查 Python 的版本：Ch19_3d.py**

Python 程式可以匯入 sys 模組來檢查 SQL Server 機器學習服務使用的 Python 版本，如下所示：

```
EXEC sp_execute_external_script
@language = N'Python',
@script = N'
import sys

print(sys.version)
'
```

上述 Python 程式碼使用 sys.version 屬性取得 Python 程式的版本是 3.10.9 版，如下圖所示：

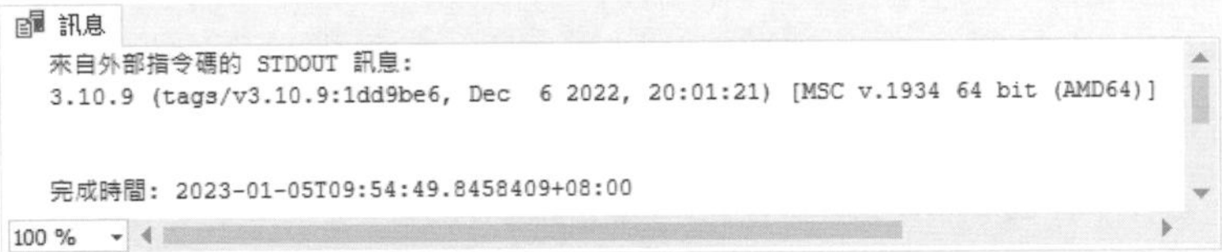

19-4 | Python 程式碼的輸入與輸出參數

第 19-3 節我們是使用 Python 標準輸出的 print() 函數來輸出執行結果，事實上，因為是在 SQL Server 執行 Python 程式，預設情況的輸入應該是單一資料表的 SQL 查詢結果，輸出是 Python 的 DataFrame 資料框架物件。

19-4-1　輸入與輸出參數

　　在說明如何使用 Python 輸入與輸出參數前，我們需要先了解 sp_execute_external_script 系統預存程序的基本語法，如下所示：

```
sp_execute_external_script
@language = N'language',
@script = N'script'
[ , @input_data_1 = N'input_data_1' ]
[ , @input_data_1_name = N'input_data_1_name' ]
[ , @output_data_1_name = N'output_data_1_name' ]
[ , @params = N'@parameter_name data_type [ OUT | OUTPUT ] [ ,...n ]' ]
[ , @parameter1 = 'value1' [ OUT | OUTPUT ] [ ,...n ] ]
WITH RESULT SETS((欄位名稱 資料類型, [欄位名稱 資料類型]));
GO
```

　　上述@language 和@script 參數已經在第 19-3 節說明過，其他參數和子句的說明，如下所示：

- @input_data_1 參數：指定 Python 程式碼使用的輸入資料，其資料類型是 nvarchar(max)。

- @input_data_1_name 參數：指定@input_data_1 定義輸入資料的變數名稱。Python 輸入變數的預設名稱是 InputDataSet。

- @output_data_1_name 參數：指定完成預存程序呼叫後，傳回給 SQL Server 的資料變數名稱。在 Python 程式碼的輸出資料必須指定給輸出變數，輸出變數的預設名稱是 OutputDataSet，變數值是 pandas 套件的 DataFrame 資料框架物件。

- @params 和@parameter1 參數：分別是外部腳本輸入參數名稱和值宣告的清單。

- WITH RESULT SETS 子句：定義傳回資料表的結構描述，可以將傳回的 DataFrame 物件轉換成 SQL Server 資料表。

💻 **顯示 InputDataSet 輸入參數的資料：Ch19_4_1.sql**

Python 預設的輸入參數名稱是 InputDataSet 變數，當我們指定輸入資料的 SELECT 查詢指令後，就可以使用 print()函數顯示輸入參數的資料，這是一個 DataFrame 物件（請先執行 Ch19_4.sql 建立 dbo.UnicodeString()純量值函數），如下所示：

```
USE 教務系統
GO
EXEC sp_execute_external_script
@language = N'Python',
@script = N'
print(type(InputDataSet))
print(InputDataSet)
',
@input_data_1 = N'SELECT 課程編號, dbo.UnicodeString(名稱) AS 名稱, 學分 FROM 課程'
```

上述 Python 程式碼使用 2 個 print()函數依序呼叫 type()函數顯示輸入參數的型態和參數值，@input_data_1 參數指定輸入資料的 SELECT 指令，如下所示：

```
SELECT 課程編號,dbo.UnicodeString(名稱) AS 名稱,學分 FROM 課程
```

上述 SELECT 指令可以查詢課程資料表的記錄資料，因為名稱欄位並不是 Unicode 編碼，在轉換成 Python 輸入資料時會產生錯誤，所以在欄位呼叫 dbo.UnicodeString()純量值函數轉換成 Unicode 編碼，這是我們自行建立的一個 SQL Server 自訂函數，如右圖所示：

sp_execute_external_script 系統預
存程序執行 Python 程式碼的執行結
果，可以看到資料型態是 DataFrame，
下方是物件的內容，如右圖所示：

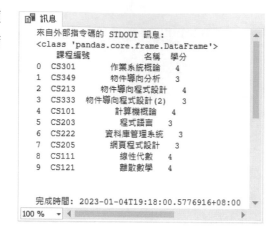

💻 （**顯示 OutputDataSet 輸出參數的資料：Ch19_4_1a.sql**）

Python 預設的輸出參數名稱是 OutputDataSet 變數，我們只需指定成
InputDataSet 變數，就可以輸出成表格資料，如下所示：

```
USE 教務系統
GO
EXEC sp_execute_external_script
@language = N'Python',
@script = N'
OutputDataSet = InputDataSet
',
@input_data_1 = N'SELECT 課程編號, dbo.UnicodeString(名稱) AS 名稱, 學分 FROM 課程'
```

上述 Python 程式碼只有 1 行，如下所示：

```
OutputDataSet = InputDataSet
```

上述程式碼將輸出指定成輸入，也
就是將資料表查詢轉換成 DataFrame
物件，再轉換成資料表的表格資料，但
是並沒有欄位標題（即資料行名稱），
其執行結果如右圖所示：

	(沒有資料行名稱)	(沒有資料行名稱)	(沒有資料行名稱)
1	CS301	作業系統概論	4
2	CS349	物件導向分析	3
3	CS213	物件導向程式設計	4
4	CS333	物件導向程式設計(2)	3
5	CS101	計算機概論	4
6	CS203	程式語言	3
7	CS222	資料庫管理系統	3
8	CS205	網頁程式設計	3
9	CS111	線性代數	4
10	CS121	離散數學	4

使用結構描述顯示 OutputDataSet 輸出參數：Ch19_4_1b.sql

　　我們可以修改 Ch19_4_1a.sql 的 SQL 指令碼檔案，新增 WITH RESULT SETS 子句來定義輸出資料的結構描述，如下所示：

```
USE 教務系統
GO
EXEC sp_execute_external_script
@language = N'Python',
@script = N'
OutputDataSet = InputDataSet
',
@input_data_1 = N'SELECT 課程編號, dbo.UnicodeString(名稱) AS 名稱, 學分 FROM 課程'
WITH RESULT SETS (([課程編號] char(5) NOT NULL, [名稱] nvarchar(30), [學分] int));
```

　　上述 WITH RESULT SETS 子句就是課程資料的欄位定義，其執行結果可以看到第一列的欄位名稱，如右圖所示：

	課程編號	名稱	學分
1	CS301	作業系統概論	4
2	CS349	物件導向分析	3
3	CS213	物件導向程式設計	4
4	CS333	物件導向程式設計(2)	3
5	CS101	計算機概論	4
6	CS203	程式語言	3
7	CS222	資料庫管理系統	3
8	CS205	網頁程式設計	3
9	CS111	線性代數	4
10	CS121	離散數學	4

更改輸入與輸出參數的名稱：Ch19_4_1c.sql

　　我們可以自行使用@input_data_1_name 和@output_data_1_name 參數來更改輸入與輸出參數的預設名稱，如下所示：

```
USE 教務系統
GO
EXEC sp_execute_external_script
@language = N'Python',
@script = N'
MyOutput = MyInput
',
@input_data_1_name = N'MyInput',
@input_data_1 = N'SELECT Count(*) FROM 學生',
```

```
@output_data_1_name = N'MyOutput'
WITH RESULT SETS (([學生數] int));
```

上述 Python 程式碼只有一行，即指定輸出等於輸入，不過，
名稱已經在下方參數更名為 MyOutput 和 MyInput（Python 變數
名稱需區分英文大小寫），其執行結果如右圖所示：

🖥️ Python 程式碼沒有輸入資料：Ch19_4_1d.sql

如果 Python 程式碼沒有輸入資料，而是直接從程式碼來產生輸出結果，此時，
我們不用指定@input_data_1 參數值，請直接指定成空字串，如下所示：

```
USE 教務系統
GO
EXEC sp_execute_external_script
@language = N'Python',
@script = N'
import pandas as pd
s = {"col1": ["Mary"],"col2": ["Joe"],"col3": ["Jason"]}
OutputDataSet = pd.DataFrame(s)
',
@input_data_1 = N''
WITH RESULT SETS (([玩家1] varchar(10),[玩家2] varchar(10),
                   [玩家3] varchar(10)));
```

上述 Python 程式碼使用 Python 字典建立 DataFrame
物件（在第 19-4-2 節有 DataFrame 物件的進一步說明），
並且指定給 OutputDataSet，@input_data_1 參數值是空字
串，其執行結果如右圖所示：

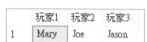

19-4-2 輸入與輸出參數的資料型態

在 Python 程式碼的輸入/輸出的資料型態都是 DataFrame 物件，當我們使用
SELECT 指令傳入資料表的查詢結果，事實上，傳入的是 Python 的 Pandas 套件的
DataFrame 物件，同樣的，傳回 SQL Server 的也是 DataFrame 物件。

在 Pandas 套件主要提供兩種資料結構，其說明如下所示：

- Series 物件：類似一維陣列的物件，可以是任何資料型態的物件，這是一個擁有標籤的一維陣列，更正確的說，我們可以將 Series 視為是 2 個陣列的組合，一個是類似索引的標籤，另一個是實際資料。

- DataFrame 物件：類似試算表的表格資料，這是一個有標籤（索引）的二維陣列，可以任易更改結構的表格，每一欄允許儲存任何資料型態的資料。

建立 Series 物件：Ch19_4_2.py

我們可以使用 Python 串列建立 Series 物件，如下所示：

```
EXEC sp_execute_external_script
@language = N'Python',
@script = N'
import pandas as pd

s = pd.Series([12, 29, 72,4, 8, 10])
print(s)
'
```

上述 Python 程式碼匯入 Pandas 套件（別名 pd）後，呼叫 Series() 函數建立 Series 物件，然後顯示 Series 物件，其執行結果如右圖所示：

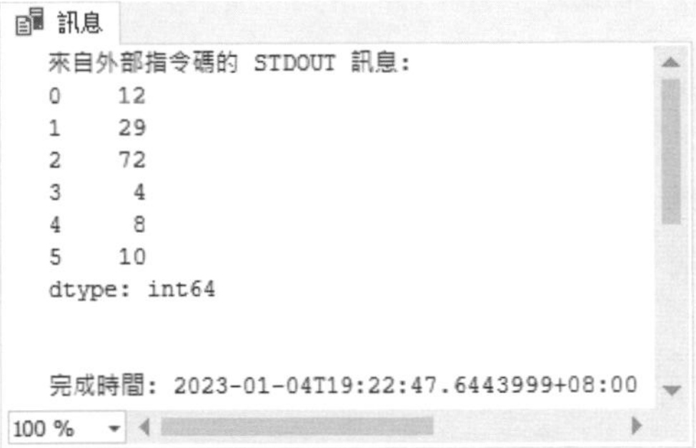

```
訊息
來自外部指令碼的 STDOUT 訊息:
0    12
1    29
2    72
3     4
4     8
5    10
dtype: int64

完成時間: 2023-01-04T19:22:47.6443999+08:00
```

上述執行結果的第 1 欄是預設新增的索引（從 0 開始），如果在建立時沒有指定索引，Pandas 會自行建立索引，最後是元素的資料型態。

建立自訂索引的 Series 物件：Ch19_4_2a.py

事實上，Series 物件如同是結合 2 個陣列，一個是索引的標籤；一個是資料，所以我們可以使用 2 個 Python 串列建立 Series 物件，如下所示：

```
EXEC sp_execute_external_script
@language = N'Python',
@script = N'
import pandas as pd

fruits = ["蘋果", "橘子", "梨子", "櫻桃"]
quantities = [15, 33, 45, 55]
s = pd.Series(quantities, index=fruits)
print(s)
print(s.index)
print(s.values)
'
```

上述 Python 程式碼建立 2 個串列後，建立 Series 物件，第 1 個參數是資料串列，第 2 個是使用 index 參數指定的索引串列，然後依序顯示 Series 物件，使用 index 屬性顯示索引；values 屬性顯示資料，其執行結果如右圖所示：

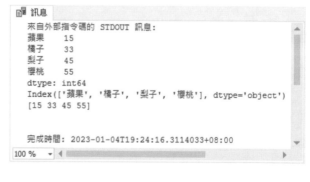

上述執行結果的索引是我們自訂的 Python 串列，最後依序是 Series 物件的索引和資料。

使用 Python 字典建立 DataFrame 物件：Ch19_4_2b.py

DataFrame 物件是二維表格，擁有列和欄索引，而 DataFrame 就是擁有索引的 Series 物件組成的 Python 字典，如下所示：

```
EXEC sp_execute_external_script
@language = N'Python',
@script = N'
import pandas as pd

products = {"分類": ["居家","居家","娛樂","娛樂","科技","科技"],
            "商店": ["家樂福","大潤發","家樂福","全聯超","大潤發","家樂福"],
            "價格": [11.42,23.50,19.99,15.95,55.75,111.55]}

df = pd.DataFrame(products)
print(df)
'
```

上述 Python 程式碼建立 products 字典擁有 4 個元素,鍵是字串;值是串列(可以建立成 Series 物件),在呼叫 DataFrame() 函數後,就可以建立 DataFrame 物件,其執行結果如右圖所示:

上述執行結果的第一列是欄位名稱(DataFrame 會自動排序欄名),在每一列的第 1 個欄位是自動產生的標籤(從 0 開始),這是 DataFrame 物件的預設索引。

建立自訂索引的 DataFrame 物件:Ch19_4_2c.py

如果沒有指明索引,Pandas 預設替 DataFrame 物件產生數值索引(從 0 開始),我們可以自行使用串列來建立自訂索引,如下所示:

```
EXEC sp_execute_external_script
@language = N'Python',
@script = N'
import pandas as pd

products = {"分類": ["居家","居家","娛樂","娛樂","科技","科技"],
            "商店": ["家樂福","大潤發","家樂福","全聯超","大潤發","家樂福"],
            "價格": [11.42,23.50,19.99,15.95,55.75,111.55]}

ordinals =["A", "B", "C", "D", "E", "F"]
```

```
df = pd.DataFrame(products, index=ordinals)
print(df)
'
```

上述 ordinals 串列是我們的自訂索
引，共有 6 個元素，對應 6 筆資料，在
DataFrame()函數是使用 index 參數指定
使用的自訂索引，其執行結果可以看到第
1 欄的標籤是"A"~"F"的自訂索引，如右
圖所示：

將 Series 轉換輸出成 DataFrame：Ch19_4_2d.py

因為 SQL Server 機器學習服務並不能處理 Series 物件，我們需要轉換成 SQL
Server 可以處理的 DataFrame 物件，如下所示：

```
EXEC sp_execute_external_script
@language = N'Python',
@script = N'
import pandas as pd

s = pd.Series([12, 29, 72,4, 8, 10])
df = pd.DataFrame(s)
OutputDataSet = df
'
WITH RESULT SETS(([值] int))
```

上述 Python 程式碼使用 Series 物件建立 DataFrame 物件後，即可
指定 OutputDataSet 變數來輸出執行結果至 SQL Server，其執行結果
如右圖所示：

	值
1	12
2	29
3	72
4	4
5	8
6	10

輸出 Python 的 DataFrame 物件：Ch19_4_2e.py

我們準備修改 Ch19_4_2b.py 字典建立的 DataFrame 物件，將它輸出至 SQL Server，如下所示：

```
EXEC sp_execute_external_script
@language = N'Python',
@script = N'
import pandas as pd

products = {"分類": ["居家","居家","娛樂","娛樂","科技","科技"],
            "商店": ["家樂福","大潤發","家樂福","全聯超","大潤發","家樂福"],
            "價格": [11.42,23.50,19.99,15.95,55.75,111.55]}

df = pd.DataFrame(products)
OutputDataSet = df
'
WITH RESULT SETS(([分類] varchar(6), [商店] varchar(10), [價格] float))
```

上述 Python 程式碼使用字典建立 DataFrame 物件後，即可指定 OutputDataSet 變數來輸出執行結果至 SQL Server，其執行結果如右圖所示：

	分類	商店	價格
1	居家	家樂福	11.42
2	居家	大潤發	23.5
3	娛樂	家樂福	19.99
4	娛樂	全聯超	15.95
5	科技	大潤發	55.75
6	科技	家樂福	111.55

 輸出 DataFrame 物件的指定索引：Ch19_4_2f.py

我們準備只取出 DataFrame 物件中指定索引的資料，將它輸出至 SQL Server，如下所示：

```
EXEC sp_execute_external_script
@language = N'Python',
@script = N'
import pandas as pd

s = pd.Series([12, 29, 72,4, 8, 10])
df = pd.DataFrame(s, index=[1])
OutputDataSet = df
```

```
'
WITH RESULT SETS(([值] int))
```

上述 Python 程式碼使用 Series 物件建立 DataFrame 物件，第 2 個參數 index=[1]指定只取出索引值 1（即第 2 個元素），其執行結果如右圖所示：

19-5 | 匯入訓練資料至 SQL Server 資料庫

在使用 SQL Server 訓練機器學習模型前，我們需要先將訓練資料匯入 SQL Server 資料庫。SQL Server 2022 版需自行安裝 Scikit-learn 套件，請以系統管理員身份啟動「命令提示字元」視窗後，輸入下列指令來進行安裝，如下所示：

```
cd "C:\Program Files\Python310\" ENTER
python.exe -m pip install scikit-learn ENTER
```

19-5-1 使用 Python 將資料匯入 SQL Server 資料庫

在 Python 的 Scikit-learn 套件內建的 Iris 資料集是鳶尾花的資料，可以讓我們訓練模型使用花瓣和花萼來分類鳶尾花。我們準備將 Iris 資料集匯入儲存至 SQL Server 資料庫。

步驟一：建立資料庫與資料表

首先，我們準備建立名為 iris_dataset 資料庫，和新增 iris_data 資料表來匯入 Iris 資料集的資料（SQL 指令碼檔案：Ch19_5_1.sql），如下所示：

```
USE master
GO
CREATE DATABASE iris_dataset
```

執行上述 CREATE DATABASE 指令可以建立名為 iris_dataset 的資料庫，然後，我們就可以在此資料庫新增 iris_data 資料表來匯入資料（SQL 指令碼檔案：Ch19_5_1a.sql），如下所示：

```
USE iris_dataset
GO
DROP TABLE IF EXISTS iris_data;
GO
CREATE TABLE iris_data (
id           INT NOT NULL IDENTITY PRIMARY KEY,
Sepal_Length FLOAT NOT NULL,
Sepal_Width  FLOAT NOT NULL,
Petal_Length FLOAT NOT NULL,
Petal_Width  FLOAT NOT NULL,
Species      VARCHAR(100) NOT NULL,
SpeciesId    INT   NOT NULL
);
```

上述 T-SQL 指令敘述在切換至 iris_dataset 資料庫後，檢查資料表 iris_data 是否存在，如果存在就刪除資料表，然後建立 iris_data 資料表，執行後，我們可以在 iris_dataset 資料庫建立 iris_data 資料表，如右圖所示：

步驟二：將訓練資料載入 SQL Server 資料表

在成功建立 iris_dataset 資料庫和 iris_data 資料表後，我們就可以將 Iris 資料集匯入儲存至 SQL Server 資料庫，首先，我們需要建立預存程序來載入 Iris 資料集（SQL 指令碼檔案：Ch19_5_1b.sql），如下所示：

```
USE iris_dataset
GO
CREATE PROCEDURE load_iris_dataset
AS
BEGIN
EXEC sp_execute_external_script @language = N'Python',
@script = N'
from sklearn import datasets
iris = datasets.load_iris()
iris_data = pandas.DataFrame(iris.data)
iris_data["Species"] = pandas.Categorical.from_codes(iris.target,
iris.target_names)
iris_data["SpeciesId"] = iris.target
```

```
',
@input_data_1 = N'',
@output_data_1_name = N'iris_data'
WITH RESULT SETS ((Sepal_Length float not null,
    Sepal_Width float not null,
    Petal_Length float not null, Petal_Width float not null,
        Species varchar(100) not null, SpeciesId int not null));
END;
```

上述 T-SQL 指令敘述可以建立名為 load_iris_dataset 的預存程序，Python 程式碼是載入 Scikit-learn 套件內建的 Iris 資料集，如下圖所示：

然後，我們可以呼叫預存程序，將 Iris 資料集匯入 iris_data 資料表（SQL 指令碼檔案：Ch19_5_1c.sql），如下所示：

```
USE iris_dataset
GO
INSERT INTO iris_data (Sepal_Length, Sepal_Width,
    Petal_Length, Petal_Width, Species, SpeciesId)
EXEC dbo.load_iris_dataset;
```

上述 T-SQL 指令敘述呼叫 load_iris_dataset 預存程序來匯入 Iris 資料集，其執行結果可以看到匯入 150 筆記錄，如下圖所示：

步驟三：查詢載入 SQL Server 資料表的訓練資料

在成功匯入 Iris 資料集後，我們可以查詢前 10 筆記錄資料（SQL 指令碼檔案：Ch19_5_1d.sql），如下所示：

```
USE iris_dataset
GO
SELECT TOP(10) * FROM iris_data
```

上述 T-SQL 指令敘述的執行結果可以顯示前 10 筆記錄，如下圖所示：

	id	Sepal_Length	Sepal_Width	Petal_Length	Petal_Width	Species	SpeciesId
1	1	5.1	3.5	1.4	0.2	setosa	0
2	2	4.9	3	1.4	0.2	setosa	0
3	3	4.7	3.2	1.3	0.2	setosa	0
4	4	4.6	3.1	1.5	0.2	setosa	0
5	5	5	3.6	1.4	0.2	setosa	0
6	6	5.4	3.9	1.7	0.4	setosa	0
7	7	4.6	3.4	1.4	0.3	setosa	0
8	8	5	3.4	1.5	0.2	setosa	0
9	9	4.4	2.9	1.4	0.2	setosa	0
10	1...	4.9	3.1	1.5	0.1	setosa	0

上述資料表的前幾個欄位分別是花萼（Sepal）和花瓣（Petal）的長和寬，單位是公分，Species 是哪一種鳶尾花的名稱 setosa、versicolor 和 virginica，最後是種類值：0 是 setosa；1 是 versicolor；2 是 virginica。

19-5-2　使用 SQL Server 的匯入和匯出精靈

在第 19-5-1 節我們是使用 Python 程式匯入內建 Iris 資料集，如果擁有外部資料，例如：CSV 檔案，我們可以直接使用 SQL Server 匯入和匯出精靈，將多種資料來源的資料匯入 SQL Server 資料庫。

步驟一：建立資料庫

首先建立 nba_dataset 資料庫來匯入休士頓火箭隊球員數據的統計資料（SQL 指令碼檔案：Ch19_5_2.sql），如下所示：

```
USE master
GO
CREATE DATABASE nba_dataset
```

上述 T-SQL 指令敘述可以建立名為 nba_dataset 資料庫。

步驟二：使用 SQL Server 的匯入和匯出精靈匯入 CSV 檔案

在成功建立 nba_dataset 資料庫後，我們準備將訓練資料的 CSV 檔案：
HOU_players_stats_2017.csv 匯入成資料表，其步驟如下所示：

❶ 請在 Windows 作業系統執行「開始>Microsoft SQL Server 2022>SQL Server 2022 匯入及匯出資料 (64 位元)」命令啟動匯入和匯出精靈，在歡迎畫面按【下一步】鈕，如下圖所示：

❷ 首先選擇資料來源，在上方【資料來源】欄選【一般檔案來源】後，按【瀏覽】鈕選【HOU_players_stats_2017.csv】檔案後，可以看到自動填入的文字檔案格式，請按【下一步】鈕，如下圖所示：

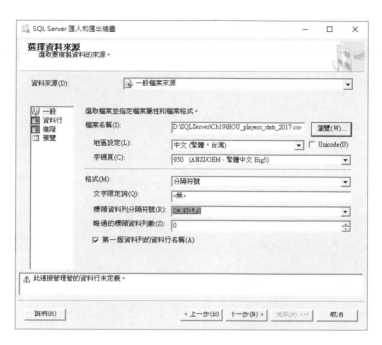

❸ 指定資料列記錄的分隔符號，和分隔資料行欄位的符號後，可以在下方預覽
記錄資料，然後按【下一步】鈕，如下圖所示：

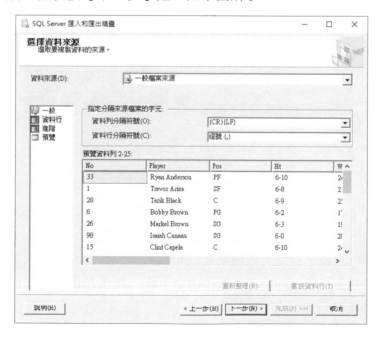

❹ 接著選擇目的地，在【目的地】欄選【SQL Server Native Client 11.0】後，依序選 SQL Server 伺服器名稱、Windows 驗證，在【資料庫】欄選【nba_dataset】後，按【下一步】鈕，如下圖所示：

❺ 在選取【目的地】後，更改成【[dbo].[HOU_players_stats]】資料表後，按【編輯對應】鈕編輯欄位對應資料，如下圖所示：

❻ 在「資料行對應」對話方塊編輯來源和目的地的欄位對應，請將最後 4 個欄位的資料類型改為 float 後，按【確定】鈕，然後在精靈步驟按【下一步】鈕，如下圖所示：

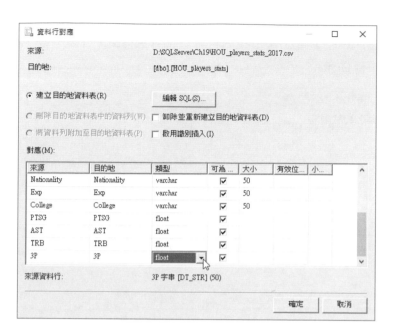

❼ 在檢視資料類型對應步驟顯示欄位資料轉換設定，SQL Server 會自動判決是
否需進行轉換，沒有問題，請按【下一步】鈕，如下圖所示：

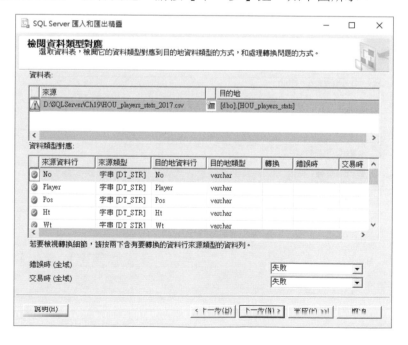

❽ 勾選【立即執行】（如需重複執行，請儲存成 SSIS 封裝）後，按【下一步】
鈕，如下圖所示：

❾ 可以看到選擇的作業內容，請按【完成】鈕執行作業，如下圖所示：

⑩ 可以看到正在執行從來源至目的地的匯入和匯出作業，成功執行後，請按【關閉】鈕完成操作，如下圖所示：

在 Management Studio 開啟【HOU_players_stats】資料表，可以看到成功匯入的 24 筆記錄資料，如下圖所示：

19-6 在 SQL Server 訓練機器學習的預測模型

我們準備使用第 19-5-1 節匯入 SQL Server 資料庫的 Iris 鳶尾花資料集作為訓練資料，執行 Python 程式碼使用 Scikit-learn 套件的貝葉斯分類器（Naive Bayes Classification）來訓練機器學習模型，和將模型儲存至 SQL Server 資料表後，就可以使用此預測模型輸入花萼（Sepal）和花瓣（Petal）尺寸來預測是哪一種鳶尾花。

步驟一：在資料庫建立儲存預測模型的資料表

在 SQL Server 資料表儲存的預測模型是儲存在序列化 varbinary(max)類型的欄位，我們準備建立 iris_models 資料表來儲存模型（SQL 指令碼檔案：Ch19_6.sql），如下所示：

```
USE iris_dataset
GO
DROP TABLE IF EXISTS iris_models;
GO
CREATE TABLE iris_models (
model_name VARCHAR(50) NOT NULL DEFAULT('default model') PRIMARY KEY,
model VARBINARY(MAX) NOT NULL
);
```

上述 T-SQL 指令敘述切換至 iris_dataset 資料庫後，建立名為 iris_models 的資料表，2 個欄位的 model_name 欄位是模型名稱；model 欄位是訓練模型，如右圖所示：

步驟二：建立執行 Python 程式碼產生訓練模型的預存程序

然後，我們就可以建立名為 generate_iris_model 的預存程序，執行 Python 程式碼使用 iris_data 資料表的記錄資料來訓練模型（SQL 指令碼檔案：Ch19_6a.sql），如下所示：

```
CREATE PROCEDURE generate_iris_model
  @trained_model VARBINARY(max) OUTPUT
AS
BEGIN
EXEC sp_execute_external_script
@language = N'Python',
@script = N'
import pickle
from sklearn.naive_bayes import GaussianNB
GNB = GaussianNB()
model = GNB.fit(iris_data[["Sepal_Length", "Sepal_Width",
                          "Petal_Length", "Petal_Width"]],
              iris_data[["SpeciesId"]].values.ravel())
trained_model = pickle.dumps(model)
',
@input_data_1_name = N'iris_data',
@input_data_1 = N'SELECT Sepal_Length, Sepal_Width,
           Petal_Length, Petal_Width, SpeciesId FROM iris_data',
@params = N'@trained_model varbinary(max) OUTPUT',
@trained_model = @trained_model OUTPUT;
END;
```

上述預存程序擁有@trained_model 參數且指定 OUTPUT 關鍵字，表示程序可以在結束後，將參數值傳回至呼叫此預存程序的 SQL 指令碼，然後呼叫 sp_execute_external_script 系統預存程序來執行 Python 程式碼。

在 Python 程式碼是使用 Scikit-learn 套件的貝葉斯分類器來訓練模型，首先建立 GaussianNB 物件，然後呼叫 fit()函數來訓練模型，訓練資料是@input_data_1 參數的輸入資料，在完成後，呼叫 pickle.dumps()函數來序列化 Python 物件，以便儲存至序列化 varbinary(max)類型的資料表欄位。在下方有@開頭的四個參數，其說明如下所示：

- @input_data_1_name 參數：指定 Python 的輸入參數名稱是 iris_data。

- @input_data_1 參數：執行 SELECT 查詢取出 iris_data 資料表的記錄資料作為輸入資料。

- @params 和@trained_model 參數：指定外部腳本的輸入參數@trained_model 和指定其值，也就是 Python 變數 trained_model。

此 SQL 指令碼檔案的執行結果，可以建立名為 generate_iris_model 的預存程序，如右圖所示：

步驟三：執行產生訓練模型的預存程序和存入資料表

現在，我們可以執行 generate_iris_model 預存程序來產生訓練完成的預測模型，並且將模型存入 iris_models 資料表（SQL 指令碼檔案：Ch19_6b.sql），如下所示：

```
DECLARE @model varbinary(max);
DECLARE @new_model_name varchar(50)
SET @new_model_name = 'Naive Bayes'
EXEC dbo.generate_iris_model @model OUTPUT;
DELETE iris_models WHERE model_name = @new_model_name;
INSERT INTO iris_models (model_name, model)
      VALUES(@new_model_name, @model);
GO
SELECT * FROM dbo.iris_models
```

上述 SQL 指令首先宣告 2 個變數，其說明如下所示：

- @model 變數：這是呼叫 generate_iris_model 預存程序的 OUTPUT 參數，可以取得訓練模型。

- @new_model_name 變數：訓練模型的名稱。

然後使用 EXEC 執行 generate_iris_model 預存程序，在執行完後，@model 變數值就是訓練模型，在使用 DELETE 指令刪除同名模型後，使用 INSERT INTO 指令將模型插入 iris_models 資料表，最後使用 SELECT 指令顯示 iris_models 資料表的記錄資料，可以看到新增的一筆記錄，這就是儲存的訓練模型，如下圖所示：

	model_name	model
1	Naive Bayes	0x80049593030000000000008C13736B6C6561726E2E6E61...

步驟四：建立預存程序來預測鳶尾花的種類

在成功訓練和儲存預測模型後，我們就可以建立 predict_species 預存程序，使用資料表的模型來預測鳶尾花種類（SQL 指令碼檔案：Ch19_6c.sql），如下所示：

```
CREATE PROCEDURE predict_species
   @model_name VARCHAR(100)
AS
BEGIN
DECLARE @predict_model VARBINARY(max) = (
        SELECT model FROM iris_models
        WHERE model_name = @model_name);

EXEC sp_execute_external_script
@language = N'Python',
@script = N'
import pickle

irismodel = pickle.loads(predict_model)
pred = irismodel.predict(iris_data[["Sepal_Length", "Sepal_Width",
                            "Petal_Length", "Petal_Width"]])
iris_data["PredictedSpecies"] = pred
out = iris_data.query("PredictedSpecies != SpeciesId")
OutputDataSet = out[["id","SpeciesId","PredictedSpecies"]]
',
@input_data_1_name = N'iris_data',
@input_data_1 = N'SELECT id, Sepal_Length, Sepal_Width,
            Petal_Length, Petal_Width, SpeciesId FROM iris_data',
@params = N'@predict_model varbinary(max)',
@predict_model = @predict_model
WITH RESULT SETS(("id" INT,"SpeciesId" INT,
                    "SpeciesId_Predicted" INT));
END;
```

上述預存程序的參數是模型名稱，首先使用 SELECT 指令從 iris_models 資料表取出參數@model_name 模型名稱的模型，然後呼叫 sp_execute_external_script 系統預存程序執行 Python 程式碼。

在 Python 程式碼首先呼叫 pickle.loads()函數載入模型後，呼叫 predict()函數進行預測，其參數是@input_data_1 參數的輸入資料，然後新增"PredictedSpecies"欄位的預測結果，接著使用 query()函數查詢預測錯誤的記錄，最後指定 OutputDataSet 來輸出預測結果，在下方有@開頭的四個參數，其說明如下所示：

- @input_data_1_name 參數：指定 Python 的輸入參數名稱是 iris_data。

- @input_data_1 參數：執行 SELECT 查詢取出 iris_data 資料表的記錄資料作為輸入資料。

- @params 和 @predict_model 參數：指定外部腳本的輸入參數 @predict_model 和指定其值，也就是 Python 變數 predict_model。

最後使用 WITH RESULT SETS 定義輸出結果的結構描述。此 SQL 指令碼檔案的執行結果，可以建立名為 predict_species 的預存程序，如右圖所示：

步驟五：執行預存程序來預測鳶尾花的種類

最後，我們可以執行 predict_species 預存程序來預測鳶尾花的種類（SQL 指令碼檔案：Ch19_6d.sql），如下所示：

```
USE iris_dataset
GO
EXEC predict_species 'Naive Bayes';
```

上述 T-SQL 指令敘述使用 EXEC 執行預存程序，參數是模型名稱'Naive Bayes'，在執行完後，可以看到共有 6 筆記錄是預測錯誤，如右圖所示：

	id	SpeciesId	SpeciesId_Predicted
1	53	1	2
2	71	1	2
3	78	1	2
4	107	2	1
5	120	2	1
6	134	2	1

上述 SpeciesId 欄位是鳶尾花的種類編號；SpeciesId_Predicted 欄位是預測的種類編號。

使用 ChatGPT 學習 SQL Server、寫出 T-SQL 指令敘述與建立用戶端程式

20-1 註冊與使用 ChatGPT

最近 AI 界的大事就是 2022 年底 OpenAI 推出的 ChatGPT，其橫空出世的強大聊天功能，迅速攻佔所有的網路聲量，探討其可能應用成為目前最熱門的討論主題。

Memo

本章測試的 SQL 指令是使用【教務系統】資料庫，請重新啟動 SSMS 執行本書範例「Ch20\Ch20_School.sql」的 SQL 指令碼檔案，來建立本章測試所需的資料庫、資料表和記錄資料。

　　我們準備直接詢問 ChatGPT，讓他自己回答什麼是 ChatGPT，如下所示：

> Query: 請使用繁體中文說明什麼是ChatGPT
> Reply in 中文
>
> ChatGPT是一個使用人工智慧技術的大型語言模型，能夠透過文字對話和使用者進行自然的
> 交流[1][2]。它的對話格式使得ChatGPT可以回答後續問題、承認自己的錯誤、挑戰不正確的
> 前提、拒絕不適當的請求等等。使用者可以通過在ChatGPT的網頁上輸入問題，並從結果區
> 域中獲取答案[3]。

　　上述答案的 ChatGPT 是使用人工智慧訓練出的大型語言模型，可以與人類進行自然語言的溝通。在 ChatGPT 使用的語言模型稱為 GPT 模型，區分為第 3、3.5 和第 4 代，至於為何稱為大型語言模型，因為 GPT-3 模型的參數量就高達 1750 億（可類比人類大腦的神經元連接數），OpenAI 公司使用了高達 45TG 的龐大網路文字資料來訓練出這個大型語言模型。

　　簡單的說，ChatGPT 就是一個人工智慧技術的產物，可以使用自然語言與我們進行對話，回答我們所提出的任何問題，如下圖所示：

　　上述提示文字（Prompts）就是你的問題，ChatGPT 回答問題如同是一位偵探在找出兇手，線索是提示文字的字詞關係，提供愈多的字詞關係就能產生愈多的線索，讓 ChatGPT 更深入了解文字段落的結構，當擁有足夠線索後，偵探就可以「預測」出兇手是誰，對比 ChatGPT 就是「更正確的」回答出你的問題。

註冊 OpenAI 帳戶

　　ChatGPT 網頁版目前只需註冊 Personal 版的 OpenAI 帳戶，就可以免費使用，也可以升級成付費的 Plus 版，其註冊步驟如下所示：

1 請啟動瀏覽器進入 https://chat.openai.com/auth/login 的 ChatGPT 登入首頁，點選【Sign up】註冊 OpenAI 帳戶。

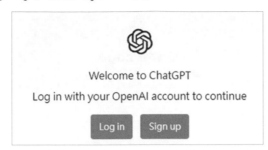

2 我們可以自行輸入電子郵件地址，或點選下方【Continue with Google】，直接使用 Google 帳戶來進行註冊。

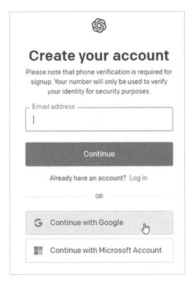

3 請輸入你的手機電話號碼後，按【Send code】鈕取得認證碼。

4️⃣ 等到收到手機簡訊後，請記下認證碼，然後在下方欄位輸入簡訊取得的 6 位認證碼。

5️⃣ 選擇使用 OpenAI 的主要用途，請自行選擇你的用途，依據選擇的不同，你可能需要回答更多的問題。

6️⃣ 在成功註冊後，就可以進入 OpenAI 帳戶的歡迎頁面，預設是免費的 Personal 版。

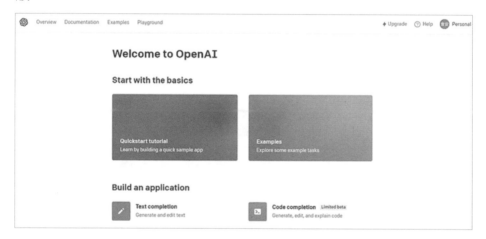

使用 ChatGPT

請啟動瀏覽器進入 https://chat.openai.com/auth/login，使用 OpenAI 帳戶登入 ChatGPT，就可以在網頁介面開始與 AI 聊天，如下圖所示：

上述網頁介面分成左右兩大部分，在右邊是聊天介面，我們是在下方的【Send a message...】欄位輸入聊天訊息（如果是多行訊息，換行請按 [SHIFT] + [ENTER] 鍵），稱為「提示文字」（Prompts）。在輸入提示文字後，點選欄位後方圖示或按 [ENTER] 鍵，即可開始與 ChatGPT 進行聊天。

在左邊的功能介面，可以點選上方【New chat】新增聊天記錄，在其下方會顯示曾經進行過的 ChatGPT 聊天交談記錄清單，點選下方的【Upgrade to Plus】可以升級至 Plus 版。當左邊有顯示聊天記錄清單時，如果想刪除記錄，請點選下方登入的使用者名稱，可以看到一個功能表，如下圖所示：

選【Clear conversations】，再選【Confirm clear conversations】即可確認刪除聊天記錄，其他功能由上而下依序是 Help&FAQ 的幫助與問答、Settings 設定可切換佈景是系統、淡色系或深色系，最後的 Log out 是登出帳戶。

使用 Bing Chat

微軟 Bing Chat 也可以與 ChatGPT 進行聊天，請啟動 Edge 瀏覽器以微軟帳戶登入後，按右上角的【b】圖示，或進入 Bing Chat 的網址 https://www.bing.com/search?q=BingAI&showconv=1，如下圖所示：

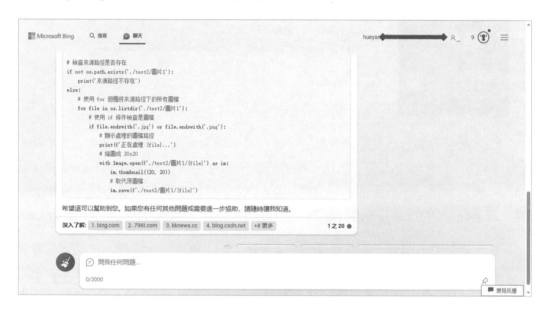

在本書截稿前，OpenAI Personal 版是使用 GPT-3.5 模型；Plus 版可以選用 GPT-4 模型，Bing Chat 是使用 GPT-4 模型。

20-2 │ 使用 ChatGPT 學習資料庫理論與 SQL Server

ChatGPT 可以作為學習資訊科技的好幫手，提供我們學習資料庫理論和 SQL Server 的方法與方向，當學習資料庫理論與 SQL Server 時有任何問題，都可以直接詢問 ChatGPT 來獲得解答。

在使用 ChatGPT 時，可以在提示文字指定使用的語言來回答問題，例如：繁體中文。首先詢問 ChatGPT 學習關聯式資料庫理論的步驟，因為 ChatGPT 善於抓重點和條列步驟，在詢問時記得指明項目數和一步一步的條列，其詳細的問題描述（Ch20_2.txt），如下所示：

> 請使用繁體中文，一步一步列出 5 步學習關聯式資料庫理論的方法？

學習關聯式資料庫理論，可以遵循以下5步驟：

1. 理解資料庫的基本概念與架構：要學習關聯式資料庫理論，需要先了解資料庫的基本概念與架構，例如資料庫的種類、資料表、欄位、資料型態、索引等等。
2. 熟悉 SQL 語言：SQL（Structured Query Language）是操作關聯式資料庫的語言，需要熟悉 SQL 語言的基本語法、資料查詢、修改、新增、刪除等操作。
3. 了解關聯式資料庫的概念：關聯式資料庫是一種以資料表為基礎的資料庫，需要了解關聯式資料庫的概念，包括主鍵、外鍵、表之間的關聯等等。
4. 學習正規化理論：正規化是一種將資料表分解為更小、更具體、更規範的表的方法，可以減少重複資料，提高資料庫的效率和正確性。需要學習正規化的基本概念、規則和技巧。
5. 實踐練習：最後一步是進行實踐練習，可以使用各種資料庫管理系統（DBMS）來實際建立和管理資料庫，並進行查詢和修改操作，不斷練習提高自己的技能水平。

上述 ChatGPT 的回答是學習關聯式資料庫理論的大方向，我們可以縮小問題，針對學習 SQL Server 資料庫的 Transact-SQL 語言來詢問。ChatGPT 的詳細問題描述（Ch20_2a.txt），如下所示：

> 請使用繁體中文，一步一步列出 3 步學習 Transact-SQL 語言的步驟？

 學習 Transact-SQL 語言，可以遵循以下3步驟：

1. 了解 SQL 語言基礎：Transact-SQL 是一種 SQL 語言的擴展，因此需要先了解 SQL 語言的基礎概念，例如資料表、欄位、資料型態、索引、條件語句等等。
2. 學習 Transact-SQL 語言語法和函數：學習 Transact-SQL 語言的語法和函數，包括 SELECT、INSERT、UPDATE、DELETE 等語法，以及聚合函數、日期函數、字串函數等等。
3. 實踐練習：最後一步是進行實踐練習，可以使用 Transact-SQL 等各種資料庫管理系統（DBMS）來實際建立和管理資料庫，並進行查詢和修改操作，不斷練習提高自己的技能水平。

另外，可以參考 Transact-SQL 語言相關的書籍、網路教學或是參加相關的課程或培訓課程，透過多元的學習途徑提升自己的知識和技能水平。

　　在 Transact-SQL 的學習過程中，如果發現有些觀念或專有名詞不清楚其意義，我們都可以詢問 ChatGPT，例如：Transact-SQL 語言的聚合函數。ChatGPT 的詳細問題描述（Ch20_2b.txt），如下所示：

> 請使用繁體中文，說明什麼是 Transact-SQL 的聚合函數？

 Transact-SQL 的聚合函數是一種特殊的函數，可以對一組數據進行計算，並返回一個單一的結果。聚合函數通常用於查詢中的 GROUP BY 子句中，以對分組的資料進行統計、分析和總結。

Transact-SQL 的聚合函數包括以下幾種：

1. AVG 函數：計算某個資料列的平均值。
2. SUM 函數：計算某個資料列的總和。
3. COUNT 函數：計算某個資料列的行數。
4. MAX 函數：返回某個資料列的最大值。
5. MIN 函數：返回某個資料列的最小值。

這些聚合函數可以應用於各種數據類型，包括數字、日期和時間、字串等等，可以對資料進行不同層次的統計和分析。在 Transact-SQL 中，聚合函數通常與 GROUP BY 子句一起使用，以便按照特定條件進行資料分組，然後進行相應的統計計算，得出有用的分析結果。

上述 ChatGPT 的回答詳細說明什麼是聚合函數？用來哪裡？同時舉了幾個常用的聚合函數來說明其功能。

20-3 | 使用 ChatGPT 寫出 T-SQL 指令敘述

除了基礎資料庫觀念的學習，ChatGPT 還可以幫助我們寫出 T-SQL 指令敘述和建立預存程序，只需使用自然語言的描述來詢問 ChatGPT，就可以輕鬆寫出所需的 T-SQL 指令敘述。

使用 ChatGPT 寫出單一資料表查詢的 T-SQL 指令敘述

在 ChatGPT 只需提供資料表的欄位定義資料，即資料庫綱要，就可以使用自然語言的描述來寫出 T-SQL 指令敘述。ChatGPT 的詳細問題描述（Ch20_3.txt），如下所示：

> 請依據下列 SQL Server 資料庫綱要的[課程]資料表寫出一個 T-SQL 指令敘述，可以查詢課程的學分數大於等於 3 個學分的課程資料，如下所示：
>
> 課程 (課程編號, 名稱, 學分)　主鍵是[課程編號]。

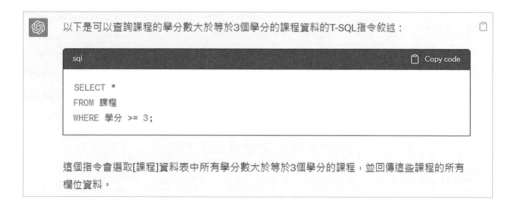

20-9

上述 ChatGPT 寫出的 T-SQL 指令遵循 ANSI-SQL，有在最後加上「;」分號來指明指令敘述的結束，在 SQL Server 的 T-SQL 語言，分號可加也可不加，絕大多數都不用加，只有少數例外，例如：CTE。

請點選 sql 框右上方【Copy code】，可以複製 T-SQL 指令敘述至剪貼簿，然後貼至 Management Studio 儲存成為 Ch20_3.sql 檔案，請在左邊「物件總管」視窗選【教務系統】的目標資料庫後，即可執行此 T-SQL 指令，可以看到查詢結果的課程資料，如下圖所示：

再來看一個單一資料表的 T-SQL 查詢範例，ChatGPT 的詳細問題描述（Ch20_3a.txt），如下所示：

請寫出完整的 T-SQL 指令敘述，首先切換至[教務系統]資料庫後，再依據下列[員工]資料表的資料庫綱要，寫出查詢員工薪水大於 50000 的員工資料，並且只顯示[身份證字號]、[姓名]、[電話]和[薪水]欄位，如下所示：

員工 (身份證字號,姓名,城市,街道,電話,薪水,保險,扣稅)

　主鍵是[身份證字號]。

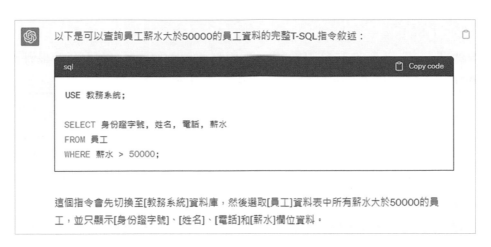

上述 T-SQL 指令敘述包含切換資料庫的 USE 指令。請複製 T-SQL 指令敘述至剪貼簿，然後貼至 Management Studio 儲存成為 Ch20_3a.sql 檔案，即可測試執行此 T-SQL 指令敘述。

不只如此，我們還可以在交談過程中，逐步修改 T-SQL 指令敘述。請繼續目前的 ChatGPT 交談過程，我們準備修改 T-SQL 指令敘述增加姓名條件。ChatGPT 的詳細問題描述（Ch20_3b.txt），如下所示：

> 請改寫上述 T-SQL 指令敘述，其條件除了薪水大於 50000，而且[姓名]欄位需要是姓陳的員工。

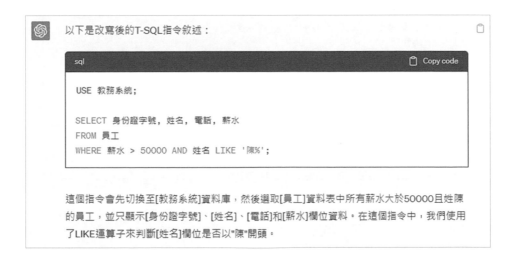

　　上述 T-SQL 指令敘述增加 AND 的姓名條件，這是使用 LIKE 運算子的條件。請複製 T-SQL 指令敘述至剪貼簿，然後貼至 Management Studio 儲存成為 Ch20_3b.sql 檔案，即可測試執行此 T-SQL 指令敘述。

使用 ChatGPT 寫出多資料表合併查詢的 T-SQL 指令敘述

　　多資料表查詢主要是指 T-SQL 合併查詢的 JOIN 指令，我們可以使用合併欄位來合併多個資料表的記錄資料，例如：INNER JOIN 內部合併查詢。ChatGPT 的詳細問題描述（Ch20_3c.txt），如下所示：

> 請寫出 T-SQL 指令敘述，可以使用內部合併查詢從[學生]資料表取出學號與姓名欄位，[班級]資料表取出課程編號與教授編號欄位來顯示學生上課資料，合併條件欄位是學號，學生和班級的資料庫綱要，如下所示：
>
> 學生 (學號,姓名,性別,電話,生日)
> 　主鍵是[學號]。
> 班級 (教授編號,學號,課程編號,上課時間,教室)
> 　主鍵是[教授編號],[課程編號],[學號]。

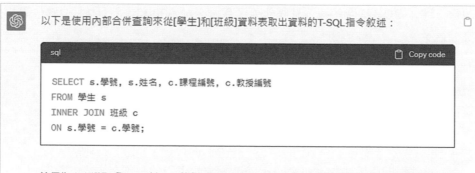

以下是使用內部合併查詢來從[學生]和[班級]資料表取出資料的T-SQL指令敘述：

```sql
SELECT s.學號, s.姓名, c.課程編號, c.教授編號
FROM 學生 s
INNER JOIN 班級 c
ON s.學號 = c.學號;
```

這個指令會選取[學生]資料表中的學號和姓名欄位，以及[班級]資料表中的課程編號和教授編號欄位，並以學號欄位作為合併條件。在這個指令中，我們使用了INNER JOIN關鍵字來實現內部合併，它會將[學生]和[班級]資料表中具有相同學號的資料合併起來，然後只顯示合併後的結果中的學號、姓名、課程編號和教授編號欄位。

上述 ChatGPT 回答的是 INNER JOIN 指令的內部合併查詢。請複製 T-SQL 指令敘述至剪貼簿，然後貼至 Management Studio 儲存成為 Ch20_3c.sql 檔案，即可測試執行 T-SQL 指令敘述，如右圖：

請繼續目前的 ChatGPT 交談過程，我們可以詢問 ChatGPT 來修改目前寫出的 T-SQL 指令敘述，進一步合併【課程】資料表。ChatGPT 的詳細問題描述（Ch20_3d.txt），如下所示：

> 請改寫上述 T-SQL 指令敘述，再次執行 INNER JOIN 合併查詢來取得[課程]資料表的詳細資料，課程的資料庫綱要，如下所示：
>
> 課程 (課程編號, 名稱, 學分) 主鍵是[課程編號]。

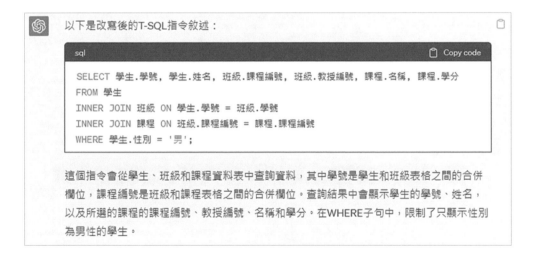

請複製 T-SQL 指令敘述至剪貼簿，然後貼至 Management Studio 儲存成為 Ch20_3d.sql 檔案，即可測試執行 T-SQL 指令敘述，可以看到已經合併顯示課程資料，如下圖所示：

	學號	姓名	課程編號	教授編號	名稱	學分	
1	S001	陳會安	CS101	I001	計算機概論	4	
2	S006	周杰輪	CS101	I001	計算機概論	4	
3	S003	張無忌	CS213	I001	物件導向...	2	

M) | DESKTOP-JOE\hueya (152) | 教務系統 | 00:00:00 | 15 資料列

使用 ChatGPT 寫出建立 T-SQL 預存程序的指令碼

我們一樣可以詢問 ChatGPT 寫出建立 T-SQL 預存程序的指令碼。ChatGPT 的詳細問題描述（Ch20_3e.txt），如下所示：

> 請建立查詢學生上課資料的 T-SQL 預存程序[學生上課報表_GPT]，這是使用內部合併查詢合併[學生]、[課程]、[教授]和[班級]資料表，合併查詢的 T-SQL 指令敘述，如下所示：
>
> SELECT 學生.學號, 學生.姓名, 課程.*, 教授.*
> FROM 教授 INNER JOIN
> (課程 INNER JOIN
> (學生 INNER JOIN 班級 ON 學生.學號 = 班級.學號)
> ON 班級.課程編號 = 課程.課程編號)
> ON 班級.教授編號 = 教授.教授編號

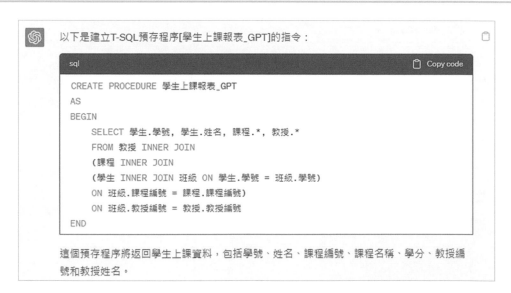

以下是建立T-SQL預存程序[學生上課報表_GPT]的指令：

```sql
CREATE PROCEDURE 學生上課報表_GPT
AS
BEGIN
    SELECT 學生.學號, 學生.姓名, 課程.*, 教授.*
    FROM 教授 INNER JOIN
    (課程 INNER JOIN
    (學生 INNER JOIN 班級 ON 學生.學號 = 班級.學號)
    ON 班級.課程編號 = 課程.課程編號)
    ON 班級.教授編號 = 教授.教授編號
END
```

這個預存程序將返回學生上課資料，包括學號、姓名、課程編號、課程名稱、學分、教授編號和教授姓名。

請複製 T-SQL 指令敘述至剪貼簿，然後貼至 Management Studio 儲存成為 Ch20_3e.sql 檔案，即可執行此 T-SQL 指令敘述來建立預存程序，如右圖所示：

我們可以使用 Management Studio 執行上述【學生上課報表_GPT】預存程序，其執行結果如下圖所示：

20-4 使用 ChatGPT 寫出 Python 和 C#的用戶端程式

ChatGPT 不只可以寫出 T-SQL 指令敘述，還可以幫助我們寫出存取 SQL Server 資料庫的 Python 與 C#程式。

請注意！本節 Python 和 C#程式的資料庫連線是使用【SQL Server 驗證】，在執行本節程式前，請參閱第 5-6-1 節的步驟四，新增 MyDB 使用者來連線【教務系統】資料庫，其權限是 db_owner。

寫出存取 SQL Server 資料庫的 Python 程式

我們準備讓 ChatGPT 寫出存取 SQL Server 資料庫的 Python 程式。ChatGPT 的詳細問題和功能描述（Ch20-4.txt），如下所示：

請使用 Python 語言和 PEP8 風格寫一個 Python 程式,並且加上繁體中文的註解文字,這是使用 pymssql 模組在 SQL Server 資料庫下達 T-SQL 指令,可以顯示查詢結果的記錄資料。T-SQL 指令如下所示:

SELECT 課程編號, 名稱, 學分 FROM 課程 WHERE 學分 >= 3

連接 SQL Server 伺服器的連線資訊,如下所示:

主機是 localhost。

使用者名稱是 MyDB,密碼 Aa123456。

資料庫名稱是[教務系統]。

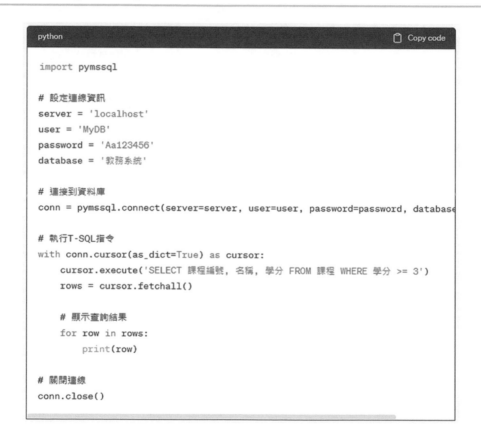

```python
import pymssql

# 設定連線資訊
server = 'localhost'
user = 'MyDB'
password = 'Aa123456'
database = '教務系統'

# 連接到資料庫
conn = pymssql.connect(server=server, user=user, password=password, database

# 執行T-SQL指令
with conn.cursor(as_dict=True) as cursor:
    cursor.execute('SELECT 課程編號, 名稱, 學分 FROM 課程 WHERE 學分 >= 3')
    rows = cursor.fetchall()

    # 顯示查詢結果
    for row in rows:
        print(row)

# 關閉連線
conn.close()
```

　　請點選程式框右上方【Copy code】,可以複製程式碼至剪貼簿,然後貼至 Python IDLE 後,儲存成為 ch20_4.py 檔案,其執行結果可以顯示 T-SQL 查詢結果的課程記錄資料,如下所示:

```
{'課程編號': 'CS101', '名稱': '\xadp²â¾÷§¼×', '學分': 4}
{'課程編號': 'CS111', '名稱': '¼u®Ë¥Ñ¼Æ', '學分': 4}
{'課程編號': 'CS121', '名稱': 'Â÷²¼æ¼Ç', '學分': 4}
{'課程編號': 'CS203', '名稱': 'µ{¦¡»y¨¥', '學分': 3}
{'課程編號': 'CS205', '名稱': '²õ\xad¶µ{¦¡³]\xadp', '學分': 3}
{'課程編號': 'CS222', '名稱': '¸®®µ®°²z t²Ï', '學分': 3}
{'課程編號': 'CS349', '名稱': '³«¥õ¤Ë¦V¤Â³R', '學分': 3}
```

上述執行結果的【名稱】欄位顯示中文亂碼，我們可以詢問 ChatGPT 解決此問題。請繼續目前的 ChatGPT 交談過程，讓 ChatGPT 改寫 Python 程式，可以正確的顯示中文欄位內容。ChatGPT 的詳細問題和功能描述（Ch20_4a.txt），如下：

因為[名稱]欄位是中文內容，請改寫上述 Python 程式，可以正確顯示中文的欄位內容。

```python
import pymssql

# 設定連線資訊
server = 'localhost'
user = 'MyDB'
password = 'Aa123456'
database = '教務系統'

# 設定字符集編碼
charset = 'utf8'

# 連接到資料庫
conn = pymssql.connect(server=server, user=user, password=password, database

# 執行T-SQL指令
with conn.cursor(as_dict=True) as cursor:
    cursor.execute('SELECT 課程編號, 名稱, 學分 FROM 課程 WHERE 學分 >= 3')
    rows = cursor.fetchall()

    # 顯示查詢結果
    for row in rows:
        print(row['課程編號'], row['名稱'].encode('iso-8859-1').decode('cp950

# 關閉連線
conn.close()
```

ChatGPT 回答的 Python 程式首先修改連線的 connect()方法，在最後加上 charset='utf8'參數，這是支援中文的編碼，然後將 print()函數改為輸出 3 個欄位值，而不是 Python 字典，如下所示：

```
print(row['課程編號'], row['名稱'].encode('iso-8859-1').decode('cp950'),
    row['學分'])
```

上述【名稱】欄位因為是中文內容，所以使用 encode()和 decode()方法進行加碼和解碼，其使用的編碼和第 18 章不同，但執行並沒有問題。

請點選 ChatGPT 程式框右上方【Copy code】，複製程式碼至剪貼簿，然後貼至 Python IDLE 後，儲存成為 ch20_4a.py 檔案，其執行結果就可以正確的顯示中文欄位內容，如下所示：

```
CS101 計算機概論 4
CS111 線性代數 4
CS121 離散數學 4
CS203 程式語言 3
CS205 網頁程式設計 3
CS222 資料庫管理系統 3
CS349 物件導向分析 3
```

寫出存取 SQL Server 資料庫的 C#程式

請繼續目前的 ChatGPT 交談過程，我們準備改用 C#語言來寫出相同功能的程式。ChatGPT 的詳細問題和功能描述（Ch20_4b.txt），如下所示：

> 請改用 C#語言來寫出存取 SQL Server 資料庫的 C#程式，namespace 是【Ch20_4】，可以顯示[課程編號]、[名稱]和[學分]三個欄位的查詢結果。

```csharp
using System;
using System.Data.SqlClient;

namespace Ch20_4
{
    class Program
    {
        static void Main(string[] args)
        {
            // 設定連線字串
            string connString = "Server=localhost;User ID=MyDB;Password=Aa12

            // 宣告SqlConnection物件
            using (SqlConnection conn = new SqlConnection(connString))
            {
                try
                {
                    // 開啟資料庫連線
                    conn.Open();

                    // 宣告SqlCommand物件，並設定T-SQL指令和SqlConnection物件
                    using (SqlCommand cmd = new SqlCommand("SELECT 課程編號,
                    {
                        // 宣告SqlDataReader物件，並執行查詢指令
                        using (SqlDataReader reader = cmd.ExecuteReader())
                        {
                            // 顯示查詢結果
                            while (reader.Read())
                            {
                                Console.WriteLine("{0}\t{1}\t{2}", reader.Ge
                            }
                        }
                    }
                }
                catch (Exception ex)
                {
                    Console.WriteLine("Error: " + ex.Message);
                }
            }
        }
    }
}
```

　　ChatGPT 回答的 C#程式是.NET Framework 的主控台應用程式，這是使用 ADO.NET 的 SqlDataReader 物件來讀取 SQL Server 資料庫的記錄資料。

　　請啟動 Visual Studio 新增名為【Ch20_4】的 Visual C#專案（在問題描述的 namespace 是【Ch20_4】，這就是專案名稱），如下圖所示：

　　上述專案是選【主控台應用程式 (.NET Framework)】，然後在 ChatGPT 選程式框右上方【Copy code】，複製程式碼至剪貼簿後，在 Visual Studio 專案開啟 Program.cs 程式檔，取代此檔的 C#程式碼。

　　請注意！ChatGPT 寫的程式碼並不保證一定可以執行，當執行此專案，就會顯示資料轉換錯誤，這是因為 while 迴圈的 Console.WriteLine()方法有誤，我們可以自行修改此方法的 C#程式碼，如下所示：

```
// 顯示查詢結果
while (reader.Read())
{
    Console.WriteLine("{0}\t{1}\t{2}", reader[0], reader[1], reader[2]);
}
```

　　為了避免在執行完主控台程式就馬上關閉「命令提示字元」視窗，我們還需要在 Main()方法的最後，自行加上程式碼來等待使用按下任何按鍵後，才關閉「命令提示字元」視窗，如下所示：

```
Console.Read();
```

　　請儲存 Visual C#專案後，執行「偵錯>開始偵錯」指令，或按 F5 鍵，可以看到執行結果開啟「命令提示字元」視窗，顯示 T-SQL 查詢結果的課程記錄資料，如下圖所示：

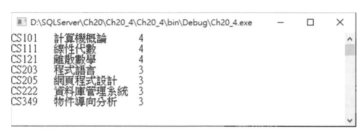

SQL Server 2022/2019 資料庫設計與開發實務

作　　者：陳會安
企劃編輯：江佳慧
文字編輯：詹祐甯
設計裝幀：張寶莉
發 行 人：廖文良

發 行 所：碁峰資訊股份有限公司
地　　址：台北市南港區三重路 66 號 7 樓之 6
電　　話：(02)2788-2408
傳　　真：(02)8192-4433
網　　站：www.gotop.com.tw
書　　號：AED004600
版　　次：2023 年 06 月初版
　　　　　2024 年 08 月初版四刷
建議售價：NT$660

國家圖書館出版品預行編目資料

SQL Server 2022/2019 資料庫設計與開發實務 / 陳會安著. --
　初版. -- 臺北市：碁峰資訊, 2023.06
　　面；　公分
　　ISBN 978-626-324-519-8(平裝)
　　1.CST：資料庫管理系統　2.CST：SQL(電腦程式語言)
312.7565　　　　　　　　　　　　　　　　112007088